高等学校省级规划教材

——土木工程专业系列教材

高层建筑结构设计

沈小璞　主　编

胡　俊　副主编

李爱群　主　审

合肥工业大学出版社

内容提要

《高层建筑结构设计》是高等学校土木工程专业的一门主要专业课。全书共分10章，其主要内容有：高层建筑结构的发展、结构类型与分类，高层建筑结构体系与结构布置设计原则，高层建筑结构荷载和地震作用，高层建筑结构计算分析，框架结构设计，剪力墙结构设计，框架—剪力墙结构设计，筒体结构设计，高层建筑结构基础设计，高层建筑结构计算程序介绍与计算实例。全书深入浅出，在强调基本概念和基本理论的基础上，力求理论联系实际。为帮助读者学习，采用了很多图表和例题，并附有思考题与练习题。

本书可以作为土木工程专业全日制本科生或土建类成人教育的教材，也可供土木工程专业工程技术人员参考使用。

图书在版编目(CIP)数据

高层建筑结构设计/沈小璞主编.—合肥：合肥工业大学出版社，2006.12(2014.8重印)
ISBN 978-7-81093-526-5

Ⅰ.高…　Ⅱ.沈…　Ⅲ.高层建筑—结构设计—高等学校—教材　Ⅳ.TU973

中国版本图书馆CIP数据核字(2006)第154634号

高层建筑结构设计

主　编：沈小璞　　　　责任编辑：陈淮民

出　版　合肥工业大学出版社
地　址　合肥市屯溪路193号
邮　编　230009
电　话　总　编　室：0551-62903038
　　　　市场营销部：0551-62903198
网　址　www.hfutpress.com.cn
E-maill　Press@hfutpress.com.cn
版　次　2006年12月第1版
印　次　2014年8月第4次印刷
开　本　787毫米×1092毫米　1/16
印　张　18
字　数　442千字
发　行　全国新华书店
印　刷　安徽江淮印务有限责任公司

ISBN 978-7-81093-526-5　　　定价：32.00元

安徽省高校土木工程系列规划教材

编委会

前　言

随着我国经济的快速发展，高层建筑不断涌现。高层建筑在城市建设进程中充分体现了现代建筑的特征和科技的力量。高层建筑结构的分析计算已基本告别了传统的手工计算而采用计算机程序计算，大都采用三维空间结构分析计算程序。尽管如此，作为工程技术人员，深入掌握和理解高层建筑结构设计的基本概念和基本理论，对于高层建筑结构的设计仍然是至关重要的。为适应宽口径、厚基础、多方向、重应用的土木工程专业人才培养模式要求的需要，我们组织编写了这本教材。

《高层建筑结构设计》是高等学校土木工程专业的主要专业课之一。编写本书时，一是依照《高层建筑混凝土结构技术规程》(JGJ 3－2002)、《建筑地基基础设计规范》(GB 50007－2002)、《建筑结构荷载规范》(GB 50009－2001)、《混凝土结构设计规范》(GB 50010－2002)、《建筑抗震设计规范》(GB 50011－2001)等有关国家规范或规程进行编写；二是符合土木工程专业本科培养方案中《高层建筑结构设计》的基本要求；三是结合作者多年的教学、科研和工程实践经验，并吸收了国内外的一些研究成果。

本书是高等学校省级规划教材——土木工程专业系列教材之一。其主要内容有：高层建筑结构的发展、结构类型与分类，高层建筑结构体系与结构布置设计原则，高层建筑结构荷载和地震作用，高层建筑结构计算分析，框架结构设计，剪力墙结构设计，框架—剪力墙结构设计，筒体结构设计，高层建筑结构基础设计，高层建筑结构计算程序介绍与计算实例。全书内容深入浅出，在强调基本概念和基本理论的基础上，力求理论联系实际。为帮助读者学习，采用了很多图表和例题作业，并且各章后都附有思考题。

本书由安徽建筑工业学院沈小璞担任主编，安徽建筑工业学院胡俊担任副主编。全书共分10章，其中：第1章由沈小璞编写，第2章由合肥学院张大庆编写，第3、5、6章由胡俊编写，第4、8章由安徽建筑工业学院方高倪编写，第7章由安徽农业大学杨智良编写，第9、10章由安徽建筑工业学院刘艳编写。全书由沈小璞教授统稿，由东南大学李爱群教授主审。

本书可以作为土木工程专业全日制本科生或土建类成人教育的教材，也可供土木工程专业其他工程技术人员作为参考用书。

本书在编写过程中得到安徽建筑工业学院领导和建筑工程系领导、同事的大力支持，也得到其他参编学校的帮助和支持，在此深表谢意。

由于编者水平有限及编写时间仓促，书中不妥和疏漏之处在所难免，敬请读者批评指正。

编　者

2006年9月

目 录

第1章 概 论

1.1 高层建筑的发展概况

高层建筑是随着国家经济发展、城市人口的增多、建设可用地的减少、地价的不断高涨、科学技术的进步、钢铁和水泥的应用、电梯的发明、机械化和电气化在建筑中的应用等诸多因素而得到发展的。高层建筑是近代经济发展和科学技术进步的产物，至今已有100余年的历史。今天，高层建筑作为城市经济繁荣、科学发展和社会进步的重要标志，建造业主实力雄厚的象征，受到广泛关注。高层建筑不仅要考虑结构受力，还要考虑建筑功能、文化、社会、经济、设备等因素，使其发挥出最好的经济与社会效益。

1.1.1 国外高层建筑的发展

1.1.1.1 国外高层建筑发展的三个阶段

1. 第一阶段

在19世纪中期以前，欧美一般只能建6层左右的建筑，其主要原因是当时缺少材料和可靠的垂直运输系统。

2. 第二阶段

从19世纪中叶开始到20世纪50年代初，近100年里，在1855年发明了电梯系统，1924年发明了硅酸盐水泥，以及钢铁工业的不断发展，使人们建造更高的建筑成为可能。在美国一些城市出现了20～30层的高层建筑。如家庭保险公司大楼(Home Insurance Building)，11层，高55m，建于1884～1886年，采用铸铁框架承重结构，标志着一种区别于传统砌筑结构的新结构体系的诞生。19世纪末，高层建筑已经发展到了采用钢结构，建筑物的高度越过了100m大关。1898年建成的纽约Park Row大厦(30层，118m)是19世纪世界上最高的建筑。世界上最早的钢筋混凝土框架结构高层建筑，是1903年在美国辛辛那提建造的因格尔斯大楼，16层，高64m。1931年美国纽约曼哈顿建造了102层、高381m的著名的帝国大厦(Empire State Building)，它保持世界最高建筑的记录达41年之久(图1-1)，直到1972年才被美国的“世界贸易中心”大楼(World Trade Center Towers)(图1-2)打破。后者建造在美国纽约，110层，高417m，钢结构。

图1-1 纽约帝国大厦

图1-2 世界贸易中心

这一时期，虽然高层建筑有了比较大的发展，但受到设计理论和建筑材料的限制，结构材料用量较多、自重较大，且仅限于框架结构，建于非抗震区。

3. 第三阶段

由于在轻质高强材料、抗风抗震结构体系、施工技术及施工机械等方面都取得了很大进步，以及计算机在设计中的应用，使得高层建筑飞速发展。从20世纪50年代开始，特别是60年代以后到现在，高层建筑已发展为若干结构体系（如剪力墙结构体系、框—剪结构体系、筒体结构体系等等）。如1974年美国在芝加哥又建成了当时世界最高的西尔斯大厦（Sears Tower），110层，高443m，钢结构筒体结构体系（图1-3）。

一般高度的高层建筑（80～150m）更是大量兴建。朝鲜平壤市的柳京饭店，地面以上101层，高305.4m，钢筋混凝土结构；1998年建成的位于马来西亚首都吉隆坡的佩重纳斯大厦（或称“国营石油双塔”），88层，高452m，框架—筒体结构（图1-4）；预期21世纪，亚洲将成为新的高层建筑中心。

图1-3 芝加哥西尔斯大厦

图1-4 吉隆坡佩重纳斯大厦

1.1.1.2 国外高层建筑发展的主要特点

1. 40层以上的超高层建筑，采用钢结构居多，40层以下一般都采用现浇钢筋混凝土结构。对100幢高层建筑分析表明，钢结构占66%，型钢混凝土结构（劲性混凝土结构）占18%，钢筋混凝土结构仅占16%。

2. 混凝土强度等级不断提高。如美国旧金山于1983年建成的一幢高层建筑，柱的混凝土强度达到45.7MPa。高强钢筋也在建筑工程中广泛应用，尤其是预应力混凝土构件中。这就使高层建筑中的梁、柱断面尽可能的减小，而建筑空间和有效使用面积尽可能增加。

3. 在现浇钢筋混凝土结构高层建筑中，普遍采用了板柱体系，从而简化了大梁和楼板的施工工艺。同时为降低板柱体系的建筑用钢量，提高板、柱的刚度和抗裂性能，加大结构的跨度，常采用无粘结预应力楼板，其效果也非常好。

4. 大型超高层建筑大多是采用筒中筒结构或多筒结构体系。其刚度大、侧移小。

5. 地基与基础的处理技术比较复杂，按补偿式基础设计要求和建筑整体稳定性，一般高层建筑均设多层地下室。如“世界贸易中心”大楼设地下室7层，其中4层是汽车库，可停放2000辆小汽车，其余为商场和地下车站。

1.1.2 国内高层建筑的发展

1.1.2.1 国内高层建筑的发展史

1. 我国古代高层建筑的发展

我国是高层建筑的真正“故乡”和“发源地”，有着悠久的历史。

公元524年在河南建造了嵩岳寺塔(15层，高50m，砖砌单筒结构)；公元704年在西安建造了大雁塔(7层，总高64m，砖木结构)；公元1055年在河北定县建造了料敌塔(11层，高82m，砖砌双筒结构)；公元1056年在山西应县建造了木塔(9层，高67m，木结构)，堪称世界木结构的奇迹。

这些古代高塔建筑不仅在建筑艺术上具有很高水平，而且结构体系、施工技术和施工方法也具有很高水平，并经受了若干次大地震的考验。

2. 我国近代高层建筑的发展

我国近代高层建筑起步较晚，在解放前为数极少。仅在上海、天津、广州等少数城市有高层建筑，其中最高的是上海国际饭店，地下2层，地上22层，高度为82.51m，而且是外国人设计的。

解放后，20世纪50年代在北京建造了一些高层建筑，例如和平宾馆地下1层，地上8层，高度为27.2m；电报大楼，地上12层，高度为68.35m等等。

到了20世纪60年代，高层建筑又有所发展，如1966年在广州建成了18层的人民大厦，高度为63m；1968年建成广州宾馆，总高度为88m，地下1层，地上27层，是60年代我国最高的一幢高层建筑。

到20世纪70年代，我国高层建筑发展较快，北京、上海、广州等大城市兴建了一批高层旅馆、公寓、办公建筑。层数最多的是1977年建成的广州白云宾馆，地下1层，主楼33层，高度为114.05m，是70年代我国最高的高层建筑。

进入20世纪80年代以后，高层建筑发展迅速，已从沿海大城市发展到遍及全国各省市、自治区。其特点是数量大，层数多，造型复杂，分布地区广泛，不断应用新的结构体系。仅1980～1983年所建的高层建筑就相当于1949年以来30多年中所建高层建筑的总和。

20世纪90年代以来，超高层建筑和高层建筑的发展更加迅猛，建筑物层数和高度不断增长，我国已建成了多座200米以上的高层建筑。如上海金茂大厦，88层，结构高度383m，建筑高度420.5m，正方形筒体—框架结构(图1-5)；深圳帝王商业大厦，81层，结构高度325m，桅杆高度384m(图1-6)；广州中天广场，80层，结构高度320m。

图1-5 上海金茂大厦

图1-6 深圳帝王商业大厦

21世纪是高层建筑进入一个飞速发展的阶段，目前正处于改革开放以来高层建筑发展的第二个高潮，除北京、上海、深圳、广州等沿海城市外，内地(包括西部)其他大、中城市高层建筑也在迅速发展。2004年在中国台北建成的101大厦(101层，建筑高度508m)，目前为世界第一高楼(图1-7)。中国内地已建成的最高的建筑为上海金茂大厦，88层，结构高度为383m(塔尖420.5m)。具代表性的是正在兴建的上海环球金融中心，地上101层，地下3层，高492m。建成后可能成为中国内地最高的高层建筑(图1-8)。

图1-7 台北101大厦

图1-8 上海环球金融中心

1.1.2.2 国内高层建筑发展的特点

1. 层数增多，高度增高，积极参与国际高层建筑竞争。结构高度不断增加，通过高度(体量)可显示地区或国家的实力，建筑高度成为追求目标。为了争取第一(地区、国内甚至世界)，各地高层建筑高度不断增加。

2. 结构体型复杂，平面、立面多样化。为了体现个性、追求新颖，使高层建筑的平面、立面体型均极其特殊，结构的复杂程度和不规则程度为国内外前所未有，为结构设计带来极大挑战。平面形状有：矩形、方形、八角形、多边形、扇形、圆形、菱形、弧形、Y形、L形等。立面出现各种类型转换，外挑、内收、大底盘多塔楼、连体建筑、立面开大洞等复杂体型的建筑。

3. 筒体或筒束结构在各类高层建筑中已得到广泛应用。高层建筑结构体系：框架、框架－剪力墙、剪力墙、底层大空间剪力墙、框筒和筒体(包括筒中筒与成束筒)、巨型结构及悬挑结构；超高层建筑结构体系：框架－筒体结构、筒中筒结构、框架－支撑体系。

4. 高层以钢筋混凝土结构为主，但钢－混凝土混合(组合)结构应用较多(尤其是超高层)。

5. 钢结构高层建筑正在崛起。

1.1.3 世界十大高楼名次

按2004年统计，世界十大高楼如下：

(1)台北101大厦，101层，建筑高度508m，2004年，台北(101 TOWER)

(2)佩重纳斯大厦，88层，452m，1998年，吉隆坡(PERTRONAS TOWER)

(3)西尔斯大厦，110层，443m，1974年，芝加哥(SEARS TOWER)

(4)金茂大厦，88层，420.5m，1998年，上海(JIN MAO TOWER)

(5)世界贸易中心,110层,417m & 415m,1972年,纽约(TWO WORLD TRADE CENTER,2001.9.11被毁)

(6)帝国大厦,102层,381m,1931年,纽约(EMPIRE STATE BUILDING)

(7)中环广场,78层,374m,1992年,香港(CENTRAL PLAZA)

(8)中国银行大厦,70层,369m,1989年,香港(BANK OF CHDINA TOWER)

(9)T&C大厦,85层,347.5m,1997年,高雄(T&C TOWER)

(10)阿摩柯大楼,80层,346m,1973年,芝加哥(MOCO BUILDING)

以上名次很快会发生变化,正在筹建或建设中的高层建筑有:Chicago World Trade Center(芝加哥)待建701m、Miglin－Beitler Skyneedle(芝加哥)待建610m、上海环球金融中心(上海)在建492m。

1.1.4 高层建筑的结构类型、技术特点及分类

1.1.4.1 高层建筑的结构类型

1. 钢筋混凝土结构

缺点:构件断面大,占用面积大,自重大。

优点:造价较低,材料来源丰富,可浇注成各种复杂断面形状,可以组成多种结构体系。可节省钢材,承载能力较高,经过合理设计,可获得较好的抗震性能。

2. 钢结构

优点:强度高、韧性大、抗震性能好、易于加工,能缩短现场施工工期,施工方便。

缺点:用钢量大,造价很高,而且耐火性能差。

3. 组合结构

优点:在钢筋混凝土结构基础上,充分发挥钢结构优良的抗拉性能以及混凝土结构的抗压性能,进一步减轻结构重量,提高结构延性。

常见的组合类型:

(1)用钢材加强钢筋混凝土构件。

(2)钢骨钢筋混凝土构件。

(3)钢管钢筋混凝土构件。

(4)部分抗侧力结构用钢结构,另一部分采用钢筋混凝土结构(或部分采用钢骨钢筋混凝土结构)。

1.1.4.2 高层建筑结构主要技术特点

1. 结构加强层

某一层进行加强以减少核心筒弯矩及侧移。

2. 转换层

梁式、预应力大梁、桁架式和箱式用于上层为剪力墙,下层为框架大空间——高度可达2～3层楼高。

3. 钢管钢骨混凝土结构

利用钢和混凝土的各自优点,减小柱面积,缩短工期。

1.1.4.3 高层建筑的结构分类

在不同的国家和不同的时期,对高层建筑有不同的定义。在欧洲的一些国家把10层以上的

建筑称为高层建筑，前苏联则把 9 层以上的建筑视为高层建筑，如此等等，不一而论。

根据联合国教科文组织所属的世界高层建筑委员会的建议，一般将高层建筑划分为 4 类：

第一类 9～16 层（高度不超过 50m）；

第二类 17～25 层（高度不超过 75m）；

第三类 26～40 层（高度不超过 100m）；

第四类 40 层以上（高度超过 100m）。

根据我国目前高层建筑的现状，我国制定的《高层建筑混凝土结构技术规程》（JGJ3－2002）中明确规定 10 层或 10 层以上，高度在 28m 或 28m 以上的民用建筑为高层建筑范围。我国《高层民用建筑设计防火规范》（GB50045－1995）和《高层民用建筑钢结构技术规程》（JGJ99－1998）中规定 10 层及 10 层以上的民用建筑和总高度超过 24m 的公共建筑及综合性建筑为高层建筑。而把 9 层以下或高度不超过 24m 的建筑称为中高建筑（7～9 层）、多层建筑（4～6 层）和低层建筑（≤3 层）。

目前国际上把高度在 100m 以上的高层建筑称为超高层建筑，并且层数在 30 层以上。

1.2 高层建筑结构设计特点

1.2.1 水平荷载是设计的主要因素

高层结构总是要同时承受竖向荷载和水平荷载作用。荷载对结构产生的内力是随着建筑物的高度增加而变化的。当建筑物高度较矮时，整个结构是以竖向荷载为设计的主要依据，而水平荷载的影响相对是比较小的，同时整个结构的水平位移也较小。

随着建筑物高度的增加，水平荷载（风荷载或地震作用）产生的内力和位移迅速增大。通过把建筑物看成一个竖向悬臂构件这样简单例子（图 1－9）来看，可得出以下结果。

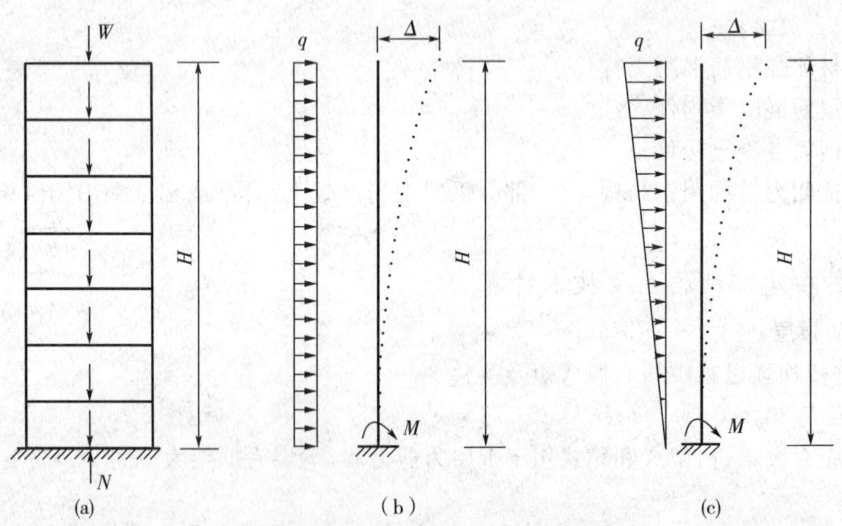

图 1－9 建筑物受力示意图

荷载效应的最大值（轴力 N、弯矩 M 和位移 Δ）可用式（1－1）到式（1－5）表达：

轴力与高度成正比，竖向荷载作用下：

$$N=WH=f(H) \tag{1-1}$$

弯矩与高度二次方成正比，水平荷载作用下：

$$M=qH^2/2=f(H^2) \quad \text{（均布）} \tag{1-2}$$

$$M=qH^2/3=f(H^2) \quad \text{（倒三角形）} \tag{1-3}$$

侧向位移与高度的四次方成正比，水平荷载作用下：

$$\Delta=qH^4/8EI=f(H^4) \quad \text{（均布）} \tag{1-4}$$

$$\Delta=11qH^4/120EI=f(H^4) \quad \text{（倒三角形）} \tag{1-5}$$

式中，q、W 分别为高楼每米高度的水平荷载和竖向荷载(kN/m)。

因此，从这个简单的例子中可以看出，高层建筑中水平荷载成了结构设计的主要因素。而且当建筑物高度增加时，水平荷载（风、地震）对结构起的作用将越来越大。除了结构内力将明显加大外，结构的侧向位移增加更快。它们可以表示为高度 H 的函数（图 1-10）。在高层建筑中，水平荷载和地震作用对结构设计起着决定性的作用。

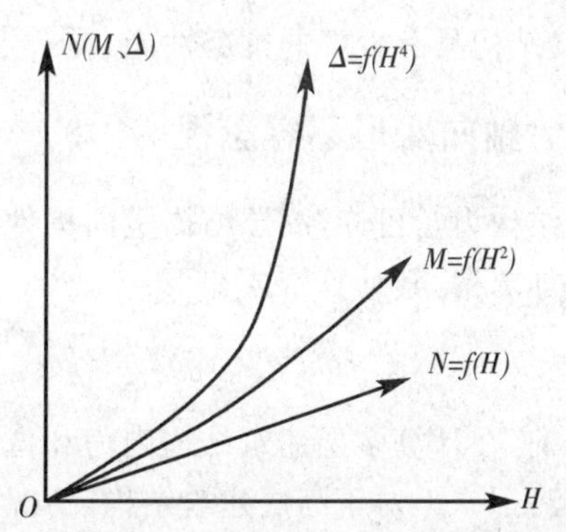

图 1-10 建筑物高度 H 对内力、位移的影响

1.2.2 侧向位移是结构设计控制因素

从上述例子中可以看出，与较低楼房不同，结构侧向位移已成为高层建筑结构设计中的关键因素。随着楼房高度的增加，水平荷载作用下结构的侧向变形迅速增大，结构顶点侧移 Δ 与建筑高度 H 的四次方成正比。设计高层建筑结构时要求结构不仅要具有足够的强度，还要具有足够的抗推刚度，使结构在水平荷载下产生的侧移被控制在规定的范围之内。这是因为高层建筑的使用功能和安全与结构侧移的大小密切相关：

1. 结构在强阵风作用下的振动加速度超过 0.015g 时，就会影响楼房内使用人员的正常工作和生活。在地震作用下，如果侧移过大，更会增加人们的不安全感或惊慌。

2. 层间相对侧移量（层间位移）过大会使填充墙或一些建筑装修开裂或损坏。此外，顶点总位移 Δ 过大，也会使电梯因轨道变形而不能正常运行，以及机电管道受到破坏。

3. 高层建筑的重心位置较高，过大的侧向变形使结构因 $P-\Delta$ 效应而产生较大的附加应力，甚至因侧移与应力的恶性循环导致建筑物倒塌。

因此，要限制侧向位移。

1.2.3 结构延性是重要的设计指标

地震区的高层建筑结构设计中，除要考虑正常使用时的竖向荷载、风荷载以外，还必须使结构具有良好的抗震性能，做到“小震不坏”。在遭遇相当于设计烈度的地震时，经一般修理仍能继续使用。在强震下有损坏，而不致使人民生命财产和重要生产设备遭受危害，能裂而不倒。为此，要求结构具有较好的延性，也就是说，结构在强烈地震作用下，当结构构件进入屈服阶段后具有较强的变形能力，能吸收地震作用下产生的能量，结构能维持一定的承载力。

结构的延性采用延性系数来表达，有两种表达方式：

(1)以位移表示： $\mu=\Delta_\mu/\Delta_y$ （整体结构） (1－6)

位移延性系数为结构最大荷载点相应位移 Δ_μ 与屈服点的位移 Δ_y 的比值。

(2)以转角来表示： $\mu_\Phi=\Phi_\mu/\Phi_y$ （结构构件） (1－7)

式中：Φ_μ 为结构构件最大水平荷载时相应转角，Φ_y 为屈服点时的转角。

衡量整个结构延性的延性系数，常用顶点位移的比值来表示，它综合反映了结构各部分的塑性变形能力。对于一般钢筋混凝土结构，要求延性系数 μ 值在 3～5 之间。结构延性的好坏与许多因素有关，如结构材料，结构体系，总体布置，节点连接，构造措施等等。在高层建筑结构设计中，为使结构具有较好的抗震性能，在一定意义上构造设计比计算更重要。

1.2.4 轴向变形不容忽视

由结构力学可知，高层结构竖向构件的变位是由弯曲变形、轴向变形及剪切变形三项因素的影响叠加求得，其计算公式如下：

$$\delta_{ij}=\int(M_iM_j/EJ)\mathrm{d}s+\int(N_iN_j/EA)\mathrm{d}s+\int(\mu\theta_i\theta_j/GA)\mathrm{d}s \tag{1－8}$$

目前，在计算多层建筑结构内力和位移时，只考虑弯曲变形，因为轴力项影响很小，剪力项一般可不考虑。但对于高层建筑结构，情况就不同了，由于层数多，高度大，轴力值很大，再加上沿高度积累的轴向变形显著，轴向变形会使高层建筑结构的内力数值与分布产生明显的变化。

图 1－11 中的框架结构，在各层相等楼面均布荷载作用下，不考虑柱轴向变形时，各横梁的弯矩大致相同，梁端有较大负弯矩。实际上，由于中柱轴力比边柱要大，因此中柱轴向压缩变形也大于边柱，相当于梁的中支座沉陷，中支座上方梁端负弯矩自下而上逐层减少，到上部楼层还可能出现正弯矩，所以，高层建筑结构不考虑墙、柱轴向变形会使计算结果产生显著的偏差。对于构件轴向变形（墙、柱轴力大）与剪切变形（截面高度大）对结构内力和位移影响不可忽略，墙肢和柱的轴向变形对内力和位移的影响，视荷载作用方向和结构型式的不同而有较大的区别。

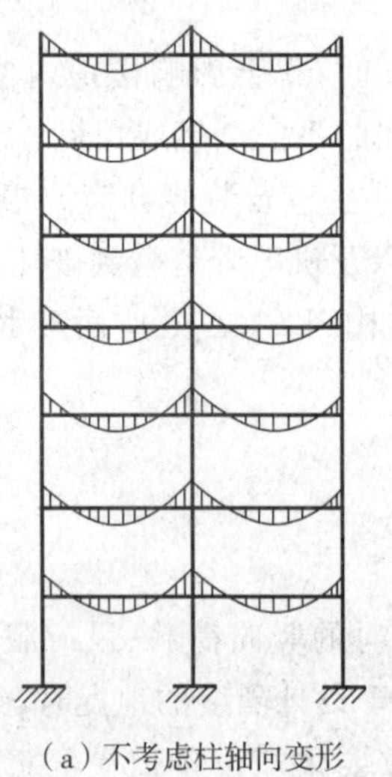

（a）不考虑柱轴向变形

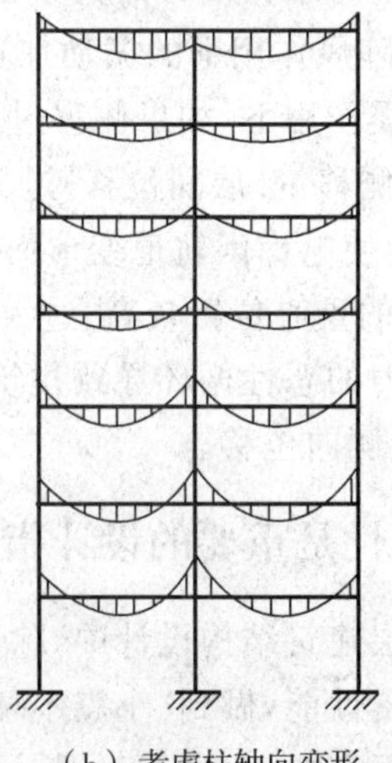

（b）考虑柱轴向变形

图 1－11 框架结构在均布荷载作用下弯矩图

1.2.5 减轻高层建筑自重比多层建筑更重要

减轻自重这一特点要从两个方面来考虑：

1. 地基承载力

如果在同样地基强度下，减轻自重意味着可以多建几层。假如，$q=15\text{kN/m}^2$可建10层，如减为$q=10\text{kN/m}^2$则可建15层。例如，美国休斯敦贝壳广场大厦，采用了容重为18.2kN/m^3轻质混凝土双筒体结构建成高218m，52层，若采用普通钢筋混凝土（容重为25kN/m^3），只能建成35层。

2. 地震作用

因此众所周知，地震效应是与建筑物重量成正比的。减轻自重，即减小了竖向荷载作用下构件的内力，也减小了地震作用下的构件内力，使结构构件截面变小。不但能节省材料，降低造价，还能增加使用空间。

1.3 高层建筑结构发展趋势

随着城市人口的不断增加，建设可用地的减少，高层建筑继续向着更高发展，结构所需承担的荷载和倾覆力矩将越来越大。在确保高层建筑物具有足够可靠度的前提下，为了进一步节约材料和降低造价，高层建筑结构构件正在不断更新，设计理念也在不断发展。

1. 构件立体化

高层建筑在水平荷载作用下，主要靠竖向构件提供抗推刚度和强度来维持稳定。在各类竖向构件中，竖向线形构件（柱）的抗推刚度很小；竖向平面构件（墙或框架）虽然在其平面内具有很大的抗推刚度，然而其平面外的刚度依然小到略去不计。由4片墙围成的墙筒或由4片密柱深梁框架围成的框筒，尽管其基本元件依旧是线形构件或平面构件，但它已经转变成具有不同力学特性的立体构件，在任何方向水平力的作用下，均有宽大的翼缘参与抗压和抗拉，其抗力偶的力臂，即横截面受压区中心到受拉区中心的距离很大，能够抗御很大的倾覆力矩，从而适用于层数很多的高层建筑。

2. 布置周边化

高层建筑的层数多，重心高，纵然设计时应注意质量和刚度的对称布置，由于偶然偏心等原因，地震时扭转振动也是难免的。更何况地震时确实存在着转动分量，即使是对称结构，在地面运动的转动分量激发下也会发生扭转振动。所以，高层建筑的抗推构件正在从中心布置和分散布置转向沿高层建筑周边布置，以便能提供足够大的抗扭转力偶。此外，构件沿周边布置并形成空间结构后，还可为抵抗倾覆力矩提供更大的抗力偶。

3. 结构支撑化

框筒是用于高层建筑的一种高效抗侧力构件，然而，它固有的剪力滞后效应，削弱了它的抗推刚度和水平承载力。特别是当高层建筑平面尺寸较大，或者因建筑功能需要而加大柱距时，剪力滞后效应就更加严重，致使翼缘框架抵抗倾覆力矩的作用大大降低。为使框筒能充分发挥潜力并有效地用于更高的高层建筑，在框筒中增设支撑或斜向布置的抗剪墙板，已成为一种框筒的有力措施。

若把在抵抗倾覆力矩中承担压力或拉力的杆件，由原来的沿高层建筑周边分散布置，改为向房屋四角集中，在转角处形成一个巨大柱，并利用交叉斜杆连成一个立体支撑体系，是高层建筑结构中的又一发展趋势。由于巨大角柱在抵抗任何方向倾覆力矩时都具有最大的力臂，从而比框筒更能充分发挥结构和材料的潜力。典型的例子是1989年落成的香港中国银行大厦(图1-12)和正在筹划中的美国芝加哥532m高的摩天大楼方案,都是采用了桁架筒体结构,并将全部竖向荷载传至周边结构,它们的单位面积用钢量都仅约为150kg/m²。预计这种结构体系今后在300m以上的超高层建筑中将会得到更广泛的应用。

图1-12 香港中国银行

4. 体形多样化

为了体现个性、追求新颖,使高层建筑的平面、立面体型均极其特殊,结构的复杂程度和不规则程度为国内外前所未有的,为结构设计带来极大挑战。平面形状有:矩形、方形、八角形、多边形、扇形、圆形、菱形、弧形、Y形、L形等。立面出现各种类型转换、外挑、内收、大底盘多塔楼、连体建筑、立面开大洞等复杂体型的建筑。

日本东京拟建的Millennium Tower(图1-13),高800m,采用圆锥状体形,底面周长600m,可容纳5万居民。圆锥形高层建筑的优点是:(1)具有最小的风载体型系数;(2)上部逐渐缩小,减少了上部的风载和地震作用,从而缓解了超高层建筑的倾覆问题;(3)倾斜外柱轴力的水平分力,可以部分抵消水平荷载。此幢超高层建筑也采用支撑框筒作为结构抗侧力体系,进一步说明结构支撑化已成为超高层建筑结构的发展方向。此外,该超高层建筑每隔若干层设置一个透空层,可以减小设计风荷载。

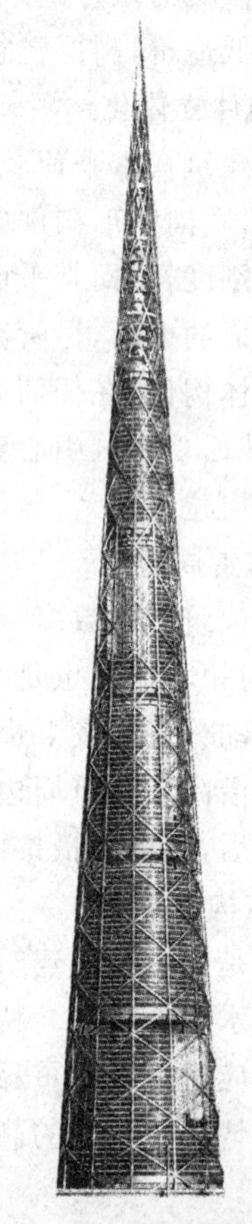

图1-13

东京 Millennium Tower

5. 材料高强化

随着建筑高度的增加,结构面积占建筑使用面积的比例越来越大,为了改善这一不合理状况,采用高强钢和高强混凝土已势在必行。随着高性能混凝土材料的研制和不断发展,混凝土的强度等级和韧性性能也不断得到改善。C80和C100强度等级的混凝土已经在超高层建筑中得到实际应用。可以减小结构构件的尺寸,减少结构自重,必将对高层建筑结构的发展产生重大影响。高强度且具有良好可焊性的厚钢板将成为今后高层建筑结构的主要用钢材料,而耐火钢材FR钢的出现为钢结构的抗火设计提供了方便。采用FR钢材制作高层钢结构时,其防火保护层的厚度可大大减小,从而降低钢结构的造价,使钢结构更具有竞争性。例如,美国芝加哥市的74层、高262m的水塔广场大厦,就是采用C70级高强混凝土建造的。

6. 建筑轻量化

建筑物越高,自重越大,引起的水平地震作用就越大,对竖向构件和地基造成的压力也越大,从而带来一系列的不利影响。因此,目前在高层建筑中,已开始推广应用轻质隔墙、轻质外墙板,以及采用陶粒、火山渣等为骨料的轻质混凝土材料，以减轻建筑物自重。例如，美国于 1971 年采用容重 18.2kN/m^3 的轻质高强混凝土，成功地建造了 52 层，高 218m 的贝壳广场大厦。

7. 组合结构化

采用组合结构可以建造比钢筋混凝土结构更高的建筑。在强震国家日本，组合结构高层建筑发展迅速，其数量已超过混凝土结构的高层建筑。目前应用较为广泛的有：外包混凝土组合柱、钢管混凝土组合柱以及外包混凝土的钢管混凝土双重组合柱等多种组合结构。特别是由于钢管内混凝土处于三轴受压状态，能提高构件的竖向承载力，从而可以节省大量钢材。巨型组合柱首次在香港的中国银行大厦中应用，获得成功并取得了很大的经济效益，上海金茂大厦结构中也成功地应用了巨型组合柱(图 1-14)。随着混凝土强度的提高以及结构构造和施工技术上的改进创新，组合结构在高层建筑中的应用将进一步扩大。巨型框架结构柱体系以其刚度大，在内部便于设置大空间等优点，也将得到更多的应用，例如，上海证券大厦和香港的汇丰银行大厦(图 1-15、图 1-16)。

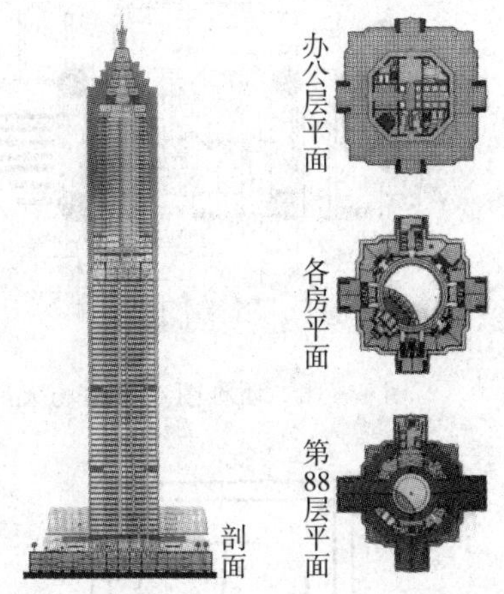

图 1-14　上海金茂大厦

图 1-15　上海证券大厦

图 1-16　香港汇丰银行大厦

图 1-17　多束筒结构体系

多束筒结构体系在实际工程中的应用，已表明该结构体系在适应建筑场地、丰富建筑造型、满足多种功能和减小剪力滞后效应等诸多方面的优点，多束筒结构体系也将在超高层建筑结构实际工程中扩大应用(图 1-17)。

目前，我国高层建筑中已大量应用的现浇钢—混凝土组合框架—剪力墙结构体系，是一种优化组合结构体系。采用钢框架结构替代钢—混凝土框架结构与混凝土剪力墙结构组合，将使框架—剪力墙结构体系进一步优化。提高竖向承载能力和增强抵抗风和地震作用影响的抗侧能力。在钢筋混凝土结构基础上，充分发挥钢结构优良的抗拉性能以及混凝土结构的抗压性能，进一步减轻结构重量，提高结构延性。例如，美国西雅图双联广场

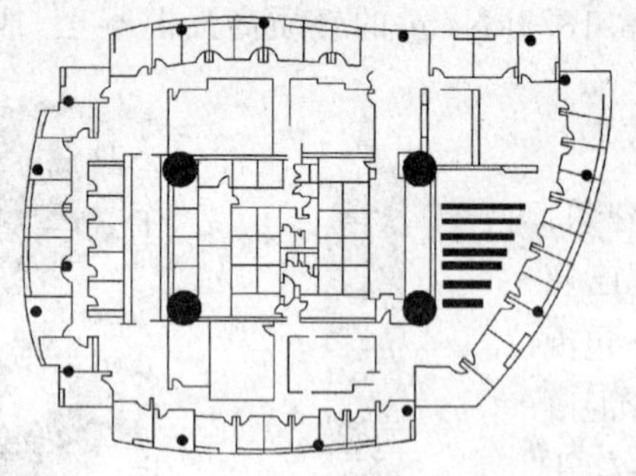
图 1-18 西雅图双联广场大厦平面

大厦(图 1-18),58 层,4 根大钢管混凝土柱,混凝土抗压强度 133MPa,直径 3.05m,管壁厚 30mm,承受 60%竖向荷载。

钢—混凝土组合结构体系中的主要组合结构构件有:劲性混凝土(型钢混凝土)梁柱(图 1-19)、钢管柱(图 1-20)、片式及筒式剪力墙和预应力楼板及钢—混凝土组合楼板(图 1-21)。这些使我们从一般的高层建筑结构设计迈向了超高层建筑结构设计。

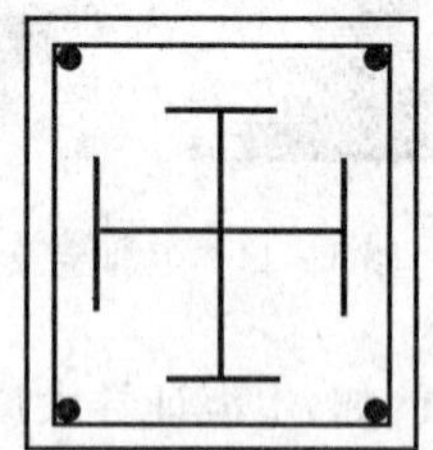
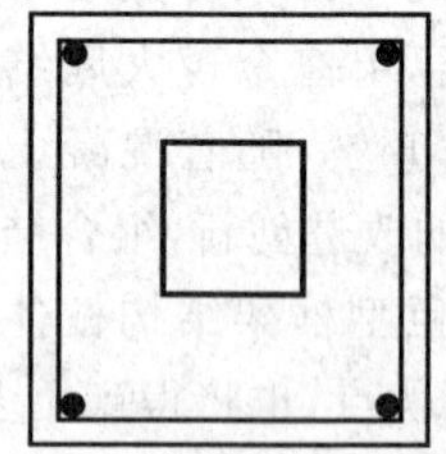
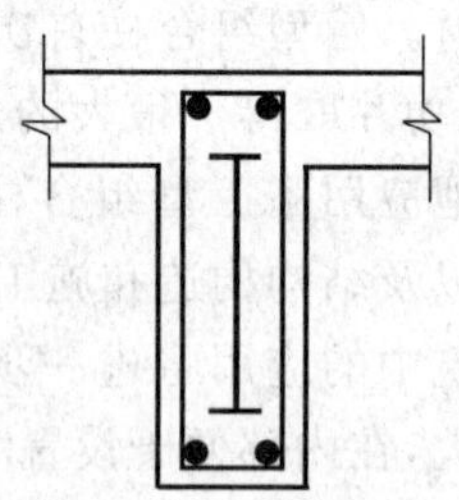
图 1-19 劲性混凝土(型钢混凝土)梁柱

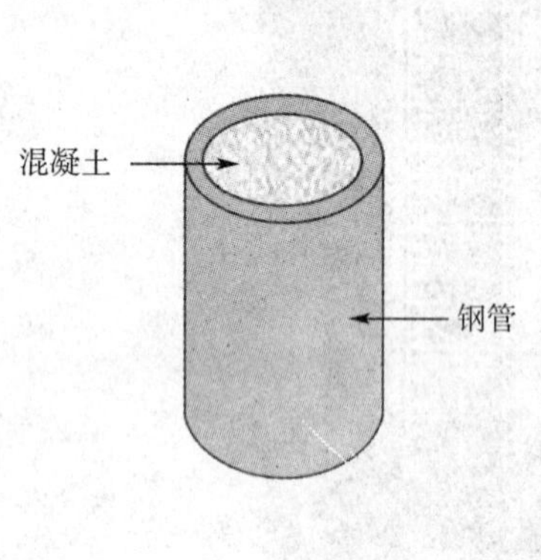

图 1-20 钢管混凝土柱

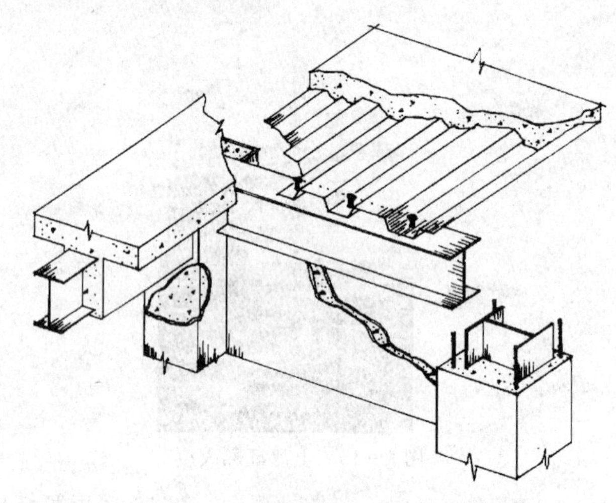
图 1-21 钢混凝土组合楼板

8. 结构耗能减震化

建筑结构的减震有主动耗能减震和被动耗能减震(有时也称主动控制和被动控制)。在高层建筑中的被动耗能减震有耗能支撑、带竖缝耗能剪力墙、被动调谐质量阻尼器以及安装各种被动耗能的油阻尼器等。主动减震则是计算机控制的,由各种驱动器驱动的调谐质量阻尼器对结构进行主动控制或混合控制的各种作用过程。结构主动减震的基本原理是:通过安装在结构上的各种驱动装置和传感器,与计算机系统相连接,计算机系统对地震动(或风振)和结构反应进行实时分析,向驱动装置发出信号,使驱动装置对结构不断地施加各种与结构反应相反的作用,以达到在地震(或风)的作用下减小结构反应的目的。

目前,在美国、日本等国家各种耗能减震(振动)控制装置已在高层建筑结构中得以应用。在中国也有部分高层建筑工程中应用了这种技术。随着人类进入信息时代,计算机、通讯设备以及各类办公电子设备不受振动干扰而安全平稳地运行，具有重要现实意义。与此同时，就要求创造一个安全、平稳和舒适的办公环境，并要能对各种扰动进行有效地隔振和控制。因此，高层建筑的耗能减震控制将会有很大的发展空间和广泛的应用前景。

思考题

1. 高层建筑混凝土结构有哪几种主要结构体系？

2. 高层建筑结构如按功能材料分，有哪几种主要结构类型？

3. 高层建筑结构有哪些设计特点？

4. 试述各种结构体系的优缺点，受力与变形特点。

5. 高层建筑结构中，结构高度(H)对结构轴力(N)、弯矩(M)和位移(Δ)的影响大体上如何？

6. 试述国内外高层建筑结构发展的主要特点。你还知道国内外高层建筑结构采用哪些其他结构体系吗？

7. 试述世界高层建筑结构未来发展的趋势。

第2章　高层建筑结构体系与结构设计布置原则

2.1　结构体系

高层建筑结构设计关键在于结构抗侧力体系的选择，高层建筑中基本抗侧力单元是框架、剪力墙、实腹筒、框筒及支撑，由上述单元即组成高层结构体系。

目前我国大量采用的高层建筑结构体系有框架结构、剪力墙结构、框架—剪力墙结构和筒体结构等(图2-1)。

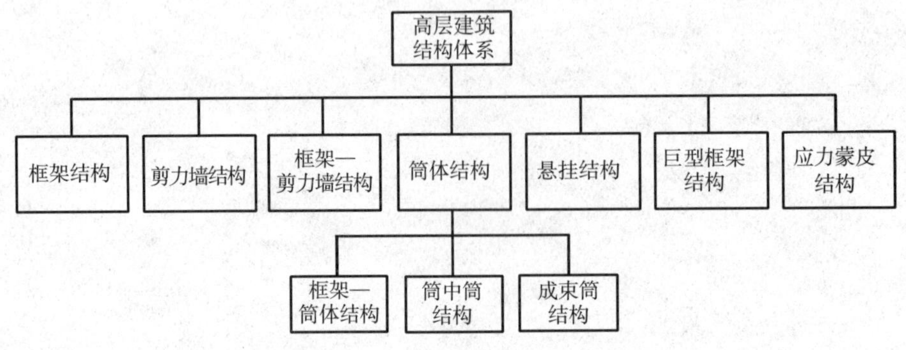

图2-1　高层建筑结构体系

随着层数和高度增加，水平作用(地震作用和风荷载)将成为高层结构设计的主要因素。选用合理的结构体系对提高结构承载力、抗侧刚度、抗震性能、降低造价至关重要。结构体系的选择应根据建筑功能要求、房屋高度和高宽比、抗侧设防类别、抗震设防烈度、场地类别、结构材料和施工技术条件等因素。

2.1.1　框架结构体系

1. 框架结构体系的构成及分类

由梁、柱构件通过结点连接组成的结构称为框架，组成的框架作为竖向承重和抗侧力的结构体系称为框架结构(图2-2)。框架梁、柱分别可用钢、钢筋混凝土、钢骨混凝土等材料。

图2-3为一些典型框架结构的平面形式。根据结构平面布置，框架结构分别可采用横向承重、纵向承重及纵横双向承重体系。

根据结构施工方法的不同，框架结构可分为现浇框架、预制框架及装配整体式框架。

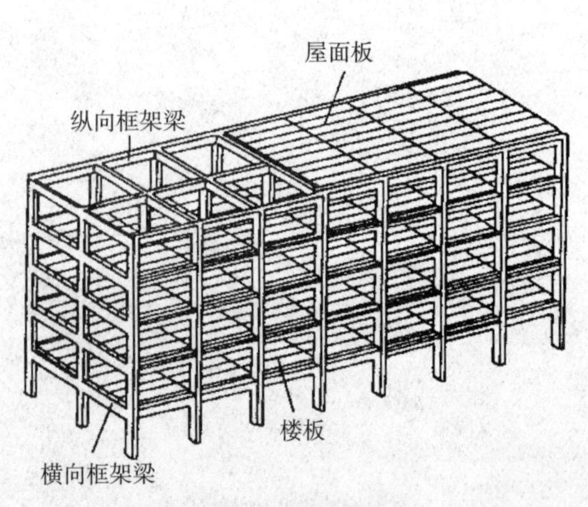

图2-2　框架结构

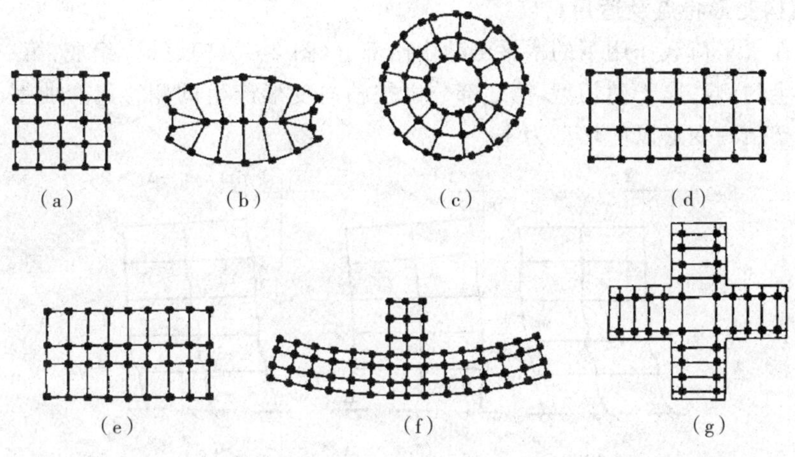

图 2-3　框架结构典型平面形式

2. 框架结构体系柱网布置

框架结构具有建筑平面布置灵活、使用方便等特点，因此框架结构适用于民用住宅、办公楼、旅馆、饭店、医院及大型商业建筑等。根据建筑物使用功能要求，选择合理柱网。对于民用住宅、办公楼、旅馆等建筑，通常采用 3～5m 的小柱网。而对于大型商业建筑，通常采用 6～12m 的大柱网，如图 2-4 所示。

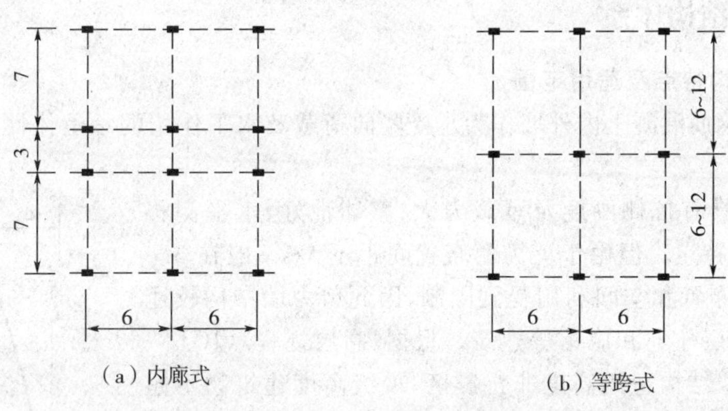

图 2-4　合理柱网布置

由于框架只能在自身平面内抵抗水平作用，则框架结构应设计成双向梁柱抗侧力体系。为保证结构整体性及良好传力性能，抗震结构的梁柱必须采用刚接。

由于单跨框架的耗能能力较弱，在强震时出现连续倒塌现象可能性较大，抗震框架不宜采用单跨框架。

框架沿高度方向各层的柱网尺寸宜相同，尽量避免因某层框架柱取消而形成不规则框架。尽量避免因楼层错层引起短柱现象。

通过合理设计，可以使框架具有较好的延性，增强结构抗震性能。

框架结构与砌体结构是两种不同的结构体系，其抗侧刚度、变形能力、结构延性及抗震性能相差很大，因此框架结构抗震设计时，不应采用部分由砌体结构承重，部分由框架承重的结构形式。框架结构中，楼梯间、电梯间以及局部出屋顶的电梯机房、楼梯间、水箱间，应采用框架承重。

3. 框架结构变形特点及适用高度

框架结构在水平荷载作用下的水平侧移由两部分(图 2 - 5(a)、(b))组成:第一部分是由梁、柱弯曲变形产生的侧移属于剪切型,第二部分由柱轴向变形产生的侧移属弯曲型。对于高宽比不大于 4 的框架结构变形以剪切型为主。

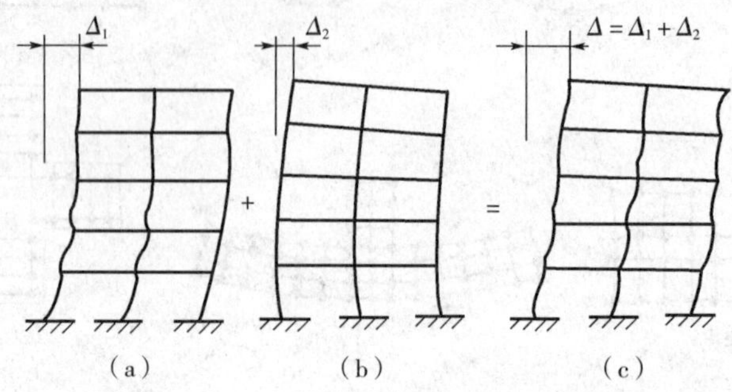

图 2 - 5　框架结构侧向变形

框架抗侧刚度取决于梁、柱截面尺寸。而梁柱截面惯性矩较小,则框架结构刚度较小,侧向变形大,从而限制框架结构的使用高度。根据《高层建筑混凝土结构技术规程》(JGJ3 - 2002)的规定:框架结构适用高度非抗震区不超过 70m,抗震 6 度设防区不超过 60m,其他设防区最大适用高度相应减少。具体详见表 2 - 4。

2. 1. 2　剪力墙结构体系

1. 剪力墙结构特点及适用范围

利用房屋中钢筋混凝土内外墙作为承受竖向荷载及水平作用的承重体性系,称为剪力墙结构体系。

剪力墙结构具有抗侧刚度及承载力大、整体性好、水平侧移小、抗震性能好等特点。但由于剪力墙布置间距不大(一般在 3～8m),使建筑平面布置和空间利用受到限制,因此剪力墙结构较适用于 15～40 层高层住宅和旅馆等建筑。根据《高层规程》(JGJ3 - 2002)规定:剪力墙结构适用高度非抗震区,A 级高度建筑物不超过 150m,B 级高度建筑物不超过 180m;抗震区,随设防烈度增加,房屋适用高度相应减少。具体详见表 2 - 4、表 2 - 5。

由于剪力墙一般在 10 层以上,墙体高宽比大于 4,是一个以受弯为主的悬臂墙构件,其在侧向力作用下位移曲线呈弯曲型,层间位移由下向上逐渐增加。如图 2 - 6 所示。

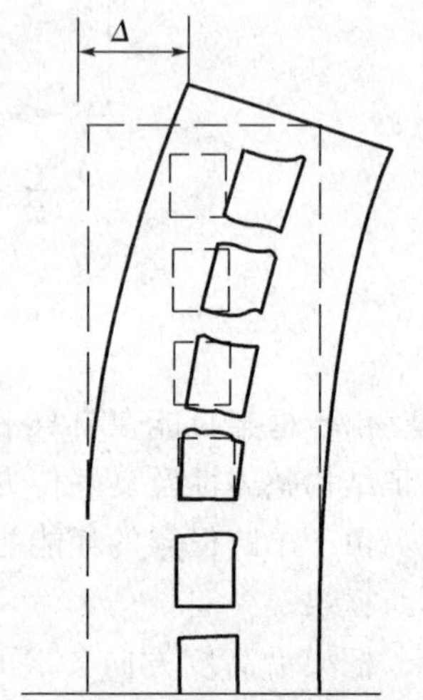

图 2 - 6　剪力墙侧移曲线

2. 结构布置

(1)剪力墙的平面布置原则

高层建筑应具有良好的空间工作性能,根据建筑物形状,剪力墙结构应采用双向或多向布置,形成空间结构体系(图 2 - 7)。

在抗震结构设计中,宜使两个方向抗侧刚度接近。另外由于剪力墙抗侧刚度过大,会使地震力加大、自重加大,对结构不利。合理布置剪力墙,使结构具有适宜的抗侧刚度。判断剪力墙结构抗侧刚度是否合理可由计算结构自振周期来完成,一般剪力墙结构的合理自振周期为 0.05n～0.06n(n 为层数)。

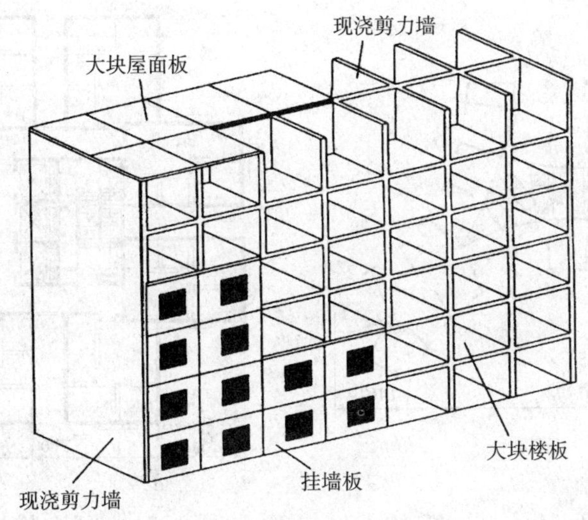

图 2-7　剪力墙结构

剪力墙结构平面布置应遵循简单、规则、对称、均匀的原则。力求质量中心与刚度中心重合，避免由于刚度不均匀引起的扭转对结构的不利影响。图 2-8～图 2-11 所示为剪力墙结构标准层平面实例。

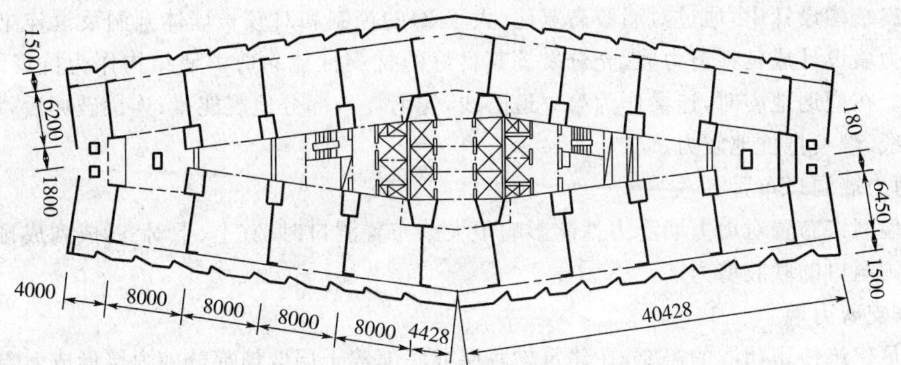

图 2-8　广州白云宾馆(33 层,114.05m)

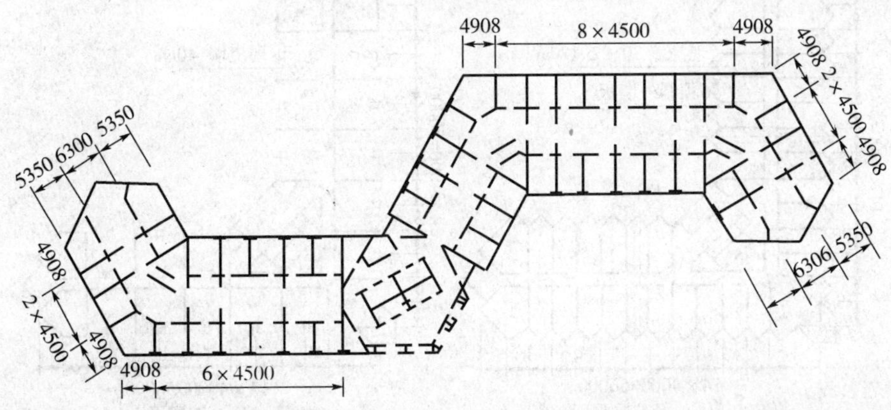

图 2-9　北京昆仑饭店(30 层,100m)

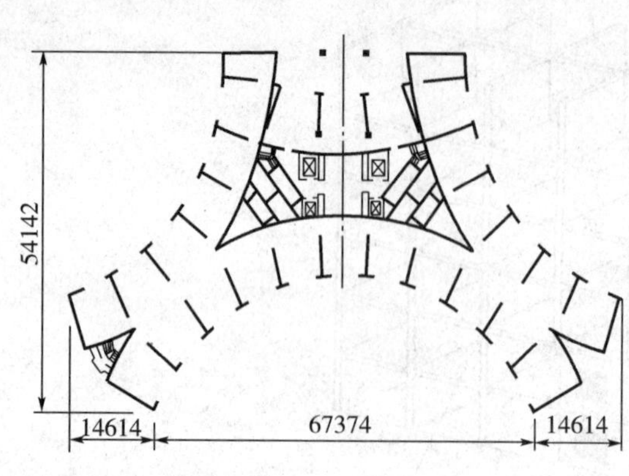

图 2-10 北京国际饭店(31 层,104m)

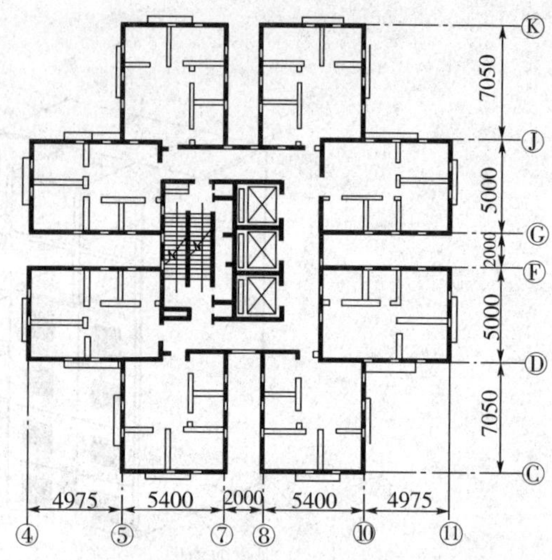

图 2-11 深圳红岭大厦(30 层,92.2m)

(2)剪力墙竖向布置原则

沿结构竖向,剪力墙宜贯通全高,自下而上宜连续布置。当墙高沿高度需改变时,宜逐渐减薄。在抗震结构设计中,应尽量避免剪力墙竖向刚度突变对结构抗震带来的不利影响。

(3)剪力墙结构的抗震性能

在抗震结构设计中,通过对墙肢高宽比(大于 2)的控制和对较长墙体开洞及设连梁等措施,可以把剪力墙设计成延性剪力墙,充分发挥其良好的抗震性能。剪力墙结构作为抗震结构具有多道防线。在遭遇地震时,连梁作为第一道防线,先消耗一部分地震能量;连梁破坏后,墙肢作为第二道防线,继续抵抗地震力。

(4)剪力墙洞口布置

剪力墙洞口布置对剪力墙受力性能影响很大。布置洞口时,宜上、下对齐,成列成排布置,形成具有规则洞口的联肢剪力墙。

(5)框支剪力墙

为满足建筑使用功能的需要,在建筑物底层或底部若干层取消部分剪力墙形成大空间时,由框架支承的部分剪力墙,称为框支剪力墙。如图 2-12 所示为底部大空间剪力墙结构平面实例。

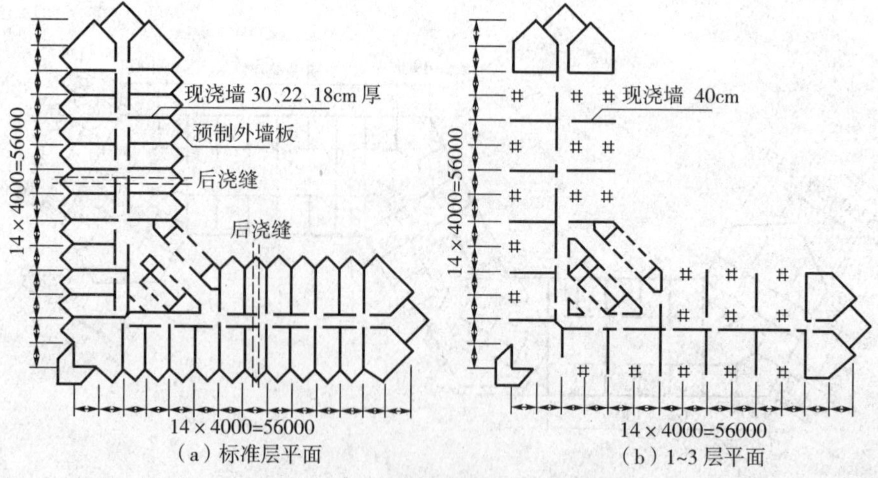

图 2-12 北京西苑饭店(29 层,93.06m)

在地震作用下，框支层为薄弱层，其层间位移大，容易由于框支柱的破坏而引起整个建筑物倒塌，因此《高层规程》(JGJ3－2002)规定：地震区不允许底层(或若干层)全部为框架的框支剪力墙结构，允许采用部分落地的剪力墙与框支剪力墙协同工作。抗震结构设计中，应采取措施加大底部大空间的刚度及控制框支层层数，来减弱框支层刚度及承载力突变对结构抗震的不利影响。相应加大底部大空间刚度办法有：

①大落地墙(井筒)在框支层部分的墙厚。

②控制转换层上部结构与下部结构刚度比。

③控制落地剪力墙间及落地剪力墙与框支柱之间间距。

④将落地剪力墙围合成井筒。

(6)短肢剪力墙

在剪力墙结构中布置若干墙肢截面高宽比为5～8的短肢剪力墙形成的体系，称为短肢剪力墙结构。由于短肢剪力墙具有减轻自重、降低造价等特点，近年来在18层以下的小高层住宅中，得到广泛的应用。但短肢剪力墙抗震性能不如一般剪力墙(高宽比大于8)，因此《高层规程》(JGJ3－2002)中规定：高层建筑结构中不应采用全部为短肢剪力墙的剪力墙结构。当短肢墙较多时，应布置筒体(或一般剪力墙)，形成短肢剪力墙与筒体(或一般剪力墙)共同抵抗水平作用的剪力墙结构。设计时短肢剪力墙抗震设计要求要高于一般剪力墙。

2.1.3 框架—剪力墙结构体系

1. 框架一剪力墙结构体系的构成

为了弥补框架结构抗侧刚度小，变形大的缺点，在框架结构中设置若干片剪力墙，形成由框架和剪力墙共同承受竖向荷载及水平作用的结构体系，称为框架—剪力墙结构(亦称框剪结构)，如图2－13所示。由于框剪结构只在部分位置布置剪力墙，既保持了框架结构具有较大灵活空间的优点，又能使结构具有较大的整体抗侧刚度。因此框剪结构广泛应用于多种使用功能的高层房屋，如办公楼、饭店、公寓、教学楼，病房楼等。

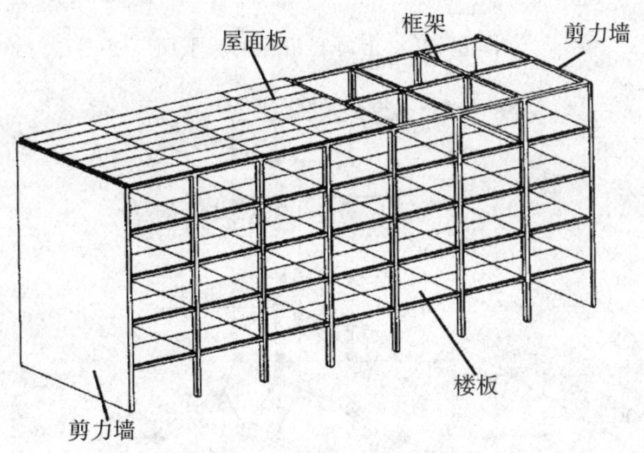

图2－13 框架—剪力墙结构

框剪结构构成形式一般有：

(1) 框架与剪力墙(单片墙、联肢墙或较小井筒)分开布置，形成各自的抗侧力体系；

(2) 在框架结构的若干跨内嵌入剪力墙(带边框剪力墙)；

(3) 在单片抗侧力结构内连续分别布置框架和剪力墙；

(4)上述2种或3种形式的混合。

图 2－14～图 2－16 所示的分别为框剪结构标准层平面的实例。

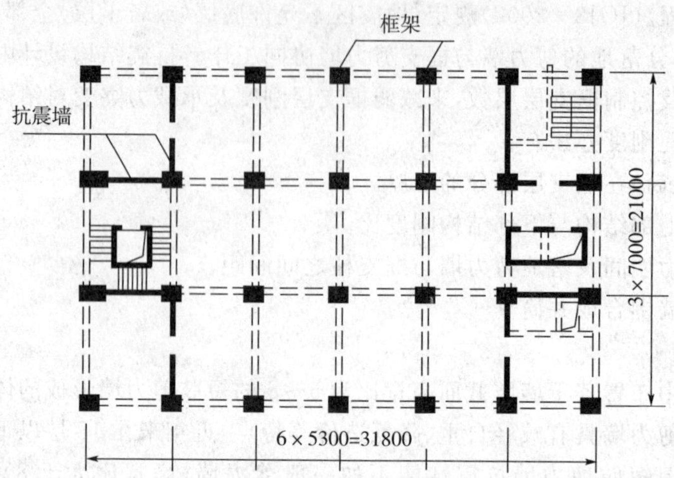

图 2－14 上海华山医院病房标准层平面图

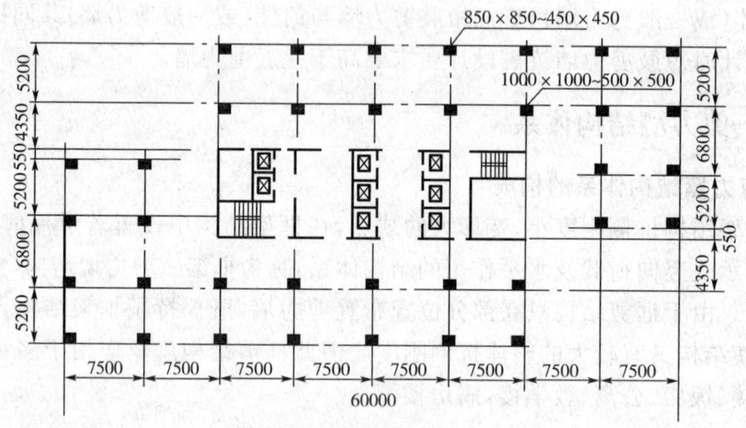

图 2－15 上海宾馆标准层平面

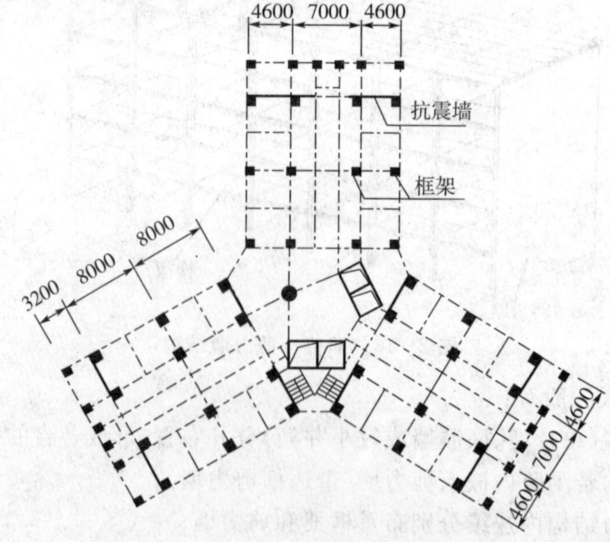

图 2－16 广东省中山市国际酒店标准层平面

2. 框架一剪力墙结构特点

框一剪结构是由两种不同的抗侧力体系组成，两者受力、变形均不同。在侧向力作用，单独框架结构变形曲线呈剪切型，其侧移跟各楼层剪力有关，层间位移自上而下增加。单独剪力墙变形曲线呈弯曲型，其层间位移自上而下减少。组成框剪结构后，通过各层刚性楼盖的约束作用，框架与剪力墙协同工作，使两者变形一致。此时在结构底部，框架侧移减少，而在结构上部，剪力墙侧移减小，形成一种呈弯一剪型侧移曲线，如图 2-17 所示。框剪结构层间侧移沿高度相对于框架结构或剪力墙结构较为均匀，从而大大改善了上述两种结构的抗震性能，有利于减少小震作用下非结构件的破坏。在侧向力作用下，变形协调使得框架与剪力墙之间产生相互作用力，两者之间楼层剪力分配比例一般随高度改变。由于剪力墙变形是下大、上小，而框架变形是下小上大，则在框剪结构底部，为了限制框架变形，剪力墙承担了大部分剪力，两者之间产生压力。随着高度的增加，致剪力墙位移增加，框架位移减少，框架所承受的剪力逐渐增加——这是因为此时框架除了承担外荷载产生的剪力外，还要承担将剪力墙拉回来的附加剪力。在结构顶部即使楼层剪力很小的情况下，框架中仍有相当的水平剪力，且框架与剪力墙间产生拉力。图 2-18 是框剪结构受力特点。从总体上看，由于剪力墙刚度远大于框架，则大多数工程中，剪力墙几乎承担 80%以上的水平荷载。

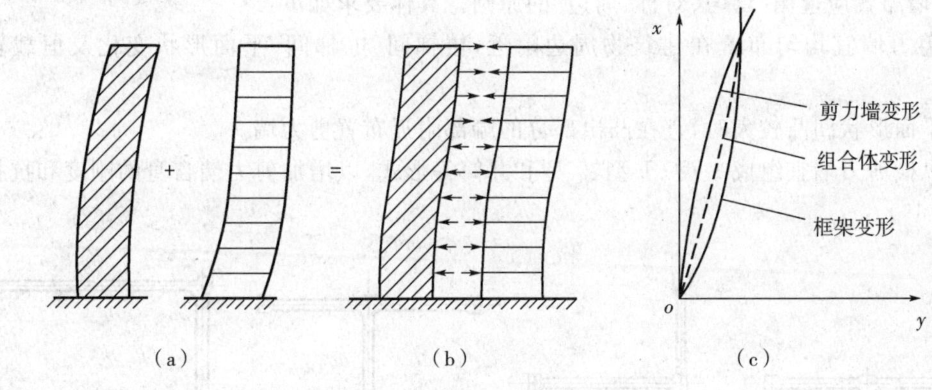

图 2-17　框架一剪力墙结构变形特点

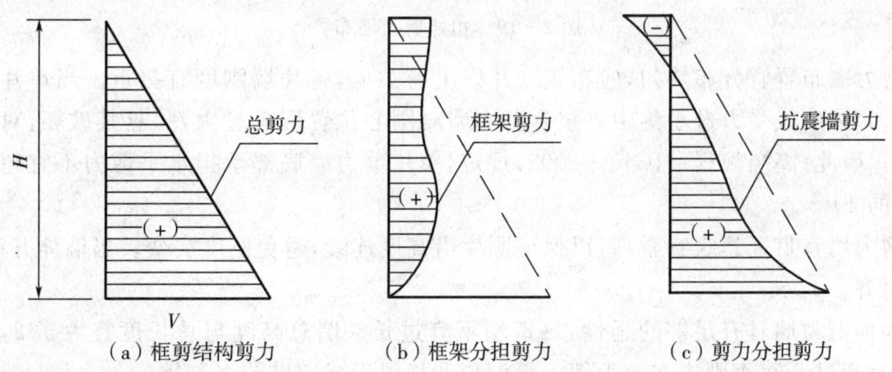

图 2-18　框架一剪力墙结构受力特点

3. 框架一剪力墙结构的抗震性能

框剪结构体系中，框架具有良好的延性，剪力墙具有较大的抗侧刚度。把两者结合起来后，使得框剪结构体系不仅具有良好延性，而且由于抗侧刚度增加，减小了结构侧向位移，有效地控制地震对结构的破坏，尤其是减轻非结构件的破坏。在地震区建筑应具有多道抗震防线，在框剪结构中，剪力墙是第一道防线，框架属第二道防线。在大震作用下，开始剪力墙由于刚度大，承担大部分地震作用，充当第一道防线，随着墙体的开裂，刚度减小，部分剪力墙退出工作，并吸收相当的地震能量后，框架部分开始发挥第二道防线的作用。

4. 结构布置

框剪结构中，剪力墙作为主要抗侧力构件，应布置在结构的两个主轴方向上，形成双向抗侧力体系。为了避免结构扭转对结构的不利影响，应尽可能地使两个主轴方向刚度接近。为保证整体结构几何不变性及刚度的充分发挥，除个别节点特殊需要外，主体结构各构件间应采用刚性连接。

框剪结构布置关键在于剪力墙的数量和位置。布置一定数量的剪力墙，能有效的提高结构抗侧刚度，减小了侧向变形，提高结构抗震能力。但不能过多布置剪力墙，这是因为剪力墙太多，结构不经济且随着剪力墙的增加，结构刚度增加，地震力亦加大。在工程中，一般以使结构层间位移不超过规范规定的限值来作为布置剪力墙数量的依据为宜。另外基本振型地震作用下剪力墙部分承受的倾覆力矩小于结构总倾覆力矩的 50%时，说明剪力墙太少，应适量增加。框剪结构中剪力墙布置应遵循“均匀、对称、周边”的原则。具体要求如下：

(1)剪力墙宜均匀布置在建筑物周边附近，楼梯间、电梯间、平面形状变化及恒载较大的部位。

(2)平面形状凹凸较大时，宜在凸出部分的端部附近布置剪力墙。

(3)纵横剪力墙宜组成 L 型、T 型、[型和井筒等形式，以增加剪力墙自身的刚度和抗扭转能力(图 2-19)。

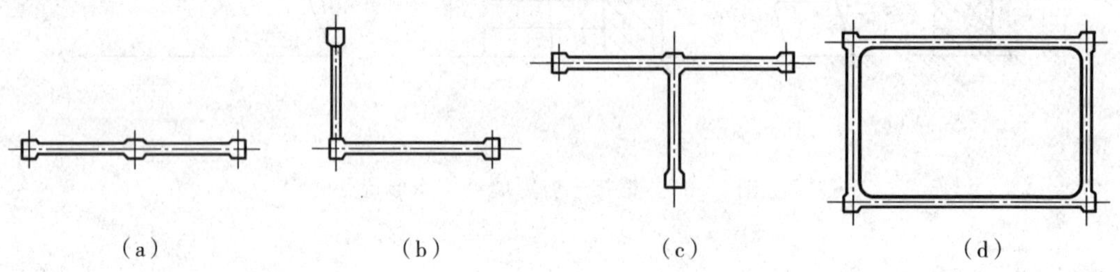

图 2-19　相邻剪力墙布置

(4)剪力墙布置宜分布均匀，应布置 3 片以上剪力墙，各片墙刚度宜接近。当单片剪力墙刚度过大时，容易造成受力过于集中。该片剪力墙对刚心位置影响过大，一旦其破坏，对整体结构非常不利。因此《高层规程》(JGJ3-2002)规定，单片剪力墙底部承担水平剪力不宜超过结构底部总剪力的 40%。

(5)剪力墙宜贯通建筑物全高，以保证刚度沿高度连续，避免刚度突变。当墙体开洞时，洞口宜上、下对齐。

(6)为使剪力墙具有足够的延性，每道墙不宜过长。墙总高度与总长度宜大于 2，且每片墙总长度不宜超过 8m，否则应在剪力墙上设洞口和连梁形成双肢或多肢墙。

(7)为减少温度及收缩应力对较长房屋的不利影响，纵横向剪力墙不宜集中设在较长房屋的端开间。

(8)为保证楼、屋盖刚性，防止楼(屋面)板在自身平面内变形过大，使各层水平剪力可靠地传递给剪力墙,剪力墙间距不宜过大。其最大间距值应满足表2-1的规定。

表2-1 剪力墙最大间距

楼盖形式	非抗震设计	抗震设防烈度		
		6度、7度	8度	9度
现浇	≤5B,且≤60m	≤4B,且≤50m	≤3B,且≤40m	≤2B,且≤30m
装配整体	≤3.5B,且≤50m	≤3B,且≤40m	≤2.5B,且≤30m	—

[注] (1)表中B为楼盖的宽度;(2)装配整体式楼盖指装配式楼盖上做配筋现浇层;(3)现浇部分厚度大于60mm的预应力或非预应力叠合楼板可作为现浇楼板考虑。

2.1.4 筒体结构

1. 筒体结构体系的概念

随着层数和高度的增加,由平面抗侧力体系所构成的框架、剪力墙及框剪结构这3种传统结构已不能满足建筑和结构的要求。当结构达到一定高度后,每增加一层所增加的造价远远大于一般高层建筑增加的造价。因此当高层建筑达到一定高度后,为了经济上的可行性,一种新的更有效的抗侧力体系—筒体结构诞生了。筒体结构主要是由一个或多个空间受力的筒体形成承受竖向荷载,抵抗水平作用的空间结构体系。筒体结构可以是由剪力墙组成的空间薄壁筒体,亦可以由密柱深梁形成的框筒组成。筒体结构以空间整体受力为特征,具有很大的抗侧刚度和承载力,并有很好的抗扭刚度,因此它更适用于100m以上的超高层建筑物。

2. 筒体结构的类型

筒体结构体系包括框筒结构(图2-20(a)、(b))、筒中筒结构(图2-20(c))、框架核心筒(图2-20(d))、多重筒结构(图2-20(e))和束筒结构(图2-20(f))等类型。

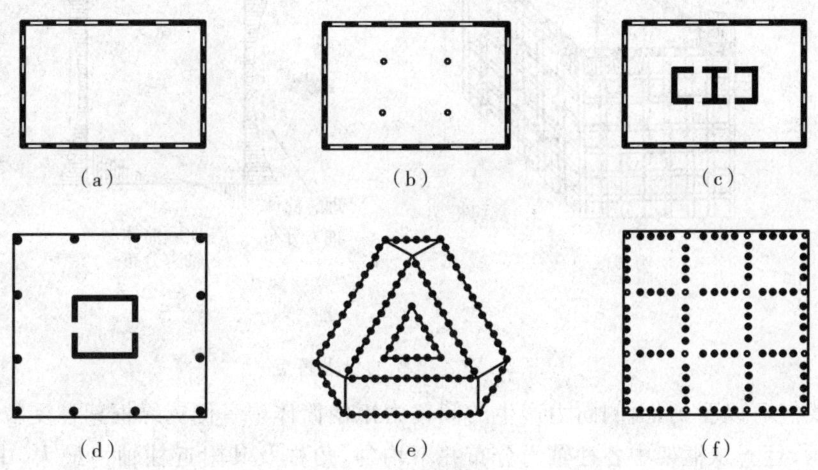

图2-20 各种筒体结构的平面布置

(1)框筒结构

在建筑物周边布置柱距小、高跨比大的深梁形成了密柱深梁的框架围合而成的结构体系,称为筒体结构(图2—21)。从形式上看筒体是由小型框架在角部拼装而成,角柱的截面较大,起着连接两个方向框架的作用。

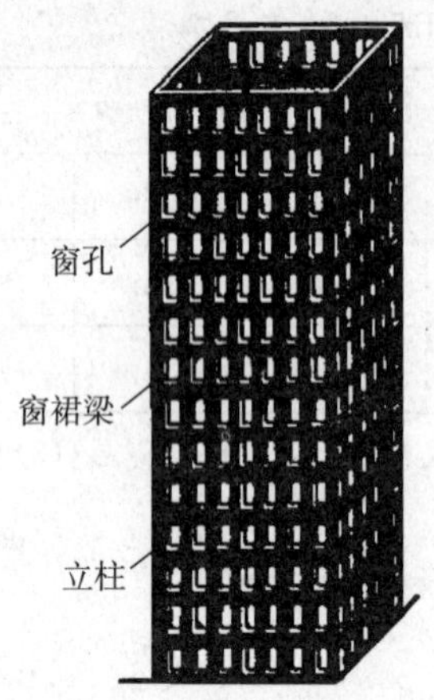

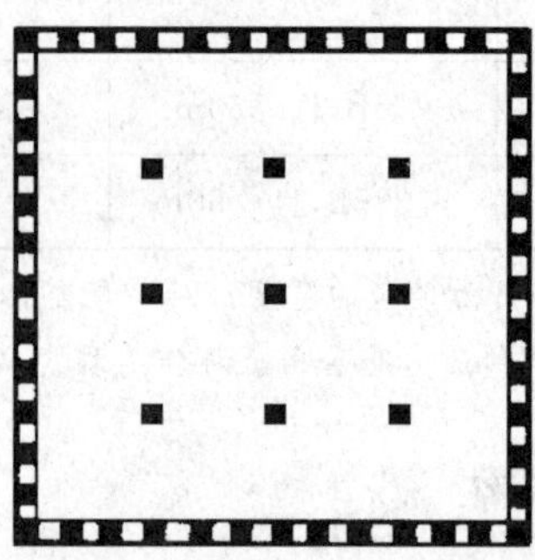

图 2-21 框筒结构体系

筒体结构受力与框架不同,它是一个空间结构,即当结构在侧向力作用下,除了与侧向力相平行的两框架(常称为腹板框架)受力外,与侧力相垂直方向的两框架(常称为翼缘框架)也参与抵抗侧向力,形成一个空间受力体系。框筒一般布置在建筑物四周,形成具有较大抗侧、抗扭刚度和承载力的外筒。它一般不单独用在高层结构体系中,而是与内筒一起组成筒中筒、多重筒、束筒等结构。筒体可以是钢筋混凝土结构,亦可采用钢结构或混合结构。

图 2-22 为筒体结构在侧向力作用下柱轴力分布图(虚线表示理想的实腹式筒体轴力分布)。

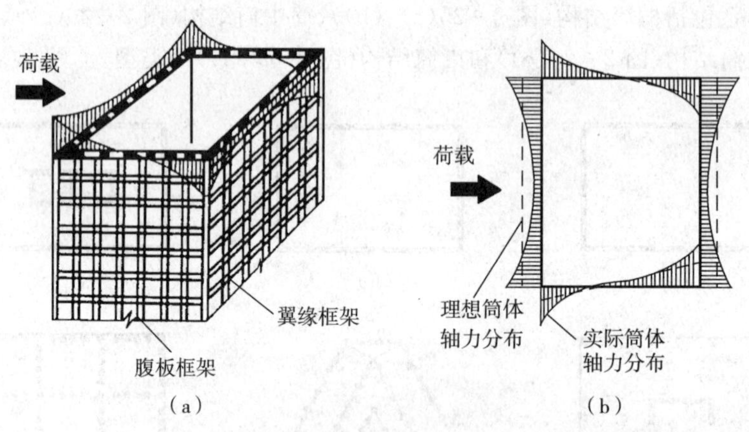

图 2-22 框筒的受力特点

从图中我们可以看到,由侧向力产生的倾覆力矩使筒体中一侧翼缘框架柱受拉,而另一侧翼缘框架柱受压,且翼缘框架中各柱轴力分布并不均匀,角柱及其附近柱轴力最大,中间柱轴力变小,而腹板框架柱轴力显曲线分布,这种现象称为“剪力滞后”现象。产生这种现象的原因是,翼缘框架柱轴力是通过梁竖向剪力由角柱向中间柱传递的,由于梁的横向相对变形。使得柱轴向变形和所负担的轴力,越往中间越小。影响“剪力滞后”现象的因素很多,如梁柱刚度比、平面形状、荷载、建筑物高宽比等。由于“剪力滞后”现象使部分中柱的承载力得不到发挥,结构空间作用减弱。因此应通过合理布置梁柱,限制房屋高宽比等措施,尽量减小“剪力滞后”效应,提高框筒结构刚度和承载力，充分发挥结构中各部分的作用。

(2)筒中筒结构

把高层建筑中位于中心位置的电(楼)梯间，管道竖井等设施的墙体布置成内筒，用框筒作为外筒，由此形成的结构体系，称为筒中筒结构。内筒可以是由钢筋混凝土墙体围合而成的井筒，亦可采用钢框筒或钢支撑框架。

筒中筒结构是双重抗侧力体系，在侧向力作用下，内外筒协同工作，水平剪力大部分由内筒来承担，而侧向力产生的倾覆力矩和扭矩，则主要由外框筒来承担，筒中筒结构侧移曲线是弯剪型。图 2－23 至图 2－25 分别为筒中筒结构标准层图实例。

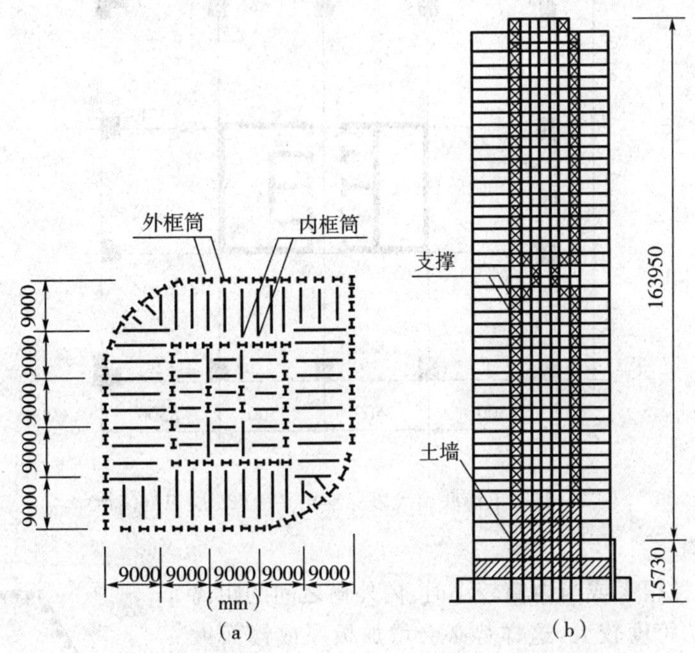

图 2－23　北京中国国际贸易大厦结构平面和剖面图

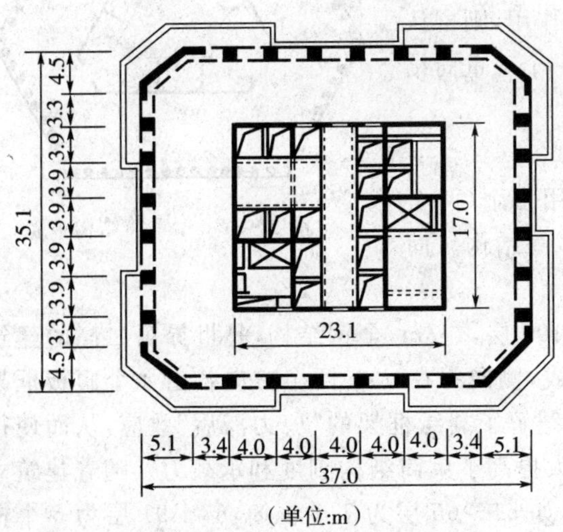

图 2－24　广州国际大厦主楼标准层平面

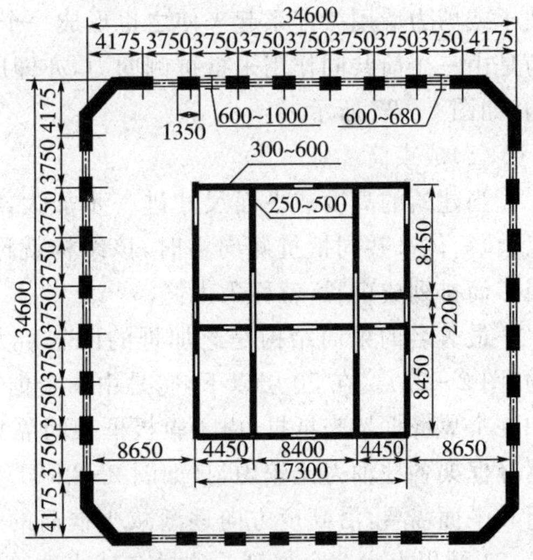

图 2－25　深圳国际贸易中心大厦主楼标准层平面

(3)框架—核心筒结构

为满足建筑立面及外形的要求，把筒中筒结构中外框筒柱距加大(一般在 6～12m)，并减小梁高，此时建筑物周边柱无法形成筒体，而只相当于空间框架，与内筒一起，即组成了框架—核心筒结构。由于它是由外部普通框架和内部为由剪力墙围合而成的实腹筒(或钢框筒)共同工作，形成的结构体系，因此它的受力特点类似于框架—剪力墙结构。其中核心筒因为具有较大刚度和承载力，成为抗侧力体系的主体。与筒中筒结构一样，框架核心筒结构可采用钢筋混凝土结构，亦可为钢结构或混合结构。图 2-26 为框架核心筒结构平面实例。

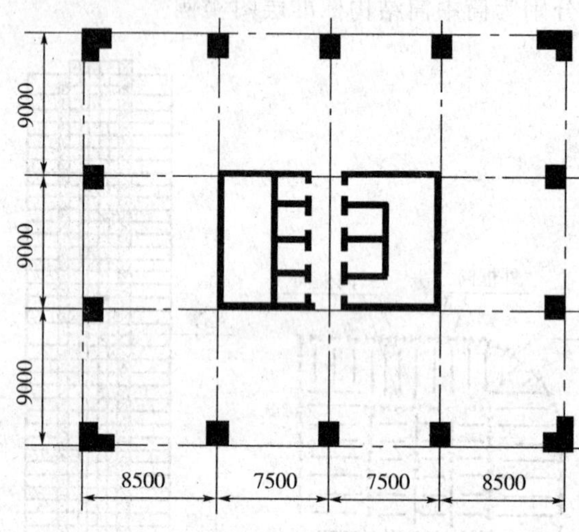

图 2-26 上海联谊大厦标准层平面(29 层，106.5m)

(4)多重筒结构

当建筑平面尺寸很大或当内筒较小时，内外筒之间的距离较大，即楼盖结构的跨度较大，这样势必会增加板厚或楼面大梁的高度。为保证楼盖结构的合理性，降低楼盖结构的高度，可在筒中筒结构的内外筒之间增设柱子或剪力墙。若将这些柱子或剪力墙用梁连系起来使之也形成一个筒的作用，则可认为是由三个筒共同作用来抵抗侧向力，亦即成为一个三重筒结构，如图 2-27 所示。

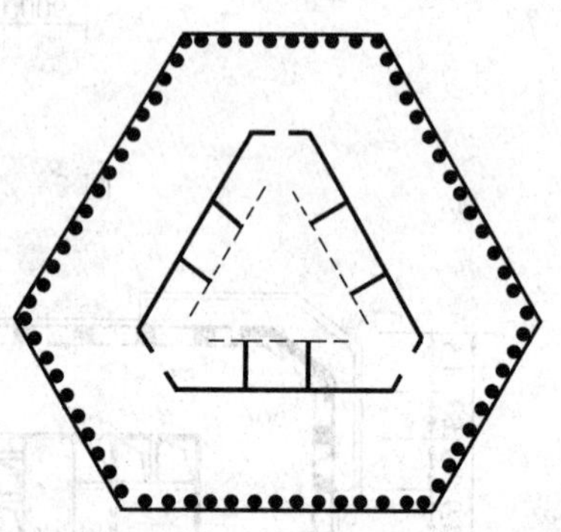

图 2-27 多重筒结构

(5)成束筒

当建筑的高度或平面尺寸进一步加大，需采用多个(两个以上)筒体来共同抵抗侧向力时，该结构就称为多筒结构。而当多筒排列成束状，就称为束筒。

最著名的束筒结构是芝加哥的西尔斯大厦，109 层，443m，全钢结构，是世界第二高的建筑物(图 2-28)。在 50 层以下，它是由 9 个框筒组成，侧向力在 x、y 两个方向各由 4 个腹板框架和 4 个翼缘框架来抵抗，由于腹板框架间隔减小，缓解了翼缘框架的“剪力滞后”效应，从而使得翼缘框架各柱轴力比较均匀(如图 2-28(d))，大大提高了束筒结构刚度和承载力。随着建筑立面和平面需要，沿高度方向逐渐减少框筒的个数，如 51～66 层为 7 个框筒，67～91 层为 5 个框筒，91 层以上为 2 个框筒。这样在减小建筑平面尺寸的同时，使结构刚度逐渐变化，亦保持框筒结构布置的完整性。

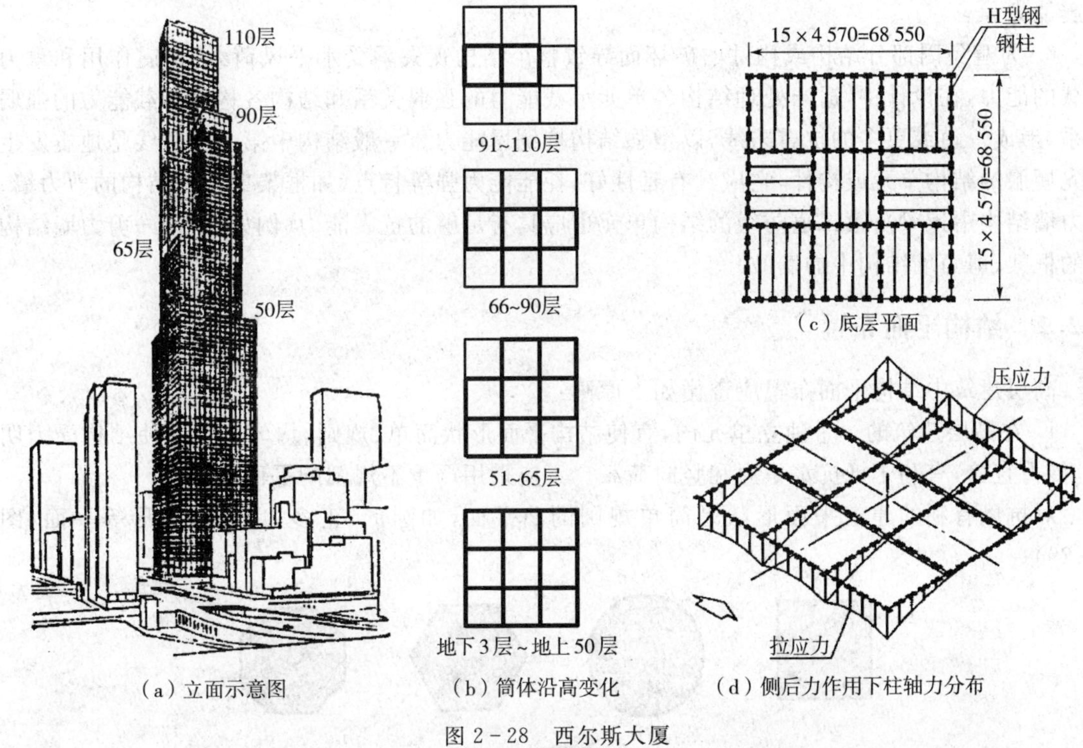

（a）立面示意图　（b）筒体沿高变化　（c）底层平面　（d）侧后力作用下柱轴力分布

图 2－28　西尔斯大厦

2.2　结构总体布置原则

结构总体布置即为结构平面布置和竖向布置。结构总体布置与建筑的平面和立面是密切相关的。结构总体布置对结构抗震性能起决定性的作用。高层结构总体布置应综合考虑建筑使用功能、建筑美观、结构安全及经济合理性和施工技术等因素。

2.2.1　高层建筑结构布置的基本原则

由国内外两次大地震之害表明：建筑体形和结构总体布置的不合理所造成的震害是极为严重的。大量的经验教训告诉我们，在抗震房屋设计中，除了进行细致的计算分析外，结构工程师还必须特别重视规范、规程中有结构概念设计的各条规定。抗震房屋的建筑体形与结构总体布置应遵循以下基本原则：

1. 建筑设计应符合抗震概念设计的要求，即采用对抗震有利的建筑平面和立面。结构布置应从有利抗震的角度来考虑，宜采用规则结构，不应采用严重不规则结构。

2. 为使结构的抗震分析更符合结构在地震时的实际表现，有利提高结构的抗震性能。在结构布置中应使抗震结构体系受力明确，传力合理且传力路线不间断。

3. 结构应有足够刚度来控制结构顶点总位移和层间位移，避免结构在小震时，结构变形过大而影响正常使用；防止结构在大震时，失稳和倾覆等破坏现象。

4. 结构应具有足够的承载力及变形能力，抗震结构还应具备良好的弹塑性变形能力和消耗地震能量的能力。

5. 不论采用何种结构体系，结构布置都应使结构具有合理的刚度和承载力分布，避免因局部突变和扭转效应而形成薄弱部位；对可能出现的薄弱部位，在设计中应采取有效措施，增强其抗震能力。

6. 为避免因部分结构或构件的破坏而导致整个结构丧失承受水平风荷载、地震作用和重力荷载的能力，在设计中，适当处理结构各单元承载能力的强弱关系和结构各构件承载能力的强弱关系，形成一道或更多的抗震防线，以增强结构抗倒塌能力。一般结构中第一道防线是地震发生时先屈服的结构单元或构件，它应具有延性好，耗能能力强等特点（如框架剪力墙结构的剪力墙、剪力墙结构中连梁）；第二道防线的结构单元也应具有足够的抗震能力（例如，框架—剪力墙结构中的框架、剪力墙结构中的墙肢）。

2.2.2 结构平面布置

高层建筑中结构平面布置应遵循如下原则：

1. 在高层建筑的一个独立单元内，宜使结构平面形状简单、规则、均匀、对称，使结构受力明确，传力直接，有利于抵抗水平力和竖向荷载。不应采用严重不规则的平面布置。

对抗风有利的建筑平面形状是简单规则的凸平面，如圆形、正多边形、椭圆形等平面（图 2-29）。

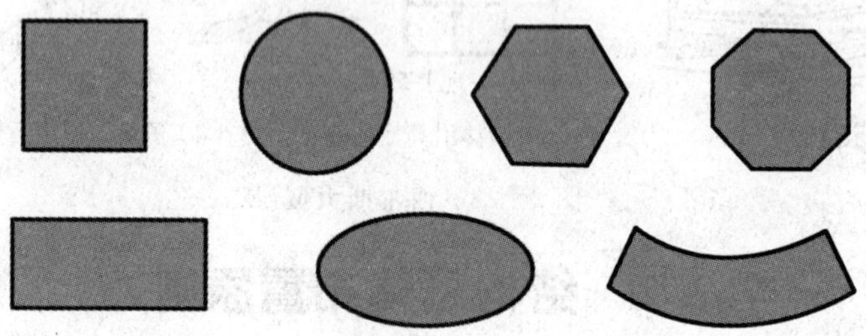

图 2-29 简单规则的凸平面

对抗震有利的建筑平面形状是简单、规则、对称、长宽比不大的平面。一些有较多凸凹的复杂形状平面和突出部分过长及长宽比过大的平面对抗震和抗风不利，在设计中应尽量避免或采取有效的措施。《建筑抗震设计规范》(GB50011—2001)规定：当结构平面凹进的一侧尺寸大于相应投影方向总尺寸的 30%时，该平面即为凸凹不规则平面。《高层建筑混凝土结构技术规程》(JGJ—2002)规定：各种形状的平面长度和突出部分长度（图 2-30）宜满足表 2-2 要求：

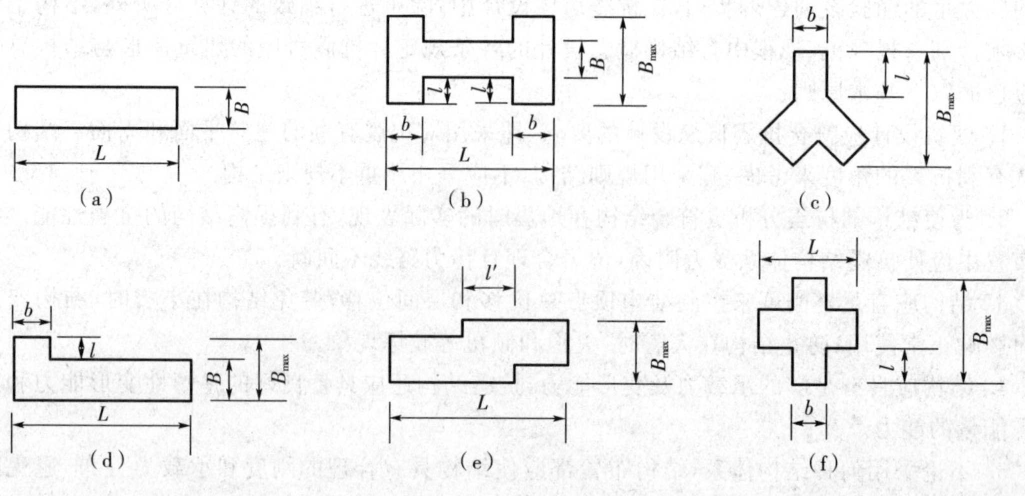

图 2-30 建筑平面

表 2-2　L、l、l'的限值

设防烈度	L/B	l/B_{max}	l/b	l'/B_{max}
6 度、7 度	≤6.0	≤0.35	≤2.0	≥1.0
8 度、9 度	≤5.0	≤0.30	≤1.5	≥1.0

2. 角部重叠和细腰形建筑平面(图 2-31),在重叠部位和细腰部位平面变窄,形成薄弱部位。地震中,凹面处宜产生应力集中,造成危害,设计中宜避免或对凹角处采取加强措施。

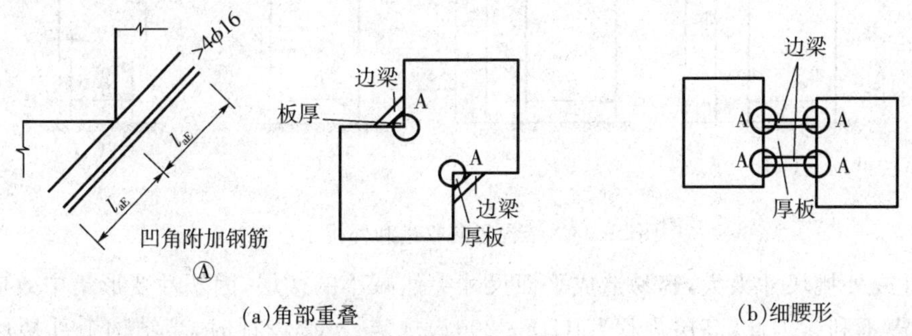

图 2-31　角重叠和细腰形平面

3. 在一个独立单元内,结构布置应力求刚度和承载力分布均匀,尽量使结构刚度中心和质量中心重合,以减少扭转带来的不利影响。《抗震规范》(GB50011-2001)规定:在考虑偶然偏心影响的地震作用下,楼层的最大弹性水平位移(或层间位移)δ_1,大于该楼层两端弹性水平位移(或层间位移)平均值的 1.2 倍时,该平面为扭转不规则,当$\delta_1 \geqslant 1.5\delta_2$时,该平面为扭转严重不规则(如图 2-32 所示)。

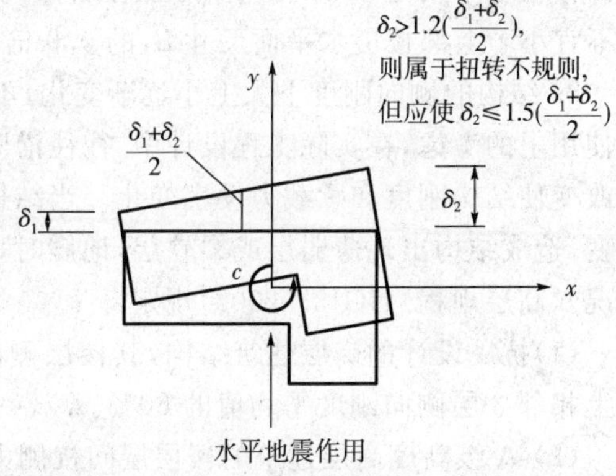

图 2-32　结构平面扭转不规则示例

结构扭转效应需从两方面加以限制:

1. 控制 δ_1/δ_2:对 A 级高度高层建筑,δ_1/δ_2 不宜大于 1.2 且不应大于 1.5;对 B 级高度高层建筑,δ_1/δ_2 不宜大于 1.2 且不应大于 1.4。(A 级高度高层建筑,B 级高度高层建筑的划分详见 2.3.1。)

2. 限制结构的抗扭转刚度不能太弱,具体措施为:

结构扭转为主的第一自振周期 T_t 与平动为主的第一自振周期 T_1 之比,对 A 级高度高层建筑不应大于 0.9,对 B 级高度高层建筑不应大于 0.85。

2.2.3　结构竖向布置

高层建筑结构竖向布置的原则:

1. 选择对抗震、抗风有利的建筑立面,即建筑竖向体形宜规则、均匀,避免有过大的外挑和内收。

对风荷载控制的高层建筑,其风荷载随建筑物的高度增加而增加,当采用上小下大的梯形或三角形立面可以缩小较大风荷载的受风面积,大幅度减小了风荷载引起的倾覆力矩,同时保持了结构下部的抗推刚度和抗倾覆能力与风荷载引起水平剪力及倾覆力矩的增长相适应。采用三角形、梯形等上小下大的简单立面形状的高层建筑，由于整个建筑质心下降，地震倾覆力矩减小，对抗震有利。

由于建筑的需要，使得结构在竖向收进或外挑，如图 2－33 所示。

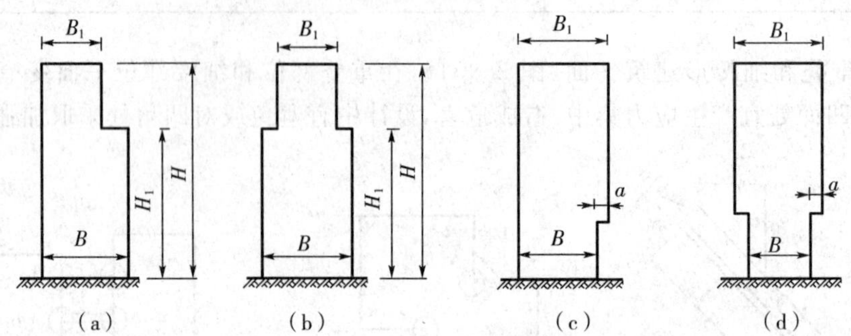

图 2－33　结构竖向收进和外挑示意图

当收进或外挑尺寸太大，容易造成平面尺寸突然减小的楼层，因塑性变形集中效应而形成薄弱层，对抗震不利。因此《高层规程》(JGJ3－2002)规定：抗震设计时，当结构上部楼层收进部位到室外地面的高度 H_1 与房屋高度 H 之比大于 0.2 时，上部楼层收进后的水平尺寸 B_1 不宜小于下部楼层水平尺寸 B 的 0.75 倍。当上部结构楼层相对于下部楼层外挑时，下部楼层的水平尺寸 B 不宜小于上部楼层水平面尺寸 B_1 的 0.9 倍，且水平外挑尺寸 a 不宜大于 4m。

2. 结构的侧向刚度下大上小逐渐变化，不应采用竖向布置严重不规则的结构。出于经济上和使用上的考虑，在实际工程设计中，往往沿竖向分段改变构件截面尺寸和混凝土强度等级，这种改变使结构刚度和承载力发生变化。当结构刚度和承载力变化过大时，即形成刚度和承载力突变，造成结构出现薄弱层或柔软层，地震时，容易形成结构局部破坏而倒塌的现象。针对这种情况，《高层规程》(JGJ3－2002)规定：

(1)抗震设计的高层建筑结构，其楼层侧向刚度不宜小于相邻上部楼层侧向刚度的 70%或其上相邻 3 层侧向刚度平均值的 80%。

(2) A 级高度高层建筑的楼层层间抗侧力结构的受剪承载力不宜小于其上一层受剪承载力的 80%，不应小于其上一层受剪承载力的 65%；B 级高度高层建筑的楼层层间抗侧力结构受剪承载力不应小于其上一层承载力的 75%。

[注] 楼层层间抗侧力结构受剪承载力是指在所考虑的水平地震作用方向上，该层全部柱及剪力墙的受剪承载力之和。

3. 抗震设计时，结构竖向抗侧力结构宜上下贯通。由于建筑功能使用要求，而使结构底层或底部若干层取消部分柱或剪力墙，形成大空间时，应加大落地剪力墙和柱的截面尺寸，尽量减少刚度削弱的程度，避免产生刚度突变。当结构顶层或中间层取消部分墙体和柱形成空旷房间时，应进行弹性动力时程分析计算并采取有效构造措施，并控制取消的墙体数量。

4. 高层建筑结构宜设置地下室，这是因为：

(1)利用土体的侧压力防止水平力作用下结构的滑移、倾覆；

(2)减小土的重量，降低地基附加压力；

(3)减少地震作用对上部结构的影响。

2.2.4 变形缝的设置和处理

在高层建筑中，为了消除因混凝土收缩和温度应力、房屋高差引起的不均匀沉降，结构的不规则性对结构的不利影响，常采用伸缩缝、沉降缝和抗震缝将房屋划分成若干结构独立部分，形成独立的结构单元。

在实际工程中，高层建筑设缝亦会产生一些负面影响，如由于缝两侧均需布置剪力墙或框架而使结构复杂和建筑使用不便、设缝使建筑立面处理困难、防水处理困难等，此外，设缝的结构在强震下相邻结构可能发生碰撞而局部破坏。

根据多年高层建筑结构设计和施工经验总结表明，高层建筑应当通过调整平面尺寸和结构布置，采取构造措施等办法，尽量不设缝或少设缝。如果没有采取措施或必须设缝时，则必须保证有必要的缝宽防止震害。

1. 伸缩缝

(1)由于混凝土在浇筑过程中产生的收缩应力，季节温度变化产生的温度应力，使混凝土结构产生裂缝。为了避免产生收缩裂缝和温度缝，房屋建筑可设置伸缩缝。

《高层规程》(JGJ3-2002)规定：高层建筑结构伸缩缝的最大间距宜符合表2-3的规定。

表2-3 伸缩缝的最大间距

结构体系	施工方法	最大间距(m)
框架结构	现浇	55
剪力墙结构	现浇	45

［注］ (1)框架剪力墙的伸缩缝间距可根据结构的具体布置情况取表中框架结构与剪力墙结构之间的数值；(2)当屋面无保温式隔热措施，混凝土的收缩较大或室内结构施工外露时间较长时，伸缩缝间距应适当减小；(3)位于气候干燥地区，夏季炎热且暴雨频繁地区的结构，伸缩缝间距宜适当减小。

(2)当采用下列构造措施和施工措施减少温度和混凝土收缩对结构的影响时，可适当放宽伸缩缝的间距。

① 顶层、底层、山墙和纵墙端之间等温度变化影响较大部位提高配筋率；顶层加强保温隔热措施，外墙设置保温层。

② 每30～40m间距留出施工后浇带，带宽800～1000mm；钢筋采用搭接接头，后浇带混凝土宜在两个月后浇筑。后浇带做法及位置图详见图2-34及图2-35所示。

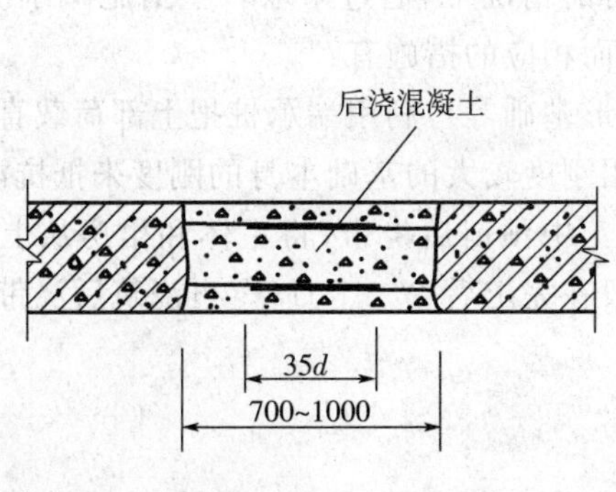

图2-34 后浇带做法

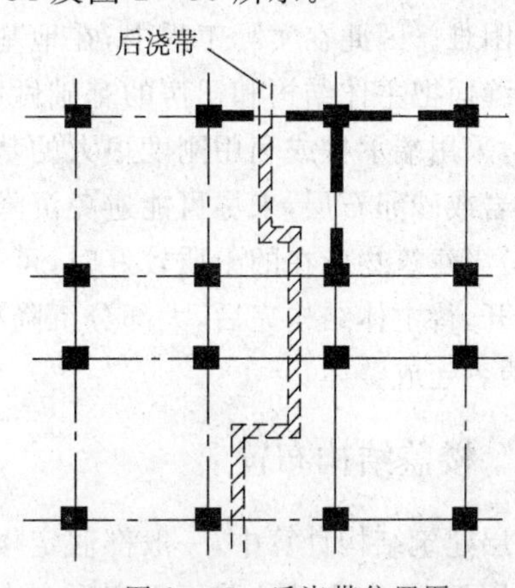

图2-35 后浇带位置图

③ 顶部楼层改用刚度较小的结构形式或顶部改局部温度缝，将结构划分为长度较短的区段。

④ 采用收缩性小的水泥，减小水泥用量，在混凝土加适宜的外加剂。

⑤ 提高每层楼板的构造配筋率或采用部分预应力结构。

2. 防震缝

建筑结构抗震的设置主要是避免严重不规则结构在地震作用下，薄弱部位容易造成震害。利用抗震缝将结构划分为若干个独立的结构单元，形成规则结构。

目前工程设计更倾向于不设抗震缝，而采用加强结构整体性，防止薄弱部位破坏等措施。但在下列情况下，宜设防震缝：

(1)平面长度和外伸长度尺寸超出高层规程限值而又没有采取加强措施时；

(2)各部分结构刚度相差甚远，采取不同材料和不同结构时；

(3)各部分有较大错层时；

(4)各部分质量相差很大时。

为保证防震缝两侧的建筑物在地震时不相碰，防震缝应有足够的宽度，《高层规程》(JGJ3－2003)规定了抗震缝的最小宽度应符合：

(1)框架结构房屋，高度不超过15m的部分，可取70mm；超15m部分，6度、7度、8度和9度相应每增加高度5m、4m、3m和2m，宜加宽20mm；

(2)框架—剪力墙结构房屋可按第一项规定数值的70%采用，剪力墙结构房屋可按第一项规定数值的50%采用，但最小不宜小于70mm。

(3)当防震缝两侧结构体系不同时，防震缝宽度应按不利的结构类型确定；当防震缝两侧结构高度不同时，防震缝宽度应按较低建筑物高度确定。

防震缝设置宜沿房屋全高，但地下室和基础可不设防震缝。在结构设计中同时需设伸缩缝，沉降缝和防震缝时，可考虑三缝合一，其宽度应满足防震缝最小宽度的规定。

3. 沉降缝

有很多高层建筑都带有裙房，当两者高差较大或荷载差异过大时，就会由于基础沉降不均匀，造成结构产生较大的内力和变形。为避免由此而造成结构过大变形，甚至破坏，做在结构中设置沉降缝，把高差大的两部分从顶层到基础完全脱开，让它们各自自由沉降。抗震结构中，沉降缝最小宽度应符合防震缝最小宽度的规定。

由于设缝在建筑使用上的不方便，增加施工难度，尤其是带有地下室的高层建筑，设缝会带来防水困难。因此在实际工程中，在地基条件许可的情况下，通过采取一些措施减小沉降差，不设沉降缝而把主体结构和裙房的基础做成整体。而相应的措施有：

(1)采用端承桩或利用刚度很大的基础(如箱形基础等)，利用端承桩把上部荷载直接传到坚硬的基岩或砂卵石层，来尽可能避免沉降差。利用刚度较大的基础本身的刚度来抵抗沉降差。

(2)当建筑物所在的土质较好时，可采用在施工中预留后浇带，将主体和裙房从上到下暂时完全脱开，待主体结构完后，大部分沉降稳定(一般在完工后一二个月)。再浇筑后浇带上的混凝土，使两者连成整体。

2.2.5 楼盖结构布置

高层建筑结构计算中，一般都假定楼板为刚性，即楼板在自身平面刚度为无限大，楼盖在侧向力作用下，只有刚性位移而无变形。由梁板组成的楼盖结构，它承受竖向荷载，连接各竖向抗侧力构件，组成整体结构。水平力通过楼盖传递到各抗侧力结构，使整个结构协调工作。

1. 楼盖结构选型

为使实际结构与计算假定基本相符，同时亦保证建筑物的空间整体性能和水平力的有效传递，我们在楼盖结构布置时，应使楼盖具有较大平面刚度和良好整体性能。为此《高层规程》(JGJ3－2002)对楼盖结构提出如下要求：

(1)房屋高度超过 50m 的框架—剪力墙结构、筒体结构及复杂高层结构应采用现浇楼盖结构。

(2)建筑物高度不超过 50m 时，框架结构、剪力墙结构可采用装配整体式楼盖，预制板缝不宜小于 40mm，且板缝内配置钢筋，并宜贯通整个结构单元。板缝混凝土强度等级应高于预制板的混凝土强度等级，且不低于 C20。

(3)由于框架墙结构各片抗侧力结构刚度相差较大，墙间距较大，为保证水平力通过楼面的有效传递，因此框剪结构的楼盖应具有更良好的整体性，其具体要求如下：

当抗震设防烈度为 8、9 度时，框剪结构应采用现浇楼板；当房屋高度小于 50m 且为 8 度以下抗震设防时，可采用装配整体式楼盖；为保证楼盖整体性，宜在楼板加设现浇层，现浇层厚度不应小于 50mm，混凝土强度等级不应低于 C20，并双向配置直径为 6～8mm，间距 150～200mm 的钢筋网，钢筋应锚入剪力墙内，另外预制板的板缝构造应满足上述第 2 条中的规定要求。

(4)板柱—剪力墙结构和筒体结构均采用现浇楼面。

(5)在顶层采用加厚的现浇楼板，可减少温度变化的影响，并在建筑物顶部加强约束，提高抗风抗震能力。

(6)转换层楼板以及开口过大的楼板亦应采用现浇板以增强其整体性，尤其是转换层的楼板在平面内承受较大的内力，因此其楼板应采取一定的加强措施。

2. 楼面开洞

当楼板平面过于狭长，有较大的凹入和开洞而使楼板有过大削弱时，楼板可能产生显著的平面内过度变形及过大的应力集中，降低了楼板在平面内的刚度，使楼盖结构在整个结构中的作用减弱。因此《高层规程》(JGJ3－2002)对楼板开洞作如下规定：

楼面凹入或开洞尺寸不宜大于楼面宽度的一半；楼板开洞总面积不宜超过楼面面积的 30%；在扣除凹入或开洞后，楼板任一方向的最小净宽度不宜小于 5m，且开洞后每一边的楼板净宽不应小于 2m，如图 2－36 所示。

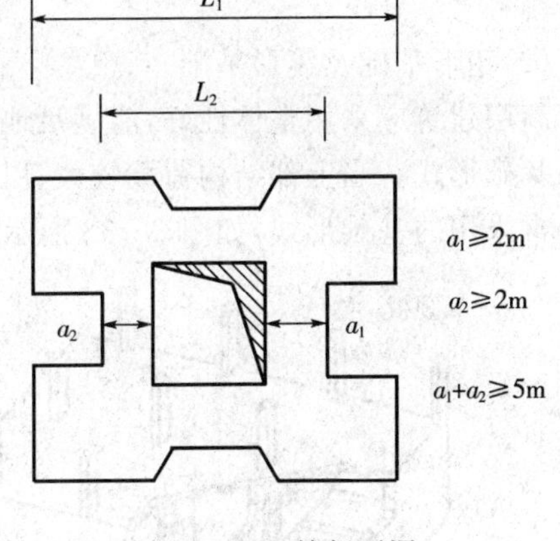

图 2－36　楼板开洞

对于有较大错层，应按楼板开洞处理；对于楼板开洞较大削弱后，宜采取以下构造措施予以加强：

(1)加厚洞口附近楼板，提高板的配筋率；采用双层双向配筋，或加配斜向钢筋。

(2)洞口边缘设置边梁、暗梁。

(3)在楼板洞口角部集中配置斜向钢筋。

(4)十字形、井字形等外伸长度较大的建筑，当中央部分楼、电梯间使楼板有削弱时，应加强楼板以及连接部位墙体的构造，必要时还可以在外伸段凹槽处设置连接梁或连接板。

2.2.6 基础结构布置

1. 一般原则

(1)高层建筑基础设计,应根据岩土工程勘察资料,综合考虑建筑场地的地质状况,上部结构的类型、施工条件、使用要求,确保建筑物不致发生过量沉降或倾斜,满足建筑物的正常使用要求。还应注意建筑相互影响,了解邻近地下构筑物及各项地下施工的位置和标高,确保施工安全。

(2)在地震区,高层建筑宜避开对抗震不利的地段;当条件不允许避开不利地段时,应采取可靠措施,使建筑物在地震时不致由于地基失稳而破坏,或产生过量下沉或倾斜。

(3)基础设计应根据上部结构地质状况进行,宜考虑地基、基础与上部结构相互作用的影响。高层建筑往往采用深基坑,施工期间坑的防水及护坡问题比较突出,既要保证其本身的安全,同时必须注意对邻近建筑物、构筑物、地下设施的正常使用和安全。

2. 基础类型及其适用范围

(1)柱下独立基础

单柱基础仅适用于层数不多,地基土较好的框架结构。当抗震要求较高,或土质不均匀及埋深较大时,可在单独基础间设置拉梁,如图 2-37(a)、(b)所示。为了增加框架上部结构及基础的整体性,往往沿柱两方向布置条形基础或沿一个方向布置条形基础而另一方向设置拉梁,形成十字交叉基础,如图 2-37(c)所示。

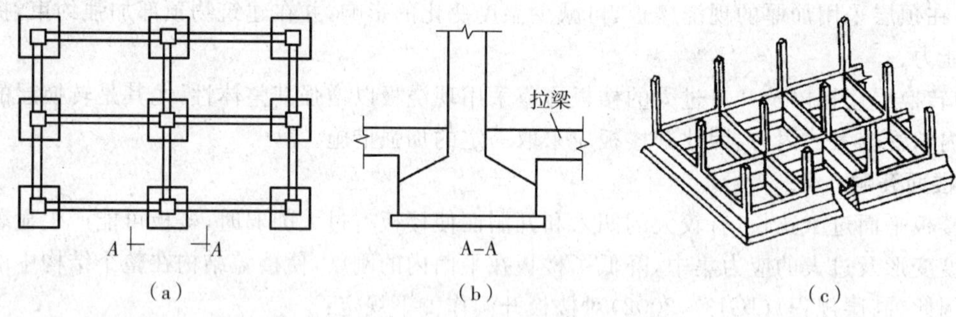

图 2-37 单柱基础及拉梁、十字交叉基础

(2)箱形基础及筏形基础

高层建筑应采用整体性好,能满足地基的承载力和建筑物容许变形要求,并能调节不均匀沉降的基础形式。当上部结构荷载较大、层数较多或土质较不均匀时,箱形基础和筏形基础是高层建筑常采用的基础形式,如图 2-38 所示。

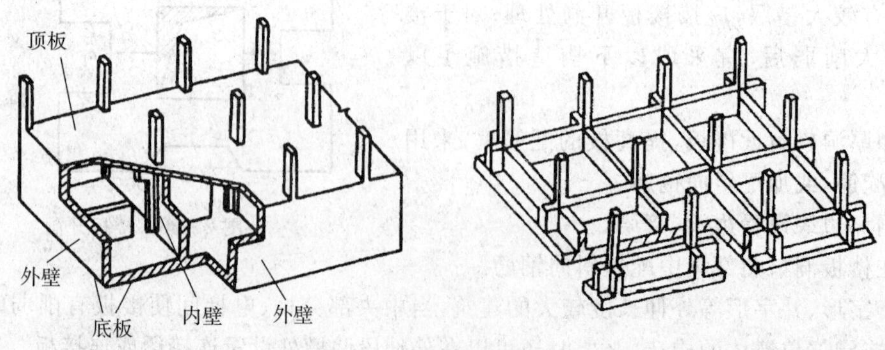

图 2-38 箱基和筏基

高层建筑采用天然地基的筏形基础是一种较为经济的基础形式。筏形基础有梁板式和平板式两种。为保证基础的刚度和把上部结构重量均匀扩散到地基上，筏基的底板一般较厚，采用梁板式筏基可减少板厚，但基础梁截面大必然增加基础埋深。箱形基础具有较大刚度和整体性，适用上部结构荷载较大而地基土较软弱情况下，它能较好调节地基不均匀沉降。现在多数高层建筑地下室用作停车库、机电用房，需要有较大平面空间时，采用筏形基础和周边混凝土外墙相结合，整体刚度也很大，没有必要强调采用箱形基础。

(3)桩基

当采用天然地基，承载力和沉降不能满足要求时，可采用桩基如图 2－39 所示。桩基的形式有：预制钢筋混凝土土桩、挖孔灌注桩或钢管桩等。桩基具有承载可靠、沉降小的优点，适用于软弱地基土和可能液化地基条件。当采用端承桩时，桩身穿透软弱土层或可液化土层，直接支承在坚实可靠的土层或基岩上，大大减小建筑物的震害，减小了上部结构的地震反应，对抗震十分有利。

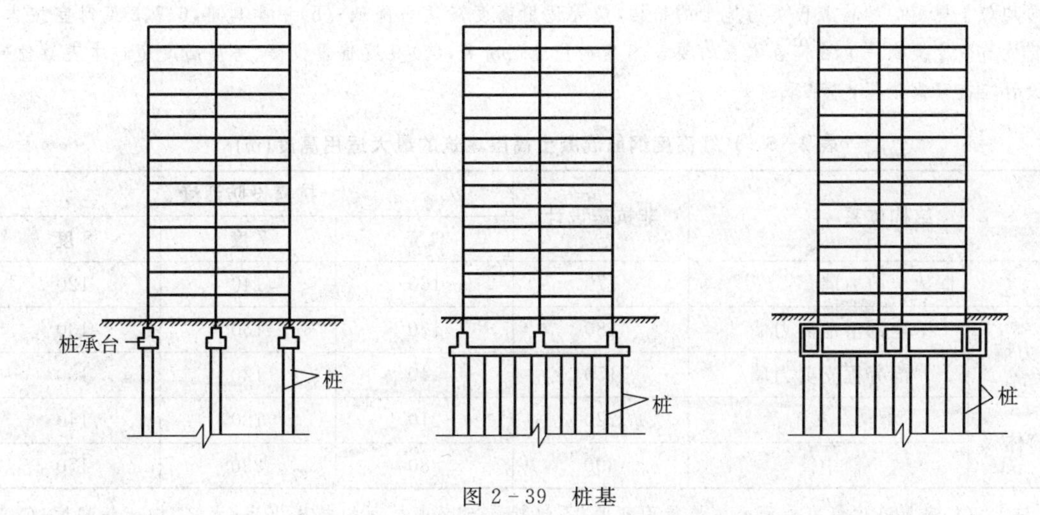

图 2－39　桩基

2.3　结构设计的基本要求

2.3.1　一般规定

按结构设计的要求，一般高层建筑结构可根据房屋高度和高宽比、抗震设防类别、抗震设防烈度等因素选择合适的结构体系。

针对我国目前大量使用的 4 种高层建筑结构体系：框架、框架—剪力墙、剪力墙及筒体，《高层规程》(JGJ3－2002)给出详细的设计规定，以适应量大面广的工程设计的需要。

1. 最大适用高度

高层建筑结构的房屋高度，《高层规程》(JGJ3－2002)分为 A 级高度和 B 级高度。A 级高度钢筋混凝土高层建筑结构体系的最大适用高度见表 2－4。当高度超过表 2－4 规定时，为 B 级高度高层建筑。B 级高度钢筋混凝土高层建筑结构体系的最大适用高度见表 2－5。B 级高度建筑其结构受力、变形、整体稳定、承载力更复杂，故其结构抗震等级及有关计算和构造措施相应更加严格。

表 2-4 A级高度钢筋混凝土高层建筑的最大适用高度(m)

结构体系		非抗震设计	抗震设防烈度			
			6度	7度	8度	9度
框架		70	60	55	45	25
框架一剪力墙		140	130	120	100	50
剪力墙	全部落地剪力墙	150	140	120	100	60
	部分框支剪力墙	130	120	100	80	不应采用
筒体	框架一核心筒	160	150	130	100	70
	筒中筒	200	180	150	120	80
板柱一剪力墙		70	40	35	30	不应采用

[注] (1)房屋高度指室外地面至主要屋面高度,不包括局部突出屋面的电梯机房、水箱、构架等高度;(2)表中框架不含异形框架结构;(3)部分框支剪力墙结构指地面以上有部分框支剪力墙的剪力墙结构;(4)平面和竖向均匀不规则的结构或Ⅳ类场地上的结构,最大适用高度应适当降低;(5)甲类建筑,6、7、8度时宜按本地区抗震设防烈度提高一度后符合本表的要求,9度时应专门研究;(6) 9度抗震设防、房屋高度超过本表数值时,结构设计应有可靠依据,并采取有效措施。

表 2-5 B级高度钢筋混凝土高层建筑的最大适用高度(m)

结构体系		非抗震设计	抗震设防烈度		
			6度	7度	8度
框架一剪力墙		170	160	140	120
剪力墙	全部落地剪力墙	180	170	150	130
	部分框支剪力墙	150	140	120	100
筒体	框架一核心筒	220	210	180	140
	筒中筒	300	280	230	170

[注] (1)房屋高度指室外面至主要屋面高度,不包括局部突出屋面的电梯机房、水箱、构架等高度;(2)部分框支剪力墙结构指地面以上有部分框支剪力墙的剪力墙结构;(3)平面和竖向均不规则的建筑或位于Ⅳ类场地的建筑,表中数值应适当降低;(4)甲类建筑,6、7度时宜按本地区设防烈度提高一度后符合本表的要求,8度时应专门研究;(5)当房屋高度超过表中数值时,结构设计应有可靠依据,并采取有效措施。

2. 高宽比限值

若结构的高宽比大,侧倾覆力矩也大。通过限制结构的高宽比,达到对结构刚度、稳定、承载能力和经济合理性的宏观控制。表2-6和2-7分别为A级、B级高度高层建筑的高宽比限值。

表 2-6 A级高度钢筋混凝土高层建筑结构适用的最大高宽比

结构体系	非抗震设计	抗震设防烈度		
		6度、7度	8度	9度
框架、板柱一剪力墙	5	4	3	2
框架一剪力墙	5	5	4	3
剪力墙	6	6	5	4
筒中筒、框架一核心筒	6	6	5	4

表 2-7　B级高度钢筋混凝土高层建筑结构适用的最大高宽比

非抗震设计	抗震设防烈度	
	6 度、7 度	8 度
8	7	6

计算房屋建筑高宽比时，房屋高度指室外地面到主要屋面板板顶的高度，宽度指房屋平面轮廓边缘的最小宽度尺寸。

2.3.2　合理选择结构刚度

设计时，应将结构设计成刚一些还是柔一些，历来争论较多。历次地震震害表明，采用何种结构形式，取决于结构体系、材料特性和场地土类型等。结构振动和变形的大小不仅与结构刚度有关，还与场地有关。当结构自振周期与场地的卓越周期接近时，建筑物就有产生共振的危险。表 2-8 反映刚性结构与柔性结构的特点。

表 2-8　刚性结构与柔性结构的特点

结构	优　点	缺　点
刚性结构	1. 当地面运动周期长时，震害较小	1. 当地面运动周期短时，有产生共振的危险
	2. 结构变形小，非结构构件容易处理	2. 地震力较大
	3. 安全储备较大，空间整体性好	3. 结构变形能力小，延性小
	4. 适合钢筋混凝土结构的特点	4. 材料用量常常较多
柔性结构	1. 当地面运动周期短时，震害较小	1. 当地面运动周期长时，易发生共振
	2. 地震力较小	2. 非结构构件要特殊处理，否则易产生破坏
	3. 一般结构自重较轻，地基易处理	3. 容易产生 $p-\Delta$ 效应和倾覆
	4. 适合钢结构的特点	4. 不容易适应钢筋混凝土结构

从表 2-8，我们可以看到，由于钢筋混凝土结构的截面大、刚性大、变形能力差，采用刚度较大的结构震害较小，较适宜用提高承载力、控制塑性变形的方法来提高结构的抗震能力。相反钢结构由于其截面小、延性好等特点，更适合采用柔性结构的方案。

另外为了避免结构产生共振，应根据场地条件来设计结构，硬土地基上的结构可采用柔性结构，软土地基上的结构可采用刚性结构。设计时通过改变结构刚度调整结构自振周期，使其偏离场地的卓越周期。

2.3.3　非荷载作用对高层建筑结构的影响和控制

1. 非荷载作用影响分析

由于混凝土徐变、收缩、结构构件经历的温度变化差异、地基差异沉降等非直接荷载作用产生的结构变形及由此因变形协调而产生结构约束内力的效应，统称非荷载作用。

非荷载作用再现在两个方面：变形和变形协调结构由于竖向构件断面大，竖向构件竖向变形累计较大，结构水平向变形受到的约束较大，其非荷载作用影响较大。

现浇钢筋混凝土高层建筑结构，常有发生在施工阶段甚至未拆除模板支撑、重力荷载尚未作用或尚未全部作用、水平荷载尚未产生时，基础梁、地下室外墙、上部剪力墙、楼屋面梁等即已出现垂直裂缝。楼屋面板出现水平裂缝，有的裂缝走向似乎很像重力荷载下受力裂缝，有的裂缝宽度甚至超过 0.3mm，给结构安全度、耐久度、承载能力带来隐患，影响使用功能。混凝土结构之所以裂缝，多因裂缝处混凝土受到的拉应力超出了当时混凝土抗拉强度，此拉应力通常都来源于混凝土前期收缩变形受到约束的非荷载作用，来源于高层建筑结构施工中未注意到此种非荷载作用的影响，在构件配筋构造及混凝土制作养护上，未注意控制和减少混凝土收缩，未注意设计结构需承受混凝土收缩受到的约束影响。

还有的现浇钢筋混凝土高层建筑结构，作为优质工程竣工使用几年后，非结构内填充墙出现严重 45°裂缝，且裂缝由顶层的长而宽至中部楼层的短而细，并逐渐消失，裂缝走向均为由柱下斜指向筒体，明显呈现出外柱“下沉”、内筒“上顶”的现象。调查分析研究表明，此填充墙裂缝系由于主体结构竖向构件不同的竖向徐变变形造成的。内柱压应力水平高，徐变变形大；筒体压应力水平低，徐变变形小，而顶层累计变形及其变形差最大；同时此脆性填充墙又受到“硬性塞紧、拉结筋连接”规定的限制，主体结构的徐变变形造成受主体结构周边约束的填充很大的强迫剪切变形，而招致开裂，其裂缝走向顶层裂缝严重、中部逐渐收敛的规律，均符合实际现象。

上面所述情况，充分说明了非荷载的影响不容忽视。非荷载作用的客观存在与设计施工处理不当，使结构受到损伤或已承受很大内应力，结构的安全度、耐久性、延性及建筑物的正常使用受到很大影响，不利于建筑结构抗风、抗震。

世界各国的规范包括我国《高层建筑混凝土结构设计规程》早已对此作用影响做出一些基本规定，如伸缩缝、沉降缝、后浇带等。但是随着建筑设计越来越高、体量越来越大、体形越来越复杂，随着泵送混凝土、高强混凝土日益广泛应用，非荷载作用的各种影响愈来愈大，愈来愈引起各国结构设计界的重视。在一些高层超高层建筑结构设计中，对混凝土徐变、收缩、温度场作用进行分析、跟踪、研究，并在此基础上采取相应的构造措施、施工措施，来正确处理好各种非荷载作用影响，确保结构的安全及可靠度。

2. 非荷载作用控制对策

控制和减小非荷载作用的对策，归纳起来主要为“放”与“抗”结合、构造措施与设计措施相结合。虽然计算机技术发展和理论研究已为非荷载作用的理论计算提供了可能，但由于非荷载作用所包含的温度场、混凝土收缩、徐变及差异沉降等随时间变化的变量因素还难以直接采用数值准确量化，相应的地基土结构及次固结变形、结构混凝土的收缩徐变等弹塑性特性更显复杂，均直接影响计算结果。故规程不要求对非荷载作用直接进行计算分析，强调的是从非荷载作用产生的结构受力、变形的趋势和概念出发，采取相应对策与措施。即释放和尽量减小各种非荷载作用的影响，其设计构造措施主要有如下几个方面：

(1) 改善和加强屋盖及外墙保温隔热措施，避免结构直接外露，以减小结构经历的温度场变化。

(2) 适当采用外加剂、减水剂，减小水灰比，减少水泥用量，加强养护，低温入模，以减小混凝土材料自身收缩率，减小混凝土收缩变形。楼层盖结构不宜采用高强混凝土，其混凝土强度等级一般宜取 C25～C30。

(3) 根据实际结构的布置及受力情况，适当布置收缩后浇带，以减小混凝土前期收缩应力；适当布置沉降后浇带，以释放施工阶段结构自重产生的差异沉降附加应力。这种施工控制减小结构不利受力的概念与方法已广泛应用于各类大跨空间结构。

(4) 在某些应力集中部位可采用楼屋盖梁与竖向主体结构构件铰接或设施工后浇带，以减小重力荷载作用下竖向构件差异变形(包括徐变差异变形)产生的结构附加内力。

(5) 非结构构件如幕墙、填充墙与主体结构之间采用柔性连结,以释放和减小因结构差异变形引起的非结构构件中的附加内力。

(6) 控制重力荷载下竖向主体结构构件的压应力水平接近,减小竖向构件竖向差异变形及其累计差异徐变变形对结构、非结构构件的影响。

(7) 因地制宜,采用合理的地基基础形式,保证地基基础具有合适的刚度,减小差异沉降及由此引起的附加结构内力。

在设计中计入残存的各种非荷载作用影响,采取相应措施,抵抗和承受这部分影响。其设计和构造措施主要有如下两个方面:

(1) 在柱、墙、梁、板必要的部位适当增加构造配筋,减少钢筋混凝土的收缩变形和徐变变形,提高构件的承载能力,减少和控制混凝土裂缝的出现和发展。

(2) 控制柱、墙等竖向构件在重力荷载作用下的压应力,使其压应力水平不过高,以减小徐变变形,并使柱墙能承受非荷载作用附加影响。

3. 竖向温差作用控制

(1) 高层建筑竖向温差影响集中在顶部若干层,与内外竖向构件直接相连的框架梁受到较大弯矩、剪力;底部若干层内外竖向构件将受到较大轴向压力或拉力;外表竖向构件受到局部温差引起的较大弯矩。因此,竖向构件要控制轴压比、保证合适含钢率,顶部若干层框架配筋要留有适当余地。

(2) 外表竖向构件直接外露的高层建筑结构,温差内力较大,应注意其局部温差内力影响,加强配筋。外表构件宜做好保温隔热措施,减小竖向温差作用影响,以提高结构耐久性,减少或防止室内填充墙等非结构构件出现裂缝。

4. 水平温差作用控制

(1) 高层建筑水平温差影响主要集中在底部筒体、剪力墙,使其受到较大的弯矩和剪力,下部楼屋梁板将受到较大的轴向拉力。因此,底部筒体、剪力墙的配筋、剪压比应留有余地,下部楼层的梁板配筋应加强,楼板宜采用双层双向配筋并且拉通;

(2) 剪力墙结构的屋盖水平温差收缩,因受到剪力墙的约束而产生较大的温度应力,屋盖梁板配筋宜双层双向设置并予加强。

5. 差异沉降作用控制

一般而言,高层建筑结构地基基础应有较好的刚度,应控制各部位发生的最大沉降量在许可的范围内。但从理论上讲,任何一个高层建筑结构绝对均匀的、无任何差异的沉降是不可能的。

刚度均匀的地基,在高层建筑结构重力荷载长期作用下,实测最终沉降曲线一般呈现中部沉降大,两翼沉降小的盆式曲线,此曲线的斜率(差异沉降)、曲率,实质已是地基—基础—上部结构三者共同工作的结果。

差异沉降应符合现行国家标准《建筑地基基础设计规范》(GB 50007－2002)的有关规定。一般场合,当差异沉降小于 5mm 时,其影响较小,可忽略不计;当已知或预知差异沉降量大于 10mm 时,必须计其影响,并采取相应构造加强措施,如梁边支座配筋要留有余地。

6. 混凝土徐变作用控制

混凝土徐变是混凝土材料固有的特性。混凝土随着作用在其上的压力时间的持续,将持续发生变形,即徐变变形。结构竖向构件在重力荷载作用下一般都处于长期受压状,而高层建筑竖向构件又由于其竖向构件高度大,其徐变变形累计大;特别是高层建筑结构重力荷载随施工逐层增加,大部分竖向构件承受一部分压应力时,混凝土龄期还不到 28 天,此时徐变变形较大。尤其是高层建筑结构设计中,对抗侧刚度构成和抗侧能力、延性有一定要求,相应的要求部分主要抵抗水平力的竖向构件在重力荷载下压应力水平低于其他竖向构件在重力荷载下压应力水平,从而更使竖向构件间累计徐变变形差异增大。所以,高层、超高层钢筋混凝土建筑结构更应重视混凝土徐变影响。

理论上讲,混凝土徐变有利于整体高层建筑结构变形协调,有利于减缓整体结构应力集中。所以,一般情况下,混凝土徐变对整体结构强度、稳定影响较小,然而,部分构件(如上部连梁)和高层建筑中非结构构件却首当其冲身受其害。从保证建筑物使用质量的观点来看,分析混凝土徐变对高层钢筋混凝土结构的影响,并针对其中的不利影响,采取对策,以对建筑结构和非结构构件提供较可靠的质量保证,是高层钢筋混凝土结构设计中又一重要内容。世界各国结构工程师早在上世纪 60 年代就开始注意高层、超高层钢筋混凝土结构混凝土徐变的影响,在结构设计中采取措施,以保证建筑质量和正常使用。

混凝土受压产生徐变变形,通常伴随着混凝土收缩变形同时发生。高层建筑竖向构件混凝土受压竖向徐变变形与其混凝土收缩变形同向,从而加大了竖向构件后期变形,也可将之统称为混凝土收缩徐变变形。混凝土收缩变形的量级一般较接近于或略大于混凝土徐变变形,其变形规律十分接近于混凝土徐变变形。这样,叠加上混凝土收缩变形,将使整个高层建筑结构竖向构件后期非荷载作用直接引起的塑性变形较大,有时会超过直接荷载引起的弹性变形。

高层钢筋混凝土建筑结构竖向构件混凝土收缩徐变变形较大,由之引起的差异变形也较大,特别在房屋的上部区域。因此填充和连接支承于高层建筑结构内的非结构构件如填充墙、幕墙等,特别要注意避免采用脆性材料硬性连结,要尽量选用韧性好的材料柔性连结。在后期结构发生塑性徐变及变形差时,非结构构件应有相对位移变形余量,不致使其因协调服从结构构件间徐变差异变形而产生较大应力,避免造成非结构构件裂缝甚至破坏;同时,非结构构件自身也要有一定的强度和适应结构后期塑性变形的能力。

混凝土收缩徐变对高层尤其是超高层钢筋混凝土结构具有较大的影响,因此结构设计、施工可采取以下对策:

(1) 从混凝土制作工艺上严格控制,减小容易引起混凝土收缩徐变的不利因素。如竖向构件尽量采用高强度等级混凝土,避免过大的水灰比,避免过高水泥用量。泵送混凝土要求混凝土坍落度大,但如果增多水泥用量,则混凝土收缩徐变较大,对结构不利,因此宜增加适量的外加剂。

(2) 结构选型布置时,要注意使竖向构件重力荷载下压应力水平尽量接近,减小差异,以避免后期混凝土徐变差异变形过大。

(3) 控制混凝土压应力水平,既有利于减小混凝土徐变变形,又有利于钢筋压应力增量不致过大,避免钢筋屈服。

(4) 适当加大竖向构件纵向配筋率,尤其是加大压应力水平高的竖向构件的纵向配筋率,有利于减小混凝土最终收缩徐变变形,有利于钢筋混凝土协同工作,有利于减小徐变差异变形。

(5) 上部若干层的楼盖板承载力、配筋留有适当余地,以保证结构安全使用。

思考题

1. 高层建筑混凝土结构有哪几种主要结构体系？各有何优缺点？

2. 试说明框架结构、剪力墙结构、框—剪结构各自的变形类型。

3. 框筒与框架—筒体有何区别？

4. 何谓框筒结构的“剪力滞后”现象？影响“剪力滞后”现象的主要因素有哪些？

5. 多道抗震防线的含义和目的是什么？对于框架—剪力墙结构、剪力墙结构、框架—筒体结构中，多道防线分别是哪些？

6. 结构总体布置的原则是什么？

7. 在抗震结构中，为什么要求平面布置简单、规则、对称，竖向布置刚度均匀？

8. 为什么要限制高层建筑的高宽比 H/B？

9. 高层建筑平面布置应考虑什么原则？

10.《高层建筑混凝土结构技术规程》(JGJ3－2002)对高层建筑抗侧刚度和承载力沿竖向变化有哪些规定？

11. 在什么情况下设置防震缝、伸缩缝和沉降缝？这 3 种缝的特点和要求是什么？

12. 高层建筑的基础都有哪些形式？它们各自的适用范围是什么？

第3章　高层建筑结构荷载和地震作用

高层建筑结构在使用过程中承受多种荷载作用，在设计过程中应考虑的作用有：重力作用、活荷载、雪荷载、风荷载、地震作用、施工荷载和温度作用等。高层建筑的荷载和低层建筑的荷载有所不同，不仅因为高层竖向荷载远远大于低层建筑竖向荷载，可引起相当大的结构内力，而且高层建筑的高度比较高。我国《高层建筑混凝土结构技术规程》(JGJ 3—2002)规定：10 层及 10 层以上或房屋高度大于 28m 的建筑物为高层建筑。由于高度的增加，使得水平荷载的影响显著增加，成为高层建筑结构设计的主要因素。

高层建筑结构的荷载可分为竖向荷载和水平荷载两类：

(1)竖向荷载

竖向荷载包括结构自重、楼面活荷载、屋面活荷载、积灰荷载和雪荷载，而且高层规程规定，9 度抗震设计时应计算竖向地震作用。竖向荷载主要使墙、柱产生轴力，与房屋高度一般为线性关系，对高层建筑的侧移影响较小，与一般多层房屋计算相似。高层建筑结构的楼面活荷载应按现行国家标准《建筑结构荷载规范》(GB50009－2001)的有关规定采用。

(2)水平荷载

高层建筑的水平荷载主要有地震作用和风荷载两种。高层建筑以水平作用为主，水平作用主要使墙、柱产生弯矩，弯矩与房屋高度呈非线性关系，且高层建筑物的侧移主要都是由水平荷载作用引起的。

本章主要介绍竖向荷载计算、风荷载计算、地震作用计算以及荷载效应的组合。

3.1　竖向荷载计算

竖向荷载包括恒荷载和活荷载。恒荷载就是永久荷载，包括结构的自重和附加结构上的各种永久荷载；活荷载就是可变荷载。

3.1.1　恒荷载

恒荷载取值可以按《建筑结构荷载规范》(GB50009－2001)计算。对结构自重，可按结构构件的设计尺寸与材料单位体积的自重计算确定。对于自重变异较大的材料和构件(如现场制作的保温材料、混凝土薄壁构件等)，自重的标准值应根据对结构的不利状态，取上限值或下限值。材料的自重一般可按《建筑结构荷载规范》(GB50009－2001)的规定采用。

3.1.2　活荷载

1. 楼面活荷载

民用建筑楼面均布活荷载的标准值及其组合值、频遇值和准永久值系数，应按表 3－1 的规定采用。

表 3-1　民用建筑楼面均布活荷载标准值及其组合值、频遇值和准永久值系数

项次	类别			标准值 (kN/m²)	组合值系数 Ψ_c	频遇值系数 Ψ_f	准永久值系数 Ψ_q
1	(1)住宅、宿舍、旅馆、办公楼、医院、病房、托儿所、幼儿园			2.0	0.7	0.5	0.4
	(2)教室、实验室、阅览室、会议室、医院门诊					0.6	0.4
2	食堂、餐厅、一般资料档案室			2.5	0.7	0.6	0.5
3	(1)礼堂、剧场、影院有固定座位看台			3.0	0.7	0.5	0.3
	(2)公共洗衣房			3.0	0.7	0.6	0.5
4	(1)商店、展览厅、车站、港口、机场大厅及旅馆等候室			3.5	0.7	0.5	0.3
	(2)无固定座位看台			3.5	0.7	0.5	0.3
5	(1)健身房、演出舞场			4.0	0.7	0.6	0.5
	(2)舞厅			4.0	0.7	0.6	0.3
6	(1)书库、档案库、储藏室			5.0	0.9	0.9	0.8
	(2)密集柜书库			12.0			
7	通风机房、电梯机房			7.0	0.9	0.9	0.8
8	汽车通道及停车库	(1)单向板楼盖(板跨不小于 2m)	客车	4.0	0.7	0.7	0.6
			消防车	35.0	0.7	0.7	0.6
		(2)双向板楼盖和无梁楼盖(柱网尺寸不小于 6m)	客车	2.5	0.7	0.7	0.6
			消防车	20.0	0.7	0.7	0.6
9	厨房	(1)一般的		2.0	0.7	0.6	0.5
		(2)餐厅的		4.0	0.7	0.7	0.7
10	浴室、厕所、盥洗室	(1)第 1 项中的民用建筑		2.0	0.7	0.5	0.4
		(2)其他民用建筑		2.5	0.7	0.6	0.5
11	走廊、门厅、楼梯	(1)宿舍、旅馆、医院病房、托儿所、幼儿园、住宅		2.0	0.7	0.5	0.4
		(2)办公楼、教室、餐厅、医院门诊室		2.5	0.7	0.6	0.5
		(3)消防疏散楼梯,其他民用建筑		3.5	0.7	0.5	0.3
12	阳台	(1)一般情况		2.5	0.7	0.6	0.5
		(2)当人群有可能密集时		3.5			

[注]　(1) 本表所给各项活荷载适用于一般使用条件,当使用荷载较大或情况特殊时,应按实际情况采用。(2) 第 6 项书库活荷载当书架高度大于 2m 时,书库活荷载尚应按每米书架高度不小于 2.5kN/m² 确定。(3) 第 8 项中的客车活荷载只适用于停放载人少于 9 人的客车;消防车活荷载是适用于满载总重为 300kN 的大型车辆;当不符合本表的要求时,应将车轮的局部荷载按结构效应的等效原则,换算为等效均布荷载。(4) 第 11 项楼梯活荷载,对预制楼梯踏步平板,尚应按 1.5kN 集中荷载验算。(5) 本表各项荷载不包括隔墙自重和二次装修荷载。对固定隔墙的自重应按恒荷载考虑,当隔墙位置可灵活自由布置时,非固定隔墙的自重应取每延米长墙重(kN/m)的 1/3 作为楼面活荷载的附加值(kN/m²)计入,附加值不小于 1.0kN/m²。

设计楼面梁、墙、柱及基础时，表 3-1 中的楼面活荷载标准值在下列情况下应乘以规定的折减系数。

(1)设计楼面梁时的折减系数

①第 1(1)项当楼面梁从属面积超过 25m² 时，应取 0.9；

②第 1(2)～7 项当楼面梁从属面积超过 50m² 时应取 0.9；

③第 8 项对单向板楼盖的次梁和槽形板的纵肋应取 0.8；对单向板楼盖的主梁应取 0.6；对双向板楼盖的梁应取 0.8；

④第 9～12 项应采用与所属房屋类别相同的折减系数。

(2)设计墙、柱和基础时的折减系数

①第 1(1)项应按表 3-2 规定采用；

②第 1(2)～7 项应采用与其楼面梁相同的折减系数；

③第 8 项对单向板楼盖应取 0.5；对双向板楼盖和无梁楼盖应取 0.8；

④第 9～12 项应采用与所属房屋类别相同的折减系数。

[注] 楼面梁的从属面积应按梁两侧各延伸二分之一梁间距的范围内的实际面积确定。

表 3-2 活荷载按楼层的折减系数

墙柱基础计算截面以上楼层	1	2～3	4～5	6～8	9～20	>20
计算截面以上各楼层活荷载折减系数	1.00(0.90)	0.85	0.70	0.65	0.60	0.55

[注] 当楼面梁的从属面积超过 25m² 时，应用括号内的数字。

2. 屋面活荷载

房屋建筑的屋面，其水平投影面上的屋面均布活荷载，应按表 3-3 采用。屋面均布活荷载，不应与雪荷载同时组合。

表 3-3 屋面均布活荷载

项次	类别	标准值 (kN/m^2)	组合值系数 Ψ_c	频遇值系数 Ψ_f	准永久值系数 Ψ_q
1	不上人屋面	0.5	0.7	0.5	0
2	上人屋面	2.0	0.7	0.5	0.4
3	屋顶花园	3.0	0.7	0.6	0.5

在应用表 3-3 时，需要注意的是：

(1)不上人的屋面，当施工或维修荷载较大时，应按实际情况采用；对不同结构应按有关设计规范的规定，将标准值作 0.2kN/m² 的增减。

(2)上人的屋面，当兼作其他用途时，应按相应楼面活荷载采用。

(3)对于因屋面排水不畅、堵塞等引起的积水荷载，应采取构造措施加以防止；必要时，应按积水的可能深度确定屋面活荷载。

(4)屋顶花园活荷载不包括花圃土石等材料自重。

(5)屋面直升机停机坪荷载应根据直升机总重按局部荷载考虑，同时其等效均布荷载不低于 5kN/m²。局部荷载应按直升机实际最大起飞重量确定，当没有机型技术资料时，一般可依据轻、中、重 3 种类型的不同要求，按下述规定选用局部荷载标准值及作用面积：

(1) 轻型　最大起飞重量 2t,局部荷载标准值取 20kN,作用面积 0.20m×0.20m。

(2) 中型　最大起飞重量 4t,局部荷载标准值取 40kN,作用面积 0.25m×0.25m。

(3) 重型　最大起飞重量 6t,局部荷载标准值取 60kN,作用面积 0.30m×0.30m。

荷载的组合值系数应取 0.7,频遇值系数应取 0.6,准永久值系数应取 0。

3. 雪荷载

屋面水平投影面上的雪荷载标准值 S_k,应按下式计算:

$$S_k=\mu_r S_0 \tag{3-1}$$

式中:S_k——雪荷载标准值(kN/m²);

μ_r——屋面积雪分布系数;

S_0——基本雪压(kN/m²)。基本雪压应按《建筑结构荷载规范》(GB 50009—2001)的规定给出的 50 年一遇的雪压采用。对雪荷载敏感的结构,基本雪压应适当提高,并应由有关的结构设计规范具体规定。雪荷载的组合值系数可取 0.7;频遇值系数可取 0.6;准永久值系数应按雪荷载分区Ⅰ、Ⅱ和Ⅲ的不同,分别取 0.5、0.2 和 0。

3.1.3　活荷载的不利布置

从大量工程设计的结果来看,钢筋混凝土高层建筑结构竖向荷载平均约为 15kN/m²;其中框架和框架—剪力墙结构大约为 12～14kN/m²;剪力墙和筒中筒结构大约为 13～16kN/m²。这些竖向荷载估算的经验数据,在方案设计阶段非常有用,它成为估算地基承载力、估算结构底部剪力和初定结构截面的依据。

在计算高层建筑竖向荷载下产生的内力时,一般可以不考虑活荷载的不利布置,按满布活荷载计算。其原因是:高层建筑中,活荷载占的比例很小,特别是大量的住宅、旅馆和办公楼,活荷载一般在 2.0～2.5kN/m² 范围内,只占全部竖向荷载的 15%～20%;其次,高层建筑结构是复杂的空间体系,层数跨数很多,不利分布的情况不可胜数,计算工作量很大。所以,《高层规程规》定在实际工程中往往不考虑不利布置,可按满布活荷载进行内力计算。在活荷载内力较大时,为了考虑活荷载不利分布时可能使梁的弯矩大于按满布计算的数值,可以将框架的弯矩乘以放大系数 1.1～1.3。如果活荷载较大,其不利分布对梁弯矩的影响会比较明显,计算时应予考虑。

3.2　风荷载计算

空气的流动成为风,风作用在建筑物上,使建筑物受到双重的作用:一方面风力使建筑物受到一个基本上比较稳定的风压力,这部分称为稳定风;另一方面风力使建筑物产生振动,这部分称为脉动风。由于这种双重作用,建筑物既受到静力的作用,又受到动力作用。因此,对于主要承重结构,风荷载标准值的表达可有两种形式:其一为平均风压加上由脉动风引起结构风振的等效风压;另一种为平均风压乘以风振系数。由于结构的风振计算中,往往是受力方向基本振型起主要作用,因而我国与大多数国家相同,采用后一种表达形式,即采用风振系数 βz。它综合考虑了结构在风荷载作用下的动力响应,其中包括风速随时间、空间的变异性和结构的阻尼特性等因素。

3.2.1　风荷载标准值及基本风压

垂直于建筑物表面上的风荷载标准值,应按下述公式计算:

(1)当计算主要承重结构时

$$w_k=\beta_z\mu_s\mu_z w_0 \tag{3-2}$$

式中：w_k——风荷载标准值(kN/m^2)；

w_0——高层建筑基本风压值，kN/m^2；

μ_s——风载体型系数；

μ_z——z 高度处的风压高度变化系数；

β_z——z 高度处的风振系数。

(2)当计算围护结构时

$$w_k=\beta_{gz}\mu_s\mu_z w_0 \tag{3-3}$$

式中：β_{gz}——高度 z 处的阵风系数。

1. 基本风压 w_0

基本风压 w_0 是根据全国各气象台站历年来的最大风速记录。按基本风压的标准要求，将不同测风仪高度和时次时距的年最大风速，统一换算为离地 10m 高，自记式风速仪 10min 平均年最大风速(m/s)。根据该风速数据统计分析确定重现期为 50 年一遇的最大风速，作为当地的基本风速 V_0。再按贝努利公式确定基本风压。

基本风压应按《建筑结构荷载规范》(GB 50009—2001)，给出的 50 年一遇的风压值，但不得小于 0.3kN/m²。对于高层建筑、高耸结构以及对风荷载比较敏感的其他结构，基本风压应适当提高，并应由有关的结构设计规范具体规定。是否对风荷载敏感，主要取决于高层建筑自身的动力反应特性，目前尚无定量的划分标准。为保证风荷载计算不过小，一般房屋高度大于 60m 的高层建筑可按百年一遇的风压值采用；房屋高度不大于 60m 的高层建筑，应根据实际情况确定其风压重现期是否提高。

当城市或建设地点的基本风压值在《建筑结构荷载规范》全国基本风压图上没有给出时，基本风压值可根据当地年最大风速资料，按基本风压定义，通过统计分析确定，分析时应考虑样本数量的影响。当地没有风速资料时，可根据附近地区规定的基本风压或长期资料，通过气象和地形条件的对比分析确定；也可按《建筑结构荷载规范》中全国基本风压分布图近似确定。

2. 风压高度变化系数 μ_z

由于《建筑结构荷载规范》的基本风压是按 10m 的高度给出的，所以不同高度上的风压应将 w_0 乘以高度系数 μ_z 得出。

在大气边界层内，风速随离地面高度而增大。当气压场随高度不变时，风速随高度增大的规律，主要取决于地面粗糙度和温度垂直梯度。通常认为在离地面高度为 300～500m 时，风速不再受地面粗糙度的影响，也即达到所谓“梯度风速”，该高度称之梯度风高度。地面粗糙度等级低的地区，其梯度风高度比等级高的地区为低。

对于平坦或稍有起伏的地形，风压高度变化系数应根据地面粗糙度类别按表 3-4 确定。

《建筑结构荷载规范》将地面粗糙度分为 A、B、C、D 四类：

A 类　指近海海面和海岛、海岸、湖岸及沙漠地区。

B 类　指田野、乡村、丛林、丘陵以及房屋比较稀疏的乡镇和城市郊区。

C 类　指有密集建筑群的城市市区。

D 类　指有密集建筑群且房屋较高的城市市区。

表 3-4　风压高度变化系数 μ_z

离地面或海平面高度(m)	地面粗糙类别			
	A	B	C	D
5	1.17	1.00	0.74	0.62
10	1.38	1.00	0.74	0.62
15	1.52	1.14	0.74	0.62
20	1.63	1.25	0.84	0.62
30	1.80	1.42	1.00	0.62
40	1.92	1.56	1.13	0.73
50	2.03	1.67	1.25	0.84
60	2.12	1.77	1.35	0.93
70	2.20	1.86	1.45	1.02
80	2.27	1.95	1.54	1.11
90	2.34	2.02	1.62	1.19
100	2.40	2.09	1.70	1.27
150	2.64	2.38	2.03	1.61
200	2.83	2.61	2.30	1.92
250	2.99	2.80	2.54	2.19
300	3.12	2.97	2.75	2.45
350	3.12	3.12	2.94	2.68
400	3.12	3.12	3.12	2.91
450	3.12	3.12	3.12	3.12

对于山区的建筑物，风压高度变化系数除了按平坦地面的粗糙度类别由表 3-4 确定外，还应考虑地形条件的修正。修正系数 η 分别按下述规定采用：

(1)对于山峰和山坡，其顶部 B 处的修正系数可按下述公式采用：

$$\eta_B=\left[1+\kappa\,\mathrm{tg}\alpha\left(1-\frac{z}{2.5H}\right)\right]^2 \tag{3-4}$$

式中：$\mathrm{tg}\alpha$——山峰或山坡在迎风面一侧的坡度；当 $\mathrm{tg}\alpha>0.3$ 时，取 $\mathrm{tg}\alpha=0.3$；

κ——系数，对山峰取 3.2，对山坡取 1.4；

H——山顶或山坡全高(m)；

z——建筑物计算位置离建筑物地面的高度(m)；当 $z>2.5H$ 时，取 $z=2.5H$。

对于山峰和山坡的其他部位，可按图 3-1 所示，取 A、C 处的修正系数 η_A、η_c 为 1，AB 间和 BC 间的修正系数按 η 的线性插值确定。

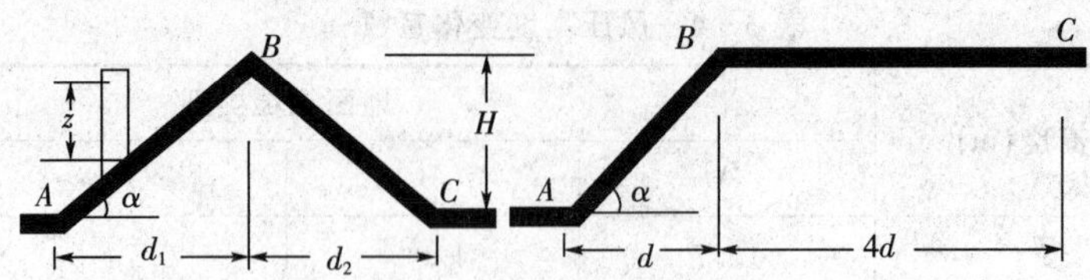

图 3－1 山峰和山坡的示意

(2)山间盆地、谷地等闭塞地形 $\eta=0.75\sim0.85$；

对于与风向一致的谷口、山口 $\eta=1.20\sim1.50$。

对于远海海面和海岛的建筑物或构筑物，风压高度变化系数可按 A 类粗糙度类别，由表 3－4 确定外，还应考虑表 3－5 中给出的修正系数 η。

表 3－5 远海海面和海岛的修正系数 η

距海岸距离	η
＜40	1.0
40～60	1.0～1.1
60～100	1.1～1.2

3. 风荷载体型系数 μ_s

风荷载体型系数是指风作用在建筑物表面上所引起的实际压力(或吸力)与来流风的速度压的比值，它描述的是建筑物表面在稳定风压作用下静态压力的分布规律，主要与建筑物的体型和尺度有关，也与周围环境和地面粗糙度有关。

为了高层建筑结构设计，高层规程对荷载规范的“风荷载体型系数”进行了简化和整理，并规定高层建筑在计算主体结构的风荷载效应时，风荷载体型系数 μ_s 可按下列规定采用：

(1)圆形平面建筑取 0.8；

(2)正多边形及截角三角形平面建筑，由下式计算：

$$\mu_s=0.8+\frac{1.2}{\sqrt{n}} \tag{3-5}$$

式中：n——多边形的边数。

(3)高宽比 H/B 不大于 4 的矩形、方形、十字形平面建筑取 1.3；

(4)下列建筑取 1.4：

① V 形、Y 形、弧形、双十字形、井字形平面建筑；

② L 形、槽形和高宽比 H/B 大于 4 的十字形平面建筑；

③ 高宽比 H/B 大于 4，长宽比 L/B 不大于 1.5 的矩形、鼓形平面建筑。

(5)在需要更细致进行风荷载计算的场合，风荷载体型系数可按附表采用，或由风洞试验确定。

验算围护构件及其连接的强度时，可按下列规定采用局部风压体型系数：

① 外表面

a. 正压区　按附表(风载体型系数)采用；

b. 负压区　对墙面，取－1.0；对墙角边，取－1.8；对屋面局部部位(周边和屋面坡度大于 10°的屋脊部位)，取－2.2；对檐口、雨篷、遮阳板等突出构件，取－2.0。

［注］ 对墙角边和屋面局部部位的作用宽度为房屋宽度的 0.1 或房屋平均高度的 0.4，取

其小者，但不小于1.5m。

② 内表面

对封闭式建筑物，按外表面风压的正负情况取0.2或−0.2。

4. 风振系数 β_z

风对建筑物的作用是不规则的，通常把风作用的平均值看成稳定风压，即平均风压。实际风压是在平均风压的基础上上下波动。平均风压使建筑物产生一定的侧移，而波动风压使建筑物在平均侧移附近振动。对于高度较大、刚度较小的高层建筑，波动风压会产生不可忽略的动力效应，在设计中必须考虑。

高层规程规定，高层建筑的风振系数 β_z 可按下式计算：

$$\beta_z = 1 + \frac{\varphi_z \xi \upsilon}{\mu_z} \tag{3-6}$$

式中：φ_z——振型系数，可由结构动力计算确定，计算时可仅考虑受力方向基本振型的影响；对于质量和刚度沿高度分布比较均匀的弯剪型结构，也可近似采用振型计算点距室外地面高度 z 与房屋高度 H 的比值；

ξ——脉动增大系数，可按表3-6采用；

υ——脉动影响系数，外形、质量沿高度比较均匀的结构可按表3-7采用；

μ_z——风压高度变化系数。

表3-6　脉动增大系数 ξ

$w_0 T_1^2$(kN·s²/m²)	地面粗糙类别			
	A	B	C	D
0.06	1.21	1.19	1.17	1.14
0.08	1.23	1.21	1.18	1.15
0.10	1.25	1.23	1.19	1.16
0.20	1.30	1.28	1.24	1.19
0.40	1.37	1.34	1.29	1.24
0.60	1.42	1.38	1.33	1.28
0.80	1.45	1.42	1.36	1.30
1.00	1.48	1.44	1.38	1.32
2.00	1.58	1.54	1.46	1.39
4.00	1.70	1.65	1.57	1.47
6.00	1.78	1.72	1.63	1.53
8.00	1.83	1.77	1.68	1.57
10.00	1.87	1.82	1.73	1.61
20.00	2.04	1.96	1.85	1.73
30.00	—	2.06	1.94	1.81

[注]　w_0 为基本风压；T_1 为结构基本自振周期，可由结构动力学计算确定。对比较规则的结构，也可采用近似公式计算：框架结构 $T_1=(0.08\sim0.1)n$，框架－剪力墙和框架－核心筒结构 $T_1=(0.06\sim0.08)n$，剪力墙结构和筒中筒结构 $T_1=(0.05\sim0.6)n$，n 为结构层数。

表 3-7 高层建筑脉动影响系数 υ

H/B	粗糙类别	房屋总高度 H(m)							
		≤30	50	100	150	200	250	300	350
≤0.5	A	0.44	0.42	0.33	0.27	0.24	0.21	0.19	0.17
	B	0.42	0.41	0.33	0.28	0.25	0.22	0.20	0.18
	C	0.40	0.40	0.34	0.28	0.27	0.23	0.22	0.20
	D	0.36	0.37	0.34	0.30	0.27	0.25	0.27	0.22
1.0	A	0.48	0.47	0.41	0.35	0.31	0.27	0.26	0.24
	B	0.46	0.46	0.42	0.36	0.36	0.29	0.27	0.26
	C	0.43	0.44	0.42	0.37	0.34	0.31	0.29	0.28
	D	0.39	0.42	0.42	0.38	0.36	0.33	0.32	0.31
2.0	A	0.50	0.51	0.46	0.42	0.38	0.35	0.33	0.31
	B	0.48	0.50	0.47	0.42	0.40	0.36	0.35	0.33
	C	0.45	0.49	0.48	0.44	0.42	0.38	0.38	0.36
	D	0.41	0.46	0.48	0.46	0.44	0.42	0.42	0.39
3.0	A	0.53	0.51	0.49	0.45	0.42	0.38	0.38	0.36
	B	0.51	0.50	0.49	0.45	0.43	0.40	0.40	0.38
	C	0.48	0.49	0.49	0.48	0.46	0.43	0.43	0.41
	D	0.43	0.46	0.49	0.49	0.48	0.46	0.46	0.45
5.0	A	0.52	0.53	0.51	0.49	0.46	0.44	0.42	0.39
	B	0.50	0.53	0.52	0.50	0.48	0.45	0.44	0.42
	C	0.47	0.50	0.52	0.52	0.50	0.48	0.47	0.45
	D	0.43	0.48	0.52	0.53	0.53	0.52	0.51	0.50
6.0	A	0.53	0.54	0.53	0.51	0.48	0.46	0.43	0.42
	B	0.51	0.53	0.53	0.52	0.50	0.49	0.46	0.44
	C	0.48	0.51	0.53	0.53	0.52	0.52	0.50	0.48
	D	0.43	0.48	0.54	0.53	0.55	0.55	0.51	0.53

5. 阵风系数 β_{gz}

计算围护结构风荷载时的阵风系数应按表 3-8 确定。

表 3-8 阵风系数 β_{gz}

离地面高度	地面粗糙类别			
	A	B	C	D
5	1.69	1.88	2.30	3.21
10	1.63	1.78	2.10	2.76
15	1.60	1.72	1.99	2.54
20	1.58	1.69	1.92	2.39
30	1.54	1.64	1.83	2.21
40	1.52	1.60	1.77	2.09
50	1.51	1.58	1.73	2.01
60	1.49	1.56	1.69	1.94
70	1.48	1.54	1.66	1.89
80	1.47	1.53	1.64	1.85

（续表）

离地面高度	地面粗糙类别			
	A	B	C	D
90	1.47	1.52	1.62	1.81
100	1.46	1.51	1.60	1.78
150	1.43	1.47	1.54	1.67
200	1.42	1.44	1.50	1.60
250	1.40	1.42	1.46	1.55
300	1.39	1.41	1.44	1.51

3.2.2　总体风荷载

在建筑结构设计时，应使用总风荷载计算在风荷载作用下结构的内力和位移，即风荷载对建筑物的总体效应。总风荷载为建筑物各个表面上承受风力的合力，是沿建筑物高度变化的线荷载。通常按 x、y 两个互相垂直的方向分别计算总风荷载，z 高度处的总风荷载标准值可按下式计算：

$$W_z=\beta_z\mu_z w_0(\mu_{s1}B_1\cos\alpha_1+\mu_{s2}B_2\cos\alpha_2+\cdots+\mu_{sn}B_n\cos\alpha_n) \tag{3-7}$$

式中：n——建筑物外围表面数(每一个平面作为一个表面)；

B_1、B_2、…、B_n——n 个表面的宽度；

μ_{s1}、μ_{s2}、…、μ_{sn}——n 个表面的平均风载体型系数；

α_1、α_2、…、α_n——n 个表面法线与风作用方向的夹角。

当建筑物某个表面与风力作用方向垂直时，$\alpha_i=0°$，这个表面的风压全部计入总风荷载；当某个表面与风力作用方向平行时，$\alpha_i=90°$，这个表面的风压不计入总风荷载；其他与风作用方向成某一夹角的表面，都应计入该表面上压力在风作用方向的分力。要注意区别是风压力还是风吸力，以便作矢量相加。各表面风荷载的合力作用点，即总风荷载作用点。

[例3-1]　已知：某高层建筑剪力墙结构，上部结构为38层，底部1～3层层高为4m，其他各层层高为3m，室外地面至檐口的高度为120m，平面尺寸为30m×40m，地下室筏板基础地面埋深为12m，如图3-2所示。基本风压=0.45kN/m²，建筑场地位置是大城市郊区。已计算求得作用于突出屋面小塔楼上的风荷载标准值的总值为800kN。为简化计算，将建筑物沿高度划分为6个区段，每个区段为20m，近似取其中点位置的风荷载作为该区段的平均值；

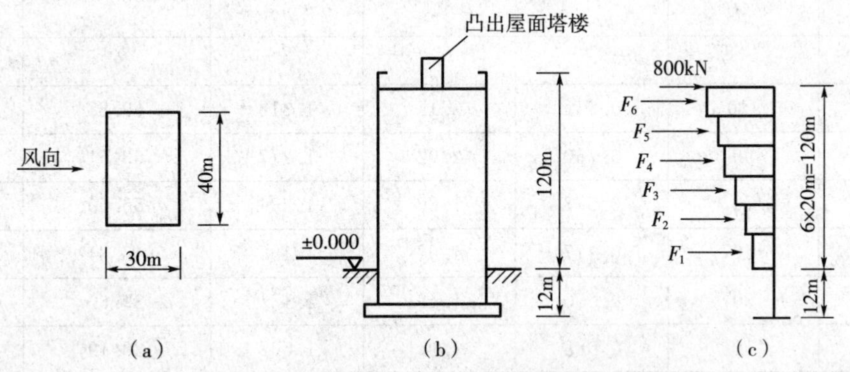

图3-2　高层结构外形尺寸及计算简图

计算在风荷载作用下结构底部(一层)的剪力设计值和筏板基础底面的弯矩设计值。

[解]

(1)基本自振周期

根据钢筋混凝土剪力墙结构的经验公式,可得结构的基本周期为:

$$T_1=0.05n=0.05\times38=1.90\text{s}$$

$$w_0T_1^2=0.45\times1.9^2=1.62\text{kN}\cdot\text{s}^2/\text{m}^2$$

(2)风荷载体型系数

对于矩形平面,由查附录A表1可求得:

$$\mu_{s1}=0.80$$

$$\mu_{s2}=-\left(0.48+0.03\frac{H}{L}\right)=-\left(0.48+0.03\times\frac{120}{40}\right)=0.57$$

(3)风振系数

由条件可知地面粗糙类别为B类,由表3-6可查得脉动增大系数$\xi=1.502$。

脉动影响系数v根据表3-7确定,$v=0.482$。

由于结构属于质量和刚度沿高度分布比较均匀的弯剪型结构,振型系数φ_z可近似采用振型计算点距室外地面高度H_i与房屋高度H的比值,即$\varphi_z=H_i/H$。

则可求得风振系数为

$$\beta_z=1+\frac{\varphi_z\xi v}{\mu_z}=1+\frac{\xi v}{\mu_z}\cdot\frac{H_i}{H}=1+\frac{1.502\times0.482}{\mu_z}\cdot\frac{H_i}{H}$$

(4)风荷载的计算

风荷载作用下,按式(3.2)可得沿房屋高度分布的风荷载标准值为:

$$q(z)=0.45\times(0.8+0.57)\times40\mu_z\beta_z=24.66\mu_z\beta_z$$

按上述方法可求得各区段中点处的风荷载标准值及各区段的合力,见表3-9,如图3-2(c)所示。

表3-9 风荷载作用下各层的剪力计算

区段	H_i(m)	$\frac{H_i}{H}$	μ_z	β_z	$q(z)$(kN/m)	区段合力 F_i(kN)
突出屋面						800
6	110	0.917	2.15	1.318	69.88	1397.6
5	90	0.750	2.02	1.277	63.61	1272.2
4	70	0.583	1.86	1.234	56.60	1132.0
3	50	0.417	1.67	1.186	48.84	976.8
2	30	0.250	1.42	1.131	39.60	792.0
1	10	0.083	1.00	1.062	26.19	523.8

则可计算求得在风荷载作用下结构底部一层的剪力设计值为：

$V_1 = 1.4\times(800+1397.6+1272.2+1132.0+976.8+792.0+523.8)=9652.16\text{kN}$

可求得筏板基础底面的弯矩设计值为：

$$M=1.4\times(800\times132+1397.6\times122+1272.2\times102+1132.0\times82+976.8\times62+792.0\times42+523.8\times22)=845662.72(\text{kN}\cdot\text{m})$$

3.3　地震作用

3.3.1　地震作用概述

1. 地震作用特点

地震作用是由地震引起的结构动态作用，包括水平地震作用和竖向地震作用。地震波从震源经过基岩传播到建筑场地后，地表土相当于一个放大器和一个滤波器：它一方面把基岩的加速度放大，地表土越厚，土质越差，放大作用越显著，对建筑物产生的震害越大；另一方面，由各种不同频率组成的地震波通过地表土时，与场地土特征周期一致的振动分量得到加强，不一致的振动分量产生衰减、削弱，地表土起到滤波器的作用。这样，当建筑物的自振周期与地面特征周期一致或接近时，由于共振作用会使震害更加严重。在1976年唐山地震中，塘沽地区（烈度8度强）的7～10层框架结构破坏非常严重，许多甚至一塌到底；相反，3～5层的混合结构住宅则损坏轻微。这是由于塘沽是海滨，场地土的自振周期为0.8～1.0s，7～10层框架结构的自振周期为0.6～1.0s，两者周期一致；而低层砖混住宅的自振周期在0.3s以下，远离了场地土的自振周期，因而破坏较为轻微。

在地震时，结构因振动面产生惯性力，使建筑物产生内力，振动建筑物会产生位移、速度和加速度。地震力大小与建筑物的质量与刚度有关。在同等烈度和场地条件下，建筑物的重量越大，受到地震力也越大，因此减小结构自重不仅可以节省材料，而且有利于抗震。同样，结构刚度越大、周期越短，地震作用也大，因此，在满足位移限值的前提下，结构应有适宜的刚度。适当延长建筑物的周期，从而降低地震作用，这会取得很大的经济效益。

地震作用是相当复杂的，带有很多不确定因素。即使在相同的设防烈度下，不同的地震波使建筑物产生不同的反应，而且离散性很大。现行抗震规范给出的反应谱曲线，也只是很多不同地震的实际反应谱的平均数值，因此，将来遇到实际的地震时，其地震作用可能低于规范计算的数值，也可能高于这一数值，不能认为按反应谱曲线计算得到的地震作用就是真正的、确实的数值。所以，结构抗震设计必须多方面考虑，并留有充分余地。

地震作用与地面运动的特征、场地土的性质、房屋本身的动力特性有很大的关系。

2. 结构的抗震性能

高层建筑结构的设计和配筋构造都要保证它具有足够的延性。我们将构件破坏时的变形与屈服时的变形的比值称为构件的延性系数 μ：

$$\mu=\frac{\Delta u}{\Delta y} \tag{3-8}$$

通常,为保证结构有良好的抗震性能,一般要求 $\mu>3$。构件的延性可以由以下因素来保证:

(1) 足够的截面尺寸;

(2) 适宜的钢筋;

(3) 充分的构造措施。

此外,还需要考虑整个结构的抗震性能。结构整体的抗震性能取决于如下因素:

(1) 各构件的承载能力和变形性能;

(2) 构件之间连接构造的合理性;

(3) 结构的稳定性;

(4) 结构的整体性和空间工作能力;

(5) 设有多道抗震设防系统;

(6) 非主要构件的抗震能力。

3. 三水准设防要求

建筑结构采用三个水准进行设防,即:

(1) 第一水准

高层建筑在其使用期间,当遭受频率较高、强度较低的地震时,建筑不损坏,不需要修理,结构应处于弹性状态,可以假定服从线形弹性理论,用弹性反应谱进行地震作用计算,按承载力要求进行截面设计,并控制结构弹性变形符合要求。

(2) 第二水准

建筑物在基本烈度的地震作用下,允许结构达到或超过屈服极限(钢筋混凝土构件会出现裂缝),产生弹塑性变形,依靠结构的塑性耗能能力,使结构得以保持稳定保存下来,经过修复还可以使用。此时,结构抗震设计应按变形要求进行。

(3) 第三水准

在预先估计到的罕见强烈地震作用下,结构进入弹塑性大变形状态,部分产生破坏,但应防止结构倒塌,避免危及生命安全。这一阶段应考虑防止倒塌设计。

从三个水准出现的频率来看:第一水准,即多遇地震,约 50 年一遇;第二水准,即基本烈度设防地震,约 475 年一遇;第三水准,即罕遇地震,约 2000 年一遇的强烈地震。

4. 二阶段抗震设计

二阶段抗震设计如图 3-3 所示。是对三水准抗震设计思想的具体实施。通过二阶段设计中第一阶段对构件截面承载力演算和第二阶段对弹塑性变形演算,并与概念设计和构造措施相结合,从而实现"小震不坏、中震可修、大震不倒"的抗震要求。

(1) 第一阶段设计

对于高层建筑结构,首先应满足第一、第二水准的抗震要求。为此,首先应按多遇地震的地震动参数计算地震作用,进行结构分析和地震内力计算,考虑各种分项系数、荷载组合值系数进行荷载与地震作用产生内力的组合,进行截面配筋计算和结构弹性位移控制,并相应采取构造措施保证结构的延性,使之具有与第二水准相应的变形能力,从而实现"小震不坏"和"中震可修"。这一阶段设计对所有抗震设计的高层建筑结构都必须进行。

(2) 第二阶段设计

对地震时抗震能力较低、容易倒塌的高层建筑结构(如纯框架结构)以及抗震要求较高的建筑结构(如甲类建筑),要进行易损部位(薄弱层)的塑性变形演算,并采取措施提高薄弱层的承载力或增加变形能力,使薄弱层的塑性水平变位不超过允许的变位。这一阶段主要是对甲类建筑和特别不规则的结构。

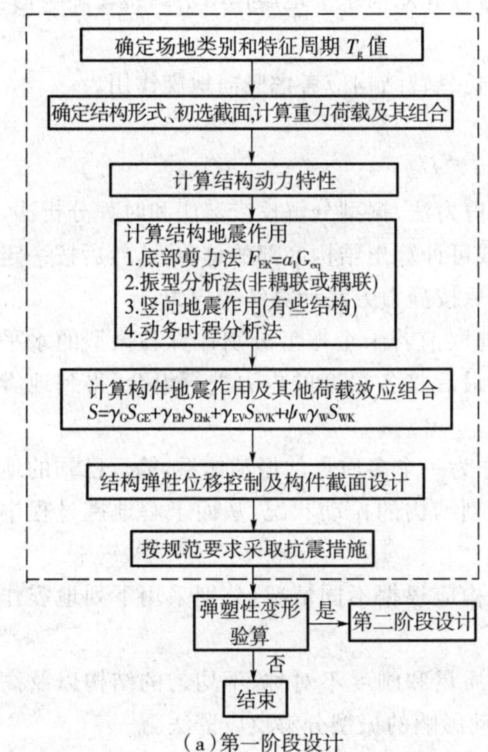

(a)第一阶段设计

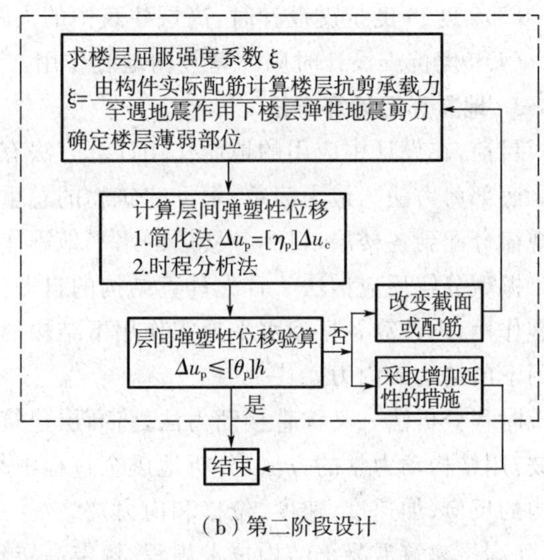

(b)第二阶段设计

图3-3　二阶段流程设计

3.3.2　地震作用的一般计算原则

1. 高层建筑分类及抗震要求

抗震设计的高层建筑应根据使用功能的重要性分为甲、乙、丙3类。

(1)甲类建筑

甲类建筑应属于重大建筑工程和地震时可能发生严重次生灾害的建筑。《高层建筑混凝土结构技术规程》规定甲类别建筑的抗震设防标准,应符合下列要求:甲类建筑应按高于本地区抗震设防烈度计算,其值应按批准的地震安全性评价结果确定。

(2)乙类建筑

乙类建筑应属于地震时使用功能不能中断或需尽快恢复的建筑。

《高层建筑混凝土结构技术规程》规定乙类别建筑的抗震设防标准,应符合下列要求:乙类建筑应按本地区抗震设防烈度计算。

(3)丙类建筑

丙类建筑应属于除甲、乙类以外的一般建筑。《高层建筑混凝土结构技术规程》规定丙类别建筑的抗震设防标准,应符合下列要求:丙类建筑应按本地区抗震设防烈度计算。

2. 地震作用计算原则

《高层建筑混凝土结构技术规程》规定高层建筑结构应按下列原则考虑地震作用:

(1)一般情况下,应允许在结构两个主轴方向分别考虑水平地震作用计算;有斜交抗侧力构件的结构，当相交角度大于 15°时，应分别计算各抗侧力构件方向的水平地震作用。

(2)质量与刚度分布明显不对称、不均匀的结构，应计算双向水平地震作用下的扭转影响；其他情况，应计算单向水平地震作用下的扭转影响。

(3)8 度、9 度抗震设计时，高层建筑中的大跨度和长悬臂结构应考虑竖向地震作用。

(4)9 度抗震设计时应计算竖向地震作用。

3. 地震作用计算方法

目前，在设计中应用的地震作用计算方法有：底部剪力法、振型分解反应谱法和时程分析法。

底部剪力法　最为简单，根据建筑物的总重力荷载可计算出结构底部的总剪力，然后按一定的规律分配到各楼层，得到各楼层的水平地震作用，然后按静力方法计算结构内力。

振型分解反应谱法　首先计算结构的自振振型，选取前若干个振型分别计算各振型的水平地震作用，再计算各振型水平地震作用下结构的内力，最后将各振型的内力进行组合，得到地震作用下的结构的内力。

时程分析法　又称直接动力法，将高层建筑结构作为一个多质点的振动体系，输入已知的地震波，用结构动力学的方法，分析地震全过程中每一时刻结构的振动状况，从而了解地震过程中结构的反应(加速度、速度、位移和内力)。

《高层建筑混凝土结构技术规程》规定高层建筑结构应根据不同情况，分别采用下列地震作用计算方法：

(1) 高层建筑结构宜采用振型分解反应谱法。对质量和刚度不对称、不均匀的结构以及高度超过 100m 的高层建筑结构应采用考虑扭转耦联振动影响的振型分解反应谱法。

(2)高度不超过 40m、以剪切变形为主且质量和刚度沿高度分布比较均匀的高层建筑结构，可采用底部剪力法。

(3)7～9 度抗震设防的高层建筑，下列情况应采用弹性时程分析法进行多遇地震下的补充计算。

① 甲类高层建筑结构；

② 表 3-10 所列的乙、丙类高层建筑结构；

③ 不满足《高层规程》第 4.4.2～4.4.5 条规定的高层建筑结构；

④《高层规程》第 10 章规定的复杂高层建筑结构；

⑤ 质量沿竖向分布特别不均匀的高层建筑结构。

表 3-10　采用时程分析法的高层建筑结构

设防烈度场地类别	建筑高度范围
8 度Ⅰ、Ⅱ场地和 7 度	＞100m
8 度Ⅲ、Ⅳ类场地	＞80m
9 度	＞60m

3.3.3 地震作用的计算

1. 重力荷载代表值

按照反应谱理论，地震作用的大小与重力荷载代表值的大小成正比，即：

$$F_E = \alpha G \tag{3-9}$$

式中：G——重力荷载代表值；

α——地震影响系数；

F_E——地震作用。

《高层建筑混凝土结构技术规程》规定：计算地震作用时，建筑结构的重力荷载代表值应取永久荷载标准值和可变荷载组合值之和。可变荷载的组合值系数应按下列规定采用：

(1) 雪荷载取 0.5；

(2) 楼面活荷载按实际情况计算时取 1.0；按等效均布活荷载计算时，藏书库、档案库、库房取 0.8，一般民用建筑取 0.5。

在高层钢筋混凝土结构中，自重占了重力荷载的绝大部分，如一般高层建筑标准层重量 15～18kN/m² 中，活荷载通常为 2.0～3.0kN/m² 左右，只占 10%～15%，即使折减 50%也不过将代表值降至 90%～95%。因此在实际工程设计中，活荷载也可以不折减，相应的适当加大地震作用的计算值。

2. 地震影响系数 α

建筑结构的地震影响系数应根据烈度、场地类别、设计地震分组和结构自振周期及阻尼比确定。反映这些因素与 α 的关系曲线称为反应谱曲线(如图 3-4)。

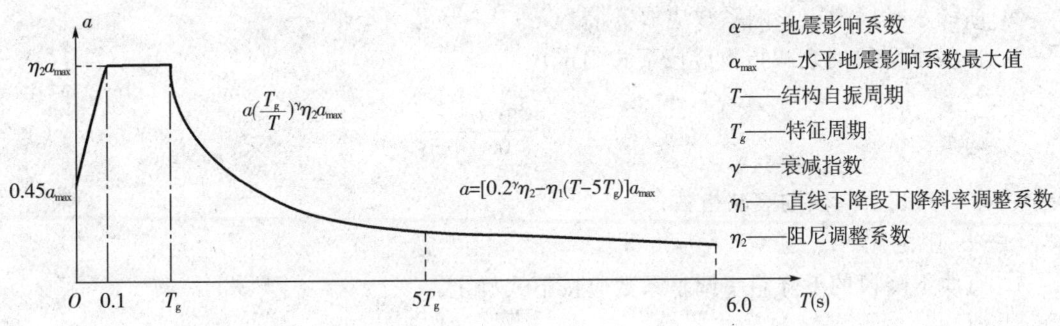

图 3-4　地震影响系数曲线

(1)水平地震影响系数最大值 α_{max}

水平地震影响系数最大值 α_{max} 应按表 3-11 采用；

表 3-11　水平地震影响系数最大值 α_{max}

地震影响	6 度	7 度	8 度	9 度
多遇地震	0.04	0.08(0.12)	0.16(0.24)	0.32
罕遇地震	—	0.50(0.72)	0.90(1.20)	1.40

[注]　7、8 度时括号内数值分别用于设计基本地震加速度为 0.15g 和 0.30g 的地区。

(2)特征周期值 T_g(s)

特征周期应根据场地类别和设计地震分组按表 3-12 采用，计算 8、9 度罕遇地震作用时，特征周期应增加 0.05s。

表 3-12 特征周期值 T_g(s)

设计地震分组 \ 场地类型	Ⅰ	Ⅱ	Ⅲ	Ⅳ
第一组	0.25	0.35	0.45	0.65
第二组	0.30	0.40	0.55	0.75
第三组	0.35	0.45	0.65	0.90

(3)高层建筑结构地震影响系数曲线(图 3-4)的形状参数和阻尼调整应符合下列要求：

① 除有专门规定外，钢筋混凝土高层建筑结构的阻尼比应取 0.05，此时阻尼调整系数 η_2 应取 1.0，形状参数应符合下列规定：

直线上升段 周期小于 0.1s 的区段；

水 平 段 自 0.1s 至特征周期 T_g 的区段，地震影响系数应取最大值 α_{max}；

曲线下降段 自特征周期至 5 倍特征周期的区段，衰减指数 γ 应取 0.9；

直线下降段 自 5 倍特征周期至 6.0s 的区段，下降斜率调整系数 η_1 应取 0.02。

② 当建筑结构的阻尼比不等于 0.05 时，地震影响系数曲线的分段情况与本条第 1 款相同，但其形状参数和阻尼调整系数 η_2 应符合下列规定：

a. 曲线水平段地震影响系数应取 $\eta_2 \alpha_{max}$。

b. 曲线下降段的衰减指数应按下式确定：

$$\gamma=0.9+\frac{0.05-\xi}{0.5+5\xi} \tag{3-10}$$

式中：γ——曲线下降段的衰减指数；

ξ——阻尼比。

c. 直线下降段的下降斜率调整系数应按下式确定：

$$\eta_1=0.02+\frac{0.05-\xi}{8} \tag{3-11}$$

式中：η_1——直线下降段的斜率调整系数，小于 0 时应取 0。

d. 阻尼调整系数应按下式确定：

$$\eta_2=1+\frac{0.05-\xi}{0.06+1.7\xi} \tag{3-12}$$

式中：η_2——阻尼调整系数，当 η_2 小于 0.55 时，应取 0.55。

对应于不同阻尼比计算地震影响系数的衰减指数和调整系数见表 3-13。

表 3-13 不同阻尼比时的衰减指数和调整系数

ξ	η_2	γ	η_1
0.01	1.54	0.97	0.025
0.02	1.34	0.95	0.024
0.05	1.00	0.90	0.020
0.10	0.75	0.85	0.014
0.20	0.56	0.80	0.001

(4)建筑的场地类别

建筑的场地类别，应根据土层等效剪切波速和场地覆盖层厚度按表3-14划分为4类。当有可靠的剪切波速和覆盖层厚度且其值处于表3-14所列场地类别的分界线附近时，应允许按插值方法确定地震作用计算所用的设计特征周期。

表3-14　各类建筑场地覆盖层厚度(m)

等效剪切波速(m/s)	不同建筑场地覆盖层厚度			
	Ⅰ	Ⅱ	Ⅲ	Ⅳ
v_{se}	0			
$500 \geqslant v_{se} > 250$	<5	≥5		
$250 \geqslant v_{se} > 140$	<3	3～50	>50	
$v_{se} \leqslant 140$	<3	3～15	>15～80	>80

3. 结构水平地震作用计算的底部剪力法

采用底部剪力法计算高层建筑结构的水平地震作用时，各楼层在计算方向可仅考虑一个自由度(图3-5)，并应符合下列规定：

(1) 结构总水平地震作用标准值应按下列公式计算：

$$F_{EK} = \alpha_1 G_{eq} \quad (3-13)$$

$$G_{eq} = 0.85 G_E \quad (3-14)$$

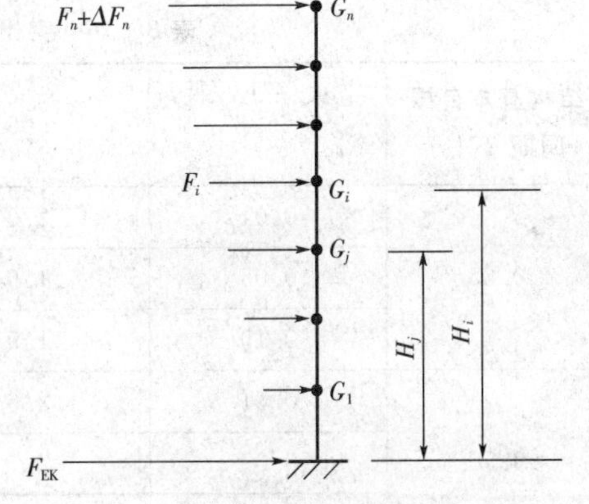

图3-5　底部剪力法计算示意图

式中：F_{EK}——结构总水平地震作用标准值；

α_1——相应于结构基本自振周期 T_1 的水平地震影响系数；

G_{eq}——计算地震作用时，结构等效总重力荷载代表值；

G_E——计算地震作用时，结构总重力荷载代表值，应取各质点重力荷载代表值之和。

(2)质点 i 的水平地震作用标准值可按下式计算：

$$F_i = \frac{G_i H_i}{\sum_{j=1}^{n} G_j H_j} F_{EK}(1-\delta_n) \qquad (i=1,2,\cdots,n) \quad (3-15)$$

式中：F_i——质点 i 的水平地震作用标准值；

G_i, G_j——分别为集中于质点 i、j 的重力荷载代表值；

H_i, H_j——分别为质点 i、j 的计算高度；

δ_n——顶部附加地震作用系数，可按表3-15采用。

表3-15　顶部附加地震作用系数 δ_n

T_g(s)	$T_1 > 1.4T_g$	$T_1 \leqslant 1.4T_g$
≤0.35	$0.08T_1 + 0.07$	不考虑
0.35～0.55	$0.08T_1 + 0.01$	
≥0.55	$0.08T_1 - 0.02$	

[注]　T_g 为场地特征周期；T_1 为结构基本自振周期。

(3)主体结构顶层附加水平地震作用标准值可按下式计算：

$$\Delta F_n = \delta_n F_{EK} \tag{3-16}$$

式中：ΔF_n——主体结构顶层附加水平地震作用标准值。

(4)突出建筑物屋面部分的水平地震作用

高层建筑采用底部剪力法计算水平地震作用时，突出屋面房屋(楼梯间、电梯间、水箱间等)宜作为一个质点参加计算，计算求得的水平地震作用标准值应增大，增大系数 β_n 可按表 3-16 采用。即：

$$F_n = \beta_n F_{n0} \tag{3-17}$$

式中：F_n——作用于小塔楼上的实际地震力标准值；

F_{n0}——按底部剪力法计算得到的小塔楼(作用于质点 n)上的地震力；

β_n——放大系数，查表 3-16。

表 3-16 突出屋面房屋地震作用增大系数 β_n

结构基本自振周期 T_1(s)	K_n/K \ G_n/G	0.001	0.010	0.050	0.100
0.25	0.01	2.0	1.6	1.5	1.5
	0.05	1.9	1.8	1.6	1.6
	0.10	1.9	1.8	1.6	1.5
0.50	0.01	2.6	1.9	1.7	1.7
	0.05	2.1	2.4	1.8	1.8
	0.10	2.2	2.4	2.0	1.8
0.75	0.01	3.6	2.3	2.2	2.2
	0.05	2.7	3.4	2.5	2.3
	0.10	2.2	3.3	2.5	2.3
1.00	0.01	4.8	2.9	2.7	2.7
	0.05	3.6	4.3	2.9	2.7
	0.10	2.4	4.1	3.2	3.0
1.50	0.01	6.6	3.9	3.5	3.5
	0.05	3.7	5.8	3.8	3.6
	0.10	2.4	5.6	4.2	3.7

[注] (1) K_n、G_n 分别为突出屋面房屋的侧向刚度和重力荷载代表值；K、G 分别为主体结构层侧向刚度和重力荷载代表值，可取各层的平均值；(2) 楼层侧向刚度可由楼层剪力除以楼层层间位移计算。

4. 振型分解反应谱法

采用振型分解反应谱方法时，对于不考虑扭转耦联振动影响的结构，应按下列规定进行地震作用和作用效应的计算。

(1)结构第 j 振型 i 质点的水平地震作用的标准：

$$F_{ji}=\alpha_j\gamma_j X_{ji}G_i \tag{3-18}$$

$$\gamma_j=\frac{\sum_{i=1}^{n}X_{ji}G_i}{\sum_{i=1}^{n}X_{ji}^2G_i}\qquad(i=1,2\cdots n;j=1,2\cdots m) \tag{3-19}$$

式中：G_i——质点 i 的重力荷载代表值；

F_{ji}——第 j 振型 i 质点水平地震作用的标准值；

α_j——相应于 j 振型自振周期的地震影响系数；

X_{ji}——j 振型 i 质点的水平相对位移；

γ_j——j 振型的参与系数；

n——结构计算总质点数，小塔楼宜每层作为一个质点参与计算；

m——结构计算振型数。规则结构可取 3，当建筑较高、结构沿竖向刚度不均匀时可取 5～6。

(2)水平地震作用效应(内力和位移)应按下式计算：

$$S=\sqrt{\sum_{j=1}^{m}S_j^2} \tag{3-20}$$

式中：S——水平地震作用标准值的效应；

S_j——j 振型的水平地震作用标准值的效应(弯矩、剪力、轴向力和位移等)。

(3)考虑扭转影响的结构，按扭转耦联振型分解法计算时，各楼层可取两个正交的水平位移和一个转角位移共三个自由度，并应按下列规定计算地震作用和作用效应。

① j 振型 i 层的水平地震作用标准值，应按下列公式确定：

$$\begin{aligned}F_{xji}&=\alpha_j\gamma_{tj}X_{ji}G_i\\F_{yji}&=\alpha_j\gamma_{tj}Y_{ji}G_i\qquad(i=1,2\cdots n;\ j=1,2\cdots m)\\F_{tji}&=\alpha_j\gamma_{tj}r_i^2\varphi_{ji}G_i\end{aligned} \tag{3-21}$$

式中：F_{xji}、F_{yji}、F_{tji}——分别为 j 振型 i 层的 x 方向、y 方向和转角方向的地震作用标准值；

X_{ji}、Y_{ji}——分别为 j 振型 i 层质心在 x、y 方向的水平相对位移；

φ_{ji}——j 振型 i 层的相对扭转角；

r_i——i 层转动半径，可取 i 层绕质心的转动惯量除以该层质量的商的正二次方根；

α_j——相应于第 j 振型自振周期的地震影响系数；

γ_{tj}——考虑扭转的 j 振型参与系数；

n——结构计算总质点数，小塔楼宜每层作为一个质点参加计算；

m——结构计算振型数。一般情况下可取 9～15，多塔楼建筑每个塔楼的振型数不宜小于 9。

当仅考虑 x 方向地震时

$$r_{tj}=\sum_{i=1}^{n}X_{ji}G_i/\sum_{i=1}^{n}(X_{ji}^2+Y_{ji}^2+\varphi_{ji}^2r_i^2)G_i \tag{3-22}$$

当仅考虑 y 方向地震时

$$r_{tj}=\sum_{i=1}^{n}Y_{ji}G_i/\sum_{i=1}^{n}(X_{ji}^2+Y_{ji}^2+\varphi_{ji}^2r_i^2)G_i \tag{3-23}$$

当考虑 x 方向夹角为 θ 的地震时

$$r_{tj}=r_{xj}\cos\theta+r_{yj}\sin\theta \tag{3-24}$$

② 单向水平地震作用下，考虑扭转的地震作用效应，应按下列公式确定

$$S=\sqrt{\sum_{j=1}^{m}\sum_{k=1}^{m}\rho_{jk}S_jS_k} \tag{3-25}$$

$$\rho_{jk}=\frac{8\xi_j\xi_k(1+\lambda_T)\lambda_T^{\frac{3}{2}}}{(1-\lambda_T^2)^2+4\xi_j\xi_k\lambda_T(1+\lambda_T)^2} \tag{3-26}$$

式中：S——考虑扭转的地震作用标准值的效应；

S_j、S_k——分别为 j、k 振型地震作用标准值的效应；

ρ_{jk}——j 振型与 k 振型的耦联系数；

λ_T——k 振型与 j 振型的自振周期比；

ξ_j、ξ_k——分别为 j、k 振型的阻尼比。

③ 考虑双向水平地震作用下的扭转地震作用效应，应按下列公式中的较大值确定：

$$S=\sqrt{S_x^2+(0.85S_y)^2} \tag{3-27}$$

或

$$S=\sqrt{S_y^2+(0.85S_x)^2} \tag{3-28}$$

式中：S_x——仅考虑 x 向水平地震作用时的地震作用效应；

S_y——仅考虑 y 向水平地震作用时的地震作用效应。

5. 时程分析法

时程分析法又称动态分析法或直接动力法。它是将地震波按时段进行数值化后，输入结构体系的振动微分方程，采用逐步积分法进行结构动力反应分析，计算出结构在整个地震时域中的振动状态方程，直接给出各时刻各杆件的内力和变形，以及杆件出现塑性铰的顺序，以便找出可能发生应力集中和塑性变形集中的部位以及其他薄弱环节。它从强度和变形两个方面来检验结构的安全和抗震可靠度，并判明结构的屈服机制和类型。

采用时程分析法对高层建筑结构进行地震反应分析时，可按下列步骤进行：

(1)选择合适的地震波，使之尽可能与建筑场地可能发生的地震强度、频谱特性和持续时间三要素符合。

(2)根据结构体系的受力特点、计算机容量、地震反应内容要求和计算精度要求等确定合理的结构振动模型。

(3)根据结构的材料特性、构件类型和受力状态选择恰当的构件或结构的恢复力模型，并确定恢复力特性参数。

(4)建立结构在地震作用下的振动微分方程。

(5)采用逐步积分法求解振动微分方程，得出结构地震反应的全过程。

(6)必要时可利用小震下的结构弹性反应所计算出的构件或杆件最大地震内力，与其他荷载内力组合，进行截面设计。

(7)采用允许变形限值来检验中震和大震下结构弹塑性反应所计算出的结构层间侧移角，判别是否符合要求。

6. 最小地震剪力

《高层建筑混凝土结构技术规程》规定：水平地震作用计算时，结构各楼层对应于地震作用标准值的剪力应符合下式要求。

$$V_{\mathrm{EK}i}\geqslant\lambda\sum_{j=i}^{n}G_j \tag{3-29}$$

式中：$V_{\mathrm{EK}i}$——第 i 层对应于水平地震作用标准值的剪力；

λ——水平地震剪力系数，不应小于表 3－17 规定的值；对于竖向不规则结构的薄弱层，尚应乘以 1.15 的增大系数；

G_i——第 j 层的重力荷载代表值；

n——结构计算总层数。

表 3－17　楼层最小地震剪力系数值

类别	7 度	8 度	9 度
扭转效应明显或基本周期小于 3.5s 的结构	0.016(0.024)	0.032(0.048)	0.064
基本周期大于 5.0s 的结构	0.012(0.018)	0.024(0.032)	0.040

［注］　(1) 基本周期介于 3.5s 和 5.0s 之间的结构，应允许线性插入取值；(2)7、8 度时括号内数值分别用于设计基本地震加速度为 0.15g 和 0.30g 的地区。

7. 竖向地震作用

《高层建筑混凝土结构技术规程》规定：9 度抗震设计时，结构竖向地震作用标准值可按下列规定计算。计算简图如图 3－6 所示。

(1)结构总竖向地震作用标准值可按下列公式计算：

$$F_{\mathrm{EVK}}=\alpha_{\mathrm{v\,max}}G_{\mathrm{eq}} \tag{3-30}$$

$$G_{\mathrm{eq}}=0.75G_{\mathrm{E}} \tag{3-31}$$

$$\alpha_{\mathrm{v\,max}}=0.65\alpha_{\max} \tag{3-32}$$

式中：F_{EVK}——结构总竖向地震作用标准值；

$\alpha_{\mathrm{v\,max}}$——结构竖向地震影响系数最大值；

G_{eq}——结构等效总重力荷载代表值；

G_{E}——计算竖向地震作用时，结构总重力 X 荷载代表值，应取各质点重力荷载代表值之和。

(2)结构质点 i 的竖向地震作用标准值可按下式计算：

$$F_{\mathrm{v}i}=\frac{G_iH_i}{\sum_{j=1}^{n}G_jH_j}F_{\mathrm{EVK}} \tag{3-33}$$

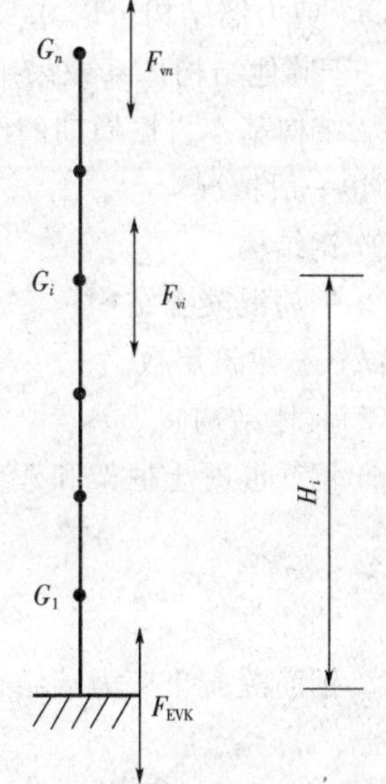

图 3－6　结构竖向地震作用计算示意图

式中：$F_{\mathrm{v}i}$——质点 i 的竖向地震作用标准值；

G_i、G_j——分别为集中于质点 i、j 的重力荷载代表值；

H_i、H_j——分别为质点 i、j 的计算高度。

(3)楼层各构件的竖向地震作用效应可按各构件承受的重力荷载代表值比例分配，并宜乘以增大系数 1.5。

3.3.4 结构的自振周期

当采用底部剪力法计算多层或高层钢筋混凝土结构的水平地震作用时，首先要确定结构的基本自振周期。用振型分解反应谱法时，要知道前几阶的自振周期和振型。计算周期和振型的方法很多，但不外乎借助理论计算和根据实测结果建立经验公式两种手段。下面介绍几种常用的半经验半理论公式和经验公式。

1. 对于质量和刚度沿高度分布比较均匀的框架结构、框架—剪力墙结构和剪力墙结构，其基本自振周期可按下式计算：

$$T_1 = 1.7\psi_T \sqrt{u_T} \tag{3-34}$$

式中，T_1——结构基本自振周期(s)；

u_T——假想的结构顶点水平位移(m)，即假想把集中在各楼层处的重力荷载代表值 G_i 作为该楼层水平荷载计算的结构顶点弹性水平位移；

ψ_T——考虑非承重墙刚度对结构自振周期影响的折减系数。

当非承重墙体为填充砖墙时，高层建筑结构的计算自振周期折减系数 ψ_T 可以按下列规定取值：

(1) 框架结构可取 0.6～0.7；

(2) 框架-剪力墙结构可取 0.7～0.8；

(3) 剪力墙结构可取 0.9～1.0。

对于其他结构体系或采用其他非承重墙体时，可根据工程情况确定周期折减系数。

2. 结构基本自振周期的经验公式：

(1)一般情况

① 钢结构 $$T_1 = (0.10 \sim 0.15)n \tag{3-35}$$

② 钢筋混凝土结构 $$T_1 = (0.05 \sim 0.10)n \tag{3-36}$$

式中：n——建筑层数。

(2)具体结构

① 钢筋混凝土框架和框剪结构

$$T_1 = 0.25 + 0.53 \times 10^{-3} \frac{H^2}{\sqrt[3]{B}} \tag{3-37}$$

② 钢筋混凝土剪力墙结构

$$T_1 = 0.03 + 0.03 \frac{H}{\sqrt[3]{B}} \tag{3-38}$$

式中：H——房屋总高度(m)；

B——房屋宽度(m)。

3.4　荷载效应和地震作用效应组合

3.4.1　荷载效应组合概念

高层建筑结构承受各种竖向荷载和水平荷载，各种荷载可能同时出现在结构上，但是出现的概率不同。荷载一般有 4 种代表值，即标准值、组合值、频遇值和准永久值。

荷载标准值一般是指结构在其设计基准周期时间内，在正常情况下可能出现具有一定保证率的最大荷载。

可变荷载组合值，是指几种可变荷载进行组合时的值不一定都同时达到最大，因此，需作适当的调整。调整方法是：除其中最大荷载仍取其标准值外，其他伴随的可变荷载均采用小于 1.0 的组合值系数乘以相应的标准值来表达其荷载代表值。

可变荷载频遇值是指结构上时而出现的较大荷载。《荷载规范》规定，可变荷载频值应取可变荷载标准值乘以荷载频遇值系数。

可变荷载准永久值是指在结构上经常作用的可变荷载。《荷载规范》规定，可变荷载准永久值应取可变荷载标准值乘以荷载准永久值系数。

荷载效应是指由荷载引起结构或结构构件的反应，例如内力、变形和裂缝等。各种荷载可能同时出现在结构上，但是出现的概率不同，按照概率统计和可靠度理论把各种荷载效应按一定规律加以组合，就是荷载效应组合。

由各种荷载的标准值单独作用产生的效应(内力、变形和裂缝等)，称为荷载效应标准值。在组合时荷载效应标准值应乘以荷载分项系数和组合系数。荷载分项系数是考虑各种荷载可能出现超越标准值的情况而确定的荷载效应增大系数；而组合系数是考虑到某些荷载同时作用的概率较小，在叠加其效应时要乘以小于 1 的系数。

3.4.2　荷载效应组合方法

1. 无地震作用效应组合时

《高建筑混凝土结构技术规程》规定，无地震作用效应组合时，荷载效应组合的设计值应按下式确定：

$$S=\gamma_G S_{GK}+\Psi_Q\gamma_Q S_{QK}+\Psi_W\gamma_W S_{WK} \tag{3-39}$$

式中：S——荷载效应组合的设计值；

γ_G——永久荷载分项系数；

γ_Q——面活荷载分项系数；

γ_W——风荷载的分项系数；

S_{GK}——永久荷载效应标准值；

S_{QK}——面活荷载效应标准值；

S_{WK}——风荷载效应标准值；

Ψ_Q、Ψ_W——分别为楼面活荷载组合值系数和风荷载组合值系数，当永久荷载效应起控制作用时应分别取 0.7 和 0.0；当可变荷载效应起控制作用时应分别取 1.0 和 0.6 或 0.7 和 1.0。值得注意的是：对书库、档案库、储藏室、通风机房和电梯机房，楼面活荷载组合值系数取 0.7 的场合应取为 0.9。

无地震作用效应组合时，荷载分项系数应按下列规定采用。

(1) 承载力计算时：

① 永久荷载的分项系数 γ_G：当其效应对结构不利时，对由可变荷载效应控制的组合应取1.2，对由永久荷载效应控制的组合应取1.35；当其效应对结构有利时，应取1.0。

② 楼面活荷载的分项系数 γ_Q 一般情况下应取1.4。

③ 风荷载的分项系数 γ_W 应取1.4。

(2) 位移计算时，公式(3-39)中各分项系数均应取1.0。

2. 有地震作用效应组合时

荷载效应和地震作用效应组合的设计值应按下式确定：

$$S=\gamma_G S_{GE}+\gamma_{Eh} S_{EhK}+\gamma_{EV} S_{EVK}+\Psi_W \gamma_W S_{WK} \tag{3-40}$$

式中：S——荷载效应和地震作用效应组合的设计值；

S_{GE}——重力荷载代表值的效应；

S_{EhK}——水平地震作用标准值的效应，尚应乘以相应的增大系数或调整系数；

S_{EVK}——竖向地震作用标准值的效应，尚应乘以相应的增大系数或调整系数；

γ_G——重力荷载分项系数；

γ_W——风荷载分项系数；

γ_{Eh}——水平地震作用分项系数；

γ_{EV}——竖向地震作用分项系数；

Ψ_W——风荷载的组合值系数，应取0.2。

有地震作用效应组合时，荷载效应和地震作用效应的分项系数应按下列规定采用：

(1) 承载力计算时，分项系数应按表3-18采用。当重力荷载效应对结构承载力有利时，表3-18中 γ_G 不应大于1.0；

(2)位移计算时，公式(3-40)中各分项系数均应取1.0。

表3-18 有地震作用效应组合时荷载和作用分项系数

所考虑的组合	γ_G	γ_{Eh}	γ_{EV}	γ_W	说明
(1)考虑重力荷载及水平地震作用	1.20	1.30	—	—	
(2)考虑重力荷载及竖向地震作用	1.20	—	1.30	—	9度抗震设防时考虑，水平长悬臂结构8度和9度时考虑
(3)考虑重力荷载及水平地震及竖向地震作用	1.20	1.30	0.50	—	9度抗震设防时考虑，水平长悬臂结构8度和9度时考虑
(4)考虑重力荷载、水平地震作用及风荷载	1.20	1.30	1.3	1.40	60以上的高层建筑考虑
(5)考虑重力荷载、水平地震作用及竖向地震作用及风荷载	1.20	1.30	0.50	1.40	60以上的高层建筑，9度抗震设防时考虑，水平悬臂结构8度和9度时考虑

[注] 表中“—”号表示组合中不考虑该项荷载或作用效应。

3.4.3 荷载效应组合时应注意的几个问题

非抗震设计时，应按式(3-39)的规定进行荷载效应的组合。抗震设计时，应同时按式(3-

39)和式(3-40)的规定进行荷载效应和地震作用效应的组合;除4级抗震等级的结构构件外,按式(3-40)计算的组合内力设计值,尚应按下述的有关规定进行调整。

1. 抗震设计时,钢筋混凝土构件的承载力抗震调整系数γ_{RE}应按表3-19采用。当仅考虑竖向地震作用组合时,各类结构构件的承载力抗震调整系数均应取为1.0。

表3-19　承载力抗震调整系数γ_{RE}

构件类别	梁	轴压比小于0.15的柱	轴压比不小于0.15的柱	剪力墙		各类构件	节点
受力状态	受弯	偏压	偏压	偏压	局部承压	受剪、偏拉	受剪
构件承载力抗震调整系数γ_{RE}	0.75	0.75	0.80	0.85	1.0	0.85	1.85

2. 有地震作用组合时,型钢混凝土构件和钢构件的承载力抗震调整系数γ_{RE}应按表3-20和3-21选用。

表3-20　型钢混凝土构件承载力抗震调整系数γ_{RE}

正截面承载力计算				斜截面承载力计算	连接
梁	柱	剪力墙	支撑	各类节点及连接	焊缝及高强螺栓
0.75	0.80	0.85	0.85	0.85	0.90

[注]　轴压比小于0.15的偏心受压柱,其承载力抗震调整系数γ_{RE}应取0.75。

表3-21　钢构件承载力抗震调整系数γ_{RE}

钢梁	钢柱	刚支撑	节点及连接螺栓	连接焊缝
0.85	0.85	0.80	0.85	0.90

3.4.4　高层建筑结构构件承载力验算

《高建筑混凝土结构技术规程》规定,高层建筑结构构件承载力应按下列公式验算:

无地震作用组合

$$\gamma_0 S \leqslant R \tag{3-41}$$

有地震作用组合

$$S \leqslant R/\gamma_{RE} \tag{3-42}$$

式中:γ_0——结构重要性系数,对安全等级为一级或设计使用年限为100年及以上的结构构件,应小于1.1;对安全等级为二级或设计使用年限为50年的结构构件,不应小于1.0;

S——用效应组合的设计值;

R——构件承载力设计值;

γ_{RE}——承载力抗震调整系数。

思考题

1. 高层结构设计时应考虑哪些荷载或作用?
2. 进行竖向荷载作用下内力计算时,是否要考虑活荷载的不利布置?为什么?

3. 基本雪压如何取值？雪荷载的组合系数如何确定？

4. 基本风压是如何确定的？

5. 什么是风振系数？它是如何取值的？

6. 当计算围护结构时，风荷载标准值如何取值？

7. 风压高度变化系数与哪些因素有关？

8. 什么是风载体型系数？它是如何取值的？

9.《抗震规范》提出的“三水准”抗震设防目标是什么？

10. 简述“二阶段抗震设计”主要内容。

11.《高层规程》规定地震作用计算的基本原则是什么？

12.《高层规程》规定抗震计算方法有哪些？适用范围如何？

13.《高层规程》规定计算地震作用时，建筑结构的重力荷载代表值如何确定？

14. 突出屋面小塔楼的地震作用影响如何考虑？

15. 高层建筑是有不同分类的，其抗震设防标准是如何确定的？

16. 地震影响系数与哪些因素有关？

17. 建筑场地类别是如何划分的？

18. 在什么情况下要考虑竖向地震作用？

19.《高层规程》规定最小地震剪力如何确定？

20. 结构自振周期如何确定？

21. 荷载有哪几种代表值？什么是荷载效应？什么是荷载效应组合？

22. 无地震作用效应组合时进行承载力和位移计算，荷载分项系数应如何选取？有地震作用效应组合时，荷载分项系数又如何选取？

习　题

1. 某高层建筑筒体结构，其质量和刚度沿高度分布比较均匀，建筑平面尺寸为 40m×40m 的方形，室外地面至檐口的高度为 150m，地下室筏板基础底面埋深为 13m，如图 3-7 所示。已知基本风压为 0.40kN/m^2，建筑场地位于城市郊区。已计算求得作用于突出屋面小塔楼上的风荷载总的标准值为 1050kN，结构的基本自振周期 2.45s。为简化计算，将建筑物沿高度划分为 5 个区段，每个区段 30m，近似取其中点位置的风荷载作为该区段的平均值。计算在风荷载作用下结构底部（一层）的剪力设计值和筏板基础底面的弯矩设计值。

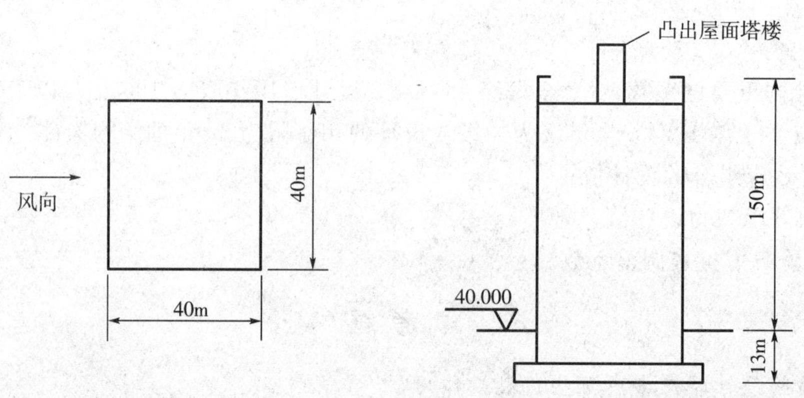

图 3-7　习题 1 图

2. 某12层高层建筑剪力墙结构，层高均为3.0m，总高度为36.0m，已求得各层的重力荷载代表值如图3-8(a)所示，第1和第2振型如图(b)、(c)所示，对应于第1、2振型的自振周期分别为$T_1=0.75$s，$T_2=0.2$s，抗震设防烈度为8度，Ⅲ类场地，设计地震分组为第二组。试采用振型分解反应谱计算底部剪力和底部弯矩设计值。

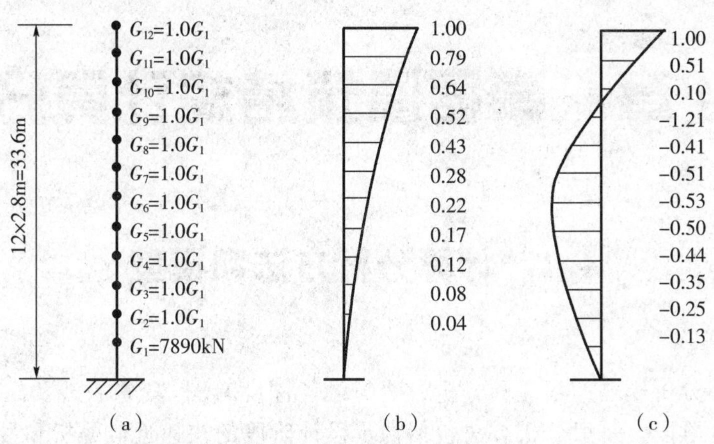

图3-8　习题2图

3. 某高层框架—剪力墙结构，层数为24层，高度为85m，抗震设防烈度为8度，Ⅱ类场地，设计地震分组为二组，总重力荷载代表值为$\sum=286000$kN，基本自振周期为$T_1=1.34$s，采用底部剪力法计算底部剪力标准值。

4. 某高层结构，抗震设防烈度为8度，Ⅱ类场地，设计地震分组为一组，结构的基本自振周期为1.36s，按底部剪力法计算水平地震作用时，计算顶部附加水平地震作用系数δ_n。

第 4 章　高层建筑结构计算分析

4.1　计算分析方法和模型

1. 计算分析方法

高层建筑结构分析模型的建立和分析方法与设计深度有关，其先后涉及结构的类型和尺寸及进行分析的设计阶段。一般分析方法包括初步设计阶段的快速近似分析和最终设计阶段的详细精确分析。也可以采取混合的分析方法，即首先建立总体结构的简化分析模型，然后按照简化结果进行结构各部分的详细分析。

高层建筑结构主要内力分析方法如竖向荷载作用下的分层法、弯矩二次分配法，水平荷载作用下的 D 值法等（详见第 5 章），较为精确的分析方法为有限元法。

2. 计算力学模型

高层建筑是三维空间结构，构件多，受力复杂；结构计算分析软件都有其适用条件，使用不当，则可能导致结构设计的不安全。因此，结构分析时应结合结构的实际情况和所采用的计算软件的力学模型要求，对结构进行力学上的适当简化处理，使其既能比较正确地反映结构的受力性能，又适应于所选用的计算分析软件的力学模型，从根本上保证分析结果的可靠性。

对于平面和立面布置简单规则的框架结构、框架－剪力墙结构宜采用空间分析模型，可采用平面框架空间协同模型；对剪力墙结构、筒体结构和复杂布置的框架结构、框架－剪力墙结构应采用空间分析模型。目前国内商品化的结构分析软件所采用的力学模型主要有：空间杆系模型、空间杆－薄壁杆系模型、空间杆－墙板元模型及其他组合有限元模型。

空间杆系模型将高层建筑结构作为空间杆件系统，其梁柱简化为一般的空间杆件，采用位移法进行分析。空间杆－薄壁杆系模型将梁柱简化为杆件，而将墙体（剪力墙）简化为薄壁空间杆件，按空间框架采用位移法直接求解。

3. 体形及结构布置复杂的结构计算方法

在结构内力与位移整体计算中，转换层结构、加强层结构、连体结构、多塔楼结构，应按情况选用合适的计算单元进行分析。在整体计算中对转换层、加强层、连接体等做简化处理的，整体计算后应对其局部进行补充计算分析。

复杂平面和立面的剪力墙结构，应采用适合的计算模型进行分析。当采用有限元模型时，应在复杂变化处合理地选择和划分单元；当采用杆件模型时，对错洞分单元；当采用杆件模型时，对错洞墙可采用适当的模型化处理后进行整体计算，并应在此基础上对结构局部进行补充。

体型复杂、结构布置复杂的高层建筑结构的受力情况复杂，采用至少两个不同力学模型的结构分析软件进行整体计算分析，以保证力学分析的可靠性。

4.2 计算参数的选取

1. 连梁刚度折减

连梁是剪力墙墙肢之间的重要组成部分,对于结构的抗震性能有着很大的影响。

由于高层建筑结构构件均采用弹性刚度参与整体分析,但抗震设计的框架一剪力墙或剪力墙结构中的连梁刚度相对墙体较小,承受的弯矩和剪力很大,配筋设计困难。同时,连梁的特点是跨高比较小,容易发生斜截面破坏。为了体现强剪弱弯的思想,实现延性设计,因此,可考虑在不影响其承受竖向荷载能力的前提下,允许其适当开裂(降低刚度)而把内力转移到墙体上。通常,设防烈度低时可少折减一些(6、7度时可取0.7),设防烈度高时可多折减一些(8、9度时可取0.5)。折减系数不宜小于0.5,以保证连梁承受竖向荷载的能力。

在内力与位移计算中,抗震设计的框架一剪力墙或剪力墙结构中的连梁刚度可予以折减,折减系数不宜小于0.5。

对框架一剪力墙结构中一端与柱连接、一端与墙连接的梁以及剪力墙结构中的某些连梁,如果跨高比较大(比如大于5),重力作用效应比水平风或水平地震作用效应更为明显。此时应慎重考虑梁刚度的折减问题,必要时可不进行梁刚度折减,以控制正常使用阶段梁裂缝的发生和发展。

2. 现浇楼板的面外刚度

高层建筑进深大,剪力墙、框架等抗侧力结构的间距远小于进深,楼面的整体性能好,楼板如同水平放置的深梁,在平面内的刚度非常大。所以,在内力和位移计算中,楼板一般可作为刚性隔板,在平面内只有刚体位移——平移和转动,不改变形状。

由于计算中采用了楼板刚度无限大的假定,所以楼面构造就要保证楼板刚度无限大。一般情况下,现浇楼面可以满足要求;框架—剪力墙结构采用装配式楼面时,必须加现浇面层。

在下列情况下,楼板变形比较显著,楼板刚度无限大的假定不适用。这时,对采用刚性楼面假定的计算结果加以修正,或采用考虑楼面的平面内刚度的计算方法。

(1)楼面内有很大的开洞或缺口,宽度削弱;

(2)楼面有较长的外墙段;

(3)底层大空间剪力墙结构的转换层楼面;

(4)楼面整体性较差。

相对于抗侧移结构的刚度,楼板的出平面刚度较小,一般情况下可以不考虑其作用。但在无梁楼盖中由于没有框架梁,楼板起等效框架梁的作用,这时楼板的平面外刚度即作为等效框架梁的刚度。

3. 楼面梁的扭矩

高层建筑结构楼面梁受楼板(有时还有次梁)的约束作用,很少有无约束的独立梁。当结构计算中未考虑楼盖对梁扭转的约束作用时,梁的扭转变形和扭矩计算值过大,抗扭设计比较困难,因此在设计中可对梁的计算扭矩予以适当折减。通过大量计算分析表明,混凝土梁扭矩折减系数与楼盖(楼板和梁)的约束作用和梁的位置密切相关,折减系数的变化幅度较大,应根据具体情况确定。

4.3 结构简化计算原则与计算简图处理

1. 弹性工作状态假定

高层建筑结构的内力与位移按弹性方法计算。在非抗震设计时,在竖向荷载和风荷载作用下,结构应保持正常使用状态,结构处于弹性工作阶段;在抗震设计时,结构计算是对多遇地震(低于设防烈度 1.5 度)进行的,此时结构处于不裂的弹性阶段。所以,从结构整体来说,应按弹性方法计算,结构基本上处于弹性工作状态。

但对于某些局部构件,由于按弹性计算所得的内力过大,出现截面设计困难,配筋不合理的情况。因此在某些情况下可以考虑局部构件的塑性变形内力重分布,对内力适当予以调整。例如 4.2 节中连梁的刚度折减,其折减系数可以按照具体情况决定,但考虑到连梁的塑性变形能力非常有限,刚度折减系数不应小于 0.55。另外如 4.2 节中框架梁端弯矩的调幅。

对于罕遇地震的第二阶段设计,绝大多数结构不要求进行内力和位移计算,“大震不倒”主要通过构造要求得到保证。实际上由于在强震下结构已进入弹塑性阶段,处于开裂、破坏状态,构件刚度已经发生变化,内力计算已无重要意义。

因此,目前国内规范体系是采用弹性方法计算内力,在截面设计时考虑材料的弹塑性性质。高层建筑结构的内力与位移仍按弹性方法计算,框架梁及连梁等构件可考虑局部塑性变形引起的内力重分布。

2. 平面抗侧力结构和刚性楼板假定

任何一个结构都是空间结构,但是为了简化计算,对于规则的框架、剪力墙、框架一剪力墙结构体系和框筒结构,可将结构沿两个正交主轴划分为若干平面抗侧力结构,并且忽略其在平面外的刚度,每一个主轴方向的水平荷载和地震作用由该方向的平面抗侧力结构承受,另一个方向的抗侧力结构不参加工作。

高层建筑的楼屋面绝大多数为现浇钢筋混凝土楼板和有现浇面层的预制装配式楼板。进行高层建筑内力与位移计算时,可视其为水平放置的深梁,具有很大的面内刚度,可近似认为楼板在其自身平面内为无限刚性。采用这一假设后,结构分析的自由度数目大大减少,可能减小由于庞大自由度系统而带来的计算误差,使计算过程和计算结果的分析大为简化。计算分析和工程实践证明,刚性楼板假定对绝大多数高层建筑的分析具有足够的工程精度。采用刚性楼板假定进行结构计算时,设计上应采取必要措施保证楼面的整体刚度。比如,平面体型宜符合规程相应的规定;宜采用现浇钢筋混凝土楼板和有现浇面层的装配整体式楼板;局部削弱的楼面,可采取楼板局部加厚、设置边梁、加大楼板配筋等措施。

3. 考虑墙和柱轴向变形的影响

通常在多层建筑结构分析中,只考虑弯矩内力,因为轴力项和剪切项很小,一般可以不考虑。但对于高层建筑结构,情况就不同了。由于层数较多,高度大,轴力值很大,再加上沿高度积累的轴向变形显著,轴向变形会使高层建筑结构的内力数值与分布产生显著的改变。

高层建筑结构分析中,对于简化的手算方法,除考虑各杆件的弯曲变形外,对于高宽比大于 4 的结构,宜考虑柱和墙的轴向变形的影响;剪力墙宜考虑剪切变形。

采用计算机计算时,如用平面抗侧力空间结构协同工作分析方法,应考虑梁的弯曲与剪切变形,对柱、墙应考虑弯曲、剪切和轴向变形;采用杆件系统三维空间分析时,除上述变形外,梁、柱、墙均应考虑扭转变形,墙肢还应考虑截面翘曲。

轴向变形的影响在结构分析中应当考虑，但是，结构所受的竖向荷载不是在结构完成后一次施加的。特别是，占绝大部分的结构自重是在施工过程中逐层施加的，轴向压缩变形已在施工过程中分阶段完成，并在各层标高处找平。

所以，在考虑轴向变形影响时，要考虑施工过程分层施加竖向荷载这一因素，不能简单按一次加载考虑，否则会出现一些不合理的计算结果。

4. 高层建筑结构应考虑整体空间共同工作

在低层建筑设计中，常采用将整个结构划分为若干平面结构，按构件间距分配荷载，然后逐片按平面结构独立进行分析，这种设计方法对高层建筑结构不适用。

高层建筑结构在风力和地震作用下，楼层的总水平力是已知的，但这水平力如何分配到各片框架、各片剪力墙却是未知的。由于各片抗侧力结构的刚度、形式不同，变形特征也不相同，所以不能简单地按受荷面积、构件间距分配；否则，会使刚度大、起主要作用的结构所分配的水平力过小，偏于不安全。

由于高层建筑中楼板在自身平面内的刚度是很大的，几乎不产生变形，在不考虑扭转影响时，同层各构件水平位移相同，剪力墙结构中各片墙的水平力大致按其等效刚度分配；框架结构中的各片框架的水平力大致按其抗侧刚度分配；框架—剪力墙和筒体结构则受力较为复杂，要进行专门的计算。

5. 水平荷载作用的方向

高层建筑结构进行水平风荷载作用效应分析时，除对称结构外，结构构件在正反两个方向的风荷载作用下效应一般是不相同的，按两个方向风效应的较大值采用，是为了保证安全的前提下简化计算；体型复杂的高层建筑，应考虑多方向风荷载作用，进行风效应对比分析，增加结构抗风安全性。

6. 构件偏心和计算长度

梁与柱为刚接的钢筋混凝土框架柱，其计算长度应根据框架的侧向约束条件及荷载情况，并考虑柱的二阶效应对柱截面设计的影响程度来确定。

7. 密肋楼盖和无梁楼盖

在内力与位移计算中，密肋板楼盖可按实际情况进行计算。在内力与位移计算中，当不能按实际情况进行计算，采用简化计算时，可将密肋梁均匀等效为柱上框架梁，其截面宽度可取被等效的密肋梁截面宽度之和。平板无梁楼盖的面外刚度由楼板提供，计算时必须考虑。当采用近似方法考虑时，其柱上板带可等效为框架梁计算，等效框架梁的截面宽度可取等代框架方向板跨的 3/4 及垂直于等代框架方向板跨的 1/2 两者的较小值。除此之外，也可以采用有限元方法进行分析。

8. 复杂平面和立面剪力墙

复杂平面和立面的剪力墙结构，应采用适合的计算模型进行分析。由于有限元网格划分的灵活性，可以对于任意形状的剪力墙进行足够精确的分析与计算。有限条也是一种简单有效的分析方法，它可将剪力墙结构进行等效连续化处理，取条带进行计算，如图 4-1 所示。

当采用有限元模型时，应在复杂变化处合理地选择和划分单元；当采用杆件模型时，对错洞墙可采用适当的模型处理后进行整体计算，并应在此基础上对结构局部进行补充计算分析。

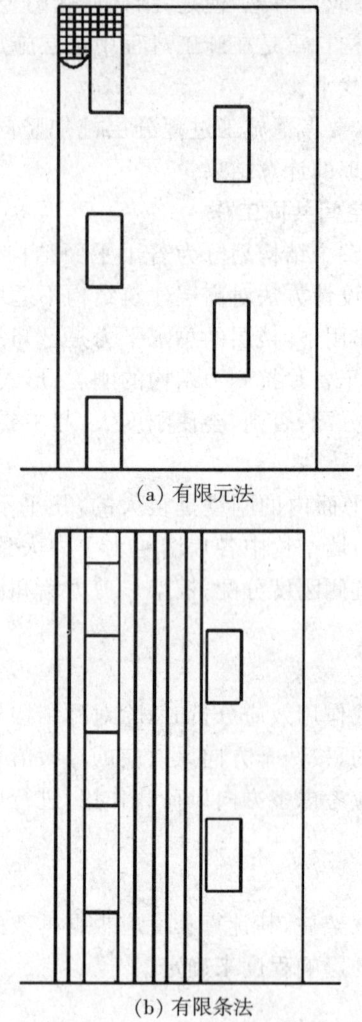
(a) 有限元法

(b) 有限条法

图 4-1　有限元和有限条计算简图

9. 结构嵌固部位

高层建筑结构计算中，一般假定结构底部嵌固。主体结构计算模型的底部嵌固部位，理论上应能限制构件在两个水平方向的平动位移和绕竖轴的转角位移，并将上部结构的剪力全部传递给地下室结构。因此，对作为主体结构嵌固部位的地下室楼层的整体刚度和承载能力应加以控制。

《高层规程》规定：高层建筑结构计算中，当地下室顶板作为上部结构嵌固部位时，地下室结构的楼层侧向刚度不应小于相邻上部结构楼层侧向刚度的 2 倍；嵌固部位楼盖应采用梁板结构，楼板厚度不宜小于 180mm，混凝土强度等级不宜低于 C30，应采用双层双向配筋，且每层每个方向的配筋率不宜小于 0.25%；地下一层的抗震等级应按上部结构采用，地下室柱截面每侧的纵向钢筋面积除应符合计算要求外，不应少于地上一层对应柱每侧纵向钢筋面积的 1.1 倍。

一般情况下，这些条件是容易满足的。当地下室不能满足嵌固部位的楼层侧向刚度比规定时，有条件时可增加地下室楼层的侧向刚度，或者将主体结构的嵌固部位下移至符合要求的部位。

4.4　结构整体稳定与倾覆

4.4.1　重力二阶效应概念

如图 4-2 所示的竖向悬臂杆，在其自由端有竖向力 P 和水平剪力 V_0 的作用。按一阶理论分析时，其截面 A 的弯矩是：

$$M_A^{\mathrm{I}}=V_0(h-y) \tag{4-1}$$

若考虑杆件变形后的几何关系，即按二阶理论分析时，则截面 A 的弯矩为：

$$M_A^{\mathrm{II}}=V_0(h-y)+P[(h-y)\psi+u] \tag{4-2}$$

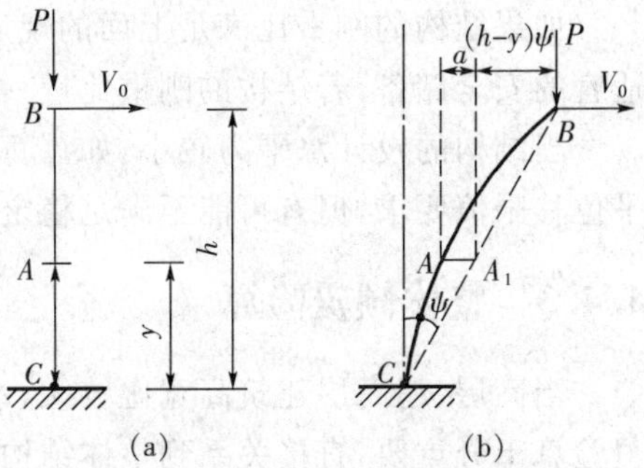

图 4-2　重力二阶效应

式中右边第二项为按照二阶理论分析时的附加效应，通常称为二阶效应。该项效应实际上由两部分组成：一为轴力 P 乘以它到通过弦线 BC 上 A_1 点的竖线的距离 $(h-y)\psi$ 所产生的弯矩 $P(h-y)\psi$，这部分通常简称为 $P-\Delta$ 效应；二为轴力 P 乘以弦线 BC 上 A_1 点到杆件截面形心的距离 u 所产生的弯矩 Pu，这就是通常所指的梁一柱效应。可以表示为：

$$M_A^{\mathrm{II}}=V_0(h-y)+P(h-y)\psi+Pu \tag{4-3}$$

分析表明，对一般高层钢筋混凝土结构而言，由于构件的长细比不大，在二阶效应的两个组成部分中，通常 $P-\Delta$ 效应是最主要的。它可使得结构的位移和内力增加，当位移很大时甚至导致结构失稳。梁一柱效应仅占二阶效应的很小部分。

因此，高层建筑混凝土结构的稳定设计，主要是控制、验算结构在风或者地震作用下，重力荷载产生的 $P-\Delta$ 效应对结构性能降低的影响以及由此可能引起的结构失稳。

结构的侧向刚度和重力荷载是影响结构稳定和重力 $P-\Delta$ 效应的主要因素，侧向刚度与重力荷载的比值称为结构的刚重比。刚重比的最低要求就是结构稳定要求，称之为刚重比下限条件。当刚重比小于此下限条件时，重力 $P-\Delta$ 效应急剧增加，可能导致结构整体失稳；当结构刚度增大，刚重比达到一定量值时，结构侧移变小，重力 $P-\Delta$ 效应的影响不明显，计算上可以忽略不计，此时的刚重比称之为上限条件；在刚重比的下限条件和上限条件之间，重力 $P-\Delta$ 效应应予以考虑。

结构的侧向刚度与重力荷载设计值之比，即：

$$EJ_{\mathrm{d}}/H^2\sum_{i=1}^{n}G_i \tag{4-4}$$

和

$$D_ih_i/\sum_{i=1}^{n}G_j \tag{4-5}$$

4.4.2　整体结构稳定要求

《高层规程》规定，结构整体稳定应符合下列规定：

(1)剪力墙结构、框架一剪力墙结构、筒体结构应符合下式要求：

$$EJ_d \geqslant 1.4H^2 \sum_{i=1}^{n} G_i \qquad (4-6)$$

(2)框架结构应符合下式要求：

$$D_i \geqslant 10 \sum_{j=1}^{n} G_j / h_i \qquad (j=1,2,\ldots,n) \qquad (4-7)$$

如果结构的刚重比满足上面的规定，则重力 $P-\Delta$ 效应可控制在20%之内，结构的稳定具有适宜的安全储备，若结构的刚重比进一步减小，则重力 $P-\Delta$ 效应将会呈非线性关系急剧增加。

当结构的设计水平力较小，如计算的楼层剪重比过小（如小于 0.02），结构刚度虽能满足水平位移限值要求，但有可能不满足稳定要求。

4.4.3 整体倾覆验算

当高层、超高层建筑高宽比较大，水平风荷载或地震作用较大，地基刚度较弱时，结构整体倾覆验算十分重要，直接关系到整体结构安全度的控制。

《高层规程》规定：对于高宽比大于 4 的高层建筑，基础底面不宜出现零应力区；对高宽比不大于 4 的高层建筑，基础底面零应力区面积不应超过基础底面面积的 15%。

(1)倾覆力矩与抗倾覆力矩的计算如图 4-3 所示。

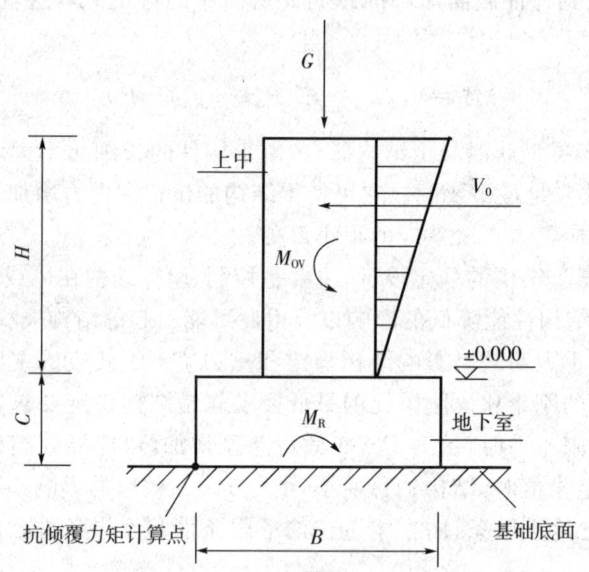

图 4-3 结构整体倾覆计算示意图

假定倾覆力矩计算作用面为基础底部，倾覆力矩计算的作用力为水平地震作用或水平风荷载标准值，则倾覆力矩可近似表示为：

$$M_{0V} = V_0 (2H/3 + C) \qquad (4-8)$$

式中：M_{0V}——倾覆力矩标准值；

H——建筑物地面以上高度，即房屋高度；

C——地下室埋深；

V_0——总水平力标准值。

抗倾覆力矩计算点假设为基础外边缘点，抗倾覆力矩计算作用力为重力荷载代表值，则抗倾覆力矩可表示为

$$M_R = GB/2 \tag{4-9}$$

式中：M_R——抗倾覆力矩标准值；

G——上部及地下室基础总重力荷载代表值；

B——基础地下室底面宽度

(2)整体抗倾覆的控制——基础底面零应力区控制：

假设总重力荷载合力中心与基础底面形心重合，基础底面反力呈线性分布，水平地震或风荷载与竖向共同作用下基底反力的合力点到基础中心的距离为 e_0，零应力区长度为 $B-X$，零应力区所占基底面积比例为$(B-X)/B$(图4-4)，则：

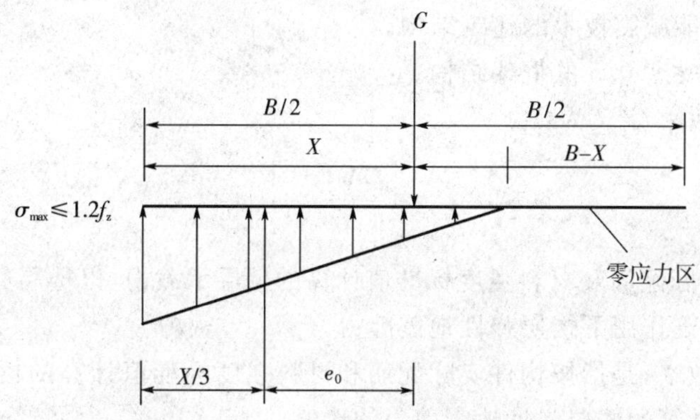

图4-4　基础底板反力示意图

$$e_0 = M_{0V}/G \tag{4-10}$$

$$e_0 = B/2 - X/3 \tag{4-11}$$

$$\frac{M_R}{M_{0V}} = \frac{GB/2}{Ge_0} = \frac{B/2}{B/2 - X/3} = \frac{1}{1 - 2X/3B} \tag{4-12}$$

由此得到：

$$X = 3B(1 - M_{0V}/M_R)/2 \tag{4-13}$$

$$(B-X)/B = (3M_{0V}/M_R - 1)/2 \tag{4-14}$$

4.5　薄弱层弹塑性变形计算

4.5.1　弹塑性变形计算范围

震害经验表明，如果结构中存在薄弱层或薄弱部位，在强烈地震作用下，由于结构的薄弱部位产生较大的弹塑性变形，将导致结构构件严重破坏甚至引起房屋倒塌。

弹塑性变形验算是第二阶段抗震设计的内容，以实现“大震不倒”的设防目标。但是，怎样确切地找出结构的薄弱层以及其弹塑性变形，目前还是相当困难的。

研究和震害表明,即便是规则的结构,也是某些部位率先屈服并发展塑性变形,而非各部位同时进入屈服;对于体型复杂的刚度和承载力分布不均匀的不规则结构,弹塑性反应过程更为复杂。

因此,要求对每一栋高层建筑都进行弹塑性分析是不现实的,也没有必要。《高层规程》仅对有特殊要求的建筑、地震时易倒塌的结构和有明显薄弱层的不规则结构作了两阶段设计要求,即除了第一阶段的弹性承载力设计外,还要进行薄弱部位的弹塑性层间变形验算,并采取相应的抗震构造措施,实现第三水准的抗震设防要求。

应进行弹塑性变形验算的高层建筑结构包括:

(1)在 7~9 度设防下,高度较大或质量、刚度沿高度分布不均匀的结构,要用时程分析法计算罕遇地震作用下的弹塑性变形。

(2)甲类建筑和 9 度时的乙类建筑结构。

(3)采用隔震和消能减震技术的建筑结构。

(4)7~9 度设防的 $\xi_y<0.5$ 的框架结构。

楼层屈服强度系数 ξ_y 定义为:

$$\xi_y=\frac{V_y^a}{V_e} \tag{4-15}$$

式中:V_y^a——按楼层实际配筋及材料强度标准值计算的楼层承载力,以楼层剪力表示;

V_e——在罕遇地震作用下楼层弹性地震剪力。

楼层屈服强度系数 ξ_y,是指按构件实际配筋和材料强度标准值计算的楼层受剪承载力与按罕遇地震作用标准值计算的楼层弹性地震剪力的比值。

楼层实际受剪承载力计算比较复杂,由于地震作用和结构地震反应的复杂性,合理、准确的确定结构的破坏机制是相当困难的,不同的屈服模型,计算结果会有所差异。计算构件的实际承载力时,应取构件截面的实际配筋和材料强度标准值。

对钢筋混凝土梁、柱的正截面实际受弯承载力可按下列公式计算:

$$M_{bua}=f_{yk}A_{sb}^a(h_{b0}-a'_s) \tag{4-16}$$

$$M_{cua}=f_{yk}A_{sc}^a(h_{b0}-a'_s)+0.5N_Gh_c\left(1-\frac{N_G}{f_{ck}b_ch_c}\right) \tag{4-17}$$

式中:M_{bua}——梁正截面受弯承载力;

M_{cua}——柱正截面受弯承载力;

f_{yk}——钢筋强度标准值;

f_{ck}——混凝土强度标准值;

A_{sb}^a、A_{sc}^a——梁、柱纵向钢筋实际配筋面积;

N_G——重力荷载代表值产生的轴向压力值。

在罕遇地震作用下,大多数结构都已进入弹塑性状态,变形较大。在满足上述各项设计要求,并已选定截面尺寸和配筋以后,在下述情况下要进行大震下结构薄弱层弹塑性变形验算,亦即是进行第二阶段设计,主要是验算结构层间弹塑性变形是否超过限制。

4.5.2　弹塑性变形计算方法

1. 简化计算方法

不超过 12 层且刚度无突变的框架结构可用此法。

剪切型变形的框架结构薄弱层弹塑性变形与结构弹性变形有比较稳定的相似关系。因此，对于多层剪切型框架结构，其弹塑性变形可近似采用罕遇地震下的弹性变形乘以弹塑性变形增大系数 η_p 进行估算。

(1)计算步骤如下：

①确定结构薄弱层的位置。

②对薄弱层的层间变形进行计算。

结构薄弱层是指在强烈地震作用下，结构首先发生屈服并产生较大弹塑性位移的部位。判断结构薄弱层位置用 ξ_v 的大小及其沿房屋高度的分布情况确定。

当薄弱层部位的 ξ_v 满足下列公式时，即

标准层　$$\xi_{yi}>0.8(\xi_{y,i+1}+\xi_{y,i-1})/2 \tag{4-18}$$

顶层　$$\xi_{yn}>0.8\xi_{y,n-1} \tag{4-19}$$

底层　$$\xi_{y1}>0.8\xi_{y,2} \tag{4-20}$$

可认为 ξ_v 沿高度分布均匀。此时可取首层验算。

(2)对 ξ_y 沿高度分布不均匀的结构，取该系数最小的楼层(部位)2～3 处验算。

薄弱层的层间弹塑性位移按下式计算：

$$\delta_p=\eta_p\delta_e \tag{4-21}$$

式中：δ_p——层间弹塑性位移；

δ_e——在罕遇地震的等效地震荷载下，用弹性计算得到的层间位移；

η_p——弹塑性位移增大系数，当薄弱层 ξ_v 不小于相邻层 ξ_v 平均值的 80%时，按表 4-1 采用；当薄弱层 ξ_v 小于相邻层 ξ_v 的 50%时，可取表中数值的 1.5 倍；其余情况可采用内插法取值。

表 4-1　结构的弹塑性位移增大系数 η_p

ξ_y	0.5	0.4	0.3
η_p	1.8	2.0	2.2

《高层规程》规定，结构薄弱层(部位)层间弹塑性位移应符合下式要求：

$$\delta_p\leqslant[\theta_p]h$$

式中：h——层高；

θ_p——层间弹塑性位移角限值，可按表 4-2 采用。对框架结构，当轴压比小于 0.40 时，可提高 10%；当柱子全高的箍筋构造比柱端加密区的最小配箍特征值大 30%时，可提高 20%，但累计不超过 25%。

表 4－2 层间弹塑性位移角限值

结构体系	$[\theta_p]$
框架结构	1/50
框架－剪力墙结构、框架－核心筒结构、板柱－剪力墙结构	1/100
剪力墙和筒中筒结构	1/120
框支层	1/120

2. 弹塑性分析方法

理论上，结构弹塑性分析可以应用于任何材料的结构体系受力过程的各个阶段的分析。结构弹塑性分析的基本原理是以结构构件、材料的实际力学性能为依据，导出相应的弹塑性本构关系，建立变形协调方程和力学平衡方程后，求解结构在各个阶段的变形和受力的变化，必要时还可考虑结构或构件几何非线性的影响。

随着结构有限元分析理论和计算机技术的日益进步，结构弹塑性分析已经开始逐渐应用于建筑结构的分析和设计，尤其是对于体型复杂的不规则结构。

目前，一般可采用的方法有静力弹塑性分析方法(Push－over 方法)和弹塑性动力时程分析方法。但是，准确地确定结构各阶段的外作用力模式和本构关系是比较困难的。另外，弹塑性分析软件也不够成熟和完善，计算工作量大，计算结果的整理、分析和使用都比较复杂，因此，弹塑性分析在建筑结构分析、设计中的应用受到较大限制。

采用弹塑性动力时程分析方法进行薄弱层验算时，应符合以下要求：

(1)应按建筑场地类别和设计地震分组选用不少于两组实际地震波和一组人工模拟的地震波的加速度时程曲线；

(2)地震波持续时间不宜少于 12s，一般可取结构基本自振周期的 5～10 倍；地震波数值变化时可取为 0.01s 或 0.02s；

(3)输入地震波的最大加速度，可按《搞震规范》中有关规定采用。

3. 重力二阶效应

因为结构的弹塑性位移比弹性位移更大，在弹性分析时需要考虑重力二阶效应的结构，在计算弹塑性变形时也应考虑重力二阶效应的不利影响。当需要考虑重力二阶效应而结构计算时未考虑，作为近似考虑，可将计算的弹塑性变形乘以增大系数 1.2。

4.6 扭转效应的简化计算

在风荷载和地震作用下结构都可能受扭，即使在完全对称的结构中，亦不可避免会受到扭转作用，而在地震作用下，扭转常常使结构遭受严重破坏。但是在扭转计算问题上，是个比较难以准确计算的难题，一般情况下无法精确计算出扭转作用。

在工程设计中，扭转问题要着重从以下几个方面来考虑：

(1)从设计方案就要考虑有利于抗扭转的设计方案布置；

(2)抗侧力结构布置应尽量对称合理；

(3)在有可能发生扭转部位，配筋构造、构件连接构造应加强抗扭能力。

总的来说，一方面尽可能减少扭转，另一方面尽可能加强结构的抗扭能力，计算仅作为一种补充手段。

扭转近似计算仍然建立在平面结构及楼板在自身平面内刚度无限大这两个基本假定的基础上，一般是先作平移下内力分析，然后考虑扭转作用对内力及位移加以修正。

4.6.1　质量中心、刚度中心及扭转偏心距

在近似方法中，要先确定水平力作用点及刚度中心，两者之距即为扭转偏心距。

风荷载的合力作用点（即总风荷载的作用点）位置按静力矩平衡条件确定。

等效地震荷载的作用点即惯性力的合力作用点，与质量分布有关，称为质心。可将建筑面积分为若干单元，认为在每个单元中质量是均匀分布的，如图 4－5 所示。在参考坐标系 xoy 中确定质心坐标 x_m、y_m，计算时可用重量代替质量。

$$x_m=\sum x_i m_i/\sum m_i=\sum x_i w_i/\sum w_i \tag{4-22}$$

$$y_m=\sum y_i m_i/\sum m_i=\sum y_i w_i/\sum w_i \tag{4-23}$$

式中：x_i、y_i——第 i 个面积单元的重心坐标；

m_i、w_i——第 i 个面积单元的质量和重量。

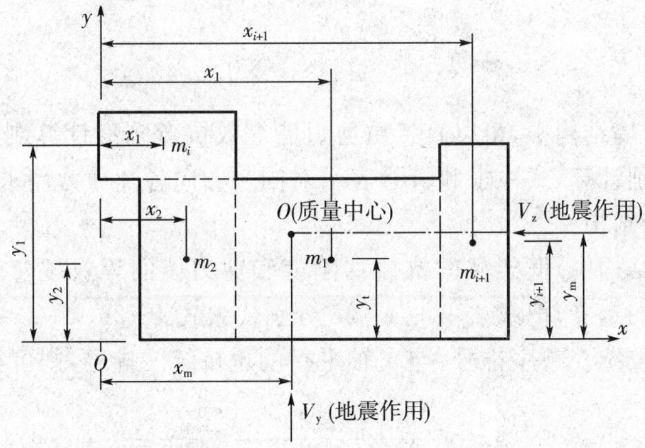

图 4－5　质心坐标示意图

所谓刚度中心，在近似方法中是指各抗侧力结构抗侧移刚度的中心，简称为刚心。计算方法与形心计算方法类似。把抗侧力单元的抗侧移刚度作为假想面积，求得假想面积的形心就是刚度中心。

抗侧移刚度是指抗侧力单元在单位层间位移下的层剪力值，即

$$D_{yi}=V_{yi}/\delta_y \tag{4-24}$$

$$D_{xk}=V_{xk}/\delta_x \tag{4-25}$$

式中：V_{vi}——与 y 轴平行的第 i 片结构剪力；

V_{xk}——与 x 轴平行的 k 结构剪力；

δ_x、δ_v——该结构在 x 方向和 y 方向的层间位移；

D——抗侧刚度。

下面分别讨论框架结构、剪力墙结构和框架—剪力墙结构 3 类结构中，刚心位置的具体计算方法。

(1)框架结构

框架柱的D值就是抗侧移刚度,所以分别求出每根柱在y方向和x方向的D值后,直接代人下式求x_0、y_0,式中求和符号表示对所有柱求和。

$$x_0=\sum D_{yi}x_i/\sum D_{yi} \tag{4-26}$$

$$y_0=\sum D_{xk}y_k/\sum D_{xk} \tag{4-27}$$

(2)剪力墙结构

根据前面的公式可以求得剪力墙的抗侧刚度,式中V_{yi}、V_{xk}是在剪力墙结构平移变形时第i片及第k片墙分配得到的剪力。它们是按各片剪力墙的等效抗弯刚度分配的。

$$V_{yi}=\frac{EI_{\text{eq}yi}}{\sum E_i I_{\text{eq}yi}}V_y \tag{4-28}$$

$$V_{xi}=\frac{EI_{\text{eq}xk}}{\sum E_i I_{\text{eq}xk}}V_x \tag{4-29}$$

将上面的公式代入,通常同一层中各片剪力墙弹性模量相同,故刚心坐标可由下式计算:

$$x_0=\sum I_{\text{eq}yi}x_i/\sum I_{\text{eq}yi} \tag{4-30}$$

$$y_0=\sum I_{\text{eq}xk}y_k/\sum I_{\text{eq}xk} \tag{4-31}$$

上式说明,在剪力墙结构中,可以直接由剪力墙等效抗弯刚度计算刚心位置,计算时注意纵向及横向剪力墙要分别计算,式中求和符号表示对同一方向各片剪力墙求和。

(3)框架—剪力墙结构

在框架—剪力墙结构中,框架柱的抗侧移刚度和剪力墙的等效抗弯刚度都不能直接使用。可以根据抗侧移刚度的定义,把式4-24、4-25分别代入式4-26、4-27。这时注意要把与y轴平行的框架与剪力墙按统一顺序排号,与x轴平行的也按统一排号,则可得到:

$$x_0=\frac{\sum[(V_{yi}/\delta_y)x_i]}{\sum(V_{yi}/\delta_y)}=\frac{\sum V_{yi}x_i}{\sum V_{yi}} \tag{4-32}$$

$$y_0=\frac{\sum[(V_{xk}/\delta_x)y_k]}{\sum(V_{xk}/\delta_x)}=\frac{\sum V_{xk}x_k}{\sum V_{xk}} \tag{4-33}$$

上式中的V_{yi}、V_{xk}是框架—剪力墙结构y方向及x方向平移变形下协同工作计算后,各片抗侧力单元所分配到的剪力。因此,在框架—剪力墙结构中,一般先不考虑扭转时的协同工作计算,按上式近似计算刚心位置。

从上式也可给刚度中心一个新的解释,即它是在不考虑扭转情况下各抗侧力单元层剪力的合力中心。因此,在其他类型的结构中,当已经知道各抗侧力单元抵抗的层剪力值后,也可直接由层剪力计算刚心位置。

在确定了水平力合力作用线和刚度中心后,两者的距离e_{0x}、e_{0y}就分别是y方向作用力(剪力V_y)和x方向作用力(剪力V_x)的计算偏心距。

当设防烈度为6、7、8度时,设计偏心距取为$e_x=e_{0x}$,$e_y=e_{0y}$。为了安全,在设防烈度为9度时,要将近似计算所得的偏心距增大,得到设计偏心距。通常,可按下式计算:

$$e_x=e_{0x}+0.05L_x \tag{4-34}$$

$$e_y = e_{0y} + 0.05L_y \tag{4-35}$$

式中：L_X、L_y——与力作用方向相垂直的建筑物总长。

4.6.2　考虑扭转作用的剪力修正

如图中的虚线表示结构在偏心的层剪力作用下发生的层间变形情况。层间剪力 V_y 距刚心 O_D 为 e_x，因而有扭矩 $M_t = V_v e_x$。在 V_y 和 M_t 共同作用下，既有平移变形，又有扭转变形。

把图中的层间变形分解为平移及转动两部分，如图 4-6 所示。图中的结构只有相对层间平移 δ，而图中只有相对层间转角 θ，可利用叠加原理得到各片抗侧力单元的侧移及内力。

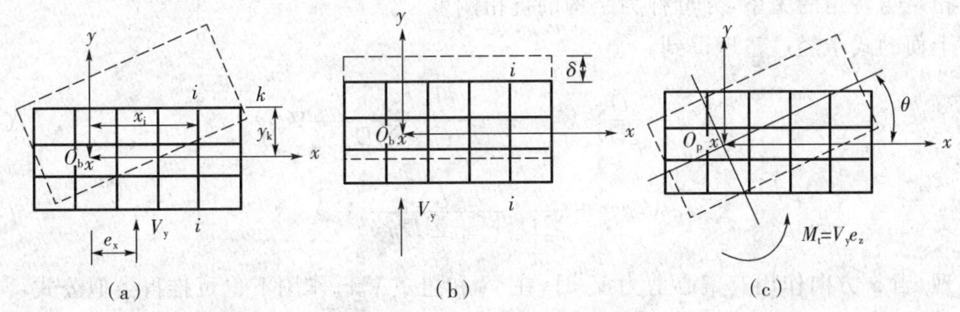

图 4-6　结构平移及扭转变形

由于假定楼板在自身平面内无限刚性，楼板上任意一点的位移都可由 δ 及 θ 描述。但是，又因为假设各抗侧力单元仅在自身平面内抵抗外力，故计算时只需知道各片抗侧力单元在其自身平面方向的侧移。将坐标原点设在刚心 O_D 处，并设坐标轴的正方向如图 4-5 所示；规定与坐标轴正方相一致的位移为正，转角则以反时针旋转为正，则各片结构的位移可表示如下：

与 y 轴平行的第 i 片结构沿 y 方向层间位移为：

$$\delta = \delta + \theta x_i \tag{4-36}$$

与 x 轴平行的第 k 片结构沿 x 方向的层间位移为：

$$\delta_{xi} = -\theta y_k \tag{4-37}$$

式中：x_i、y_i——第 i 片及第 k 片结构形心在 yO_Dx 坐标系中的坐标值，为代数值。

由抗侧移刚度的定义可知下列关系成立：

$$V_{yi} = D_{yi}\delta_{yi} = D_{yi}\delta + D_{yi}\theta x_i \tag{4-38}$$

$$V_{xk} = D_{xk}\delta_{xk} = -D_{xk}\theta_{yk} \tag{4-39}$$

式中：V_{ui}、V_{xk}——第 i 片及第 k 片结构在层间剪力 V_y 及扭矩 M_t 作用下的剪力。

由力平衡条件 $\sum Y = 0$，$\sum M = 0$ 可以得到：

$$V_y = \sum V_{yi} = \delta \sum D_{yi} + \theta \sum D_{yi} x_i \tag{4-40}$$

$$V_y e_x = \sum V_{yi} x_i - \sum V_{xk} y_k = \delta \sum D_{yi} x_i + \theta \sum D_{yi} x_i^2 + \theta \sum D_{xk} y_x^2 \tag{4-41}$$

式中第二项取负号的原因是：按图所设的坐标系统，V_{xk} 与 y 符号相反，但又假定反时针方向为正，因此第二项必须加上负号才能得到正力矩。

因为 O_D 是刚度中心，现取为原点，由刚心定义：

$$\sum D_{yi}x_i=0 \tag{4-42}$$

代入式子(4-40)、(4-41)变形得到：

$$\delta=V_y/\sum D_{yi} \tag{4-43}$$

$$\theta=\frac{V_y e_x}{\sum D_{yi}x_i^2+\sum D_{xk}y_x^2} \tag{4-44}$$

式(4-43)是平移时力和位移的关系，$\sum D_{yi}$ 为结构在 y 方向的总抗侧移刚度。式(4-44)是扭转时扭矩与转角的关系，分母称为结构的抗扭刚度。

将上面的式子经过整理得到：

$$V_{yi}=\frac{D_{yi}}{\sum D_{yi}}V_y+\frac{D_{yi}x_i}{\sum D_{yi}x_i^2+\sum D_{xk}y_x^2}V_y e_x \tag{4-45}$$

$$V_{xk}=-\frac{D_{xk}y_k}{\sum D_{yi}x_i^2+\sum D_{xk}y_x^2}V_y e_x \tag{4-46}$$

同理，当 x 方向作用有偏心剪力 V_x 时，在 V_x 和扭矩 $V_x e_y$ 作用下也可推得类似公式：

$$V_{xk}=\frac{D_{xk}}{\sum D_{xk}}V_x+\frac{D_{xk}y_k}{\sum D_{yi}x_i^2+\sum D_{xk}y_x^2}V_y e_x \tag{4-47}$$

$$V_{yi}=-\frac{D_{yi}x_i}{\sum D_{yi}x_i^2+\sum D_{xk}y_x^2}V_y e_x \tag{4-48}$$

以上 4 式是分别在 x 和 y 方向有扭矩作用时各抗侧力单元中的剪力。它们说明，无论在哪个方向水平荷载有偏心而引起结构扭转时，两个方向的抗侧力单元都能参加抵抗扭矩。但是平移变形时，与力作用方向相垂直的抗侧力单元不起作用(这是平面结构假定导致的必然结果)。

从抗侧力单元中构件设计的角度看，y 方向水平荷载作用下的剪力比 x 方向水平荷载作用下产生的 V_{yi} 值大，即式(4-46)中 V_{yi} 包含了平移及扭转两部分。因此应当用式(4-46)所得内力设计与 y 轴平行的这些抗侧力单元。同理，在设计与 x 轴平行的那些抗侧力单元时，应当用式(4-48)求出的 V_{xk}。式(4-47)求出的 V_{xk} 和式(4-48)求出的 V_{yi} 都不是设计构件的控制内力。

将式(4-46)及式(4-48)改写成：

$$V_{yi}=\left[1+\frac{e_x x_i\sum D_{yi}}{\sum D_{yi}x_i^2+\sum D_{xk}y_k^2}\right]\frac{D_{yi}}{\sum D_{yi}}V_y \tag{4-49}$$

$$V_{xk}=\left[1+\frac{e_y y_k\sum D_{xk}}{\sum D_{yi}x_i^2+\sum D_{xk}y_k^2}\right]\frac{D_{xk}}{\sum D_{xk}}V_x \tag{4-50}$$

或者简写成：

$$V_{yi}=\alpha_{yi}\frac{D_{yi}}{\sum D_{yi}}V_y \tag{4-51}$$

$$V_{xk}=\alpha_{xk}\frac{D_{xk}}{\sum D_{xk}}V_x \tag{4-52}$$

上面的式子(4－49)～(4－52)说明，在考虑扭转以后，某个抗侧力单元的剪力，可以用平移分配到的剪力乘以修正系数得到，修正系数为：

$$\alpha_{yi}=1+\frac{e_x x_i \sum D_{yi}}{\sum D_{yi} x_i^2+\sum D_{xk} y_k^2} \tag{4-53}$$

$$\alpha_{xk}=1+\frac{e_y y_k \sum D_{xk}}{\sum D_{yi} x_i^2+\sum D_{xk} y_k^2} \tag{4-54}$$

4.6.3　扭转作用的讨论

(1)在同一个结构中，各片抗侧力单元的抗扭修正系数大小不一。式(4－53)、(4－54)中第二项可为正值或负值，即可能大于 1，也可能小于 1。当某片抗侧力结构的 $\alpha>1$ 时，表示它的剪力在考虑扭转以后将增大，$\alpha<1$ 时表示考虑扭转后该单元的剪力将减小。此外，一般情况下，离刚心越远的抗侧力结构，剪力修正也越多。

(2)抗扭刚度由 $\sum D_{yi} x_i^2$ 及 $\sum D_{xk} y_x^2$ 之和组成，也就是说结构中纵向和横向抗侧力单元共同抵抗扭转。距刚心越远的抗侧力单元对抗扭刚度贡献越大。因此，如果能把抗侧移刚度较大的剪力墙放在离刚心远一点的地方，抗扭效果就更好。此外，如果能把结构布置成正方形或圆形，那么就能较充分发挥全部抗侧力结构的抗扭效果。

(3)在框架、剪力墙及框架—剪力墙结构中都可用式(4－53)和(4－54)计算扭转修正系数，近似计算扭转作用下的剪力。但是，在剪力墙结构或框架—剪力墙结构中，必须首先进行水平荷载作用下的平移变形计算，从式(4－24)、(4－25)算得剪力墙结构的抗侧移刚度后，才能计算扭转修正系数。

(4)在上、下布置都相同的框架—剪力墙结构中，各层刚心并不在同一根竖轴上，有时刚心位置相差较大。因此各层结构的偏心距和扭矩都会改变，各层结构扭转修正系数也会改变。

思 考 题

1. 高层建筑中连梁刚度为什么要折减？如何折减？
2. 弹性工作状态有哪些假定？
3. 简述框架梁弯矩调幅的概念。
4. 高层建筑为什么要考虑轴向变形的影响？
5. 简述重力二阶效应概念。
6. 如何考虑高层建筑整体空间作用？
7. 哪些是弹塑性变形的验算范围？
8. 简述弹塑性变形的简化计算方法。
9. 什么是刚心？怎么样用近似方法求框架结构、剪力墙结构和框架—剪力墙结构的刚心？
10. 为什么要进行整体倾覆验算？
11. 高层建筑结构的简化计算原则有哪些？
12. 扭转作用的剪力修正应如何考虑？

第5章　框架结构设计

5.1　概　　述

5.1.1　框架结构受力特点

框架结构中的框架梁柱既承受竖向重力荷载，也承受风地震作用等水平荷载。在这些荷载的共同作用下，一般情况下框架底部柱 M、N、V 最大，往上逐渐减小；底部柱多属于小偏心受压构件，顶部几层柱则可能为大偏心受压构件；当荷载条件大致相同时，各层框架梁 M、V 较为接近，变化不大。水平荷载作用下框架结构的水平侧移由两部分组成：一部分属于剪切变形，这是由框架整体受剪，梁、柱杆件发生弯曲变形而产生的水平位移。一般底层层间变形最大，向上逐渐减小。另一部分属于弯曲变形，这是由框架在抵抗倾覆弯矩时发生的整体弯曲，由柱子的拉伸和压缩而产生的水平位移。当框架结构高宽比不大于 4 时，框架水平侧移中弯曲变形部分所占比例很小，位移曲线一般呈剪切型。框架结构的抗侧力刚度较小。

5.1.2　框架结构设计应注意的几个问题

1. 框架结构适用范围

框架结构适用于非抗震设计时的多层及高层建筑，抗震设计时的多层及小高层建筑(7 度区以下)。抗震设计的高烈度区的高层建筑不宜采用纯框架结构，宜优先考虑框架—剪力墙结构。大量的工程实践表明：高烈度区的高层建筑采用纯框架结构，即使结构计算通过(某些控制指标符合规范要求，如侧移限值等)，但在结构受力上也不合理、不经济。这样的框架结构，梁、柱截面偏大，耗钢量大，地震时抗震性能不好，侧向位移大，围护结构、隔墙、管道等将遭受较大破坏。即使主体结构损坏不大，假如非结构构件的破坏严重，损失也将巨大。一般 8 度区高度超过 20m 采用框架结构不经济，因此 6 层以上的建筑结构宜采用框架—剪力墙或壁式框架结构。

2. 单跨框架

《高层建筑混凝土结构技术规程》(JGJ3－2002)规定，抗震设计的框架结构不宜采用单跨框架。这是由于单跨框架的耗能能力较弱，超静定次数较少，一旦柱子出现塑性铰(在强震时不可避免)，出现连续倒塌的可能性很大。1999 年台湾的集集地震，台中客运站震害就是一例。16 层单跨结构彻底倒塌，原因是单跨框架结构抗侧力刚度差，地震时无多道设防。但是，带剪力墙的单跨结构可不受限制，因为它有剪力墙作为第一道防线。但高度不宜太高。

3. 框架结构砌体填充墙

框架结构在上部若干层的砌体填充墙较多，而底部墙体较少，因而形成上下突变。在外墙柱子之间，有通长整开间的窗台墙，嵌砌在柱子之间，使柱子的净高减少很多，形成短柱。地震时，墙以上的柱形成交叉剪切裂缝。在有些工程中，填充墙的布置，偏于平面一侧，形成刚度偏心，地震时由于扭转而产生构件的附加内力，而在设计中未考虑，因而造成破坏。当两根柱子之间，嵌砌有刚度较大的砌体填充墙时，由于此墙会吸收较多的地震作用，使墙两端的柱子受力增大。所以，在设计时应考虑此情况，并对该柱设计适当加强。

因此，《高层建筑混凝土结构技术规程》规定，框架结构的填充墙及隔墙宜选用轻质墙体。抗震设计时，框架结构如采用砌体填充墙，其布置应符合下列要求：

(1) 避免形成上、下层刚度变化过大；

(2) 避免形成短柱；

(3) 减少因抗侧刚度偏心所造成的扭转。

4. 混合承重

框架结构和砌体结构是两种截然不同的结构体系。两种体系所用承重材料完全不同，其抗侧刚度、变形能力等等，相差很大。如将这两种结构在同一建筑物中混合使用，而不以防震缝将其分开，对建筑物的抗震能力将产生不利的影响。因此，《高层建筑混凝土结构技术规程》规定，框架结构按抗震设计时，不应采用部分由砌体墙承重之混合形式。框架结构中的楼、电梯间及局部出屋顶的电梯机房、楼梯间、水箱间等，应采用框架承重，不应采用砌体墙承重。

5. 框架结构与框架—剪力墙结构的选择

抗震设计的框架结构中，当仅在楼、电梯间或其他部位设置少量钢筋混凝土剪力墙时，有的设计不计及这部分剪力墙，仅按纯框架结构进行分析、配筋计算，然后将剪力墙构造配筋“白送”给框架结构，认为这样安全储备更大。但事实上由于剪力墙的存在，使得结构地震作用增大，且剪力墙和框架协同工作，使框架的上部受力加大，“白送”的设计无论对框架还是剪力墙都是不安全的。因此，《高层建筑混凝土结构技术规程》规定，抗震设计的框架结构中，当仅布置少量钢筋混凝土剪力墙时，结构分析计算应考虑该剪力墙与框架的协同工作。如楼梯间、电梯间位置较偏而产生较大的刚度偏心时，宜采取将此种剪力墙减薄、开竖缝、开结构洞、配置少量单排钢筋等措施，减小剪力墙的作用，并宜增加与剪力墙相连之柱子的配筋。

5.2　框架结构计算简图的确定

5.2.1　计算单元的划分

高层建筑结构是复杂的三维空间受力体系，计算分析时应根据结构实际情况，选取能较准确地反映结构中各构件的实际受力状况的力学模型。对于平面和立面布置简单规则的框架结构、框架—剪力墙结构宜采用空间分析模型，可采用平面框架空间协同模型；对剪力墙结构、筒体结构和复杂布置的框架结构、框架—剪力墙结构应采用空间分析模型。目前国内商品化的结构分析软件所采用的力学模型主要有：空间杆系模型、空间杆—薄壁杆系模型、空间杆—墙板元模型及其他组合有限元模型。

如需要采用简化方法或手算方法，为方便常忽略结构纵墙和横墙之间的空间联系，通常可近似地按两个方向的平面框架分别计算，计算简图如图 5-1 所示。

结构设计时一般取中间有代表性的一榀横向框架进行分析即可。作用于框架上的荷载各不相同，设计时应分别进行计算。取出的平面框架所承受的竖向荷载与楼盖结构的布置方案有关。水平荷载则简化为集中力，如图 5-1 所示。

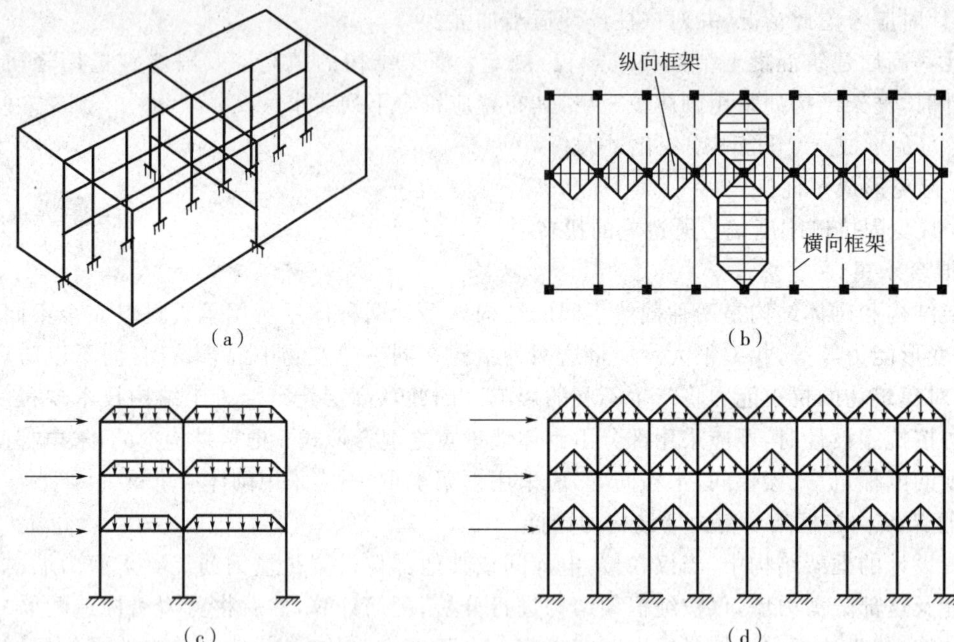

图 5-1 框架结构计算简图

5.2.2 跨度与层高的确定

1. 梁的跨度

在结构计算简图中，杆件用其轴线来表示。框架梁的跨度即取柱子轴线之间的距离；当上下层柱子截面尺寸变化时，一般以最小截面的形心线来确定。

2. 柱的计算长度

(1)一般多层房屋中梁柱为刚接的框架结构，各层柱的计算长度 l_0 可按表 5-1 取用。

表 5-1 框架结构各层柱的计算长度 l_0

楼盖类型	柱的类型	l_0
现浇楼盖	底层柱	$1.0H$
	其余各层柱	$1.25H$
装配式楼盖	底层柱	$1.25H$
	其余各层柱	$1.5H$

[注] 底层柱为从基础顶面到一层楼盖顶面的高度；其余各层柱为上、下两层楼盖顶面距离。

(2)当水平荷载产生的弯矩设计值的 75%以上时，框架柱的计算长度 l_0 可按下列两个公式计算，并取其中较小者：

$$l_0=[1+0.15(\Psi_u+\Psi_l)]H \tag{5-1}$$

$$l_0=(2+0.2\Psi_{\min})H \tag{5-2}$$

式中：Ψ_u、Ψ_l——柱的上端下端节点交汇的各柱线刚度之和与交汇的各梁线刚度之和的比值；

Ψ_{min}——比值 Ψ_u、Ψ_l 的较小值；

H——柱的高度，按上表的注采用。

注意：这里指的是某楼层上的单根柱，而表 5-1 指的是结构某一层上的所有的柱子。

(3)多层框架结构无地下室时底层层高的确定

目前框架结构无地下室时，底层层高的计算方法有以下几种：

①《混凝土结构设计规范》(GB50010-2002)规定：框架结构底层层高为从基础顶面到一层楼盖顶面的高度。

②参照《砌体结构设计规范》，当基础埋置较深且有刚性地坪并配构造钢筋时，底层层高可取室外地面以下 500mm 到一层楼盖顶面高度。

③当为柱下独立基础，基础埋置深度又较深时，为了减小底层柱的计算长度和底层位移，可在 0.000 以下适当位置设置基础拉梁。此时宜将从基础顶面至首层顶面分为两层：从基础顶面至拉梁顶面为 1 层，从拉梁顶面至首层顶面为 2 层，及将原结构增加 1 层分析。

抗震设计时，当多层建筑的结构高宽比符合刚性建筑要求时，对于无地下室的多层框架结构，若埋置深度较浅，建议采用第一种算法；若埋置深度较深，可采用第二、第三种计算方法。

5.2.3　现浇楼板的面外刚度

现浇楼面和装配整体式楼面的楼板作为梁的有效翼缘形成 T 形截面，提高了楼面梁的刚度，结构计算时应予考虑。当近似以梁刚度增大系数考虑时，应根据梁翼缘尺寸与梁截面尺寸的比例予以确定。通常现浇楼面的边框架梁可取 1.5，中框架梁可取 2.0；有现浇面层的装配式楼面梁的刚度增大系数可适当减小。当框架梁截面较小而楼板较厚或者梁截面较大而楼板较薄时，梁刚度增大系数为 1.3～2.0。对于无现浇面层的装配式结构，可不考虑楼面翼缘的作用。

5.2.4　周期的调整系数 Ψ_T

《高层建筑混凝土结构技术规程》规定：当非承重墙体为填充砖墙时，高层建筑结构的计算自振周期折减系数 Ψ_T。

可按下列规定取值：

(1) 框架结构可取 0.6～0.7；

(2) 框架－剪力墙结构可取 0.7～0.8；

(3) 剪力墙结构可取 0.9～1.0。

对于其他结构体系或采用其他非承重墙体时，可根据工程情况确定周期折减系数。

5.2.5　楼面梁的扭转

高层建筑结构楼面梁受楼板(有时还有次梁)的约束作用，无约束的独立梁极少。当结构计算中未考虑楼盖对梁扭转的约束作用时，梁的扭转变形和扭矩计算值过大，抗扭设计比较困难，因此可对梁的计算扭矩予以适当折减。计算分析表明，扭矩折减系数与楼盖(楼板和梁)的约束作用和梁的位置密切相关，折减系数的变化幅度较大，下限可到 0.1 以下，上限可到 0.7 以上，应根据具体情况确定。

5.3 框架结构的内力与位移计算

多层多跨框架的内力与位移计算有精确算法和近似算法:精确算法多采用空间结构用电子计算机完成,近似算法主要采用平面结构以适于手算。

5.3.1 竖向荷载作用下的框架结构内力计算

多层多跨框架在竖向荷载作用下的内力计算设计上主要采用两种近似算法:分层法和弯矩二次分配法。

1. 分层法

结构在竖向荷载作用下的内力计算可近似地采用分层法。根据位移法和力法求解的结果可知,结构在竖向荷载作用下,它的侧移是极小的,而且每层梁上的荷载对其他各层梁的影响很小。为了简化计算可假定:

(1)在竖向荷载作用下,多层多跨刚架的侧移极小,可忽略不计;

(2)每层梁上的荷载对其他各层梁的影响可以忽略不计。

按照叠加原理,根据上述假定,多层多跨框架在多层竖向荷载同时作用下的内力,可以看成各层竖向荷载单独作用下的内力的叠加。如图 5-2 所示。

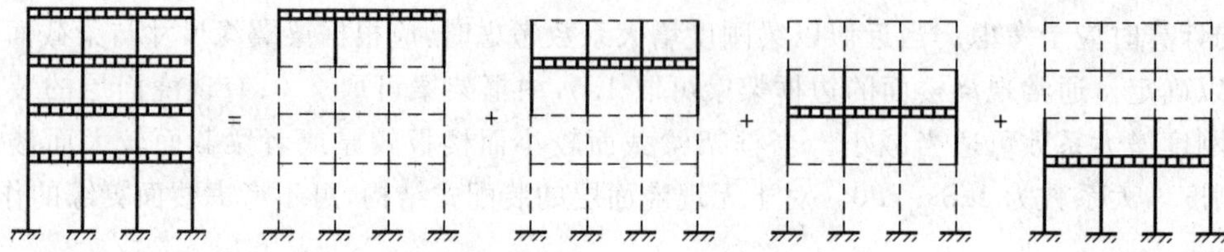

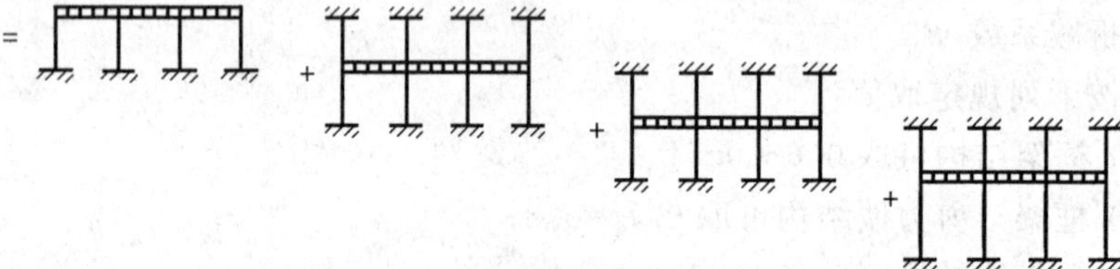

图 5-2 分层法计算简图

分层法计算步骤如下:

(1)将框架分层。

(2)将除底层之外的所有层柱的线刚度均乘以 0.9。

(3)分层后的简单框架可用弯矩分配法计算。一般来讲,每一节点经过二次分配就足够了。

(4)在采用弯矩分配法的计算过程中,柱传递系数取 1/3,但对底层仍取 1/2。

(5)梁的弯矩为最后弯矩,柱的弯矩为上下层取代数和。

(6)若节点处不平衡弯矩较大,再分配一次。

2. 弯矩二次分配法

对于 6 层以下无侧移的框架,可用弯矩二次分配法。计算步骤如下:

(1)首先计算框架各杆件的线刚度及分配系数；

(2)计算框架各层梁端在竖向荷载作用下的固定端弯矩；

(3)计算框架各节点处的不平衡弯矩，并将每一节点处的不平衡弯矩同时进行分配并向远端传递，传递系数仍为1/2；

(4)进行两次分配后结束(仅传递一次，但分配两次)。

[例题5-1] 某教学楼为4层钢筋混凝土框架结构。梁的截面尺寸为250mm×600mm，混凝土采用C20；柱的截面尺寸为450mm×450mm，混凝土采用C30。现浇梁、柱，结构剖面图及计算简图如图5-3所示，试用弯矩二次分配法绘该框架的弯矩图。

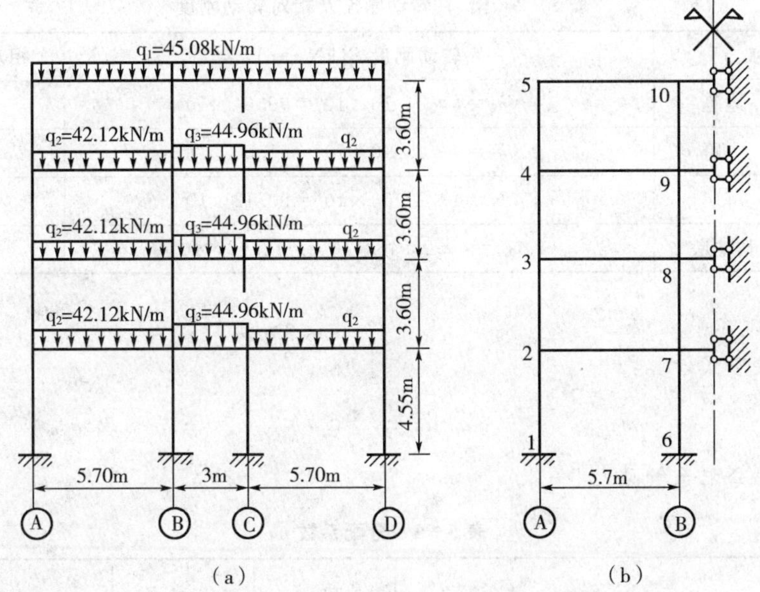

图5-3 例题5-1计算简图

[解]

(1)计算梁柱转动刚度

因为框架结构对称且荷载对称，故可取如图(b)所示半边结构计算。

①梁的线刚度

边跨梁：

$$k_b=\frac{E_b I_b}{l}=\frac{25.5\times10^6\times\frac{1}{12}\times0.25\times0.60^3\times1.2}{5.7}=24.16\times10^3\text{kN}\cdot\text{m}$$

中跨梁：

$$k_b=\frac{E_b I_b}{l}=\frac{25.5\times10^6\times\frac{1}{12}\times0.25\times0.60^3\times1.2}{3.0}=45.90\times10^3\text{kN}\cdot\text{m}$$

②柱的线刚度

首层柱：

$$k_c=\frac{E_cI_c}{h}=\frac{30\times10^6\times\frac{1}{12}\times0.45\times0.45^3}{4.55}=22.53\times10^3\text{kN}\cdot\text{m}$$

其他层柱：

$$k_c=\frac{E_cI_c}{h}=\frac{30\times10^6\times\frac{1}{12}\times0.45\times0.45^3}{3.60}=28.48\times10^3\text{kN}\cdot\text{m}$$

梁柱转动刚度及相对转动刚度见表 5－2。

表 5－2　梁、柱转动刚度及相对转动刚度

构件名称		转动刚度 S(kN·m)	相对转动刚度 S'
框架梁	边跨	$4\times k_b=4\times24.16\times10^3=96.64\times10^3$	1.072
	中跨	$2\times k_b=4\times45.90\times10^3=91.80\times10^3$	1.019
框架柱	首层	$4\times k_b=4\times22.53\times10^3=90.12\times10^3$	1.000
	其他层	$4\times k_b=4\times28.48\times10^3=113.92\times10^3$	1.264

(2)计算分配系数

分配系数按下式计算：

$$\mu=S/\sum S$$

各节点杆件分配系数见表 5－3。

表 5－3　分配系数 μ

节点	$\sum S'_{ik}$	$\mu_{左梁}$	$\mu_{右梁}$	$\mu_{上柱}$	$\mu_{下柱}$
5	1.072＋1.246＝2.336	—	0.459	—	0.541
4	1.072＋1.246×2＝3.600	—	0.298	0.351	0.351
3	1.072＋1.246×2＝3.600	—	0.298	0.351	0.351
2	1.072＋1.246＋1.00＝3.336	—	0.321	0.379	0.300
10	1.072＋1.019＋1.246＝3.355	0.320	0.303	—	0.377
9	1.072＋1.019＋1.246×2＝4.619	0.232	0.220	0.274	0.274
8	1.072＋1.019＋1.246×2＝4.619	0.232	0.220	0.274	0.274
7	1.072＋1.019＋1.246＋1.000＝4.355	0.246	0.234	0.290	0.230

(3)端固定弯矩 M_F

①顶层

边跨梁：

$$M_F=\frac{1}{12}q_1l_1^2=\frac{1}{12}\times45.08\times5.7^2=122.05\text{kN}\cdot\text{m}$$

中跨梁：

$$M_F=\frac{1}{3}q_1l_2^2=\frac{1}{3}\times 45.08\times\left(\frac{3}{2}\right)^2=33.81\text{kN}\cdot\text{m}$$

②其他层

边跨梁：

$$M_F=\frac{1}{12}q_1l_1^2=\frac{1}{12}\times 42.12\times 5.7^2=114.04\text{kN}\cdot\text{m}$$

中跨梁：

$$M_F=\frac{1}{3}q_1l_2^2=\frac{1}{3}\times 44.96\times\left(\frac{3}{2}\right)^2=33.72\text{kN}\cdot\text{m}$$

(4)弯矩分配与传递

弯矩分配与传递如图 5－4 所示。首先将各节点的分配系数填在相应方框内，将梁的固端弯矩写在框架横梁相应位置上，然后将节点放松，把各节点不平衡弯矩“同时”进行分配。假定：远端固定进行传递（不向滑动端传递）；右（左）梁分配弯矩向左（右）梁传递；上（下）柱分配弯矩向下（上）柱传递（传递系数均为 1/2）；第一次分配弯矩传递后，再进行第二次弯矩分配，然后不再传递。

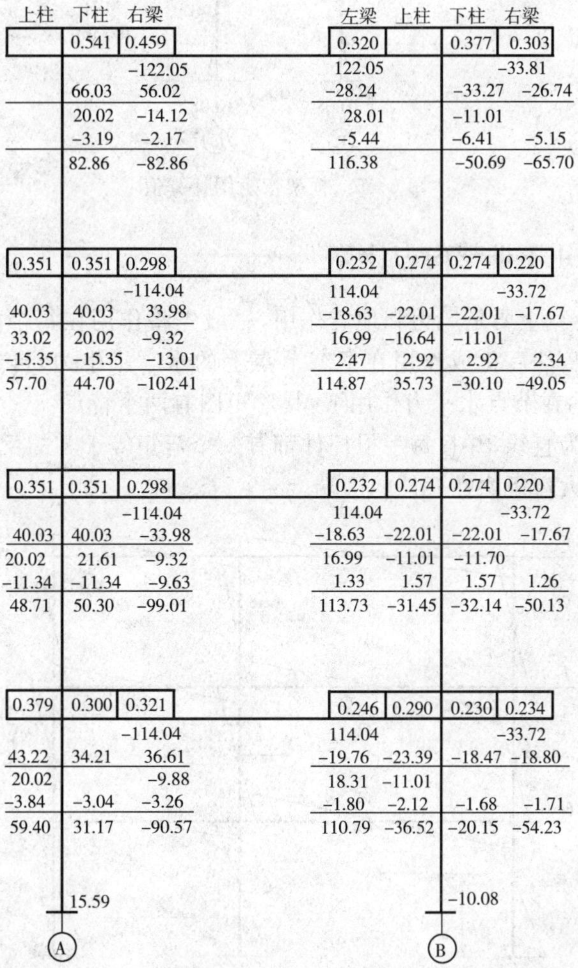

上柱	下柱	右梁	左梁	上柱	下柱	右梁
	0.541	0.459	0.320		0.377	0.303
		-122.05	122.05			-33.81
	66.03	56.02	-28.24		-33.27	-26.74
	20.02	-14.12	28.01		-11.01	
	-3.19	-2.17	-5.44		-6.41	-5.15
	82.86	-82.86	116.38		-50.69	-65.70

上柱	下柱	右梁	左梁	上柱	下柱	右梁
0.351	0.351	0.298	0.232	0.274	0.274	0.220
		-114.04	114.04			-33.72
40.03	40.03	33.98	-18.63	-22.01	-22.01	-17.67
33.02	20.02	-9.32	16.99	-16.64	-11.01	
-15.35	-15.35	-13.01	2.47	2.92	2.92	2.34
57.70	44.70	-102.41	114.87	35.73	-30.10	-49.05

上柱	下柱	右梁	左梁	上柱	下柱	右梁
0.351	0.351	0.298	0.232	0.274	0.274	0.220
		-114.04	114.04			-33.72
40.03	40.03	-33.98	-18.63	-22.01	-22.01	-17.67
20.02	21.61	-9.32	16.99	-11.01	-11.70	
-11.34	-11.34	-9.63	1.33	1.57	1.57	1.26
48.71	50.30	-99.01	113.73	-31.45	-32.14	-50.13

上柱	下柱	右梁	左梁	上柱	下柱	右梁
0.379	0.300	0.321	0.246	0.290	0.230	0.234
		-114.04	114.04			-33.72
43.22	34.21	36.61	-19.76	-23.39	-18.47	-18.80
20.02		-9.88	18.31	-11.01		
-3.84	-3.04	-3.26	-1.80	-2.12	-1.68	-1.71
59.40	31.17	-90.57	110.79	-36.52	-20.15	-54.23

柱底：Ⓐ 15.59　　Ⓑ -10.08

图 5－4　弯矩分配与传递

(5)作弯矩图

弯矩图如图 5-5 所示，括号内的弯矩为弯矩调幅后相应截面的弯矩数值。

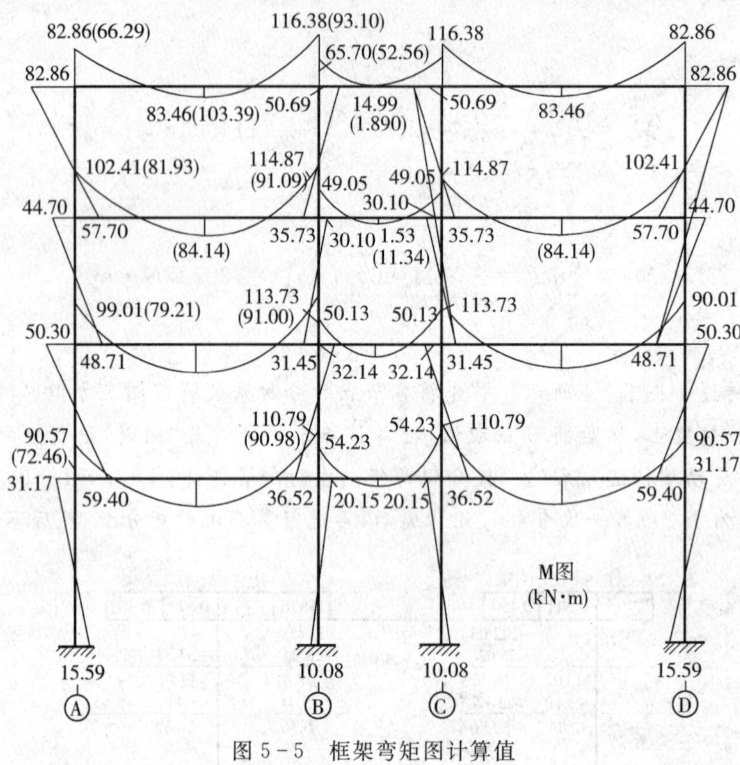

图 5-5　框架弯矩图计算值

5.3.2　水平荷载作用下框架内力计算

框架所受的水平荷载主要是风力和地震作用，一般先将作用在每个楼层上的总风力和总地震作用分配到各榀框架，然后化成作用在框架节点上的水平集中力，再进行平面框架内力分析（见图 5-6）。框架结构在节点水平力作用下，其弯矩图有两个特点：

(1)各杆的弯矩均为直线，并且每一根杆件都有一个弯矩等于零的反弯点；

(2)所有各杆的最大弯矩均在杆件的两端。

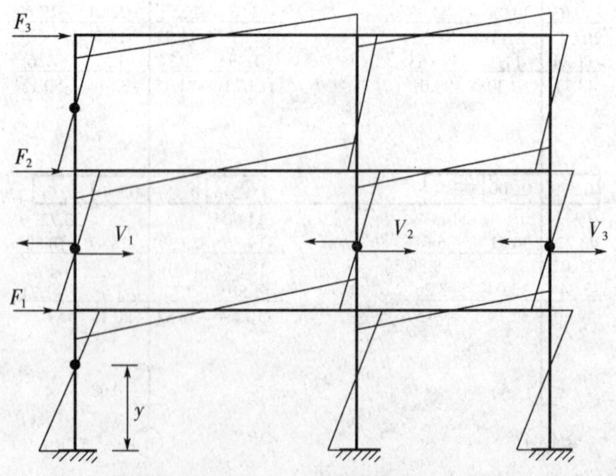

图 5-6　框架在水平荷载作用下弯矩图

1. 反弯点法

框架在水平荷载作用下，节点将同时产生转角和侧移（图 5－7）。根据分析，当梁的线刚度和柱的线刚度之比大于 3 时，节点转角很小，它对框架的内力影响不大。因此，为了简化计算，通常把它忽略不计，即假定转角为 0。实际上，这等于把框架横梁简化成线刚度无穷大的刚性梁，则同一层的各节点水平位移相等（图 5－8）。这样处理，可使计算大为简化，而其误差不超过 5%。

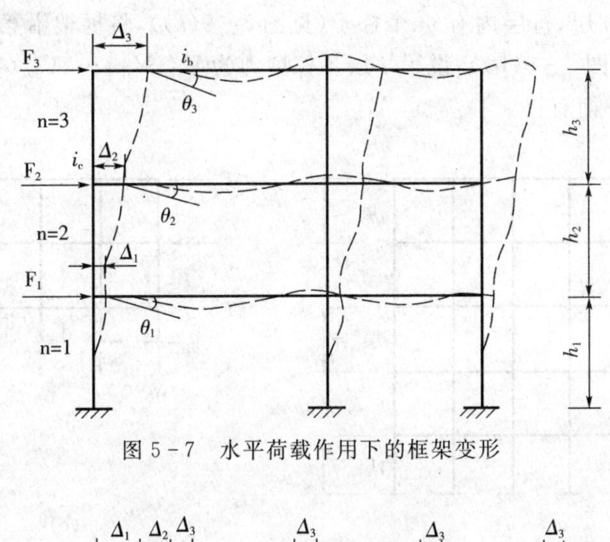

图 5－7　水平荷载作用下的框架变形

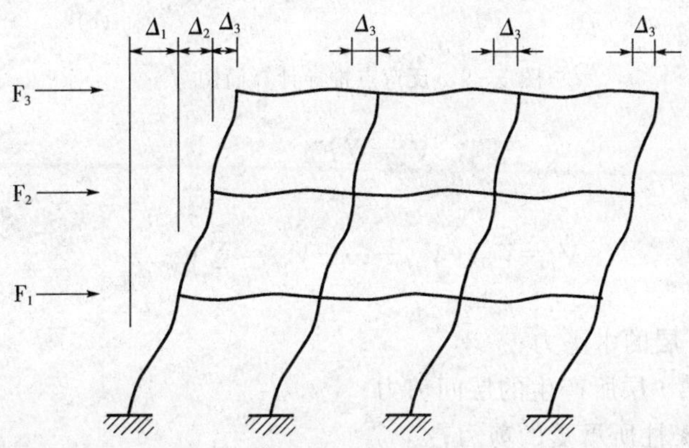

图 5－8　水平荷载作用下横梁简化成刚度无穷大的刚性梁的框架变形

为了方便计算，作如下假定：

(1)在求各柱子剪力时，假定各柱子上下端都不发生角位移，即认为梁柱的线刚度之比为无穷大。

(2)在确定柱子反弯点位置时，假定除底层以外的各柱子的上下端节点转角均相同，即假定除底层外，各层框架柱的反弯点位于层高的中点；对于底层柱子，则假定其反弯点位于距支座 2/3 层高处。

(3)梁端弯矩可由节点平衡条件求出，并按节点左右梁的线刚度进行分配。

反弯点计算各框架内力的步骤为：

①确定各柱反弯点位置

y 定义为反弯点至柱子下端距离。

$$y=\begin{cases}\frac{1}{2}h & \text{上部各层柱}\\ \frac{2}{3}h & \text{底层柱}\end{cases}\tag{5-3}$$

式中：h——层高。

②同层各柱的剪力的确定

设框架结构共有 n 层，每层内有 m 个柱子(见图 5-9(a))，将框架沿第 i 层各柱的反弯点处切开代以剪力和轴力(图 5-9(b))，设第 j 层各柱剪力为 $V_{j1}, V_{j2}, \cdots, V_{jm}$(有 m 根)，第 j 层总剪力为 V_j，根据层剪力平衡有：

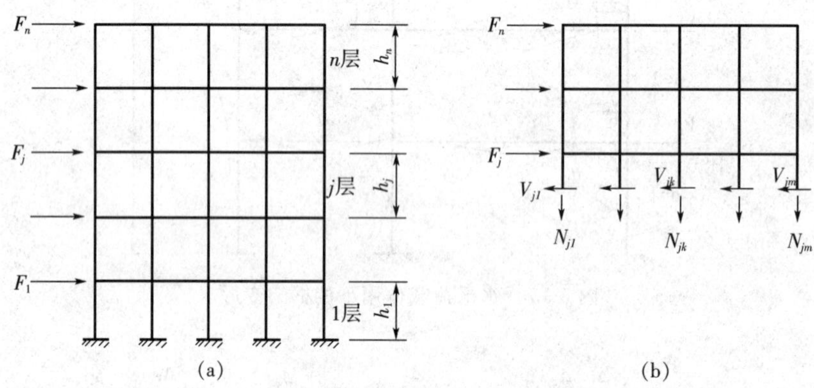

图 5-9 反弯点推导计算简图

$$V_j=\sum_{i=j}^{n}F_i\tag{5-4}$$

$$V_j=V_{j1}+V_{j2}+\cdots+V_{jm}=\sum_{k=1}^{m}V_{jk}\tag{5-5}$$

式中：F_i——作用在楼 i 层的水平力；

V_j——水平力在第 i 层所产生的层间剪力；

V_{jk}——第 j 层第 k 柱所承受的剪力；

m——第 j 层内的柱子数；

n——楼层数。

由结构力学可知：

$$V_{j1}=d_{j1}\Delta_j, V_{j2}=d_{j2}\Delta_j, \cdots, V_{jk}=d_{jk}\Delta_j, \cdots, V_{jm}=d_{jm}\Delta_j$$

式中，d_{jk} 为第 j 层第 k 根柱子的抗侧刚度，其物理意义是表示柱端产生相对单位位移时，在柱内产生的剪力(图 5-10)。

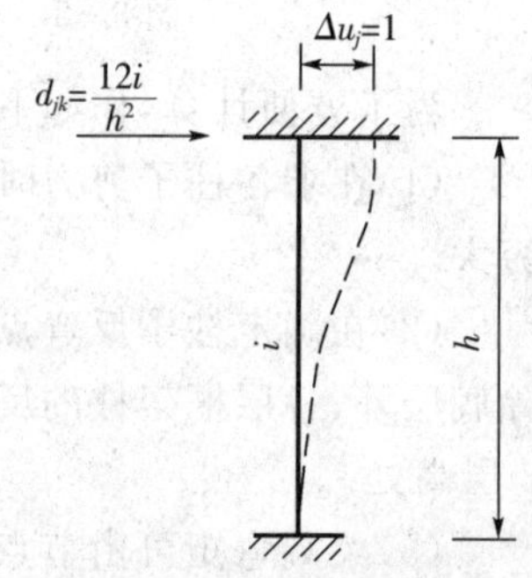

图 5-10 柱子抗侧刚度计算简图

$$d_{jk}=\frac{12i}{h^2}\tag{5-6}$$

式中：i——柱子线刚度；

Δ_j——框架第 j 层侧移。

$$d_{j1}\Delta_j + d_{j2}\Delta_j + \cdots + d_{jm}\Delta_j = V_j$$

$$\Delta_j = \frac{V_j}{\sum_{k=1}^{m} d_{jk}}$$

$$V_{j1} = \frac{d_{j1}}{\sum_{k=1}^{m} d_{jk}} V_j, V_{j2} = \frac{d_{j2}}{\sum_{k=1}^{m} d_{jk}} V_j, \cdots, V_{jm} = \frac{d_{jm}}{\sum_{k=1}^{m} d_{jk}} V_j$$

上式表明各柱按其抗侧刚度比分配层间剪力。一般,同层各柱高度相同,这样可得到第 j 楼层任意柱 k 在层间剪力 V_j 中分配的剪力:

$$V_{jk} = \frac{i_{jk}}{\sum_{k=1}^{m} i_{jk}} \cdot V_j \tag{5-7}$$

③柱端弯矩

求得各柱所承受的剪力 V_{jk} 以后,可求各柱的杆端弯矩。对于底层柱,有:

$$M_{c1k}^{t} = V_{1k} \cdot \frac{h_1}{3} \tag{5-8}$$

$$M_{c1k}^{b} = V_{1k} \cdot \frac{2h_1}{3} \tag{5-9}$$

式中:h_1——底层柱高。

对于上部各层柱,上下柱端弯矩相等,有:

$$M_{cjk}^{t} = M_{cjk}^{b} = V_{jk} \cdot \frac{h_j}{2} \tag{5-10}$$

式中:h_j——第 j 层柱高。cjk 表示第 j 层第 k 根柱。上标 t、b 分别表示柱的顶端和底端。

④梁端弯矩

梁端弯矩按节点平衡及线刚度比得到。

a. 边节点(如图 5-11)

顶部边节点:

$$M_{b} = M_{c} \tag{5-11}$$

一般边节点:

$$M_{b} = M_{c1} + M_{c2} \tag{5-12}$$

b. 中间节点(如图 5-12)

中间节点按梁线刚度比分配柱端弯矩:

$$M_{b1} = \frac{i_{b1}}{i_{b1} + i_{b2}}(M_{c1} + M_{c2}) \tag{5-13}$$

$$M_{b2} = \frac{i_{b2}}{i_{b1} + i_{b2}}(M_{c1} + M_{c2}) \tag{5-14}$$

式中：M_{b1}、M_{b2}——节点处左、右梁端弯矩；

M_{c1}、M_{c2}——节点处柱的上、下端弯矩；

i_{b1}、i_{b2}——节点处左、右梁的线刚度。

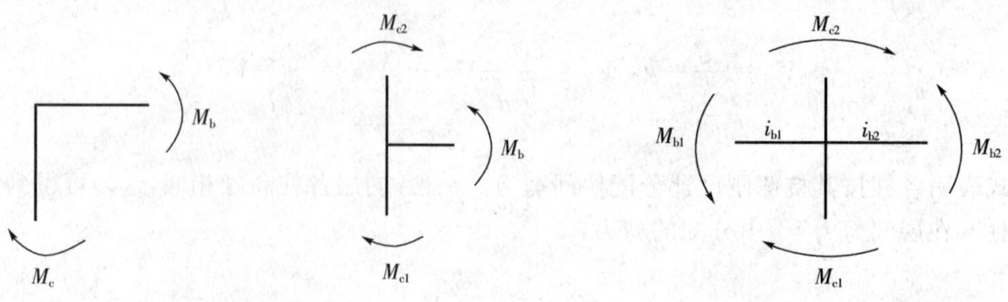

图 5-11 边节点计算简图　　　　图 5-12 中间节点计算简图

⑤梁内剪力

以各个梁为脱离体，根据平衡方程，将梁的左右端弯矩之和除以该梁的跨长，便可得到梁内剪力。

$$V_A = V_B = \frac{M_b^l + M_b^r}{l} \tag{5-15}$$

式中：M_b^l、M_b^r——梁的左、右端弯矩；

l——梁的跨长。

⑥柱内轴向力

自下而上逐层叠加节点左右的梁端剪力，即可得到柱内轴相向力。

2. *D* 值法

反弯点法是梁柱线刚度比大于 3 时，假定节点转角为零的一种近似计算方法。当柱子的截面较大时，梁柱线刚度比常常较小，特别是在高层框架结构或抗震设计时，梁的线刚度可能小于柱的线刚度，框架节点对柱的约束应为弹性支承，即柱的抗侧移刚度不能由图 5-10 导得。柱的抗侧移刚度不但与柱的线刚度有关，而且还与梁的线刚度有关，另外与该楼层所处的位置、上下层梁的线刚度之比，以及上下层层高、甚至与房屋的总层数有关。因此应对反弯点法中的反弯点高度进行修正。

修正后的柱的抗侧刚度用“D”表示，故通常称为 D 值法。

该方法的计算步骤与反弯点法相同，精确度比反弯点法高。但与反弯点法一样，作了平面结构假定，忽略了轴向变形。同时，D 值法虽然考虑了节点转角，但又假定同层各节点转角相同，推导 D 值及反弯点高度时，还作了一些假定。因此，D 值法也是近似方法。随层数增加，忽略轴向变形带来的误差也增大。

D 值法需要解决的是：修正后框架柱的抗侧刚度“D”的确定，调整后框架柱的反弯点位置。

(1)修正后框架柱的抗侧刚度 D

下面以图 5-13 所示框架中间柱为例，导出修正后框架柱的抗侧刚度的计算公式。

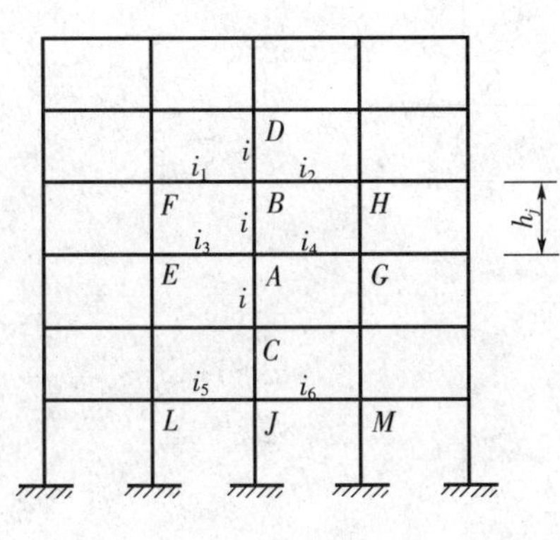

(a) 整体框架结构　　(b) 中间梁柱单元的变形

图5-13　D值推导计算简图

计算假定：

①柱 AB 及与其上下相邻的柱子的线刚度均为 i_c；

②柱 AB 及与其上下相邻柱的层间位移均为 Δu_j；

③柱 AB 两端点及与其上下左右相邻的各个节点的转角均为 θ；

④与柱 AB 相交的横梁线刚度分别为 i_1、i_2、i_3、i_4。

由节点 A 的平衡条件 $\sum M_A=0$，得：

$$M_{AB}+M_{AG}+M_{AC}+M_{AE}=0 \tag{a}$$

式中：$M_{AB}=2i_c(2\theta+\theta-3\varphi)=6i_c(\theta-\varphi)$

$M_{AG}=2i_4(2\theta+\theta)=6i_4\theta$

$M_{AC}=2i_c(2\theta+\theta-3\varphi)=6i_c(\theta-\varphi)$

$M_{AE}=2i_3(2\theta+\theta)=6i_3\theta$

将 M_{AB}、M_{AG}、M_{AC}、M_{AE} 代入式(a)，得：

$$6(i_3+i_4)\theta+12i_c\theta-12i_c\varphi=0 \tag{b}$$

由节点 B 的平衡条件 $\sum M_B=0$，得：

$$6(i_1+i_2)\theta+12i_c\theta-12i_c\varphi=0 \tag{c}$$

将式(b)与式(c)相加，得：

$$\theta=\frac{2}{2+\frac{\sum i}{2i_c}}\varphi=\frac{2}{2+K}\varphi \tag{d}$$

式中：$\sum i$——梁的线刚度之和；

K——一般梁柱线刚度比。

柱 AB 所受的剪力为：

$$V_{AB}=\frac{12i_c}{h_{AB}}(\varphi-\theta) \tag{e}$$

将(d)代入式(e),得：

$$V_{AB}=\frac{12i_c}{h_{AB}}\cdot\frac{K}{2+K}\varphi=\frac{12}{h_{AB}^2}\cdot\frac{K}{2+K}\Delta u_j$$

令

$$\alpha=\frac{K}{2+K}$$

则：

$$V_{AB}=\alpha\,\frac{12}{h_{AB}^2}\Delta u_j$$

由此可得 AB 的侧移刚度：

$$D_{AB}=\frac{V_{AB}}{\Delta u_j}=\alpha\,\frac{12i_c}{h_{AB}^2} \tag{5-16a}$$

式中：α——考虑梁柱刚度比值及柱端约束条件对柱抗侧刚度的影响系数，当框架梁的线刚度为无穷大时，$\alpha=1$。

底层柱的侧向刚度修正系数可同理求得。

表 5-4 列出各种情况下的 α 值及相应的 K 值的计算公式。

表 5-4　α 值及相应的 K 值的计算公式

楼层	简图	K	α
一般层	i_2, i_c, i_4；i_1 i_2, i_c, i_3 i_4	$K=\frac{i_1+i_2+i_3+i_4}{2i_c}$	$\alpha=\frac{K}{2+K}$
底层	i_2, i_c；i_1 i_2, i_c	$K=\frac{i_1+i_2}{i_c}$	$\alpha=\frac{0.5+K}{2+K}$

同一层中有个别柱高不相等时的 D 值，如底层柱高不等，但各柱顶点位移仍相等，特殊柱的抗侧刚度 D' 可按下式计算(见图 5-14)：

$$D'=\alpha_1\,\frac{12i_1}{h'^2} \tag{5-16b}$$

式中：α_1——按 h_1 计算的参数；

i_1——特殊柱的线刚度。

同一层中有个别柱再分层时的值，当同一层中有再分层时（图 5 - 15），再分柱的等效抗侧刚度 D' 可按下式计算：

$$D'=\frac{D_1 D_2}{D_1+D_2} \tag{5-16c}$$

式中 D' 为分层中综合柱的 D 值；

D_1 为分层中柱 h_1 的 D 值，$D_1=\alpha_1\ \dfrac{12i_{c1}}{h_1^2}$；

D_2 为分层中柱 h_2 的 D 值，$D_2=\alpha_2\ \dfrac{12i_{c2}}{h_2^2}$；

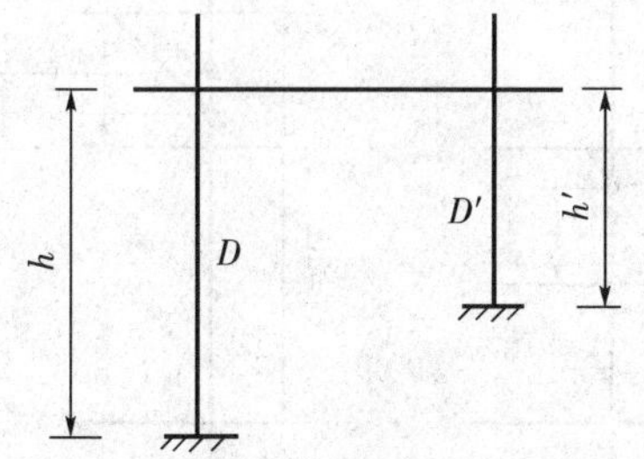

图 5 - 14　同一层中有个别柱高不相等时的 D 值计算简图

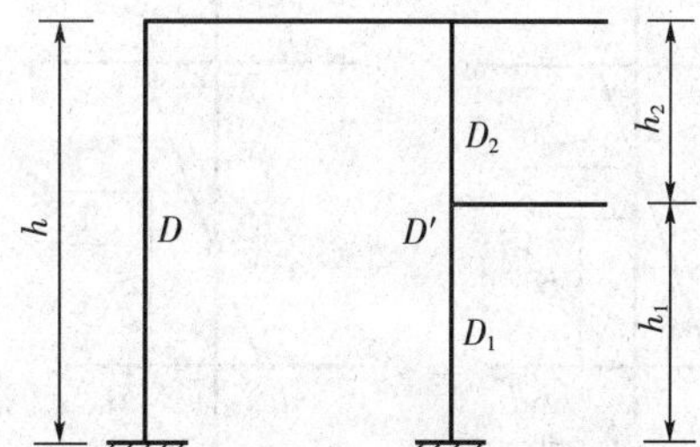

图 5 - 15　同一层中有个别柱再分层时的 D 值计算简图

求得框架柱侧向刚度值后，与反弯点法相似，由同一层内各柱的层间位移相等条件，可把层间剪力按下式分配给该层的各柱：

$$V_{jk}=\frac{D_{jk}}{\sum\limits_{i=1}^{m} D_{ji}}V_j \tag{5-17}$$

式中：V_{jk}——第 j 层第 k 柱的剪力；

D_{ji}——第 j 层的抗侧刚度；

$\sum\limits_{i=1}^{m} D_{ji}$——第 j 层所有柱的抗侧刚度之和；

V_j——第 j 层由外荷载引起的总剪力。

(2)确定柱的反弯点的高度

影响柱反弯点的高度的主要因素是柱上下端的约束条件。当两端固定或两端转角完全相等时，反弯点在中点。两端约束刚度不同时，两端转角也不相等，反弯点移向转角较大的一端，也就是移向约束刚度较小的一端。当一端为铰接时（支承转动刚度为 0），反弯点与该端铰重合。影响两端约束刚度的主要因素是：

①结构总层数以及该层所在位置；

②梁柱线刚度比；

③荷载形式；

④上层与下层梁刚度比；

⑤上、下层层高变化。

在 D 值法中，通过力学分析求得标准情况下的标准反弯点高度比 y_0（即反弯点到柱下端距离与柱全高的比值），再根据上、下梁线刚度比值及上、下层层高变化，对 y_0 进行调整。

①标准反弯点高度比 y_0

标准反弯点高度比是标准的矩形框架在各层等高、等跨以及各层梁柱线刚度均相同的多层框架在水平荷载作用下用力法求得的反弯点高度比 y_0。为使用方便，已把标准的反弯点高度比 y_0 的值制成表格，见附表（标准反弯点高度比 y_0）。根据该框架总层数及该层所在楼层以及梁柱线刚度比值，可从表中查得标准反弯点高度比 y_0。

②上、下梁刚度变化时的反弯点高度修正值 y_1（图 5－16）

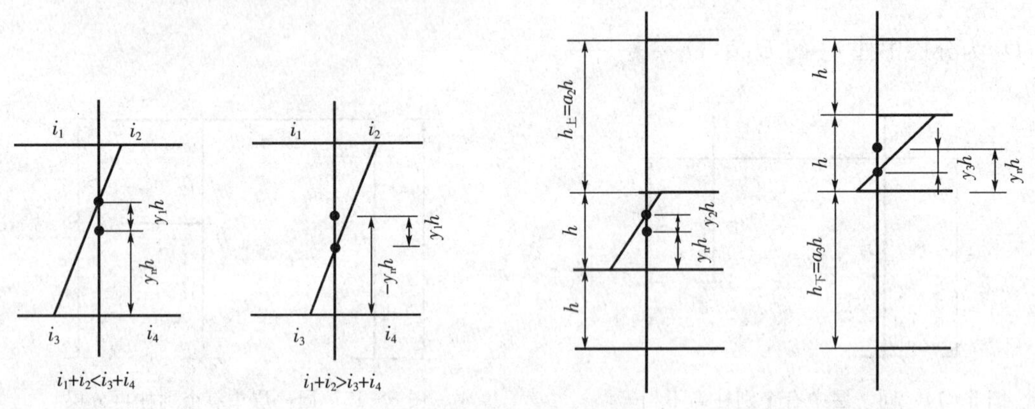

图 5－16　反弯点高度比修正

当某柱的上梁和下梁刚度不等，柱上下节点转角不同时，反弯点位置有变化，应将标准反弯点高度比加以修正，修正值为：

当 $i_1+i_2<i_3+i_4$ 时，令 $\alpha_1=(i_1+i_2)/(i_3+i_4)$，根据 α_1 和 K 值从附表（反弯点高度修正值 y_1）中查出 y_1，这时反弯点应向上移，y_1 取正值。

当 $i_1+i_2<i_3+i_4$ 时，令 $\alpha_1=(i_3+i_4)/(i_1+i_2)$，根据 α_1 和 K 值从附表（反弯点高度修正值 y_1）中查出 y_1，这时反弯点应向下移，y_1 取负值。

对于底层，不考虑 y_1 修正值。

③层高变化时反弯点高度比修正值 y_2 和 y_3（图 5－16）

层高有变化时，反弯点也有移动。令上层层高 $h_上$ 与本层层高之比 $\alpha_2=h_上/h$，根据 α_2 和 K 值由附表（层高变化时反弯点高度比修正值）可查得修正值 y_2。当 $\alpha_2>1$ 时，y_2 为正值，则反弯点向上移；当 $\alpha_2<1$ 时，y_2 为负值，则反弯点向下移。

同理，令下层层高 $h_下$ 与本层层高之比 $\alpha_3=h_上/h$，根据 α_3 和 K 值由附表（层高变化时反弯点高度比修正值）可查得修正值 y_3。

综上所述，各层柱的反弯点高度比由下式计算：

$$y=y_0+y_1+y_2+y_3 \tag{5-18}$$

[例题 5－2] 试用 D 值法计算如图 5－17 所示框架的弯矩图。图中括号内的数字为杆件的相对线刚度。

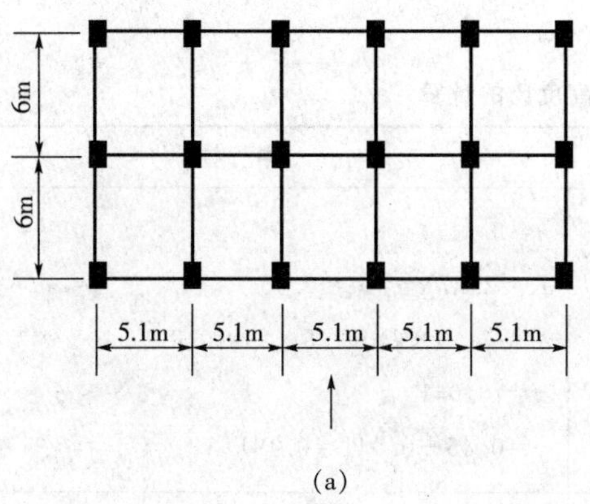

(a)

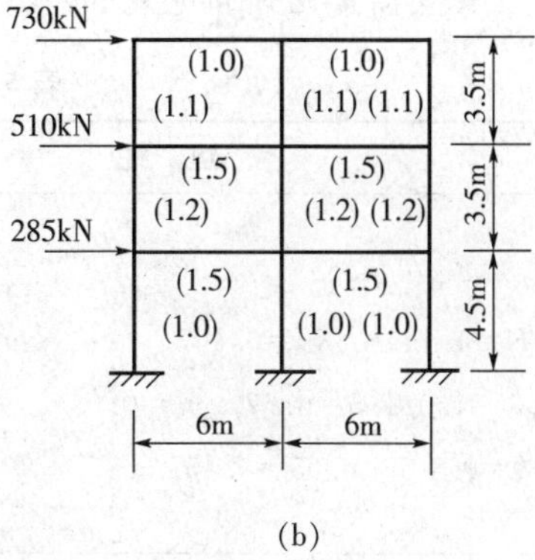

(b)

图 5-17　例题 5-2 计算简图

［解］

(1)计算各层柱的值以及每根柱分配的剪力见表 5-5。

表 5-5　每根柱分配的剪力

层数	层剪力(kN)	边柱 D 值	中柱 D 值	$\sum D$	每根边柱剪力(kN)	每根中柱剪力(kN)
3	730	$K=\frac{1+1.5}{2\times1.1}=1.14$ $D=\frac{1.14}{2+1.14}\times\frac{12}{3.5^2}$ $\times1.1=0.391$	$K=\frac{2\times(1+1.5)}{2\times1.1}$ $=2.27$ $D=\frac{2.27}{2+2.27}\times\frac{12}{3.5^2}$ $\times1.1=0.573$	8.13	$V_3=\frac{0.391}{8.13}\times730$ $=35.1$	$V_3=\frac{0.573}{8.13}\times730$ $=51.5$
2	1240	$K=\frac{1.5+1.5}{2\times1.2}=1.25$ $D=\frac{1.25}{2+1.25}\times\frac{12}{3.5^2}$ $\times1.2=0.452$	$K=\frac{4\times1.5}{2\times1.2}=2.5$ $D=\frac{2.5}{2+2.5}\times\frac{12}{3.5^2}$ $\times1.2=0.653$	9.342	$V_2=\frac{0.452}{9.342}\times1240$ $=60.0$	$V_2=\frac{0.653}{9.342}\times1240$ $=86.7$
1	1525	$K=\frac{1.5}{1.0}=1.5$ $D=\frac{0.5+1.5}{2+1.5}\times\frac{12}{4.5^2}$ $\times1.0=0.339$	$K=\frac{2\times1.5}{1.0}=3.0$ $D=\frac{0.5+3}{2+3}\times\frac{12}{4.5^2}$ $\times1.0=0.415$	6.558	$V_1=\frac{0.339}{6.558}\times1525$ $=78.8$	$V_2=\frac{0.339}{6.558}\times1525$ $=96.5$

(2)反弯点高度比计算见表 5-6。

表 5-6 反弯点高度比的计算

层数	边 柱	中 柱
3	$n=3$ $j=3$ $K=1.14$ $y_0=0.407$ $\alpha_1=1.0/1.5=0.67$ $y_1=0.05$ $y=0.407+0.05=0.457$	$n=3$ $j=3$ $K=2.27$ $y_0=0.45$ $\alpha_1=(1.0\times2)/(1.5\times2)=0.67$ $y_1=0.041$ $y=0.45+0.041=0.491$
2	$n=3$ $j=2$ $K=1.25$ $y_0=0.4625$ $\alpha_1=1$ $y_1=0$ $\alpha_2=1$ $y_2=0$ $\alpha_3=1.29$ $y_3=-0.0169$ $y=0.4625-0.0169=0.4456$	$n=3$ $j=2$ $K=2.5$ $y_0=0.5$ $\alpha_1=1$ $y_1=0$ $\alpha_2=1$ $y_2=0$ $\alpha_3=1.29$ $y_3=0$ $y=0.55$
1	$n=3$ $j=1$ $K=1.5$ $y_0=0.725$ $\alpha_2=3.5/4.5=0.78$ $y_2=0.0025$ $y=0.725-0.0025=0.7225$	$n=3$ $j=1$ $K=3.0$ $y_0=0.55$ $\alpha_2=3.5/4.5=0.78$ $y_2=0$ $y=0.55$

(3)弯矩图如图 5-18。

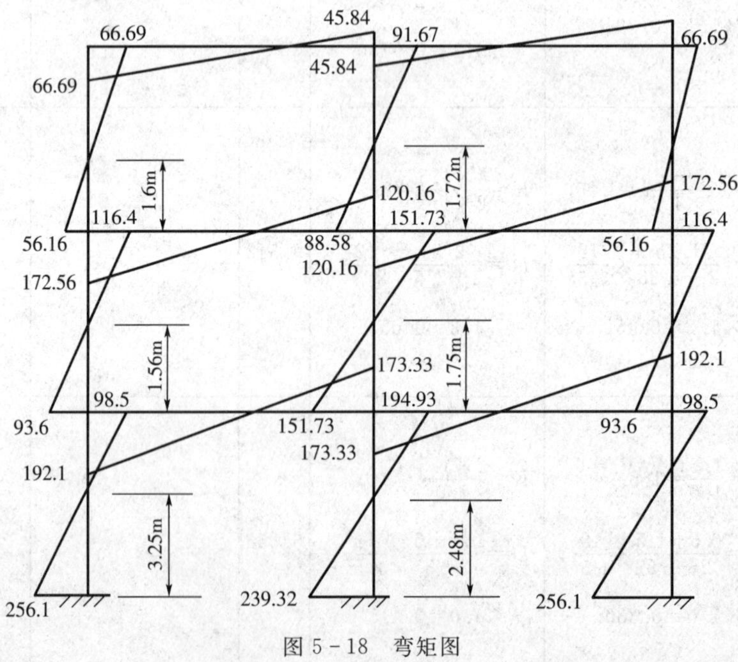

图 5-18 弯矩图

5.3.3　水平荷载作用下框架结构位移计算

高层建筑层数多、高度大，为保证高层建筑结构具有必要的刚度，应对其层位移加以控制。这个控制实际上是对构件截面大小、刚度大小的一个相对指标。

在正常使用条件下，限制高层建筑结构层间位移的主要目的有两点：

(1)保证主结构基本处于弹性受力状态，对钢筋混凝土结构来讲，要避免混凝土墙或柱出现裂缝；同时，将混凝土梁等楼面构件的裂缝数量、宽度和高度限制在规范允许范围之内。

(2)保证填充墙、隔墙和幕墙等非结构构件的完好，避免产生明显损伤。

框架结构侧移主要是由水平荷载引起的，可近似地认为是由梁柱弯曲变形和柱的轴向变形所引起的侧移叠加，如图 5-19 所示。

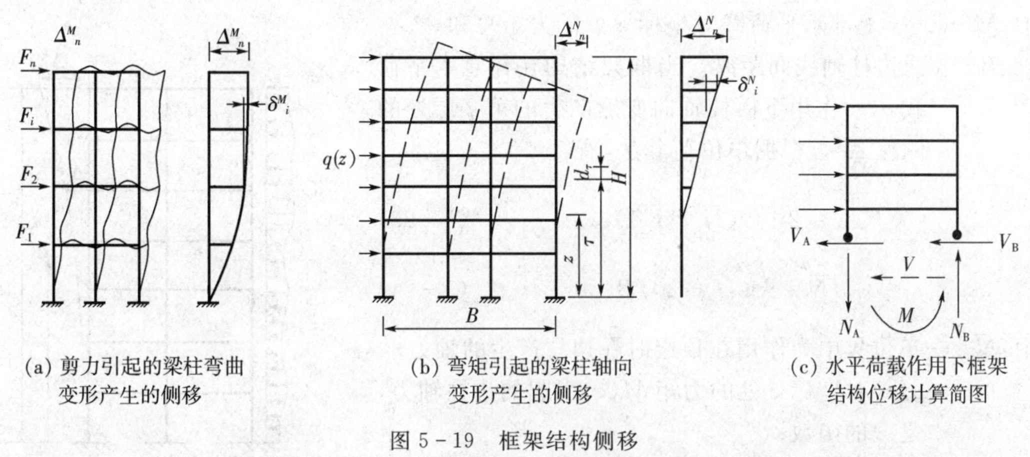

(a) 剪力引起的梁柱弯曲变形产生的侧移　(b) 弯矩引起的梁柱轴向变形产生的侧移　(c) 水平荷载作用下框架结构位移计算简图

图 5-19　框架结构侧移

为了便于理解，可以把图 5-19(c)的框架看成一根空腹的悬臂柱，它的截面高度为框架跨度。如果通过反弯点将某层切开，空腹悬臂柱的弯矩 M 和剪力 V 如图 5-19(c)所示。M 是由柱的轴向力 N_A、N_B 这一力偶组成，V 是由柱截面剪力 V_A、V_B 组成。梁柱弯曲变形是由剪力 V_A、V_B 引起，相当于悬臂柱的剪切变形，所以变形曲线呈剪切型。柱的轴向变形由轴力 N_A、N_B 产生，相当于弯矩 M 产生的变形，所以变形曲线呈弯曲型。框架的变形由这两部分组成。

根据工程计算，对于建筑物高度不大于 50m 的办公楼住宅旅馆类的框架结构，柱的轴向变形所引起的顶点侧移约为框架梁柱弯曲变形所产生的顶点侧移的 5%～11%。一般情况下，当结构低于 15 层时，可不计算柱轴向变形产生的侧移。考虑到高层框架结构高度的适用范围，可以将由框架梁柱弯曲变形产生的框架顶点侧移扩大 10%来反映高层框架的水平位移。

1. 梁柱弯曲变形产生的侧移

侧移刚度 D 值的物理意义是单位层间侧移所需的层剪力(该层间侧移是梁柱弯曲变形引起的)。当已知框架结构第 i 层所有柱的 D 值及层剪力后，可得层间侧移的近似计算公式：

$$\delta_i^M=\frac{V_i}{\sum\limits_{j=1}^{n} D_{ij}} \tag{5-19}$$

第 i 层楼板标高处侧移绝对值是该层以下各层层间侧移之和。顶点侧移即所有层(n 层)层间侧移之总和。

第 i 层侧移：
$$\Delta_i^M=\sum_{i=1}^{i}\delta_i^M \tag{5-20}$$

第 n 层侧移：
$$\Delta_n^M=\sum_{i=1}^{n}\delta_i^M \tag{5-21}$$

2. 柱轴向变形产生的侧移

在水平荷载作用下，对于一般框架结构，只有两根边柱轴力较大，中柱因其两边梁的剪力相互抵消，轴力很小。因此，在计算由柱轴向变形引起的侧移时，可假定只有两边柱轴力 N 作用，内轴力为零。

$$N=\pm\frac{M(z)}{B} \tag{5-22}$$

式中：$M(z)$——上部水平荷载对坐标 z 处的力矩总和；

B——两边柱轴线间距离。当框架结构在任意水平荷载 $q(z)$ 作用下由柱轴向变形产生的第 j 层处的侧移 Δ_j^N。根据单位荷载法，有：

$$\Delta_j^N=2\int_0^{H_j}(\overline{N}N/EA)\mathrm{d}z \tag{5-23}$$

$$\overline{N}=\pm(H_j-z)/B \tag{5-24}$$

式中：$\overline{N}$——单位集中力作用在顶层时在边柱产生的轴力；

N——$q(z)$对坐标 z 处的力矩 $M(z)$引起的边柱轴力，是 z 的函数；

H_j——j 层楼板距底面高度；

A——为边柱截面面积，是 z 的函数。

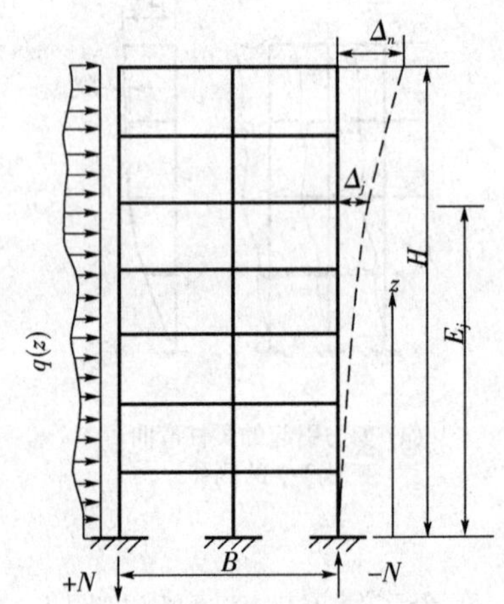

图 5-20 框架柱轴向变形产生的侧移

假设边柱截面面积沿 z 线性变化，即：

$$A(z)=A_{底}\left(1-\frac{1-n}{H}z\right) \tag{5-25}$$

$$n=\frac{A_{顶}}{A_{底}} \tag{5-26}$$

式中：$A_{底}$——底层边柱截面面积；

n——顶层与底层边柱截面面积的比值。

将式(5-22)、式(5-24)、式(5-25)代入式(5-23)得：

$$\Delta_j^N=\frac{2}{EB^2A_{底}}\int_0^{H_j}\frac{(H_j-z)M(z)}{1-(1-n)z/H}\mathrm{d}z \tag{5-27}$$

$M(z)$与外荷载有关，积分后得到的计算公式如下：

$$\Delta_j^N=\frac{V_0H^3}{EB^2A_{底}}F_n \tag{5-28}$$

式中：V_0——基底剪力，即水平荷载的总和；

F_n——系数

在不同荷载形式下，V_0 及 F_n 不同，V_0 可根据荷载计算。F_n 是由式(5-27)中积分部分得到常数，它与荷载形式有关。在几种常用荷载形式下，F_n 的表达式如下：

(1)顶点集中力

$$F_n=\frac{2}{(1-n)^3}\left\{\left(1+\frac{H_j}{H}\right)\left(n^2\frac{H_j}{H}-2n\frac{H_j}{H}+\frac{H_j}{H}\right)-\frac{3}{2}-\frac{R_j^2}{2}+2R_j-\left[n^2\frac{H_j}{H}+n\left(1-\frac{H_j}{H}\right)\right]\ln R_j\right\}$$

(2)均布荷载

$$F_n=\frac{2}{(1-n)^4}\left\{\begin{aligned}&\left[(n-1)^3\frac{H_j}{H}+(n-1)^2\left(1+2\frac{H_j}{H}\right)+(n-1)\left(2+\frac{H_j}{H}\right)+1\right]\ln R_j\\&-(n-1)^3\frac{H_j}{H}\left(1+2\frac{H_j}{H}\right)-\frac{1}{3}(R_j^3-1)+\left[n\left(1+\frac{H_j}{H}\right)-2\frac{H_j}{H}+\frac{1}{2}\right](R_j^2-1)\\&-\left[2n\left(2+\frac{H_j}{H}\right)-\frac{2H_j}{H}-1\right](R_j-1)\end{aligned}\right\}$$

(3)倒三角形荷载

$$F_n=\frac{2}{3}\left\{\begin{aligned}&\frac{1}{n-1}\left[\frac{2H_j}{H}\ln R_j-\left(\frac{3H_j}{H}+2\right)\frac{H_j}{H}\right]+\frac{1}{(n-1)^2}\left[\left(\frac{3H_j}{H}+2\right)\ln R_j\right]\\&+\frac{3}{2(n-1)^3}\left[(R_j^2-1)-4(R_j-1)+2\ln R_j\right]\\&+\frac{1}{(n-1)^4}\frac{H_j}{H}\left[\frac{1}{3}(R_j^3-1)+\frac{3}{2}(R_j^2-1)+3(R_j-1)-\ln R_j\right]\\&+\frac{1}{(n-1)^5}\left[\frac{1}{4}(R_j^4-1)-\frac{4}{3}(R_j^3-1)+3(R_j^2-1)-4(R_j-1)+\ln R_j\right]\end{aligned}\right\}$$

式中：$R_j=\dfrac{H_j}{H}n+\left(1-\dfrac{H_j}{H}\right)$

F_n 可直接由图5-21查出，图中变量为 n 及 $\dfrac{H_j}{H}$。

由式(5-27)计算得到 Δ_j^N 后，用下式计算第 j 层的层间变形：

$$\delta_j^N=\Delta_j^N-\Delta_{j-1}^N \tag{5-29}$$

考虑柱轴向变形后，框架的总侧移为：

$$\Delta_j=\Delta_j^M+\Delta_j^N \tag{5-30}$$

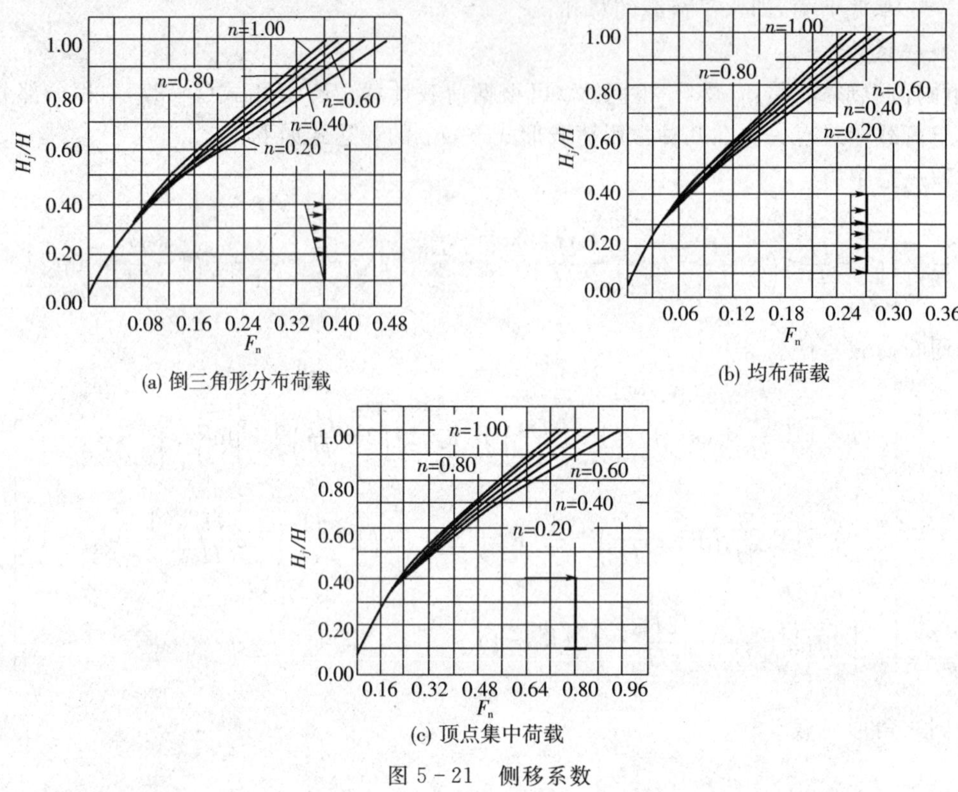

(a) 倒三角形分布荷载

(b) 均布荷载

(c) 顶点集中荷载

图 5-21 侧移系数

3. 弹性层间位移角 $\Delta u/h$ 控制指标

高层规程采用层间位移角 $\Delta u/h$ 作为刚度控制指标，不扣除整体弯曲转角产生的侧移，即直接采用内力位移计算的位移输出值。

高度不大于 150m 的常规高度高层建筑的整体弯曲变形相对影响较小，层间位移角 $\Delta u/h$ 的限值为 1/550。但当高度超过 250m 时，弯曲变形产生的侧移有较快增长，所以超过 250m 高度的建筑，层间位移角限值按 1/500 作为限值。150～250m 之间的高层建筑按线性插入考虑。

5.4 框架结构的最不利内力及内力组合

设计框架结构的构件时，必须求出各构件的最不利内力。在进行构件设计之前，应先做到：

(1)确定梁或柱截面的最不利内力的种类；

(2)选择控制构件配筋的截面及控制截面；

(3)确定活荷载的最不利位置；

(4)找出最不利内力，即最不利内力组合。

5.4.1 控制截面

控制截面通常是指内力最大截面。不同的内力(如弯矩、剪力、轴力)在同一截面并不同时都达到最大值，因此，一个截面可有几组不同的最不利的内力组合，一个构件可能有几个控制截面。

框架梁的控制截面一般是指梁的两端支座截面和跨中截面。一般情况梁端支座截面是最大负弯矩及最大剪力设计控制截面；在水平荷载作用下，梁端支座还要考虑正弯矩组合。而跨中截面是最大正弯矩作用处。框架梁通常选取两端支座截面及跨中截面作为控制截面。由于内力分析的结果都是轴线处梁的弯矩和剪力,因此在组合前后将内力换算到柱边截面的弯矩和剪力(见图5-22)。梁端柱边的弯矩和剪力按下式计算:

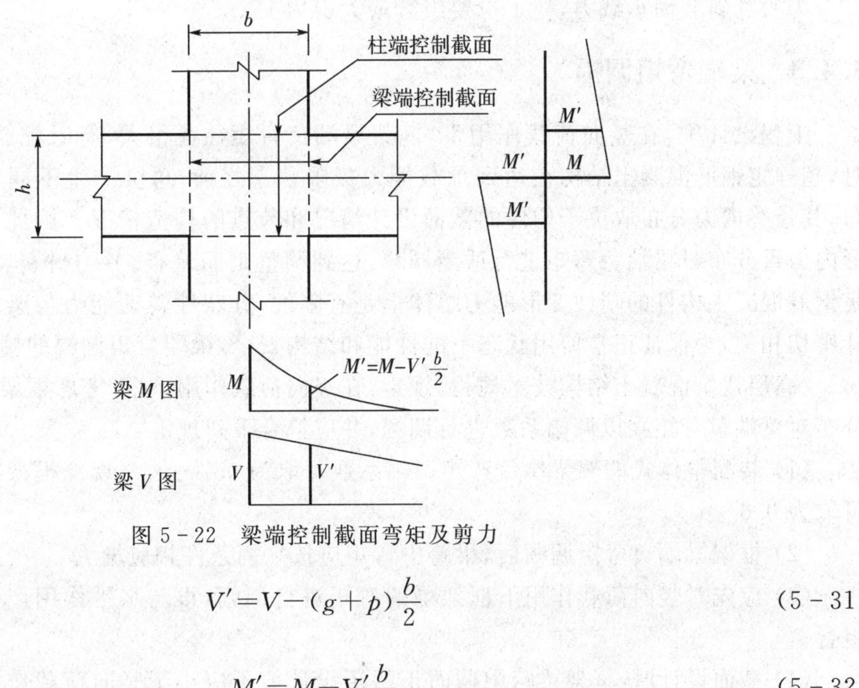

图5-22　梁端控制截面弯矩及剪力

$$V'=V-(g+p)\frac{b}{2} \tag{5-31}$$

$$M'=M-V'\frac{b}{2} \tag{5-32}$$

式中:V'、M'——梁端柱边截面的剪力和弯矩;

V、M——内力计算得到的梁端柱轴线截面的剪力和弯矩;

g、p——作用在梁上的竖向分布恒荷载和活荷载。

对于框架柱,弯矩最大值在柱两端,剪力和轴力值在同一楼层内变化很小。因此,柱的设计控制截面为上下两个柱端截面,在轴线处的计算内力也要换算到梁上下边缘柱截面的内力。

5.4.2　框架梁、柱最不利内力组合

最不利内力组合是指对控制截面的配筋起控制作用的内力组合。对于某一控制截面,可能有多种最不利内力组合。例如,对于梁端,需求得最大负弯矩以确定梁端顶部的配筋,还需求得最大剪力以计算梁端受剪承载力。柱是偏压构件,柱有可能出现大偏压破坏(此时M越大越不利),也可能出现小偏压破坏(此时N越大越不利)。此外,由于柱多采用对称配筋,因此还应选择正弯矩或负弯矩中绝对值最大的弯矩进行截面配筋。由以上分析可知,框架结构梁、柱的最不利内力组合有:

1. 框架梁

①梁端截面:$+M_{max}$、$-M_{max}$、V_{max};

②梁跨中截面:$+M_{max}$、$-M_{max}$。

2. 框架柱

柱端截面通常试算下列4种不利内力:

①$|M_{max}|$及相应N;

②N_{max}及相应 M；

③N_{min}及相应 M；

④$|M|$比较大(不是绝对最大，但 N 较小或较大)。

为验算斜截面承载力，柱子也要组合最大剪力 V_{max}。

5.4.3 梁端弯矩调幅

工程设计中，在竖向荷载作用下，框架梁端负弯矩往往很大，有时配筋困难不便于施工；同时，超静定钢筋混凝土结构在达到承载能力极限状态之前，总会产生不同程度的塑性内力重分布，其最终内力分布取决于构件的截面设计情况和节点的构造情况。因此允许主动考虑塑性变形内力重分布对梁端负弯矩进行适当调幅，达到调整钢筋分布、节约材料、方便施工的目的。但是钢筋混凝土构件的塑性变形能力总体上是有限的，其塑性转动能力与梁端节点的配筋构造设计密切相关，为保证正常使用状态下的性能和结构安全，梁端弯矩调幅的幅度应加以限制。

《高层建筑混凝土结构技术规程》规定：在竖向荷载作用下，可考虑框架梁端塑性变形内力重分布对梁端负弯矩乘以调幅系数进行调幅，并应符合下列规定：

(1) 装配整体式框架梁端负弯矩调幅系数可取为 0.7～0.8；现浇框架梁端负弯矩调幅系数可取为 0.8～0.9。

(2) 框架梁端负弯矩调幅后，梁跨中弯矩应按平衡条件相应增大。

(3) 应先对竖向荷载作用下框架梁的弯矩进行调幅，再与水平作用产生的框架梁弯矩进行组合。

(4) 截面设计时，框架梁跨中截面正弯矩设计值不应小于竖向荷载作用下按简支梁计算的跨中弯矩设计值的 50%。

［注］ (1)弯矩调幅只对竖向荷载作用下的内力进行，水平荷载作用下产生的弯矩不参加调幅；(2)梁端弯矩调幅应在内力组合之前进行，调幅后再和水平荷载下的内力组合。

5.5 框架抗震设计的延性要求

5.5.1 延性框架

非抗震及抗震结构在结构设计上有许多不同，其根本区别在于非抗震结构在外荷载作用下结构处于弹性状态或仅有微小裂缝，构件设计主要是满足承载力要求。而抗震结构在设防烈度下，构件进入塑性变形状态。为了实现抗震设防目标，钢筋混凝土框架除了必须具有足够的承载力和刚度外，还应具有良好的延性和耗能能力。延性是指强度或承载力没有大幅度下降情况下的屈服后变形能力；耗能能力在往复荷载作用下构件或结构的力—变形滞回曲线包含的面积度量。试验表明，梁的耗能能力大于柱的耗能能力，构件弯曲破坏的耗能能力大于剪切破坏的耗能能力。

如果结构能维持承载能力而又具有较大的塑性变形能力，就称为延性结构。延性大的结构，可通过变形耗散大量的地震能量，而把作用在框架上的地震荷载在一定时间内维持基本不变；当结构延性较差时，地震荷载作用下的高层框架结构容易发生脆性破坏而突然倒塌。对高层框架而言，一般认为延性的取值在 3～4 之间为好。大量震害调查和试验表明，经过合理设计，钢筋混凝土框架可以达到所需要的延性，称为延性框架结构。在结构抗震设计中，“结构延性”这个术语实际上有以下 4 层含义：

(1)结构总体延性

一般用结构的“顶点侧移比”或结构的“平均层间侧移比”来表示。

(2)结构楼层延性

以一个楼层的层间侧移比来表示。

(3)构件延性

指整个结构中某一构件(一榀框架或一片墙体)的延性。

(4)杆件延性

指一个构件中某一杆件的延性。

5.5.2　延性框架设计基本措施

要使建筑物在遭遇强烈地震时具有很强的抗倒塌能力，最理想的是使结构中的所有构件及构件中的所有杆件均具有较高的延性，然而，实际工程中很难完全做到这一点。比较经济有效的办法是，有选择性地重点提高结构中的重要构件以及某些构件中关键部位的延性。其原则是：

(1)在结构的竖向，应该重点提高楼房中可能出现塑性变形集中的相对柔弱楼层的构件延性。例如，对于刚度沿高度均匀分布的简单体型建筑，应着重提高底层的构件延性；对于带大底盘的高层建筑，应该着重提高主楼与裙房顶面相衔接的楼层中构件的延性(图 5-23(a))。对于其他不规则立面高层建筑，应着重加强体型突变处楼层的构件延性。对于框托墙体系，应着重提高底层或底部几层的框架延性((图 5-23(b))。

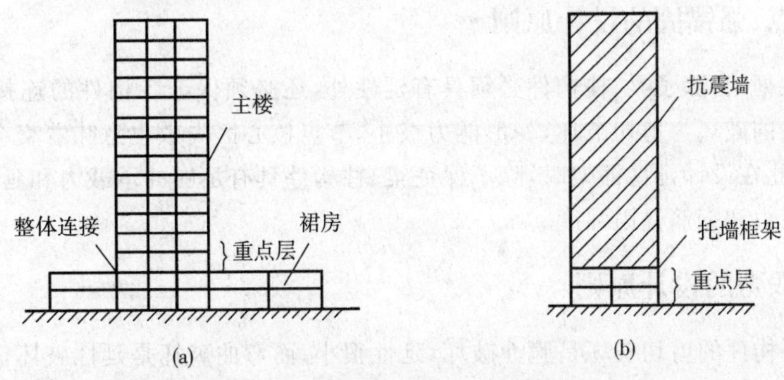

图 5-23　提高延性的重点楼层

(2)在平面位置上，应该着重提高房屋周边转角处、平面突变处以及复杂平面各翼相接处的构件延性。对于偏心结构，应加大房屋周边特别是刚度较弱一端构件的延性。

(3)对于具有多道抗震防线的抗侧力体系，应着重提高第一道防线中构件的延性。例如在框架—抗震墙体系中，应重点提高抗震墙的延性；在筒中筒体系中，应重点提高墙内筒的延性。

(4)在同一构件中，应着重提高关键杆件的延性。例如，对于框架和框架筒体，应优先提高柱的延性；对于联肢墙，应特别注意加大各层窗裙梁的延性；对于壁式框架，应重点提高窗间墙的延性。

(5)在同一杆件中，重点提高延性的部位应该是预期该构件地震时首先屈服的部位。例如梁的两端、柱的上下端、抗震墙的根部等。

5.5.3 强柱弱梁的设计原则

在强震时，结构会进入弹塑性阶段，将会在梁和柱的某些部位出现塑性铰。在框架结构中，塑性铰可能出现在梁上，也可能出现在柱子上。一般说来，塑性铰出现在梁上较为有利，如图 5 - 24 所示。在梁端出现的塑性铰数量可以很多而结构不至于形成机动体系，每一个塑性铰都能吸收和耗散一部分地震能量。此外，梁是受弯构件，而受弯构件处理得当能够具有较好的延性。如果塑性铰出现在柱中，很容易形成机动体系。

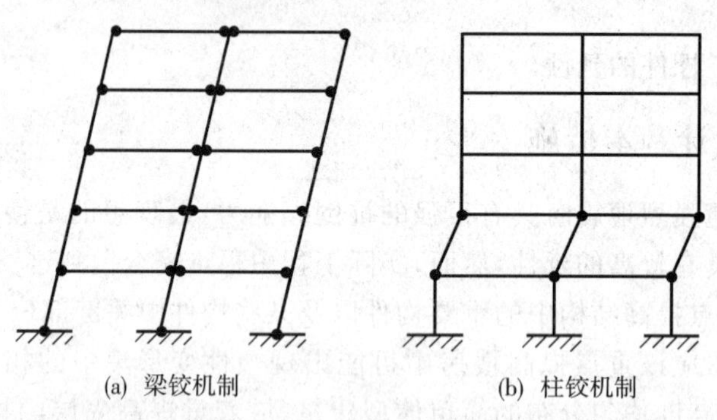

图 5 - 24 框架屈曲机制

抗震设计时控制节点附近梁端和柱端的承载力设计值，使柱的受弯承载力高于梁的承载力，这样就可以控制柱的破坏不至于发生在梁的破坏之前。

5.5.4 强节点、强锚固的设计原则

要设计延性框架，除了梁、柱构件必须具有延性外，还必须保证各构件的连接节点不过早的破坏。框架节点的破坏为剪切破坏，变形能力极小，节点核心区失效也意味着交会于节点的全部梁、柱失效。因此在设计延性框架时，除了保证梁、柱构件具有足够的承载力和延性以外，还要保证节点区的承载力和钢筋锚固强度。

5.5.5 强剪弱弯的设计原则

钢筋混凝土构件的剪切破坏是脆性破坏，延性很小；而弯曲破坏是延性破坏，延性大。因此，设计时可以通过控制截面和配筋，保证构件抗剪承载力应分别大于其抗弯承载力对应的剪力，使剪切破坏不在弯曲破坏之前发生，则构件的延性得到保证。

另外，钢筋混凝土柱大偏压破坏优于小偏压破坏，钢筋混凝土小偏压柱的延性和耗能能力显著低于大偏压受压柱，主要是因为小偏压相对受压区高度大，延性和耗能能力降低。因此，要限制抗震设计的框架柱的轴压比(平均轴向压应力与混凝土轴心抗压强度之比)，并采取配置足够钢筋等措施，以获得较大的延性和耗能能力。

5.5.6 选用合适的结构材料和施工方式

试验表明，强度等级偏低的混凝土，钢筋和混凝土之间的粘结强度较差，钢筋易发生滑移；混凝土强度过高，则脆性明显，影响结构延性。因此，《建筑抗震设计规范》(GB 50011 - 2001)规定，框支梁、框支柱及抗震等级为一级的框架梁、柱、节点核芯区，不应低于 C30；构造柱、芯柱、圈梁及其他各类构件不应低于 C20；混凝土结构的混凝土强度等级，9 度时不宜超过 C60，8 度时不

宜超过 C70。由于钢筋的延性随钢筋的级别的提高而降低，因此，《建筑抗震设计规范》(GB 50011－2001)规定：普通钢筋宜优先采用延性、韧性和可焊性较好的钢筋；普通钢筋的强度等级，纵向受力钢筋宜选用 HRB400 级和 HRB335 级热轧钢筋，箍筋宜选用 HRB335、HRB400 和 HPB235 级热轧钢筋。抗震等级为一、二级的框架结构，其纵向受力钢筋采用普通钢筋时，钢筋的抗拉强度实测值与屈服强度实测值的比值不应小于 1.25；且钢筋的屈服强度实测值与强度标准值的比值不应大于 1.3。因为如果钢筋实际的屈服强度比标准值高太多，则有可能导致构件的破坏形态改变，如在梁中可能应该出现塑性铰的位置不出现塑性铰的不利后果。

在施工中，当需要以强度等级较高的钢筋替代原设计中的纵向受力钢筋时，应按照钢筋受拉承载力设计值相等的原则换算，并应满足正常使用极限状态和抗震构造措施的要求。

5.6　框架梁的设计

5.6.1　框架梁承载力计算

1. 框架梁正截面承载力计算

(1)无地震作用组合时

$$bx\alpha_1 f_c + A'_s f_y = A_s f_y \tag{5-33}$$

$$M_b \leqslant (A_s - A'_s) f_y (h_{bo} - 0.5x) + A_s f_y (h_{bo} - a') \tag{5-34}$$

(2)有地震作用组合时

$$bx\alpha_1 f_c + A'_s f_y = A_s f_y \tag{5-35}$$

$$M_b \leqslant \frac{1}{\gamma_{RE}} [(A_s - A'_s) f_y (h_{bo} - 0.5x) + A_s f_y (h_{bo} - a')] \tag{5-36}$$

式中：M_b——组合的梁端截面弯矩设计值；

A'_s、A_s——受拉钢筋面积和受压钢筋面积；

a'——受压钢筋中心至截面受压边缘的距离；

γ_{RE}——承载力抗震调整系数，按表 3－19 取值。

2. 框架梁斜截面承载力计算

(1)无地震作用组合时

对于矩形、T 形和 I 字形一般梁：

$$V_b \leqslant 0.7 f_t b_b h_{bo} + 1.25 f_{yv} \frac{A_{sv}}{s} h_{bo} \tag{5-37}$$

集中荷载对梁端产生的剪力占总剪力值的 75%以上的矩形截面梁：

$$V_b \leqslant \frac{1.75}{\lambda+1} f_t b_b h_{bo} + 1.25 f_{yv} \frac{A_{sv}}{s} h_{bo} \quad (1.5 \leqslant \lambda \leqslant 3) \tag{5-38}$$

(2)有地震作用组合时

对于矩形、T 形和 I 字形一般梁：

$$V_b \leqslant \frac{1}{\gamma_{RE}} (0.42 f_t b_b h_{bo} + 1.25 f_{yv} \frac{A_{sv}}{s} h_{bo}) \tag{5-39}$$

集中荷载对梁端产生的剪力占总剪力值的75%以上的矩形截面梁：

$$V_b \leqslant \frac{1}{\gamma_{RE}}\left(\frac{1.05}{\lambda+1}f_t b_b h_{bo} + f_{yv}\frac{A_{sv}}{s}h_{bo}\right) \quad (1.5\leqslant\lambda\leqslant3) \tag{5-40}$$

式中：V_b——框架梁端部截面组合的剪力设计值；

b_b、h_{bo}——梁截面宽度和有效高度；

f_{yv}——箍筋抗拉强度设计值；

s——箍筋间距；

λ——计算截面的剪跨比。

为保证延性框架梁塑性铰的强剪弱弯的设计剪力，《高层建筑混凝土结构技术规程》规定：抗震设计时，框架梁端部截面组合的剪力设计值，一、二、三级应按下列公式计算；四级时可直接取考虑地震作用组合的剪力计算值。

$$V=\eta_{vb}(M_b^l+M_b^r)/l_n+V_{Gb} \tag{5-41}$$

9度抗震设计的结构和一级框架结构尚应符合：

$$V=1.1(M_{bua}^l+M_{bua}^r)/l_n+V_{Gb} \tag{5-42}$$

式中：M_b^l、M_b^r——分别为梁左、右端逆时针或顺时针方向截面组合的弯矩设计值。当抗震等级为一级且梁两端弯矩均为负弯矩时，绝对值较小一端的弯矩应取零；

M_{bua}^l、M_{bua}^r——分别为梁左、右端逆时针或顺时针方向实配的正截面受弯承载力所对应的弯矩值，可根据实配钢筋面积（计入受压钢筋）和材料强度标准值并考虑承载力抗震调整系数计算；

η_{vb}——梁剪力增大系数，一、二、三级分别取1.3、1.2和1.1；

l_n——梁的净跨；

V_{Gb}——考虑地震作用组合的重力荷载代表值（9度时还应包括竖向地震作用标准值）作用下，按简支梁分析的梁端截面剪力设计值。

5.6.2 框架梁的构造要求

1. 梁的截面尺寸

框架结构的主梁截面高度 h_b 可按(1/18～1/10)l_b 确定，l_b 为主梁计算跨度；梁净跨与截面高度之比不宜小于4。梁的截面宽度不宜小于200mm，梁截面的高宽比不宜大于4。在选用时，上限仅使用于荷载很大的情况，对于一般民用建筑的荷载，以选接近下限为宜。

2. 梁的纵向受力钢筋应满足的要求：

(1)沿梁全长顶面和底面应至少各配置两根纵向配筋，一、二级抗震设计时钢筋直径不应小于14mm，且分别不应小于梁两端顶面和底面纵向配筋中较大截面面积的1/4；三、四级抗震设计和非抗震设计时钢筋直径不应小于12mm；

(2)一、二级抗震等级的框架梁内贯通中柱的每根纵向钢筋的直径，对矩形截面柱，不宜大于柱在该方向截面尺寸的1/20；对圆形截面柱，不宜大于纵向钢筋所在位置柱截面弦长的1/20。

(3)纵向受拉钢筋的最小配筋百分率 ρ_{min}(%)，非抗震设计时，不应小于0.2和 $4f_t/f_y$ 二者的较大值。

3. 非抗震设计时，框架梁箍筋配筋构造应符合的规定：

(1)应沿梁全长设置箍筋。

(2) 截面高度大于 800mm 的梁，其箍筋直径不宜小于 8mm；其余截面高度的梁不应小于 6mm。在受力钢筋搭接长度范围内，箍筋直径不应小于搭接钢筋最大直径的 0.25 倍。

(3) 箍筋间距不应大于表 5-7 的规定；在纵向受拉钢筋的搭接长度范围内，箍筋间距尚不应大于搭接钢筋较小直径的 5 倍，且不应大于 100mm；在纵向受压钢筋的搭接长度范围内，箍筋间距尚不应大于搭接钢筋较小直径的 10 倍，且不应大于 200mm。

表 5-7　非抗震设计梁箍筋最大间距(mm)

h_b(mm) \ V	$V>0.7f_tbh_0$	$V\leqslant 0.7f_tbh_0$
$h_b\leqslant 300$	150	200
$300<h_b\leqslant 500$	200	300
$500<h_b\leqslant 800$	250	350
$h_b>800$	300	400

(4) 当梁的剪力设计值大于 $0.7f_tbh_0$ 时，其箍筋面积配筋率应符合下式要求：

$$\rho_{sv}\geqslant 0.24f_t/f_{yv} \tag{5-43}$$

(5) 当梁中配有计算需要的纵向受压钢筋时，其箍筋配置尚应符合下列要求：

①箍筋直径不应小于纵向受压钢筋最大直径的 0.25 倍；

②箍筋应做成封闭式；

③箍筋间距不应大于 $15d$ 且不应大于 400mm；当一层内的受压钢筋多于 5 根且直径大于 18mm 时，箍筋间距不应大于 $10d$（d 为纵向受压钢筋的最小直径）；

④当梁截面宽度大于 400mm 且一层内的纵向受压钢筋多于 3 根时，或当梁截面宽度不大于 400mm 但一层内的纵向受压钢筋多于 4 根时，应设置复合箍筋。

4. 抗震设计

(1)延性要求

① 抗震设计时，计入受压钢筋作用的梁端截面混凝土受压区高度与有效高度之比值，一级不应大于 0.25，二、三级不应大于 0.35。

②抗震设计时，梁端纵向受拉钢筋的配筋率不应大于 2.5%。

③抗震设计时，梁端箍筋的加密区长度、箍筋最大间距和最小直径应符合表 5-8 的要求；当梁端纵向钢筋配筋率大于 2%时，表中箍筋最小直径应增大 2mm。

表 5-8　梁端箍筋加密区的长度、箍筋最大间距和最小直径

抗震等级	加密区长度(mm)	箍筋最大间距(mm)	箍筋最小直径(mm)
一级	$\mathrm{Max}(2.0h_b,500)$	$\mathrm{Min}(6d,h_b/4,100)$	10
二级	$\mathrm{Max}(1.5h_b,500)$	$\mathrm{Min}(8d,h_b/4,100)$	8
三级	$\mathrm{Max}(1.5h_b,500)$	$\mathrm{Min}(8d,h_b/4,150)$	8
四级	$\mathrm{Max}(1.5h_b,500)$	$\mathrm{Min}(8d,h_b/4,150)$	6

［注］ d 为纵向钢筋直径，h_b 为梁截面高度。

④框架梁沿梁全长箍筋的面积配筋率应符合下列要求：

一级： $\rho_{sv} \geqslant 0.30 f_t / f_{yv}$

二级： $\rho_{sv} \geqslant 0.28 f_t / f_{yv}$

三、四级： $\rho_{sv} \geqslant 0.26 f_t / f_{yv}$

式中：ρ_{sv}——框架梁沿梁全长箍筋的面积配筋率。

⑤ 第一个箍筋应设置在距支座边缘 50mm 处。

⑥在箍筋加密区范围内的箍筋肢距：一级不宜大于 200mm 和 20 倍箍筋直径的较大值，二、三级不宜大于 250mm 和 20 倍箍筋直径的较大值，四级不宜大于 300mm。

⑦箍筋应有 135°弯钩，弯钩端头直段长度不应小于 10 倍的箍筋直径和 75mm 的较大值。

⑧在纵向钢筋搭接长度范围内的箍筋间距，钢筋受拉时不应大于搭接钢筋较小直径的 5 倍，且不应大于 100mm；钢筋受压时不应大于搭接钢筋较小直径的 10 倍，且不应大于 200mm。

⑨框架梁非加密区箍筋最大间距不宜大于加密区箍筋间距的 2 倍。

(2)梁的纵向受力钢筋配筋要求

①抗震设计时，梁的纵向受力钢筋配筋率不应小于表 5－9 规定的数值。

表 5－9 梁纵向受拉钢筋最小配筋百分率 ρ_{min}(%)

抗震等级	位置	
	支座(取较大值)	跨中(取较大值)
一级	$0.40, 80 f_t / f_y$	$0.30, 65 f_t / f_y$
二级	$0.30, 65 f_t / f_y$	$0.25, 55 f_t / f_y$
三、四级	$0.25, 55 f_t / f_y$	$0.20, 45 f_t / f_y$

②抗震设计时，梁端截面的底面和顶面纵向钢筋截面面积的比值，除按计算确定外，一级不应小于 0.5，二、三级不应小于 0.3。

(3)强剪弱弯

框架梁，其受剪截面应符合下列要求：

①无地震作用组合时

$$V \leqslant 0.25 \beta_c f_c b h_0 \tag{5-44}$$

②有地震作用组合时

跨高比大于 2.5 的梁：

$$V \leqslant \frac{1}{\gamma_{RE}} (0.20 \beta_c f_c b h_0) \tag{5-45}$$

跨高比不大于 2.5 的梁：

$$V \leqslant \frac{1}{\gamma_{RE}} (0.15 \beta_c f_c b h_0) \tag{5-46}$$

5.7　框架柱的设计

5.7.1　影响框架柱延性的主要因素

1. 剪跨比

由试验可知，影响钢筋混凝土柱破坏形态的主要因素是剪跨比。剪跨比 λ 是反映柱截面承受的弯矩和剪力相对大小的一个参数，表示为：

$$\lambda=\frac{M}{Vh_c} \tag{5-47}$$

式中：M、V——柱底截面的弯矩和剪力；

h_c——柱截面高度。

剪跨比 $\lambda>2$ 时，称为长柱。一般会出现弯曲破坏，但是仍需配置足够的箍筋。

剪跨比 $1.5\leqslant\lambda\leqslant2$ 时，称为短柱。多数会出现剪切破坏。当提高混凝土强度等级或配有足够箍筋时，可能出现具有一定延性的剪切破坏。

剪跨比 $\lambda<1.5$ 时，称为极短柱。一般发生脆性的剪切斜拉破坏，抗震性能不好，设计时应当尽量避免这种极短柱。

考虑框架柱中反弯点大都接近中点，为设计方便，常常用柱的长细比近似表示剪跨比的影响。设 H_0 为柱的净高，则：

$$\lambda=\frac{M}{Vh_c}=\frac{H_0}{2h_c} \tag{5-48}$$

$$\frac{H_0}{h}>4 \quad \text{长柱}$$

$$3\leqslant\frac{H_0}{h}\leqslant4 \quad \text{短柱}$$

$$\frac{H_0}{h}<3 \quad \text{极短柱}$$

2. 轴压比

轴压比也是影响钢筋混凝土柱破坏形态和延性的一个重要参数，定义为

$$\mu_n=\frac{N}{A_c f_c} \tag{5-49}$$

式中：N——柱考虑地震作用组合的轴力设计值；

f_c——混凝土轴心抗压强度设计值；

A_c——柱截面面积。

图 5-25 为柱位移延性比与轴压比关系的试验结果。从图中可以看出，柱的位移延性比随轴压比的增大而急剧下降。构件破坏时的轴压比实际上反映了偏心受压构件的破坏特征。当轴压比加大，意味着截面上的名义压区高

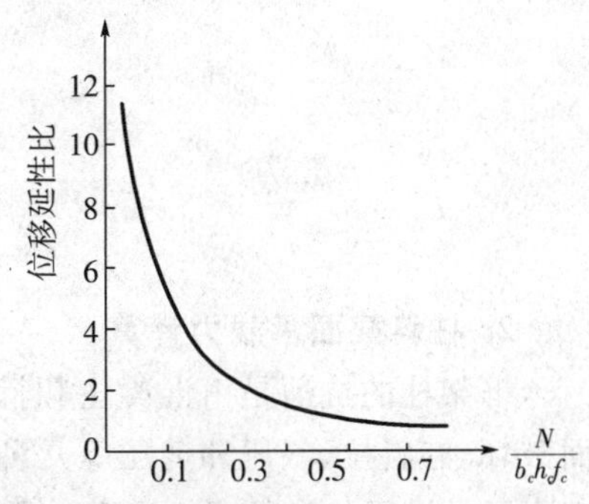

图 5-25　位移延性比与轴压比关系

度增大。相对受压区高度超过界限值(平衡破坏)时就成为小偏压破坏。对于短柱,增大相对受压高度可能由剪切受压破坏变为更加脆性的剪切受拉破坏。试验表明,轴压比越大,塑性变形段越短,延性下降越快,耗能能力下降越快,承载能力下降越快。

3. 箍筋的体积配箍率

框架柱的破坏除因压弯强度不足引起的柱端水平裂缝外,较为常见的震害是,由于箍筋配置不足或构造不合理,柱身出现裂缝,柱端混凝土被压碎,节点斜裂或纵筋弹出。框架柱的箍筋有3个作用:抵抗剪力,对混凝土提供约束,防止纵筋压屈。

箍筋对混凝土的约束程度是影响柱的延性和耗能能力的主要因素之一。约束程度与箍筋的抗拉强度和数量有关,与混凝土强度有关,同时还与箍筋的形式、轴压比有关,可以用一个综合指标——配箍特征值 λ_v 度量。配箍特征值用下式计算:

$$\lambda_v=\rho_v\frac{f_{yv}}{f_c} \tag{5-50}$$

式中:λ_v——配箍特征值,可查阅《高层规程》中有关规定;

f_{yv}——箍筋的抗拉强度设计值;

ρ_v——柱箍筋的体积配箍率。

理论分析和试验表明,柱中箍筋对核心混凝土起着有效的约束作用,箍筋约束限制了核心混凝土的横向变形,使核心混凝土处于三向受压状态,可显著提高受压混凝土的极限应变值,混凝土的轴心抗压强度得到提高,同时,轴心受压应力—应变曲线的下降段趋于平缓,阻止柱身斜裂缝的开展,从而大大提高柱的延性。为此,对柱的各个部位合理地配置箍筋是十分必要的。

5.7.2 框架柱承载力计算

1. 正截面承载力计算公式

在对称配筋的矩形截面柱中,计算公式如下:

(1)无地震组合时

$$x=\frac{N}{\alpha_1 f_c b_c} \tag{5-51}$$

$$Ne\leqslant\alpha_1 f_c b_c x(h_{c0}-\frac{x}{2})+f_y A_s'(h_{c0}-a') \tag{5-52}$$

(2)有地震作用组合时

$$x=\frac{\gamma_{RE}N}{\alpha_1 f_c b_c} \tag{5-53}$$

$$Ne\leqslant\frac{1}{\gamma_{RE}}[\alpha_1 f_c b_c x(h_{c0}-\frac{x}{2})+f_y A_s'(h_{c0}-a')] \tag{5-54}$$

2. 柱斜截面承载力计算

框架柱的抗剪是由混凝土和箍筋共同承担的。试验表明,在反复荷载作用下,框架柱的斜截面破坏,有斜拉、斜压和剪压等几种破坏形态。当配箍率能满足一定要求时,可防止斜拉破坏;当截面尺寸满足一定要求时,可防止斜压破坏。而对于剪压破坏,则应通过配筋计算来防止。

框架柱抗剪承载能力按下式计算：

(1)矩形截面偏心受压框架柱，其斜截面受剪承载力应按下列公式计算：

①无地震作用组合时

$$V\leqslant\frac{1.75}{\lambda+1}f_{t}bh_{0}+f_{yv}\frac{A_{sv}}{s}h_{0}+0.07N \quad (5-55)$$

②有地震作用组合时

$$V\leqslant\frac{1}{\gamma_{RE}}\left(\frac{1.05}{\lambda+1}f_{t}bh_{0}+f_{yv}\frac{A_{sv}}{s}h_{0}+0.056N\right) \quad (5-56)$$

式中：λ——框架柱的剪跨比。当$\lambda<1$时，取$\lambda=1$；当$\lambda>3$时，取$\lambda=3$；

N——考虑风荷载或地震作用组合的框架柱轴向压力设计值，$N\leqslant 0.3f_{c}A_{c}$时，取N等于$0.3f_{c}A_{c}$。

(2)当矩形截面框架柱出现拉力时，其斜截面受剪承载力应按下列公式计算：

①无地震作用组合时

$$V\leqslant\frac{1.75}{\lambda+1}f_{t}bh_{0}+f_{yv}\frac{A_{sv}}{s}h_{0}-0.2N \quad (5-57)$$

②有地震作用组合时

$$V\leqslant\frac{1}{\gamma_{RE}}\left(\frac{1.05}{\lambda+1}f_{t}bh_{0}+f_{yv}\frac{A_{sv}}{s}h_{0}-0.2N\right) \quad (5-58)$$

式中：N——与剪力设计值V对应的轴向拉力设计值，取正值；

λ——框架柱的剪跨比。

当公式(5-57)右端的计算值或公式(5-58)右端括号内的计算值小于$f_{yv}\frac{A_{sv}}{s}h_{0}$时，应取等于$f_{yv}\frac{A_{sv}}{s}h_{0}$，且$f_{yv}\frac{A_{sv}}{s}h_{0}$值不应小于$0.36f_{t}bh_{0}$。

5.7.3 框架柱的构造要求

5.7.3.1 一般要求

1. 框架柱的截面尺寸

(1)各类结构的框架柱和框支柱截面尺寸，可根据柱的受荷面积计算由竖向荷载产生的轴向力标准值N，按下式估算柱截面面积A_{c}，然后再确定柱的边长。

$$A_{c}=\frac{\xi N}{\mu f_{c}} \quad (5-59)$$

式中：ξ——轴力放大系数，按表5-10取用。

μ——轴压比，非抗震设计和四级抗震等级可取0.9～0.95，一、二、三级抗震等级时按表5-11取用。

表 5-10 轴力放大系数 ξ

		框支柱	框架角柱	框剪结构框架柱	其他柱
抗震设计	一级	1.6	1.6	1.4	1.5
	二级	1.6	1.6	1.4	1.5
	三级	1.5	1.6	1.4	1.5
	四级	1.4	1.5	1.3	1.3
非抗震设计		1.3	1.3	1.3	1.3

表 5-11 柱轴压比限值

结构体系	抗震等级		
	一级	二级	三级
框架结构	0.70	0.80	0.90
板柱—剪力墙、框架—剪力墙、框架—核心筒、筒中筒	0.75	0.85	0.95
部分框支剪力墙结构	0.60	0.70	—

[注] (1)表内数值适用于混凝土强度等级不高于C60的柱。当混凝土强度等级为C65～C70时，轴压比限值应比表中数值降低0.05；当混凝土强度等级为C75～C80时，轴压比限值应比表中数值降低0.10；(2)表内数值适用于剪跨比大于2的柱。剪跨比不大于2但不小于1.5的柱，其轴压比限值应比表中数值减小0.05；剪跨比小于1.5的柱，其轴压比限值应专门研究并采取特殊构造措施；(3)当沿柱全高采用井字复合箍，箍筋间距不大于100mm、肢距不大于200mm、直径不小于12mm时，柱轴压比限值可增加0.10；当沿柱全高采用复合螺旋箍，箍筋螺距不大于100mm。肢距不大于200mm、直径不小于12mm时，柱轴压比限值可增加0.10；当沿柱全高采用连续复合螺旋箍，且螺距不大于80mm、肢距不大于200mm、直径不小于10mm时，轴压比限值可增加0.10。以上3种配箍类别的含箍特征值应按增大的轴压比《高层规程》有关规定确定；(4)当柱截面中部设置由附加纵向钢筋形成的芯柱，且附加纵向钢筋的截面面积不小于柱截面面积的0.8%时，柱轴压比限值可增加0.05。当本项措施与注(3)的措施共同采用时，柱轴压比限值可比表中数值增加0.15，但箍筋的配箍特征值仍可按轴压比增加0.10的要求确定；(5)柱轴压比限值不应大于1.05。

(2)框架柱的截面宜满足 $l_0/b_c \leqslant 30$；$l_0/h_c \leqslant 25$（l_0 为柱的计算长度，b_c、h_c 分别为柱截面的宽度和高度）。框架柱的剪跨比 λ 宜大于2。

(3)框架柱和框支柱受剪截面应符合下列要求：

①无地震作用组合时

$$V \leqslant 0.25\beta_c f_c b h_0 \tag{5-60}$$

②有地震作用组合时

剪跨比大于2的柱：

$$V \leqslant \frac{1}{\gamma_{RE}}(0.20\beta_c f_c b h_0) \tag{5-61}$$

剪跨比不大于2的柱：

$$V \leqslant \frac{1}{\gamma_{RE}}(0.15\beta_c f_c b h_0) \tag{5-62}$$

(4)柱截面尺寸宜符合下列要求：

①矩形截面柱的边长，非抗震设计时不宜小于 250mm，抗震设计时不宜小于 300mm；圆柱截面直径不宜小于 350mm。

②柱剪跨比宜大于 2。

③柱截面高宽比不宜大于 3。

2. 柱的纵向配筋的要求

(1)抗震设计时，宜采用对称配筋。

(2)抗震设计时，截面尺寸大于 400mm 的柱，其纵向钢筋间距不宜大于 200mm；非抗震设计时，柱纵向钢筋间距不应大于 350mm；柱纵向钢筋净距均不应小于 50mm。

(3)全部纵向钢筋的配筋率，非抗震设计时不宜大于 5%、不应大于 6%，抗震设计时不应大于 5%。

(4)一级且剪跨比不大于 2 的柱，其单侧纵向受拉钢筋的配筋率不宜大于 1.2%。

(5)边柱、角柱及剪力墙端柱考虑地震作用组合产生小偏心受拉时，柱内纵筋总截面面积应比计算值增加 25%。

3. 非抗震设计时，柱中箍筋应符合的规定

(1)周边箍筋应为封闭式。

(2)箍筋间距不应大于 400mm，且不应大于构件截面的短边尺寸和最小纵向受力钢筋直径的 15 倍。

(3)箍筋直径不应小于最大纵向钢筋直径的 1/4，且不应小于 6mm。

(4)当柱中全部纵向受力钢筋的配筋率超过 3%时，箍筋直径不应小于 8mm，箍筋间距不应大于最小纵向钢筋直径的 10 倍，且不应大于 200mm；箍筋末端应做成 135°弯钩且弯钩末端平直段长度不应小于 10 倍箍筋直径。

(5)当柱每边纵筋多于 3 根时，应设置复合箍筋(可采用拉筋)。

(6)柱内纵向钢筋采用搭接做法时，搭接长度范围内箍筋直径不应小于搭接钢筋较大直径的 0.25 倍；在纵向受拉钢筋的搭接长度范围内的箍筋间距不应大于搭接钢筋较小直径的 5 倍，且不应大于 100mm；在纵向受压钢筋的搭接长度范围内的箍筋间距不应大于搭接钢筋较小直径的 10 倍，且不应大于 200mm。当受压钢筋直径大于 25mm 时，尚应在搭接接头端面外 100mm 的范围内各设置两道箍筋。

5.7.3.2　抗震设计

1. 延性要求

(1)轴压比限值

为了使柱在包括地震作用等多种荷载作用下处于大偏心受压状态，具有较大的后屈服变形能力和耗能能力，具有较好的延性和抗震性能，《高层规程》规定了混凝土柱的轴压比限值如表 5-11 所示。对于Ⅳ类场且高于 40m 的框架结构或高于 60m 的其他结构体系的混凝土房屋建筑，其轴压比限值应减小 0.05。

(2)约束混凝土，柱的上、下两端在规定的范围内箍筋应加密。

(3)抗震设计时，柱箍筋加密区的范围应符合下列要求：

① 底层柱的上端和其他各层柱的两端，应取矩形截面柱之长边尺寸(或圆形截面柱之直径)、柱净高之 1/6 和 500mm 三者之最大值范围；

②底层柱刚性地面上、下各 500mm 的范围；

③底层柱柱根以上 1/3 柱净高的范围；

④剪跨比不大于 2 的柱和因填充墙等形成的柱净高与截面高度之比不大于 4 的柱全高范围；

⑤ 一级及二级框架角柱的全高范围；

⑥ 需要提高变形能力的柱的全高范围。

(4)抗震设计时，柱箍筋在规定的范围内应加密。加密区的箍筋间距和直径，应符合下列要求：

①一般情况下，箍筋的最大间距和最小直径，应按表 5－12 采用。

表 5－12　柱端箍筋加密区的构造要求

抗震等级	箍筋最大间距(mm)	箍筋最小直径(mm)
一级	Min(6*d*,100)	10
二级	Min(8*d*,100)	8
三级	Min(8*d*,150(柱根 100))	8
四级	Min(8*d*,150(柱根 100))	6(柱根 8)

［注］ (1)*d* 为柱纵向钢筋直径(mm)；(2)柱根指框架柱底部嵌固部位。

②二级框架柱箍筋直径不小于 10mm、肢距不大于 200mm 时，除柱根外最大间距应允许采用 150mm；三级框架柱的截面尺寸不大于 400 时，箍筋最小直径应允许采用 6mm；四级框架柱的剪跨比不大于 2 或柱中全部纵向钢筋的配筋率大于 3%时，箍筋直径不应小于 8mm。

③剪跨比不大于 2 的柱，箍筋间距不应大于 100mm，一级时尚不应大于 6 倍的纵向钢筋直径。

④箍筋应为封闭式，其末端应做成 135°弯钩且弯钩末端平直段长度不应小于 10 倍的箍筋直径，且不应小于 75mm。

⑤箍筋加密区的箍筋肢距，一级不宜大于 200mm，二、三级不宜大于 250mm 和 20 倍箍筋直径的较大值，四级不宜大于 300mm。每隔一根纵向钢筋宜在两个方向有箍筋约束；采用拉筋组合箍时，拉筋宜紧靠纵向钢筋并勾住封闭箍。

⑥柱非加密区的箍筋，其体积配箍率不宜小于加密区的一半；其箍筋间距，不应大于加密区箍筋间距的 2 倍，且一、二级不应大于 10 倍纵向钢筋直径，三、四级不应大于 15 倍纵向钢筋直径。

(5)柱加密区范围内箍筋的体积配箍率，应符合下列规定：

①柱箍筋加密区箍筋的体积配箍率，应符合下式要求：

$$\rho_v \geqslant \lambda_v \frac{f_c}{f_{yv}} \tag{5-63}$$

式中：ρ_v、f_{yv}——详见式(5－50)的解释。柱端箍筋加密区最小配箍特征值 λ_v 见表 5－13。

表 5-13　柱端箍筋加密区最小配箍特征值 λ_v

抗震等级	箍筋形式	柱轴压比								
		≤0.30	0.40	0.50	0.60	0.70	0.80	0.90	1.00	1.05
一级	普通箍、复合箍	0.10	0.11	0.13	0.15	0.17	0.20	0.23	—	—
	螺旋箍、复合或连续复合螺旋箍	0.08	0.09	0.11	0.13	0.15	0.18	0.21	—	—
二级	普通箍、复合箍	0.08	0.09	0.11	0.13	0.15	0.17	0.13	0.22	0.24
	螺旋箍、复合或连续复合螺旋箍	0.06	0.07	0.09	0.11	0.13	0.15	0.17	0.20	0.22
三级	普通箍、复合箍	0.06	0.07	0.09	0.11	0.13	0.15	0.17	0.20	0.22
	螺旋箍、复合或连续复合螺旋箍	0.05	0.06	0.04	0.09	0.11	0.13	0.15	0.18	0.20

［注］　(1)普通箍指单个矩形箍或单个圆形箍；(2)螺旋箍指单个连续螺旋箍筋；(3)复合箍指由矩形、多边形、圆形箍或拉筋组成的箍筋；(4)复合螺旋箍指由螺旋箍与矩形、多边形、圆形箍或拉筋组成的箍筋；(5)连续复合螺旋箍指全部螺旋箍由同一根钢筋加工而成的箍筋。

②对一、二、三、四级框架柱，其箍筋加密区范围内箍筋的体积配箍率尚且分别不应小于 0.8%、0.6%、0.4%和 0.4%；

③剪跨比不大于 2 的柱宜采用复合螺旋箍或井字复合箍，其体积配箍率不应小于 1.2%；设防烈度为 9 度时，不应小于 1.5%；

④计算复合箍筋的体积配箍率时，应扣除重叠部分的箍筋体积；计算复合螺旋箍筋的体积配箍率时，其非螺旋箍筋的体积应乘以换算系数 0.8。

2. 柱纵向钢筋配置的要求

柱全部纵向钢筋的配筋率，不应小于表 5-14 的规定值，且柱截面每一侧纵向钢筋配筋率不应小于 0.2%；抗震设计时，对Ⅳ类场地上较高的高层建筑，表中数值应增加 0.1；

表 5-14　柱纵向钢筋最小配筋百分率(%)

柱类型	抗震等级				非抗震
	一级	二级	三级	四级	
中柱、边柱	1.0	0.8	0.7	0.6	0.6
角柱	1.2	1.0	0.9	0.8	0.6
框支柱	1.2	1.0	—	—	0.8

［注］　(1)当混凝土强度等级大于 C60 时，表中的数值应增加 0.1；(2)当采用 HRB400、RRB400 级钢筋时，表中数值应允许减小 0.1。

3. 强柱弱梁、强剪弱弯设计要求

(1)抗震设计时，四级框架柱的柱端弯矩设计值可直接取考虑地震作用组合的弯矩柱；一、二、三级框架的梁、柱节点处，除顶层和柱轴压比小于 0.15 者外，柱端考虑地震作用组合的弯矩设计值应按下列公式予以调整：

$$\sum M_c = \eta_c \sum M_b \tag{5-64}$$

9 度抗震设计的结构和一级框架结构尚应符合：

$$\sum M_c = 1.2 \sum M_{bua} \tag{5-65}$$

式中：$\sum M_c$——节点上、下柱端截面顺时针或逆时针方向组合弯矩设计值之和。上、下柱端的弯矩设计值，可按弹性分析的弯矩比例进行分配；

$\sum M_b$——节点左、右梁端截面逆时针或顺时针方向组合弯矩设计值之和。当抗震等级为一级且节点左、右梁端均为负弯矩时，绝对值较小的弯矩应取零；

η_c——柱端弯矩增大系数，一、二、三级分别取 1.4、1.2 和 1.1；

$\sum M_{bua}$——节点左、右梁端逆时针或顺时针方向实配的正截面受弯承载力所对应的弯矩值之和，可根据实际配筋面积(计入受压钢筋)和材料强度标准值并考虑承载力抗震调整系数计算。

$$M_{bua} = \frac{1}{\gamma_{RE}} f_{yk} A_s^a (h_{b0} - a_s') \tag{5-66}$$

当反弯点不在柱的层高范围内时，柱端弯矩设计值可直接乘以柱端弯矩增大系数 η_c。试验研究表明，框架底层柱根部对整体框架延性起控制作用。为防止框架柱脚过早屈服，《高层规程》规定：抗震设计时，一、二、三级框架结构的底层柱底截面的弯矩设计值，应分别采用考虑地震作用组合的弯矩值与增大系数 1.5、1.25 和 1.15 的乘积。

(2)抗震设计的框架柱、框支柱端部截面的剪力设计值，一、二、三级时应按下列公式计算；四级时可直接取考虑地震作用组合的剪力计算值。

$$V = \eta_{vc}(M_c^t + M_c^b)/H \tag{5-67a}$$

9 度抗震设计的结构和一级框架结构尚应符合：

$$V = 1.2(M_{cua}^t + M_{cua}^b)/H_n \tag{5-67b}$$

式中：M_c^t、M_c^b——分别为柱上、下端顺时针或逆时针方向截面组合的弯矩设计值，应符合前述柱端弯矩设计值按强柱弱梁调整的要求；

M_{cua}^t、M_{cua}^b——分别为柱上、下端顺时针或逆时针方向实配的正截面弯承载力所对应的弯矩值，可根据实配钢筋面积、材料强度标准值和重力荷载代表值产生的轴向压力设计值并考虑承载力抗震调整系数计算；

H_n——柱的净高；

η_{vc}——柱端剪力增大系数，一、二、三级分别取 1.4、1.2 和 1.1。

(3)由地震引起的建筑结构扭转会使角柱地震作用效应明显增大，故应对角柱的地震作用效应予以调整。一、二、三级框架角柱经上述调整后的弯矩、剪力设计值应乘以不小于 1.1 的增大系数。

5.8 框架节点的设计

节点的“质量”是决定框架受力特点的主要因素。在抗震设防区，延性框架的设计，除了梁、柱构件具有足够的强度和延性外，还必须保证框架节点的延性。框架节点的受力比较复杂，但主要是承受剪力和压力的组合作用，只有防止节点过早地出现剪切和压缩的脆性破坏，梁、柱构件的延性设计才有实际意义。

震害调查表明，框架节点破坏主要是由于核心箍筋数量不足，在剪力和压力共同作用下节点核心区混凝土出现斜裂缝，箍筋屈服甚至拉断，柱的纵向钢筋被压屈引起的。因此，为了防止节点核心区发生剪切破坏，必须保证核心区混凝土的强度和配置足够数量的箍筋。

根据强节点的设计要求，框架节点的设计准则是：

(1)节点的承载力不应低于其连接构件的承载力。

(2)多遇地震时，节点应在弹性范围内工作。

(3)罕遇地震时，节点承载力的降低不得危及竖向荷载的传递。

(4)节点配筋不应使施工过分困难。

5.8.1 一般框架节点的承载力计算

1. 节点区设计剪力 V_j

由强节点的设计要求，节点区应能抵抗当节点区两边梁端出现塑性铰时的剪力。该剪力称为节点区设计剪力。作用于节点的剪力来源于梁柱纵向钢筋的屈服甚至超强。对于强柱型节点，水平剪力主要来自框架梁，也包括一部分现浇板的作用。

取某中间层中间柱为脱离体，如图5-26。

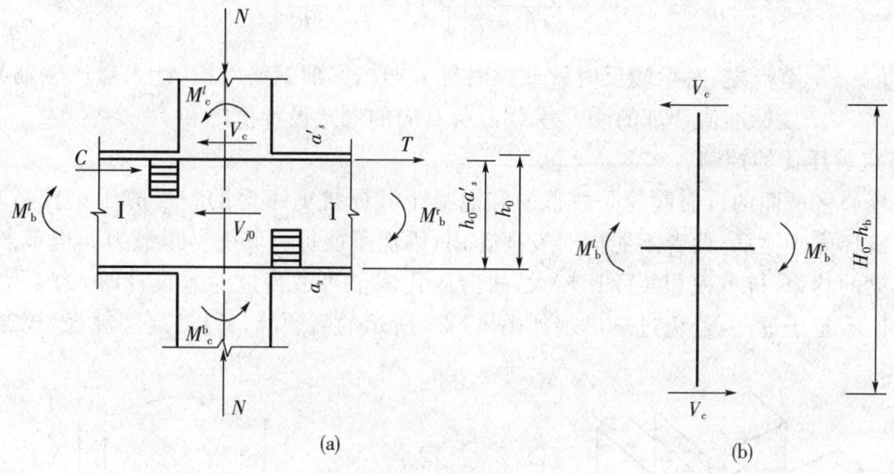

图5-26 节点区设计剪力计算简图

现取节点上半部为隔离体，由 $\sum X=0$，得：

$$-V_c-V_j+\frac{\sum M_b}{h_0-a_s'}=0 \tag{5-68}$$

则

$$V_j=\frac{\sum M_b}{h_0-a_s'}-V_c \tag{5-69}$$

式中：V_j——节点核心区的剪力设计值。

$\sum M_b$——梁的左右端顺时针或反时针方向截面组合的弯矩设计值之和；

V_c——节点上柱截面组合的剪力设计值，可按下式确定：

$$V_c=\frac{\sum M_c}{H_c-h_b}=\frac{\sum M_b}{H_c-h_b} \tag{5-70}$$

式中：$\sum M_c$——上下柱顺时针或反时针方向截面组合的弯矩设计值之和；

H_c——柱的计算高度，可采用节点上下柱的反弯点之间的距离；

h_b——梁的截面高度，节点两侧梁截面高度不等时可采用平均值。

将式(5-70)代入式(5-69)，整理得：

$$V_j=\frac{\sum M_b}{h_0-a_s'}\left(1-\frac{h_0-a_s'}{H_c-h_b}\right) \tag{5-71}$$

考虑到梁端出现塑性铰后，塑性变形较大，钢筋应力常常超过屈服强度而进入强化阶段。因此，梁端截面组合弯矩应调整为：

$$V_j=\frac{\eta_{jb}\sum M_b}{h_0-a_s'}\left(1-\frac{h_0-a_s'}{H_c-h_b}\right) \tag{5-72}$$

式中：η_{jb}——节点剪力增大系数，一级为 1.35，二级为 1.2。

设防烈度为 9 度的结构以及一级抗震等级的框架结构

$$V_j=\frac{1.15\sum M_{bua}}{h_0-a_s'}\left(1-\frac{h_0-a_s'}{H_c-h_b}\right) \tag{5-73}$$

式中：$\sum M_{bua}$——节点左、右梁端反时针或顺时针方向按实配钢筋面积(计入受压钢筋)和材料强度标准值计算的受弯承载力所对应的弯矩设计值之和。

2. 节点剪压比的控制

节点核心区截面的抗震验算是按箍筋和混凝土共同抗剪考虑的。当剪压比较高时，斜压力使混凝土破坏先于箍筋，两者不能同时发挥作用，因而不能提高其受剪承载力。但节点核心周围一般都有梁的约束，抗剪面积实际比较大，故剪压比限值可适当放宽。设计时，为了使节点核心区的剪压比不至于过高，避免过早出现如图 5-27 所示的斜裂缝，所以《高层规程》规定：

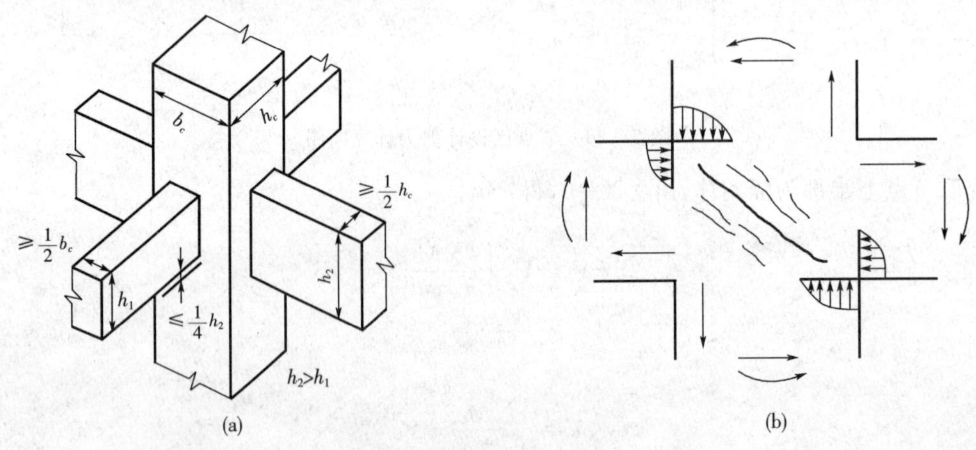

图 5-27 节点核心区剪力验算

$$V_j\leqslant\frac{1}{\gamma_{RE}}(0.3\eta_j\beta_c f_c b_j h_j) \tag{5-74}$$

式中：η_j——正交梁的约束影响系数。楼板为现浇、梁柱中线重合、四侧各梁截面宽度不小于该侧柱截面宽度的 1/2 且正交方向梁高度不小于框架梁高度的 3/4 时，可采用 1.5，9 度时宜采用 1.25，其他情况宜采用 1.0；

h_j——节点核心区的截面高度，可采用验算方向的柱截面高度 hc；

γ_{RE}——承载力抗震调整系数，可采用 0.85；

β_c——混凝土强度影响系数；

f_c——混凝土轴心受压强度设计值；

b_j——节点核心区的截面有效计算宽度；高层规程规定核心区截面有效计算宽度，应按下列规定采用：

(1) 当验算方向的梁截面宽度不小于该侧柱截面宽度的 1/2 时，可采用该侧柱截面宽度；当小于柱截面宽度的 1/2 时，可采用下列二者的较小值：

$$b_j = b_b + 0.5h_c \tag{5-75a}$$

$$b_j = b_c \tag{5-75b}$$

式中：b_j——节点核心区的截面有效计算宽度；

b_b——梁截面宽度；

h_c——验算方向的柱截面高度；

b_c——验算方向的柱截面宽度。

(2)当梁、柱的中线不重合且偏心距不大于柱宽的 1/4 时，可采用式(5-75a)、式(5-75b)和下式计算结果的较小值。

$$b_j = 0.5(b_b + b_c) + 0.25h_c - e \tag{5-75c}$$

式中：e——梁与柱中线偏心距。

3. 节点核心区截面受剪承载力验算

试验表明，节点核心区混凝土初裂前，剪力主要是由混凝土承担，箍筋应力很小；节点核心出现交叉斜裂缝后，剪力由箍筋和混凝土承担。影响受剪承载力的主要因素有：柱轴向力、直交梁约束、混凝土强度和节点配筋等。

试验表明，与柱相似，在一定范围内，随柱轴向压力的增大，不仅能提高节点的抗裂度，而且能提高节点极限承载力。另外，垂直于框架平面的直交梁如具有一定的尺寸，对核心区混凝土将具有明显的约束作用，实质上是扩大了受剪面积，因而提高了节点的受剪承载力。

《高层规程》规定，节点核心区截面受剪承载力，应按下列公式验算：

(1) 设防烈度为 9 度时

$$V_j \leqslant \frac{1}{\gamma_{RE}}\left(0.9\eta_j f_t b_j h_j + f_{yv}A_{svj}\frac{h_{b0}-a'_s}{s}\right) \tag{5-76}$$

(2) 其他情况

$$V_j \leqslant \frac{1}{\gamma_{RE}}\left(1.1\eta_j f_t b_j h_j + 0.05\eta_j N\frac{b_j}{b_c} + f_{yv}A_{svj}\frac{h_{b0}-a'_s}{s}\right) \tag{5-77}$$

式中：N——对应于组合剪力设计值的上柱组合轴向力设计值。当 N 为轴向压力时，不应大于柱的截面面积和混凝土轴心抗压强度设计值乘积的 50%；当 N 为拉力时，应取为零；

f_{yv}——箍筋的抗拉强度设计值；

f_t——混凝土轴心抗拉强度设计值；

A_{svj}——核心区计算宽度范围内验算方向同一截面各肢箍筋的全部截面面积；

s——箍筋间距。

5.8.2 梁宽大于柱宽的扁梁框架的梁柱节点

采用宽扁梁时，除应满足普通框架梁的有关设计要求外，尚应符合下列规定：

1. 楼盖应采用现浇，梁柱中心线宜重合。

2. 扁梁框架的梁柱节点核心区应根据梁上部纵向钢筋在柱宽范围内、外的截面面积比例，对柱宽以内和柱宽以外的范围分别计算受剪承载力。计算柱外节点核心区的剪力设计值时，可不考虑节点以上柱下端的剪力作用。

3. 节点核心区计算除应符合一般梁柱节点的要求外，尚应符合下列要求：

(1) 按式(5－74)计算核心区受剪截面时，核心区有效宽度可取梁宽与柱宽的平均值；

(2) 四边有梁的节点约束影响系数，计算柱宽范围内核心区的受剪承载力时可取 1.5，计算柱宽范围外核心区的受剪承载力时宜取 1.0；

(3) 计算核心区受剪承载力时，在柱宽范围内的核心区，轴力的取值可同一般梁柱节点；柱宽以外的核心区可不考虑轴向压力对受剪承载力的有利作用；

(4) 锚入柱内的梁上部纵向钢筋宜大于其全部钢筋截面面积的 60%。

5.8.3 圆柱的梁柱节点

(1)梁中线与柱中线重合时，圆柱框架梁柱节点核心区受剪截面应符合下式要求：

$$V_j=\frac{1}{\gamma_{RE}}(0.3\eta_j\beta_c f_c A_j) \tag{5-78}$$

式中：η_j——正交梁的约束影响系数，可按式(5－74)条确定，其中柱截面宽度可按柱直径采用；

A_j——节点核心区有效截面面积，当梁宽 b_b 不小于圆柱直径 D 的一半时，可取为 $A_j=0.8D^2$；当梁宽 b_b 小于柱直径的一半但不小于柱直径的 0.4 倍时，可取为 $A_j=0.8D(b_b+D/2)$。

(2)梁中线与柱中线重合时，圆柱截面梁柱节点核心区截面受剪承载力应按下列公式验算：

① 抗震设防烈度为 9 度时

$$V_j\leqslant\frac{1}{\gamma_{RE}}\left(1.2\eta_j f_t A_j+1.57 f_{yv}A_{sh}\frac{h_{b0}-a'_s}{s}+f_{yv}A_{svj}\frac{h_{b0}-a'_s}{s}\right) \tag{5-79}$$

②其他情况

$$V_j\leqslant\frac{1}{\gamma_{RE}}\left(1.5\eta_j f_t A_j+0.05\eta_j\frac{N}{D^2}A_j+1.57 f_{yv}A_{svj}\frac{h_{b0}-a'_s}{s}+f_{yv}A_{svj}\frac{h_{b0}-a'_s}{s}\right) \tag{5-80}$$

式中：A_{sh}——单根圆形箍筋的截面面积；

A_{svj}——计算方向上同一截面的拉筋和非圆形箍筋的总截面面积；

D——圆柱截面直径；

N——轴向力设计值，可按式(5－77)的解释取用。

5.8.4　框架节点的构造要求

1. 节点核心区的配筋要求

(1)非抗震设计时，箍筋配置应符合柱的有关规定，但箍筋间距不宜大于 250mm。对四边有梁与之相连的节点，可仅沿节点周边设置矩形箍筋。

(2) 抗震设计时，箍筋的最大间距和最小直径宜符合柱箍筋的规定。一、二、三级框架节点核心区配箍特征值分别不宜小于 0.12、0.10 和 0.08，且箍筋体积配箍率分别不宜小于 0.6%、0.5%和 0.4%。柱剪跨比不大于 2 的框架节点核心区的配箍特征值不宜小于核心区上、下柱端配箍特征值中的较大值。

2. 节点钢筋的锚固与搭接

(1)非抗震设计时，框架梁、柱的纵向钢筋在框架节点区的锚固和搭接，应符合下列要求(如图 5-28)：

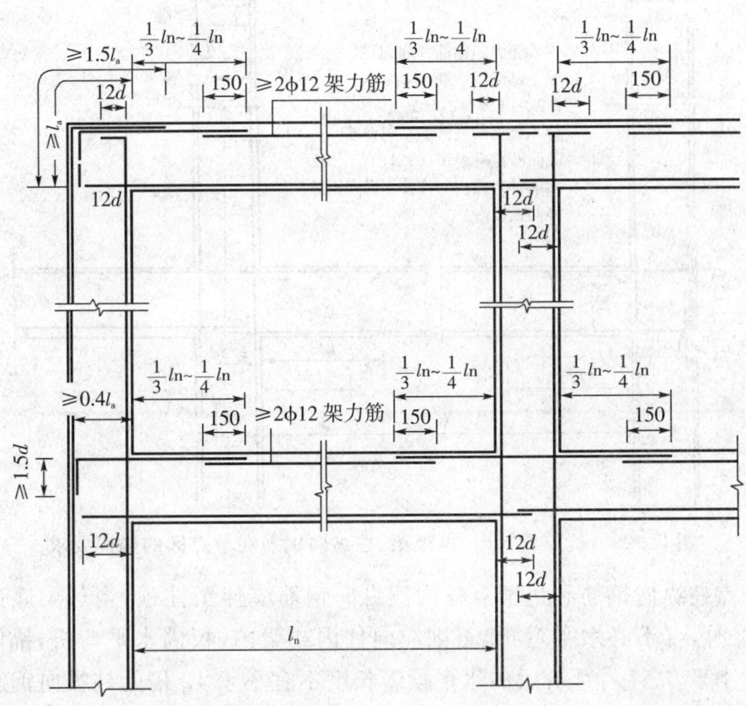

图 5-28　非抗震设计时，框架梁、柱纵向钢筋在节点区的锚固要求

①顶层中节点柱纵向钢筋和边节点柱内侧纵向钢筋应伸至柱顶；当从梁底边计算的直线锚固长度不小于 l_a 时，可不必水平弯折，否则应向柱内或梁、板内水平弯折；当充分利用柱纵向节点区的锚固要求钢筋的抗拉强度时，其锚固段弯折前的竖直投影长度不应小于 $0.5l_a$，弯折后的水平投影长度不宜小于 12 倍的柱纵向钢筋直径。

②顶层端节点处，在梁宽范围以内的柱外侧纵向钢筋可与梁上部纵向钢筋搭接，搭接长度不应小于 $1.5l_a$；在梁宽范围以外的柱外侧纵向钢筋可伸入现浇板内，其伸入长度与伸入梁内的相同。当柱外侧纵向钢筋的配筋率大于 1.2%时，伸入梁内的柱纵向钢筋宜分两批截断；其截断点之间的距离不宜小于 20 倍的柱纵向钢筋直径。

③梁上部纵向钢筋伸入端节点的锚固长度；直线锚固时不应小于 l_a，且伸过柱中心线的长度不宜小于 5 倍的梁纵向钢筋直径；当柱截面尺寸不足时，梁上部纵向钢筋应伸至节点对边并向下

弯折，锚固段弯折前的水平投影长度不应小于 $0.4l_a$，弯折后的竖直投影长度应取 15 倍的梁纵向钢筋直径。

④当计算中不利用梁下部纵向钢筋的强度时，其伸入节点内的锚固长度应取不小于 12 倍的梁纵向钢筋直径。当计算中充分利用梁下部钢筋的抗拉强度时，梁下部纵向钢筋可采用直线方式或向上 90°弯折方式锚固于节点内，直线锚固时的锚固长度不应小于 l_a；弯折锚固时，锚固段的水平投影长度不应小于 $0.4l_a$，竖直投影长度应取 15 倍的梁纵向钢筋直径。

(2)抗震设计时，框架梁、柱的纵向钢筋在框架节点区的锚固和搭接，应符合下列要求(如图 5-29)：

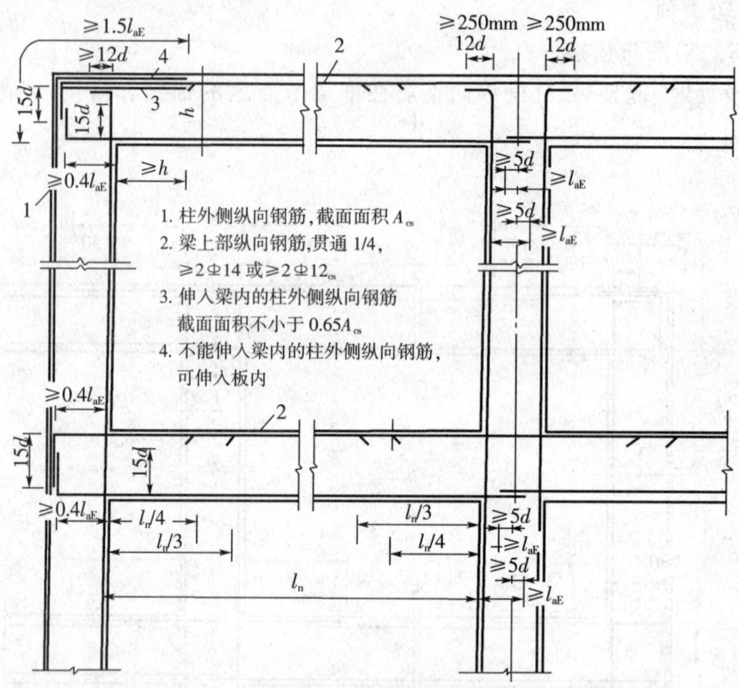

图 5-29 抗震设计时，框架梁、柱纵向钢筋在节点区的锚固要求

①顶层中节点柱纵向钢筋和边节点柱内侧纵向钢筋应伸至柱顶；当从梁底边计算的直线锚固长度不小于 l_{aE} 时，可不必水平弯折，否则应向柱内或梁内、板内水平弯折，锚固段弯折前的竖直投影长度不应小于 $0.5l_{aE}$，弯折后的水平投影长度不宜小于 12 倍的柱纵向钢筋直径。

②顶层端节点处，柱外侧纵向钢筋可与梁上部纵向钢筋搭接，搭接长度不应小于 $1.5l_{aE}$，且伸入梁内的柱外侧纵向钢筋截面面积不宜小于柱外侧全部纵向钢筋截面面积的 65%；在梁宽范围以外的柱外侧纵向钢筋可伸入现浇板内，其伸入长度与伸入梁内的相同。当柱外侧纵向钢筋的配筋率大于 1.2%时，伸入梁内的柱纵向钢筋宜分两批截断，其截断点之间的距离不宜小于 20 倍的柱纵向钢筋直径。

③梁上部纵向钢筋伸入端节点的锚固长度，直线锚固时不应小于 l_{aE}，且伸过柱中心线的长度不应小于 5 倍的梁纵向钢筋直径；当柱截面尺寸不足时，梁上部纵向钢筋应伸至节点对边并向下弯折，锚固段弯折前的水平投影长度不应小于 $0.4l_{aE}$，弯折后的竖直投影长度应取 15 倍的梁纵向钢筋直径。

④梁下部纵向钢筋的锚固与梁上部纵向钢筋相同，但采用 90°弯折方式锚固时，竖直段应向上弯入节点内。

5.9　高层建筑框架结构设计实例

某 5 层现浇钢筋混凝土框架结构（楼、屋盖均为现浇），框架平面、剖面，构件尺寸和各层重力荷载代表值如图 5－30 所示，设防烈度为 8 度，设计地震分组为第一组，建筑场地为Ⅱ类，混凝土强度等级梁采用 C20，柱采用 C20，梁、柱纵向受力钢筋选用 HRB335（级钢筋），箍筋选用 HPB235（级钢筋）。

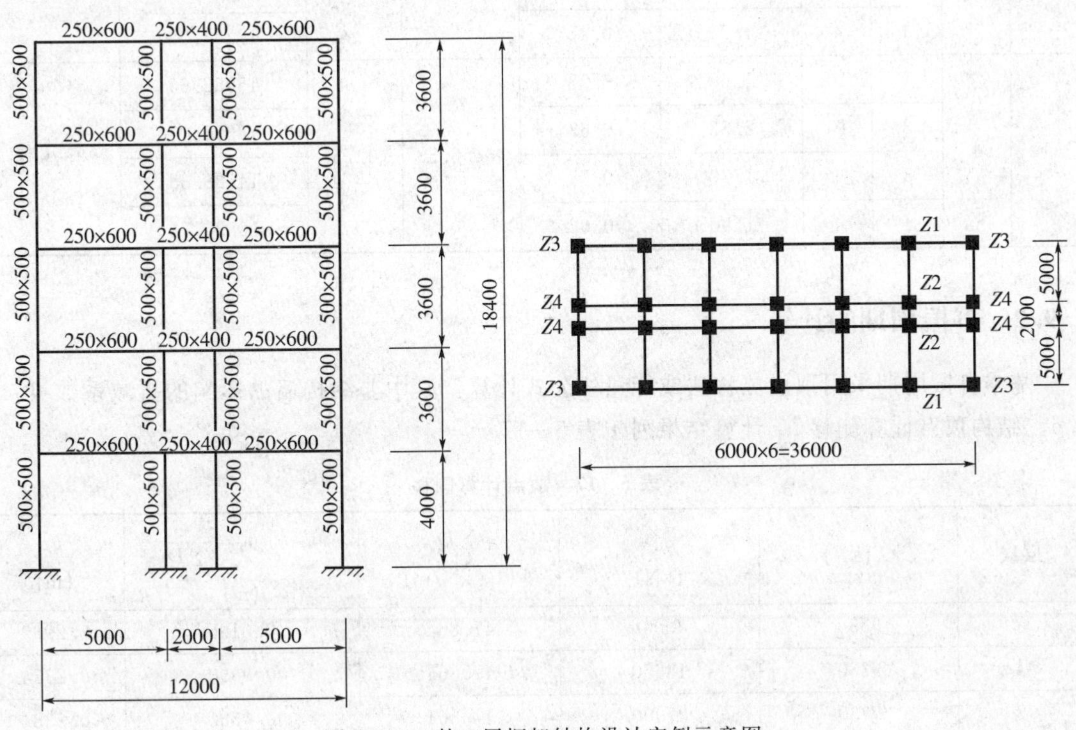

图 5－30　某 5 层框架结构设计实例示意图

5.9.1　框架刚度计算

表 5－15 列出了梁的刚度计算过程。

表 5－15　梁的刚度

部位	断面 $b\times h$ (m×m)	跨度 L (m)	截面惯性矩	边框架梁		中框架梁	
				$I_b=1.5I_0$ ($10^{-3}\mathrm{m}^4$)	$K_b=\frac{E_cI_b}{L}$ (10^{-3}kN·m)	$I_b=2I_0$ ($10^{-3}\mathrm{m}^4$)	$K_b=\frac{E_cI_b}{L}$ (10^{-3}kN·m)
边框梁	0.25×0.65	5	5.72	8.58	4.38	11.44	5.84
中框梁	0.25×0.40	2	1.33	2.00	2.55	2.67	3.40

表 5－16 列出了按 D 值法计算柱的刚度的计算过程。其中混凝土弹性模量 E_c：C20 为 $2.55\times10^4\mathrm{N/mm^2}$，C25 为 $2.8\times10^4\mathrm{N/mm^2}$。计算梁线刚度时考虑楼板的作用，边框架梁取 $1.5E_cI_0$，中框架梁取 $2.0E_cI_0$（I_0 为矩形截面梁的截面惯性矩）。

表 5-16 柱的刚度

<table>
<tr><th>层次</th><th>层高(m)</th><th>柱号</th><th>柱根数</th><th>$\overline{K}=\frac{K_b}{2K_c}$</th><th>$\alpha=\frac{\overline{K}}{2+\overline{K}}$</th><th>$K_c$ (kN・m)</th><th>$\frac{12}{h^2}$ (m^{-2})</th><th>$D=\alpha K_c\times\frac{12}{h^2}$ (kN/m)</th><th>楼层 D(kN/m)</th></tr>
<tr><td rowspan="4">5至2</td><td rowspan="4">3.6</td><td>1</td><td>10</td><td>1.44</td><td>0.42</td><td rowspan="4">40509.26</td><td rowspan="4">0.926</td><td>15705.09</td><td rowspan="4">478635</td></tr>
<tr><td>2</td><td>10</td><td>2.28</td><td>0.53</td><td>19980.87</td></tr>
<tr><td>3</td><td>4</td><td>1.08</td><td>0.35</td><td>13155.94</td></tr>
<tr><td>4</td><td>4</td><td>1.71</td><td>0.46</td><td>17287.99</td></tr>
<tr><td rowspan="4">1</td><td rowspan="4">4</td><td>1</td><td>10</td><td>1.60</td><td>0.58</td><td rowspan="4">36458.33</td><td rowspan="4">0.75</td><td>15952.65</td><td rowspan="4">467907</td></tr>
<tr><td>2</td><td>10</td><td>2.53</td><td>0.67</td><td>18296.01</td></tr>
<tr><td>3</td><td>4</td><td>1.20</td><td>0.53</td><td>14528.38</td></tr>
<tr><td>4</td><td>4</td><td>1.90</td><td>0.62</td><td>16826.74</td></tr>
</table>

5.9.2 自振周期的计算

基本自振周期采用顶点位移法或能量法公式计算。其中非结构墙的影响的折减系数 Ψ_T 取 0.6。结构顶点计算侧移 u_T 计算结果列于表 5-17。

表 5-17 顶点计算侧移

层次	G_i(kN)	$\sum G_i$ (kN)	$\sum D$ (10^4 kN/m)	$u_i-u_{i-1}=\frac{\sum G_i}{\sum D}$ (m)	u_i (m)
5	9330	9330	47.864	0.0195	0.2969
4	9330	18660	47.864	0.0390	0.2774
3	9330	27990	47.864	0.0585	0.2384
2	9330	37320	47.864	0.0780	0.1799
1	10360	47680	46.791	0.1019	0.1019

(1)按顶点位移法计算自振周期 T_1：

$$T_1=1.7\Psi_T\sqrt{u_T}=1.7\times0.6\times\sqrt{0.2969}=0.556\text{s}$$

(2)按能量法计算基本周期为 T_1：

$$T_1=2\Psi_T\sqrt{\frac{\sum_{i=1}^{n}G_iu_i^2}{\sum_{i=1}^{n}G_iu_i}}=0.552\text{s}$$

取 $T_1=0.552$s

5.9.3 多遇水平地震作用标准值计算

该建筑的房屋总高度为 18.4m，且质量和刚度沿高度分布比较均匀，按《抗震规范》规定可以采用底部剪力法进行计算。该建筑不考虑竖向地震作用。

根据抗震规范中地震影响系数 α 的曲线，设防烈度为 7 度，设计地震第一组，Ⅱ类场地时：$\alpha_{\max}=0.08, T_g=0.35\text{s}$，

$$\alpha_1=\left(\frac{T_g}{T_1}\right)^{0.9}\alpha_{\max}=\left(\frac{T_g}{T_1}\right)^{0.9}\times 0.08=0.0531$$

由于 $T_1>1.4T_g$，需计算附加顶部集中力：

$$\delta_n=0.08T_1+0.07=0.112$$

结构总水平地震作用标准值为：

$$F_{EK}=\alpha_1 G_{eq}=0.0531\times 0.85\times 47680=2152\text{kN}$$

附加顶部集中力为：

$$\Delta F_E=\delta_n F_{EK}=0.1142\times 2152=2461\text{kN}$$

各楼层水平地震作用标准值按下式计算，例如第 5 层：

$$\begin{aligned}F_5&=\frac{G_iH_i}{\sum_{j=1}^{n}G_jH_j}F_{EK}(1-\delta_n)\\&=\frac{9330\times 18.4}{9330\times 18.4+9330\times 14.8+\cdots+10360\times 4}\times 2152(1-0.1142)\\&=621\text{kN}\end{aligned}$$

各楼层水平地震作用标准值计算结果如图 5-31 所示，各楼层地震剪力及楼层层间弹性位移计算过程见表 5-18。

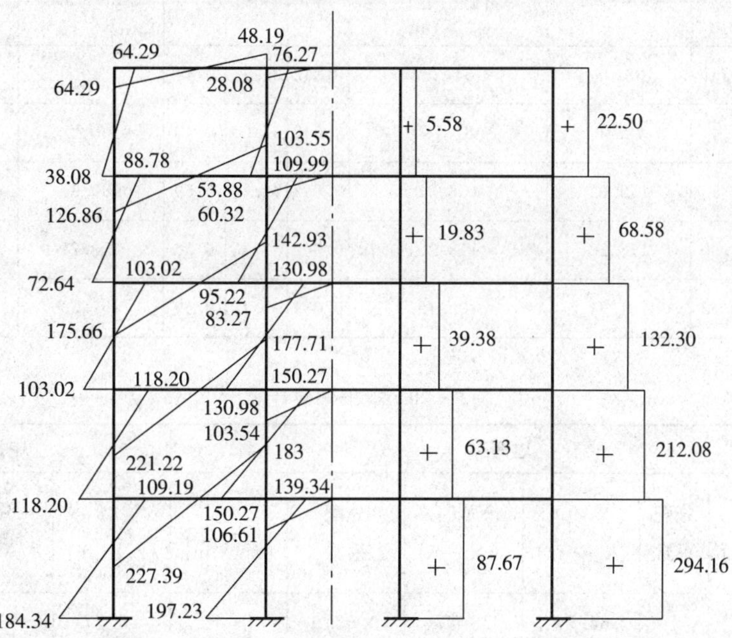

弯矩单位：kN·m；轴力单位：kN(以受压为正)

图 5-31　地震作用下框架弯矩和轴力

表 5-18 多遇地震下楼层剪力及楼层弹性位移

层次	h_i (m)	H_i (m)	G_i (kN)	F_i (kN)	V_i (kN)	D_i (kN/m)	$\Delta u_i=\frac{V_i}{D_i}$ (cm)	$\frac{\Delta u_i}{h_i}$
5	3.6	18.4	9330	621	867	478635	0.1811	0.000503
4	3.6	14.8	9330	500	1376	478635	0.2856	0.000793
3	3.6	11.2	9330	378	1745	478635	0.3646	0.001013
2	3.6	7.6	9330	257	2002	478635	0.4183	0.001162
1	4.0	4.0	10360	150	2152	467907	0.4599	0.001150

根据《抗震规范》规定的要求，验算框架层间位移，均满足小于 1/550 的要求。

5.9.4 水平地震作用下内力计算

取中间一榀框架计算。利用值法计算柱端和梁端弯矩。计算分别列于表 5-19 和表 5-20，地震作用下框架弯矩和柱轴力如图 5-31 所示。

表 5-19 柱端弯矩计算

层次	柱 $C1$					柱 $C2$				
	$\frac{D_{C1}}{D_i}$	V_{CE} (kN)	y	$M'_{CE}=V_{CE}yh_i$ (kN·m)	$M^u_{CE}=V_{CE}(1-y)h_i$ (kN·m)	$\frac{D_{C1}}{D_i}$	V_{CE} (kN)	y	$M'_{CE}=V_{CE}yh_i$ (kN·m)	$M^u_{CE}=V_{CE}(1-y)h_i$ (kN·m)
5	0.033	28.44	0.37	38.08	64.29	0.042	36.15	0.41	53.88	76.27
4	0.033	44.84	0.45	72.46	88.78	0.042	57.00	0.46	95.22	109.99
3	0.033	57.24	0.50	103.02	103.02	0.042	72.77	0.50	130.98	130.98
2	0.033	65.67	0.50	118.20	118.20	0.042	83.48	0.50	150.27	150.27
1	0.034	73.38	0.62	184.34	109.19	0.039	84.14	0.59	197.23	139.34

表 5-20 梁端弯矩计算

层次	边跨梁						中跨梁		
	$\sum M^l_{CE}$ (kN·m)	分配系数	$\sum M^l_{bE1}$ (kN·m)	$\sum M^r_{CE}$ (kN·m)	分配系数	M^r_{bE1} (kN·m)	$\sum M^l_{CE}$ (kN·m)	分配系数	$\sum M^l_{bE2}$ (kN·m)
5	64.29	1	64.29	76.27	0.6319	48.19	76.27	0.3681	28.08
4	126.86	1	126.86	163.87	0.6319	103.55	163.87	0.3681	60.32

（续表）

层次	边跨梁						中跨梁		
	$\sum M_{CE}^{l}$ (kN·m)	分配系数	$\sum M_{bE1}^{l}$ (kN·m)	$\sum M_{CE}^{r}$ (kN·m)	分配系数	M_{bE1}^{r} (kN·m)	$\sum M_{CE}^{l}$ (kN·m)	分配系数	$\sum M_{bE2}^{l}$ (kN·m)
3	175.66	1	175.66	226.20	0.6319	142.93	226.20	0.3681	83.27
2	221.22	1	221.22	281.25	0.6319	177.71	281.25	0.3681	103.54
1	227.39	1	227.39	289.61	0.6319	183.00	289.61	0.3681	106.61

5.9.5 重力荷载作用下内力计算

框架在重力荷载代表值作用下的内力分析采用弯矩二次分配法，由于选取的是中间框架为对象，则对梁的矩形截面惯性矩乘以 2.0，计算过程见表 5-21、表 5-22 和图 5-32。重力荷载作用下弯矩二次分配如图 5-33 所示。框架弯矩和柱轴力如图 5-34 所示。

表 5-21 梁、柱转动刚度计算

构件名称		转动刚度 S(kN·m)
框架梁	边跨梁	$4\times k_b=233431$
	中跨	$2\times k_b=68000$
框架柱	其他层	$4\times k_c=162037$
	首层	$4\times k_c=145833$

表 5-22 分配系数 $\left(\mu=\frac{S}{\sum S}\right)$

节点	$\sum S$(kN·m)	左	右	上	下
2	233431＋162037＋145833＝541301	—	0.431	0.299	0.269
3	233431＋162037×2＝557505	—	0.419	0.291	0.291
4	233431＋162037×2＝557505	—	0.419	0.291	0.291
5	233431＋162037×2＝557505	—	0.419	0.291	0.291
6	233431＋162037＝395468	—	0.590	—	0.410
8	233431＋68000＋162037＋145833＝609301	0.383	0.112	0.266	0.239
9	233431＋68000＋162037×2＝625505	0.373	0.109	0.259	0.259
10	233431＋68000＋162037×2＝625505	0.373	0.109	0.259	0.259
11	233431＋68000＋162037×2＝625505	0.373	0.109	0.259	0.259
12	233431＋68000＋162037＝463468	0.504	0.147	—	0.350

50kN·m
6
12
60kN·m
5
11
60kN·m
4
10
60kN·m
3
9
60kN·m
2
8
1
7

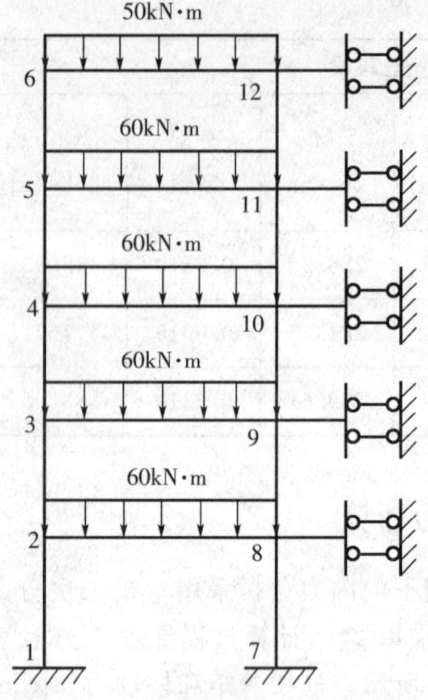

图 5-32　重力荷载作用下计算简图

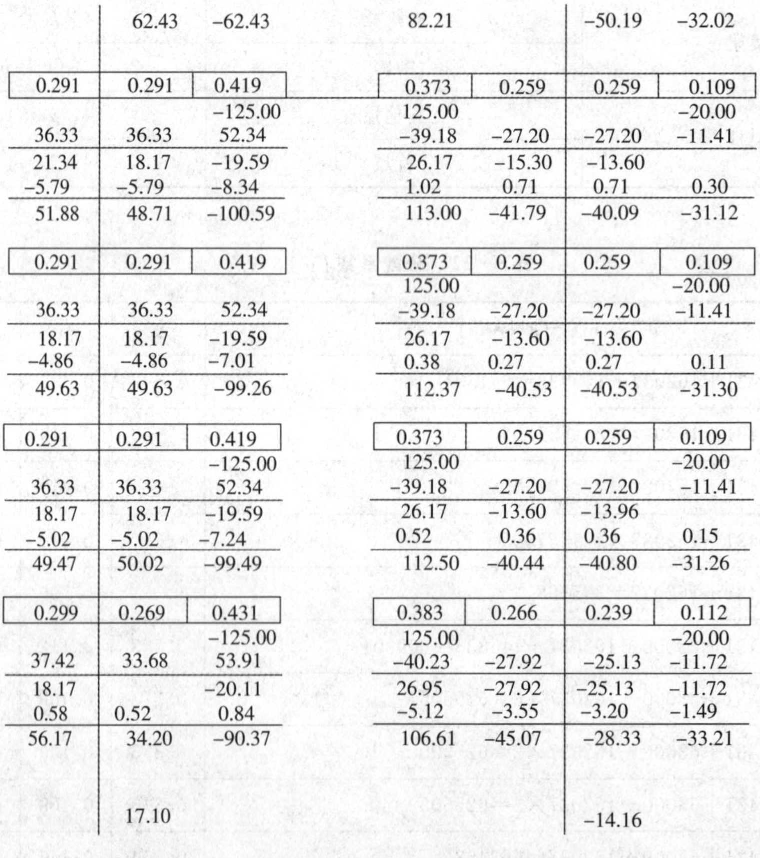

62.43 -62.43 82.21 -50.19 -32.02
0.291 0.291 0.419 0.373 0.259 0.259 0.109
-125.00 125.00 -20.00
36.33 36.33 52.34 -39.18 -27.20 -27.20 -11.41
21.34 18.17 -19.59 26.17 -15.30 -13.60
-5.79 -5.79 -8.34 1.02 0.71 0.71 0.30
51.88 48.71 -100.59 113.00 -41.79 -40.09 -31.12
0.291 0.291 0.419 0.373 0.259 0.259 0.109
125.00 -20.00
36.33 36.33 52.34 -39.18 -27.20 -27.20 -11.41
18.17 18.17 -19.59 26.17 -13.60 -13.60
-4.86 -4.86 -7.01 0.38 0.27 0.27 0.11
49.63 49.63 -99.26 112.37 -40.53 -40.53 -31.30
0.291 0.291 0.419 0.373 0.259 0.259 0.109
-125.00 125.00 -20.00
36.33 36.33 52.34 -39.18 -27.20 -27.20 -11.41
18.17 18.17 -19.59 26.17 -13.60 -13.96
-5.02 -5.02 -7.24 0.52 0.36 0.36 0.15
49.47 50.02 -99.49 112.50 -40.44 -40.80 -31.26
0.299 0.269 0.431 0.383 0.266 0.239 0.112
-125.00 125.00 -20.00
37.42 33.68 53.91 -40.23 -27.92 -25.13 -11.72
18.17 -20.11 26.95 -27.92 -25.13 -11.72
0.58 0.52 0.84 -5.12 -3.55 -3.20 -1.49
56.17 34.20 -90.37 106.61 -45.07 -28.33 -33.21
17.10 -14.16

图 5-33　重力荷载代表值作用下弯矩二次分配

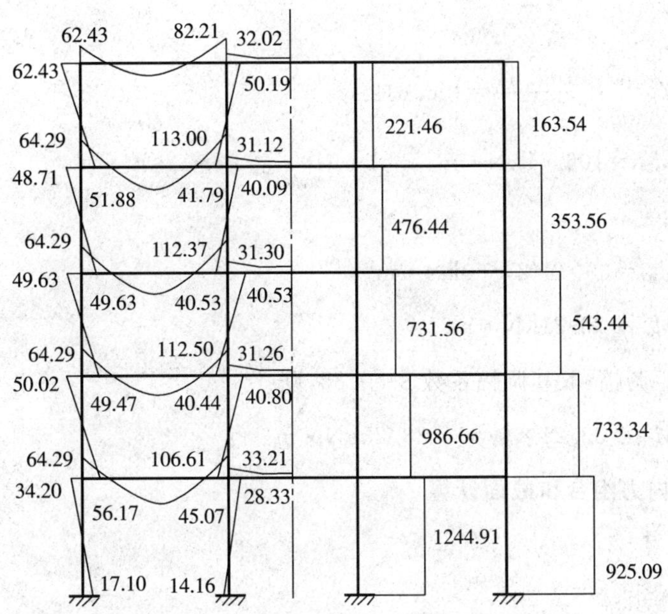

弯矩单位:kN·m;轴力单位:kN(以受压为正)

图 5－34 重力荷载作用下框架弯矩和轴力图

5.9.6 内力组合及截面抗震计算

本框架抗震等级为三级。下面以底层边框架、中柱为例,进行抗震内力和截面计算。在设计中,还应和非抗震内力组合进行比较,取其不利者进行截面计算。

1. 梁控制截面内力和梁端负弯矩调幅

(1)底层边框架

地震作用下:

$$V_E=\frac{227.39+183}{5}=82.08\text{kN}$$

$$M_{1E}=227.39\text{kN}\cdot\text{m},\quad M_{2E}=183.00\text{kN}\cdot\text{m}$$

重力荷载作用下:

$$V_{1G}=\frac{90.37-106.61+60\times25/2}{5}=146.75\text{kN}$$

$$V_{1G}=\frac{106.61-90.37+60\times25/2}{5}=153.25\text{kN}$$

$$M_{1G}=90.37\text{kN}\cdot\text{m},\quad M_{2G}=106.61\text{kN}\cdot\text{m}$$

考虑梁端负弯矩调幅,取其调幅系数 $\beta=0.85$,则

$$\overline{M}_{1G}=90.37\times0.85=76.81\text{kN}\cdot\text{m}$$

$$\overline{M}_{2G}=106.61\times0.85=90.62\text{kN}\cdot\text{m}$$

(2)底层中跨梁

地震作用下：

$$V_E=\frac{2\times106.61}{2}=106.61\text{kN}$$

$$M_{3E}=106.61\text{kN}\cdot\text{m}$$

重力荷载作用下：

$$V_{3G}=60\times2/2=60\text{kN}\cdot\text{m}$$

$$M_{3G}=33.21\text{kN}\cdot\text{m}$$

考虑梁端负弯矩调幅，取其调幅系数 $\beta=0.85$，则：

$$\overline{M}_{3G}=33.21\times0.85=28.23\text{kN}\cdot\text{m}$$

2. 底层边框架内力组合和截面计算

(1)梁正截面计算

梁左端最大负弯矩：

$$M_1'=1.2\times(-76.81)+1.3\times(-227.39)=-387.78\text{kN}\cdot\text{m}$$

梁左端最大正弯矩：

$$M_1=1.0\times(-76.81)+1.3\times227.39=218.80\text{kN}\cdot\text{m}$$

梁右端最大负弯矩：

$$M_2'=1.2\times(-90.62)+1.3\times(-183)=-346.64\text{kN}\cdot\text{m}$$

梁右端最大正弯矩：

$$M_2=1.0\times(-90.62)+1.3\times183=147.28\text{kN}\cdot\text{m}$$

按解析法求出梁跨内最大正弯矩的位置如图 5 - 35 所示。

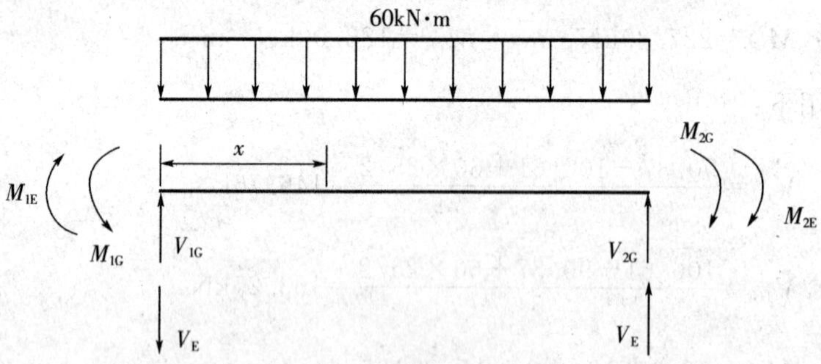

图 5 - 35　梁内力计算简图

梁跨内最大正弯矩

$$M_x=M_{1E}-\overline{M}_{1G}+(V_{1G}-V_E)x-qx^2/2$$

由 $\frac{dM_x}{dx}=0$，得：

$x=(V_{1G}-V_E)/q=(146.75-82.08)/60=1.08\text{m}$

$M_{max}=1.2\times(146.75\times1.08-76.81-30\times1.08^2)+1.3\times(227.39-82.08\times1.08)$

$=236.40\text{kN}\cdot\text{m}$

故梁端顶部按 $M=-387.78\text{kN}\cdot\text{m}$，梁底端按 $M=236.40\text{kN}\cdot\text{m}$ 确定纵向受拉钢筋。

①梁底部纵向受拉钢筋计算

$$\gamma_{RE}M=\alpha_1 f_c bx\left(h_0-\frac{x}{2}\right)$$

根据规范，$\gamma_{RE}=0.75$，C20 时 $\alpha_1=1$，$f_c=9.6$，故上式为：

$$0.75\times236.4\times10^6=1\times9.6\times250x(615-x/2)$$

解得 $x=134.92\text{mm}$。

$$\xi=\frac{x}{h_0}=\frac{134.92}{615}=0.219<\xi_b=0.55$$

又由 $\alpha_1 f_c bx=f_y A_s$，可得

$$A_s=\frac{9.6\times250\times134.92}{300}=1079.36\text{mm}^2。$$

选 4 ϕ 20（Ⅱ级钢筋），$A_s=1256\text{mm}^2$。

②梁顶部纵向受拉钢筋计算

$$0.75\times387.78\times10^6=1\times9.6\times250\times(615-x/2)$$

解得 $x=246040\text{mm}$

$$\xi=\frac{x}{h_0}=\frac{246.64}{615}<\xi_b=0.55$$

又由 $\alpha_1 f_c bx=f_y A_s$，可得：

$$A_s=\frac{9.6\times250\times246.4}{300}=1971.2\text{mm}^2$$

选 8 ϕ 18（Ⅱ级钢筋），$A_s=2035\text{mm}^2$，双排。

③梁纵向受拉钢筋配筋率

梁端 $\rho=\frac{A_s}{bh_0}=\frac{2035}{250\times615}=1.32\%>\rho_{min}=0.25\%$

跨中 $\rho=\frac{A_s}{bh_0}=\frac{1256}{250\times615}=0.82\%>\rho_{min}=0.25\%$

$$A_{s底}/A_{s顶}=1256/2035=0.617>0.3$$

满足规范要求。

(2)截面计算

$$M_b^l=1.2\times(-76.81)+1.3\times(-227.39)=203.435\text{kN}\cdot\text{m}$$

$$M_b^r=1.2\times90.62+1.3\times(-183)=-346.64\text{kN}\cdot\text{m}$$

$$V_b=1.1(M_b^l+M_b^r)/l_n+1.2ql_n/2=1.1\times550.08/4.5+1.2\times60\times4.5/2$$

$$=296.46\text{kN}\cdot\text{m}$$

剪压比验算：

$$\frac{\gamma_{RE}V_b}{\beta_c f_c bh_0}=\frac{0.85\times296.64\times10^3}{1\times9.6\times250\times615}=0.171<0.2$$

配箍计算：

$$\frac{A_{sv}}{s}=\frac{\gamma_{RE}V_b-0.42f_t bh_0}{1.25f_{yv}h_0}=\frac{0.85\times296.64\times10^3-0.42\times1.1\times250\times615}{1.25\times210\times615}=1.121\text{mm}$$

选用双肢Φ10@100，

$$\frac{A_{sv}}{s}=\frac{157}{100}=1.57\text{mm}>1.121\text{mm}$$

$$\rho_{sv}=\frac{nA_{sv}}{bs}=\frac{157}{250\times100}=0.628\%>0.26\frac{f_t}{f_{yv}}=0.26\frac{1.1}{210}=0.136\%$$

满足规范要求。

3. 底层中柱内力组合和截面计算

(1)轴压比验算

$$N_{max}=1.2\times1244.91+1.3\times87.67=1607.86\text{kN}$$

$$\frac{N_{max}}{f_c bh}=\frac{1607.86\times10^3}{11.9\times500\times500}=0.54<0.9$$

(2)正截面计算

在内力组合时，对柱顶需考虑柱端弯矩的调整，对柱底需乘以规范要求的增大系数，则柱采用如下最不利内力组合。

对于柱顶：

$|M|_{max}$及相应的 N：(A)

$$M=1.1[1.2(\overline{M}_{2G}-\overline{M}_{3G})+1.3(M_{2E}+M_{3E})]\times\frac{i_c}{\sum i_c}$$

$$=1.1[1.2(90.62-28.23)+1.3(183+106.61)]\times\frac{36458.33}{40509.26+36458.33}$$

$$=2351.19\text{kN}\cdot\text{m}$$

$$N=1.2\times1244.91-1.3\times87.67=1379.92\text{kN}$$

N_{max}及相应的 M：(B)

$N=1.2\times1244.91-1.3\times87.67=1607.86\text{kN}$

$$M=1.1[1.2(\overline{M}_{2G}-\overline{M}_{3G})+1.3(M_{2E}+M_{3E})]\times\frac{i_c}{\sum i_c}$$

$$=1.1[74.87-376.49]\times0.4737=-157.17\text{kN}\cdot\text{m}$$

$N_{\min}$及相应的M:(C)

$N=1.0\times1244.91-1.3\times87.67=1130.94\text{kN}$

$$M=1.1[1.0(\overline{M}_{2G}-\overline{M}_{3G})+1.3(M_{2E}+M_{3E})]\times\frac{i_c}{\sum i_c}$$

$$=1.1[62.39+376.49]\times0.4737=228.69\text{kN}\cdot\text{m}$$

对于柱底:

$|M|_{\max}$及相应的N:(D)

$M=1.15(1.2\times14.16+1.3\times197.23)=314.40\text{kN}\cdot\text{m}$

$N=1.2\times1244.91-1.3\times87.67=1379.92\text{kN}$

$N_{\max}$及相应的M:(E)

$N=1.2\times1244.91+1.3\times87.67=1607.86\text{kN}$

$M=1.15(1.2\times14.16-1.3\times197.23)=-275.32\text{kN}\cdot\text{m}$

$N_{\min}$及相应的M:(F)

$N=1.0\times1244.91-1.3\times87.67=1130.94\text{kN}$

$M=1.15(1.0\times14.16+1.3\times197.23)=311.14\text{kN}\cdot\text{m}$

经分析和计算,(F)组合对底层柱底纵向配筋起控制作用,其配筋计算过程为

$$e_0=M/N=311.14/1130.94=0.275\text{m}=275\text{m}=275\text{mm}>0.3h_0=139.5\text{mm}$$

故$e_a=0$,$e_i=e_0=275\text{mm}$。

$$\xi_1=\frac{0.5f_cA}{\gamma_{\text{RE}}N}=\frac{0.5\times11.9\times500^2}{0.8\times1130.94\times10^3}=1.644>1$$

取$\xi_1=1$。

$l_0/h=4/0.5=8<15$

故$\xi_2=1$。

$$\eta=1+\frac{1}{1400e_i/h_0}\left(\frac{l_0}{h}\right)^2\xi_1\xi_2=1+\frac{465}{1400\times275}\times8^2\times1\times1=1.077$$

$$\xi=\frac{\gamma_{\text{RE}}N}{\alpha_1f_cbh_0}=\frac{0.8\times1130.94\times10^3}{11.9\times500\times465}=0.327<\xi_b=0.55$$

$$e=\eta e_i+h/2-a_s=1.077\times275+250-35=511.175\text{mm}$$

$$A_s=\frac{\gamma_{RE}Ne-\alpha_1 f_c bh_0^2\xi(1-0.5\xi)}{f_y(h_0-a_s)}$$

$$=\frac{0.8\times1130.94\times10^3\times511.175-11.9\times500\times465^2\times0.327\times0.8365}{300\times430}$$

$$=857.15\text{mm}^2$$

按最小配筋率：

$$A_s=\frac{1}{2}\times\frac{0.7}{100}\times500\times500=875\text{mm}^2$$

则底层中柱采用对称配筋，钢筋选取 3 ϕ 20（Ⅱ级钢筋），$A_s=942\text{mm}^2$。

(3)截面计算

剪力设计值调整

$$V_c=1.1(235.19+314.40)/(4-0.65)=180.46\text{kN}$$

剪跨比

$$\lambda=\frac{H_n}{2h_0}=(4-0.65)/(2\times0.465)=3.6>2$$

取 $\lambda=3$。

剪压比验算：

$$\frac{\gamma_{RE}N}{\beta_c f_c bh_0}=\frac{0.85\times180.46\times10^3}{1\times11.9\times500\times465}=0.055<0.2$$

配箍计算：

$$N=1607.86\text{kN}>0.3f_cA=0.3\times11.9\times500^2\times10^{-3}=892.5\text{kN}$$

故取 $N=892.5\text{kN}$。则：

$$\frac{A_{sv}}{s}=\frac{\gamma_{RE}V_c-\frac{1.05}{\lambda+1}f_t bh_0-0.056N}{f_{yv}h_0}$$

$$=\frac{0.85\times180.46\times10^3-\frac{1.05}{4}\times1.27\times500\times465-0.056\times892.5\times10^3}{210\times465}$$

选取ϕ 10 @200，3 肢箍。

$$\frac{A_{sv}}{s}=1.18$$

柱端加密区配ϕ 10 @100，则加密区体积配箍率为：

$$\rho_v=\frac{A_{sv}l}{sl_1l_2}=\frac{78.5\times446\times6}{100\times446^2}=1.06\%$$

加密区最小体积配箍率为：

$$\lambda_v \frac{f_c}{f_{yv}} = 0.1\ \frac{16.7}{210} = 0.8\%$$

故满足规范要求。

思考题

1. 框架结构的使用范围有哪些?

2. 为什么有抗震设计的框架结构不宜采用单跨框架?

3.《高层规程》规定中,在抗震设计时,框架结构的填充墙要满足哪些要求?

4. 为什么框架结构按抗震设计时,不应采用部分有砌体填充墙承重的混合结构?

5.《高层规程》规定,抗震设计的框架结构中,当仅布置少量钢筋混凝土剪力墙时,结构分析计算应如何考虑?

6. 框架梁的计算长度如何确定? 框架柱的计算长度如何计算?

7. 现浇梁板结构中,在结构计算时,楼面梁的刚度应如何考虑?

8.《高层规程》规定,当非承重墙体为填充砖墙时,高层建筑结构的计算自振周期应如何折减?

9. 简述分层计算法的要点和计算步骤。

10. 水平荷载作用下框架柱的反弯点位置与哪些因素有关? 如果与某层柱相邻的上层柱的混凝土弹性模量降低了,该层柱的反弯点如何移动?

11. 水平荷载作用下框架的侧移由哪两部分组成? 各有何特点?

12. 简述用 D 值法计算框架内力的要点和步骤。边柱和中柱,一般层柱和底层柱其 D 值的计算公式有什么区别?

13. 反弯点法在什么条件下比较适用? 在求得柱的抗侧移刚度后,如何计算框架的内力和侧移?

14. 为什么要进行梁端弯矩调幅?《高层规程》是如何规定的?

15. 延性框架设计时应采取什么基本措施?

16. 什么是强柱弱梁的设计原则? 什么是强节点、强锚固的设计原则? 什么是强剪弱弯的设计原则?

17. 框架梁、柱的截面如何确定?

18. 为什么要限制梁柱纵向钢筋的最小配筋率和最大配筋率? 抗震和非抗震有什么区别?

19. 抗震设计和非抗震设计时,梁的箍筋有何要求?

20. 框架梁按强剪弱弯设计时,其受剪截面应符合哪些要求?

21. 抗震设计时,框架梁端部截面组合的剪力设计值如何计算?

22. 影响框架柱延性的主要因素有哪些?

23. 柱的纵向配筋应满足哪些要求?

24. 框架柱的箍筋应满足哪些要求?

25. 柱设计时,为什么要有轴压比的限制?

26. 柱端考虑地震作用组合的弯矩设计值应如何计算?

27. 抗震设计的框架柱端部截面的剪力设计值如何计算?

28. 在进行节点的抗震承载力验算时,节点的截面的有效宽度、有效高度和节点的约束系数如何确定? 节点的剪力设计值如何取值?

29. 在节点设计时，节点剪压比如何控制？

30. 节点核心区配筋有哪些要求？

31. 在抗震和非抗震时，节点钢筋的锚固与搭接有哪些要求？

习　题

1. 图 5-36 示 2 层框架，用分层法计算其弯矩图，括号内数字表示每根线刚度的相对值。

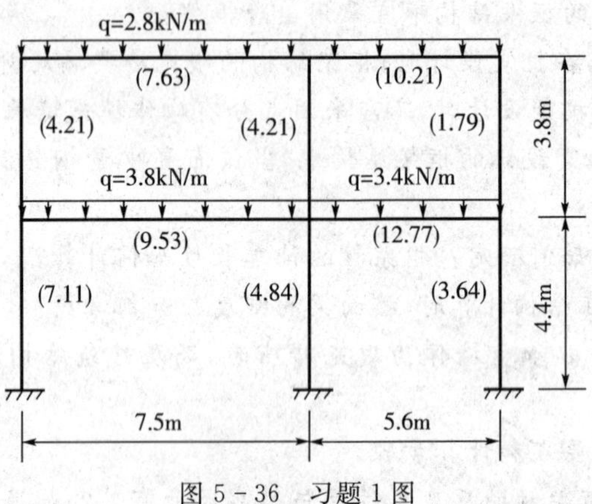

图 5-36　习题 1 图

2. 用反弯点法作图 5-37 所示框架的弯矩图，括号内数字表示各杆线刚度的相对值。

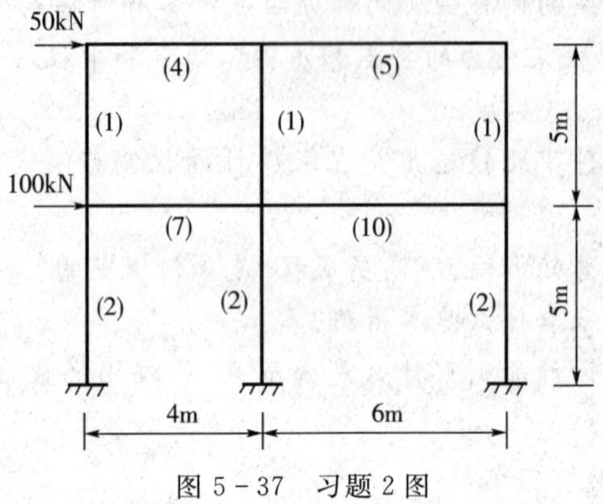

图 5-37　习题 2 图

3. 用 D 值法作如图所示 3 层框架的弯矩图 5-38（括号内数字表示各杆线刚度的相对值）。

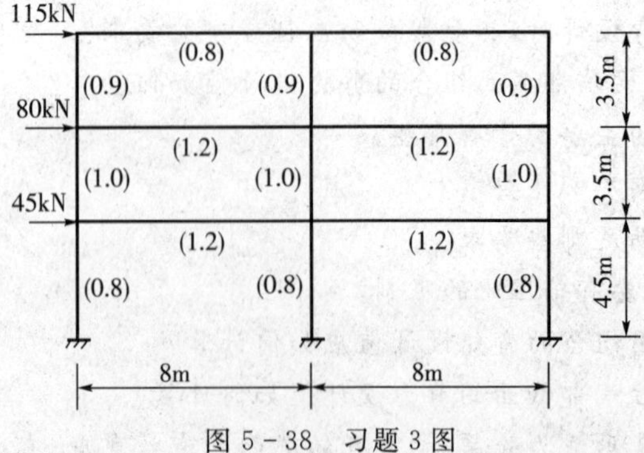

图 5-38　习题 3 图

4. 求图 5-39 所示三跨 10 层框架由杆件弯曲产生的顶点侧移及最大层间侧移。梁混凝土等级是 C30($E_c=3.0\times10^4\text{N/mm}^2$)，柱混凝土等级为 C40($E_c=3.25\times10^4\text{N/mm}^2$)，设梁(6m)截面尺寸相同为 250mm×600mm，梁(2.7m)截面尺寸相同为 250mm×450mm，柱截面尺寸相同为 500mm×500mm。

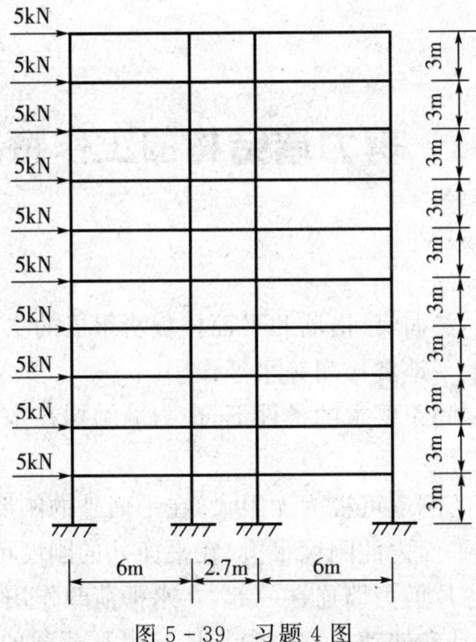

图 5-39　习题 4 图

第6章 剪力墙结构设计

6.1 剪力墙结构的工作特点

6.1.1 基本假定

剪力墙结构是由一系列的竖向纵、横墙和平面楼板所组成的空间结构体系，除了承受楼板的竖向荷载外，还承受风荷载、水平地震作用等水平作用。

剪力墙布置在满足构造和间距要求的条件下，剪力墙结构在水平荷载作用下计算时，可以采用以下基本假定：

(1)楼板在其自身平面内的刚度可视为无限大，在平面外的刚度可忽略不计；

(2)各片剪力墙在其自身平面内的刚度很大，在平面外的刚度可忽略不计。

由假定(1)可知，楼板将各片剪力墙连在一起，在水平荷载作用下，楼板在自身平面内没有相对位移，只作刚体运动——平动和转动。这样参与抵抗水平荷载的各片剪力墙按楼板水平位移线性分布的条件进行水平荷载的分配。若水平荷载合力作用点与结构刚度中心重合，结构无扭转，则可按同一楼层各片剪力墙水平位移相等的条件进行水平荷载的分配，亦即水平荷载按各片剪力墙的抗侧刚度进行分配。

由假定(2)可知，每个方向的水平荷载由该方向的各片剪力墙承受，垂直于水平荷载方向的各片剪力墙不参加工作，这样可以将纵横两个方向的剪力墙分开，使空间剪力墙结构简化为平面结构。

6.1.2 水平荷载作用下剪力墙计算截面及剪力分配

根据《高层规程》的规定，在计算剪力墙的内力和位移时，可以考虑纵横墙的共同工作即纵墙的一部分可以作为横墙的有效翼缘，横墙的一部分可以作为纵墙的有效翼缘，现浇剪力墙有效翼缘的宽度 b_i(图 6-1)可按表 6-1 所列各项中最小值取用；装配整体式剪力墙有效翼缘的宽度宜将表中数值适当折减后取用。

表 6-1 剪力墙有效翼缘宽度 b_i

考虑方式	截面形式	
	T(或 I)形截面	L 形截面
按剪力墙的净距 s_0 考虑	$b+\frac{s_{01}}{2}+\frac{s_{02}}{2}$	$b+\frac{s_{03}}{2}$
按翼缘厚度 h_i 考虑	$b+12h_i$	$b+6h_i$
按门窗洞净距 b_0 考虑	b_{01}	b_{02}

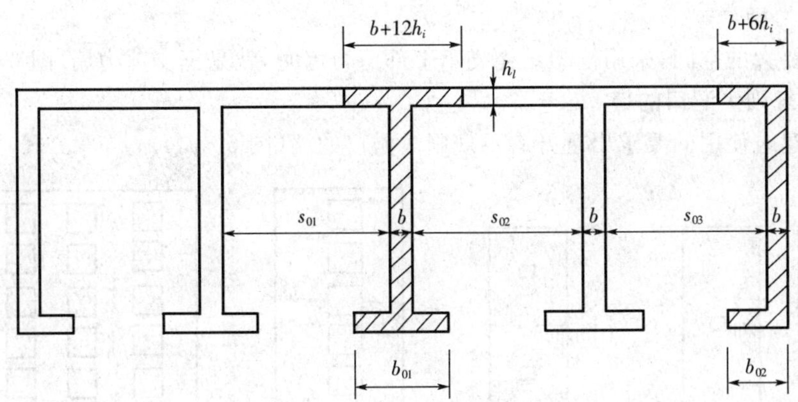

图 6-1　剪力墙有效翼缘的宽度

各片剪力墙是通过刚性楼板联系在一起的。当结构的水平力合力中心与结构刚度中心重合时，结构不会产生扭转，各片剪力墙在同一层楼板标高处的侧移将相等。因此，总水平荷载将按各片剪力墙的刚度大小向各片墙分配。所有抗侧力单元都是剪力墙。它们有相类似的沿高度变形曲线(即弯曲形变形曲线)，各片剪力墙水平荷载沿高度的分布也将类似，与总荷载沿高度分布相同。因此，分配总荷载或分配层剪力的效果是相同的。

当有 m 片墙时，第 i 片墙第 j 层分配到的剪力是：

$$V_{ij}=\frac{E_i J_{\mathrm{eq}i}}{\sum\limits_{i=1}^{m} E_i J_{\mathrm{eq}i}} V_{\mathrm{p}j} \tag{6-1}$$

式中：$V_{\mathrm{p}j}$——由水平荷载计算的 j 层总剪力；

$E_i J_{\mathrm{eq}i}$——第 j 片墙的等效抗弯刚度。

由于墙的类型不同，等效抗弯刚度的计算方法也各异，这将在下几节分别讨论。

6.1.3　剪力墙的分类及力学特性分析

以上是从平面布置的角度对剪力墙结构计算图的一些分析。每片剪力墙从其本身开洞的情况又可以分为各种类型。由于墙的型式不同，相应的受力特点、计算图与计算方法也不相同。下面先对受力特点、计算图的特点和计算方法做一个概述。

1. 整体墙和小开口整体墙

整体墙没有门窗洞口或只有很小的洞口，可以忽略洞口的影响。这种类型的剪力墙实际上是一个整体的悬臂墙，符合平面假定，正应力为直线规律分布，这种墙称为整体墙(图 6-2(a))。当门窗洞口稍大一些，墙肢应力中已出现局部弯矩(图 6-2(b))，但局部弯矩的值不超过整体弯矩的 15%时，可以认为截面变形大体上仍符合平面假定，按材料力学公式计算应力，然后加以适当的修正。这种墙叫小开口整体墙。

2. 双肢剪力墙和多肢剪力墙

开有一排较大洞口的剪力墙叫双肢剪力墙(图 6-2(c))，开有多排较大洞口的剪力墙叫多肢剪力墙(图 6-2(d))。由于洞口开得较大，截面的整体性已经破坏，正应力分布较直线规律差别较大。其中，洞口更大些，且连梁刚度很大，而墙肢刚度较弱的情况，已接近框架的受力特性，有时也称为壁式框架(图 6-2(g)、(h))。

3. 框支剪力墙

当底层需要大的空间，采用框架结构支承上部剪力墙时，就是框支剪力墙(图 6-2(e))。

4. 开有不规则大洞口的墙

有时由于建筑使用的要求出现开有不规则大洞口的墙(图 6-2(f))。

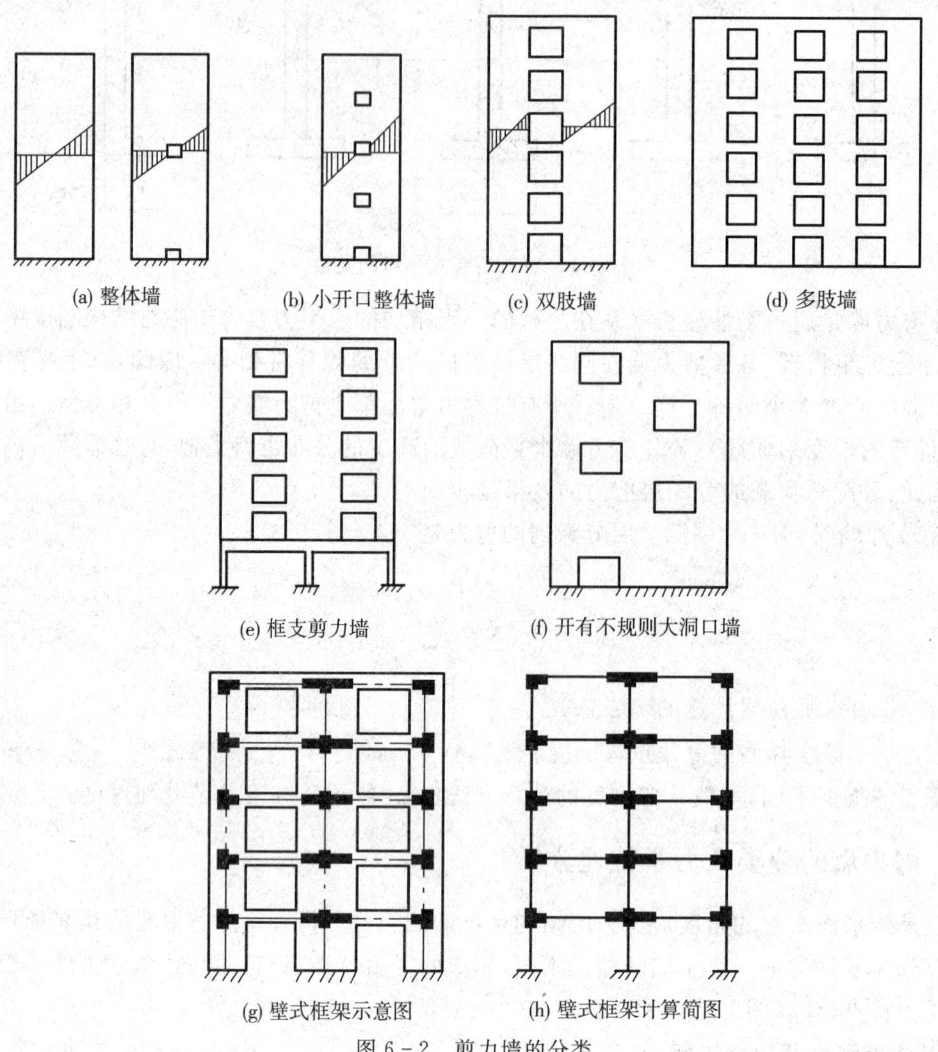

图 6-2 剪力墙的分类

6.1.4 剪力墙的分析方法

剪力墙结构随着类型和开洞大小的不同，计算方法与计算图的选取也不同。除了整体墙和小开口整体墙基本上采用材料力学的计算公式外，其他的大体上还有以下一些算法：

1. 连梁连续化的分析方法

此法将每一层楼层的连系梁假想为分布在整个楼层高度上的一系列连续连杆(图 6-3)，借助于连杆的位移协调条件建立墙的内力微分方程，解微分方程便可求得内力。

这种方法可以得到解析解，特别是将解答绘成曲线后，使用还是比较方便的。通过试验验证，其结果的精确度也还是可以的。但是，由于假定条件较多，使用范围受到局限。

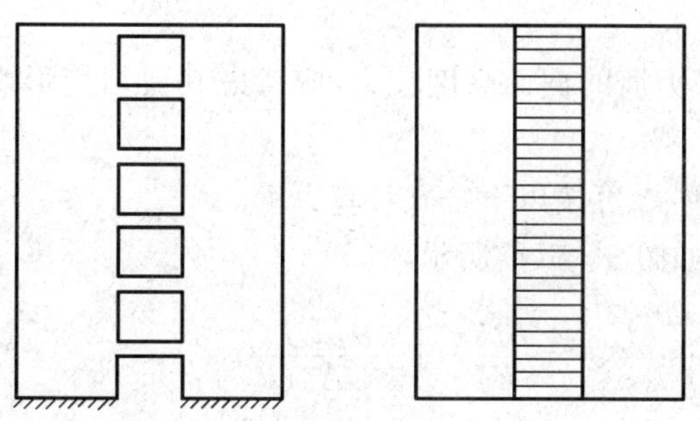

图 6-3　连续化计算方法简图

2. 带刚域框架的算法

将剪力墙简化为一个等效多层框架。由于墙肢及连系梁都较宽，在墙梁相交处形成一个刚性区域，在这区域内，墙梁的刚度为无限大。因此，这个等效框架的杆件便成为带刚域的杆件（图 6-2(g)、(h)）。

3. 有限单元和有限条带法

将剪力墙结构作为平面问题（或空间问题），采用网格划分为矩形或三角形单元（图 6-4(a)），取结点位移作为未知量，建立各结点的平衡方程，用电子计算机求解。采用有限单元法对于任意形状尺寸的开孔及任意荷载或墙厚变化都能求解，精确度也较高。

对于剪力墙结构，由于其外形及边界较规整，也可将剪力墙结构划分为条带（图 6-4(b)），即取条带为单元。条带与条带间以结线相连。每条带沿 y 方向的内力与位移变化用函数形式表示，在 x 方向则为离散值。以结线上的位移为未知量，考虑条带间结线上的平衡方程求解。

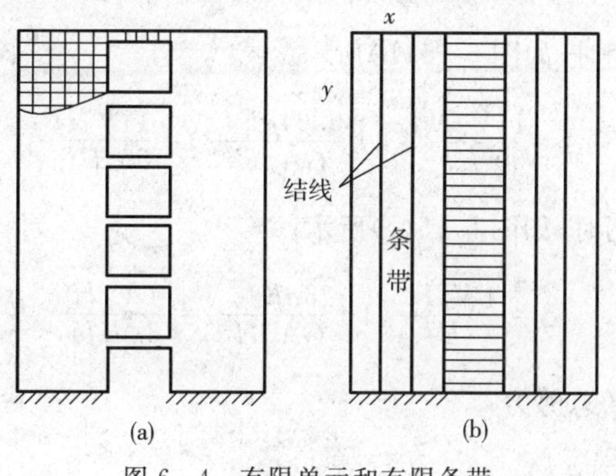

图 6-4　有限单元和有限条带

6.2　整体墙结构的内力与位移计算

6.2.1　整体墙的内力与位移计算

对于整体剪力墙，在水平荷载作用下，根据其变形特征，可视为一整体的悬臂弯曲杆件，用材料力学中悬臂梁的内力和变形的基本公式进行计算。

1. 内力计算

按上端自由，下端固定的悬臂梁计算其任意截面的弯矩和剪力。

2. 位移计算

在位移计算时，由于剪力墙的截面高度较大，应考虑其剪切变形影响。当开洞时，应考虑洞口对位移增大的影响。

整体剪力墙的顶点位移Δ可按以下公式计算：

(1)均布荷载作用时，如图 6-5(a)所示，

$$\Delta=\Delta_m+\Delta_v=\frac{1}{8}\frac{qH^4}{EJ_w}+\frac{qH^2}{2GA_w}=\frac{qH^4}{8EJ_w}(1+\frac{4\mu EJ_w}{GA_w H^2})$$

$$=\frac{V_0 H^3}{8EJ_w}(1+\frac{4\mu EJ_w}{GA_w H^2})=\frac{1}{8}\frac{V_0 H^3}{EJ_d} \tag{6-2}$$

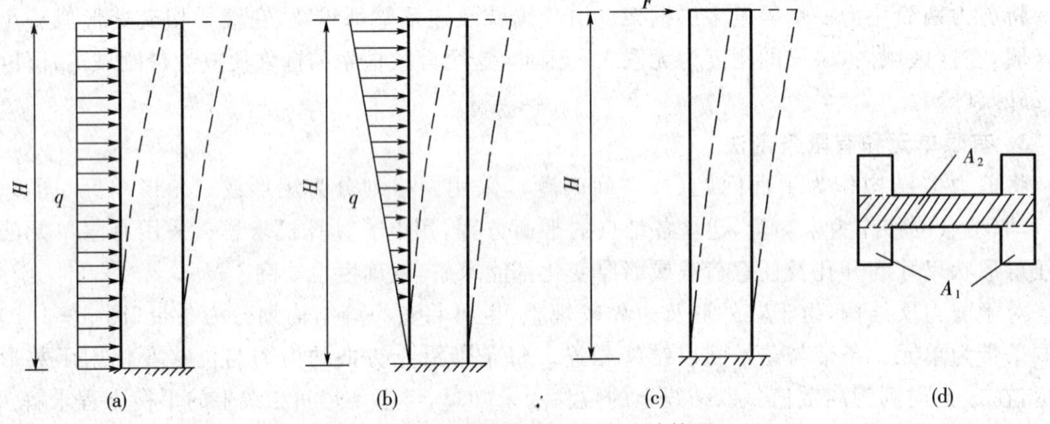

图 6-5 剪力墙结构顶点位移计算图

(2)倒三角形荷载作用时，如图 6-5(b)所示。

$$\Delta=\frac{11}{60}\frac{V_0 H^3}{EJ_w}(1+\frac{3.64\mu EJ_w}{GA_w H^2})=\frac{11}{60}\frac{V_0 H^3}{EJ_d} \tag{6-3}$$

(3)顶点集中力下作用时，如图 6-5(c)所示。

$$\Delta=\frac{1}{3}\frac{V_0 H^3}{EJ_w}(1+\frac{3\mu EJ_w}{GA_w H^2})=\frac{1}{3}\frac{V_0 H^3}{EJ_d} \tag{6-4}$$

式中：V_0——剪力墙底部的总剪力；

H——剪力墙总高度；

A_w——考虑洞口影响的剪力墙水平截面的折算面积；

μ——剪应力分布不均匀系数；

J_w——考虑洞口影响的剪力墙水平截面的折算惯性矩；

EJ_d——剪力墙的等效抗弯刚度；

E——混凝土的弹性模量；

G——混凝土的剪力模量。

由式(6-2)、式(6-3)、式(6-4)分别得出各种水平荷载作用下剪力墙的等效抗弯刚度。

均布荷载时
$$EJ_d=\frac{EJ_w}{1+\frac{4\mu EJ_w}{GA_w H^2}}$$

倒三角形荷载时
$$EJ_d=\frac{EJ_w}{1+\frac{3.64\mu EJ_w}{GA_w H^2}}$$

顶点集中荷载时
$$EJ_d=\frac{EJ_w}{1+\frac{3\mu EJ_w}{GA_w H^2}}$$

将上式用 $G=0.42E_c$ 代入，可近似归并为一个统一的计算式：

$$EJ_d=\frac{EJ_w}{1+\frac{9\mu J_w}{A_w H^2}} \tag{6-5}$$

6.2.2　小开口整体墙的内力及位移计算

小开口整体墙的洞口总面积虽超过了墙总立面面积的 15%，但总的来说洞口仍很小，其受力性能仍能接近于整体剪力墙，各墙肢中仅有少量的局部弯矩；在沿墙肢的高度方向，弯矩图形不出现反弯点。因此，在计算中仍可用材料力学公式计算其内力和侧移，但须考虑局部弯曲应力的作用，做一些修正。

1. 内力计算

先将小开口整体墙作为一悬臂构件，按图 6-6 算出其标高之处的截面所承受的总弯矩 M_{FZ} 和总剪力 V_{FZ}。

(1)墙肢弯矩计算

小开口整体墙墙肢的总弯矩是由两部分弯矩叠加而成的：其一是作为整体悬臂墙产生整体弯曲的弯矩 M'_{Zi}，另一为产生局部弯曲的弯矩 M''_{Zi}。

第 i 墙肢的全部弯矩 M_{Zi} 为：

$$M_{Zi}=M'_{Zi}+M''_{Zi}=kM_{FZ}\frac{J_i}{J}+(1-k)M_{FZ}\frac{J_i}{\sum J_i} \tag{6-6}$$

式中：k——为整体弯矩系数，可取 $k=0.85$；

J_i——墙肢 i 的惯性矩；

J——剪力墙整个截面的惯性矩。

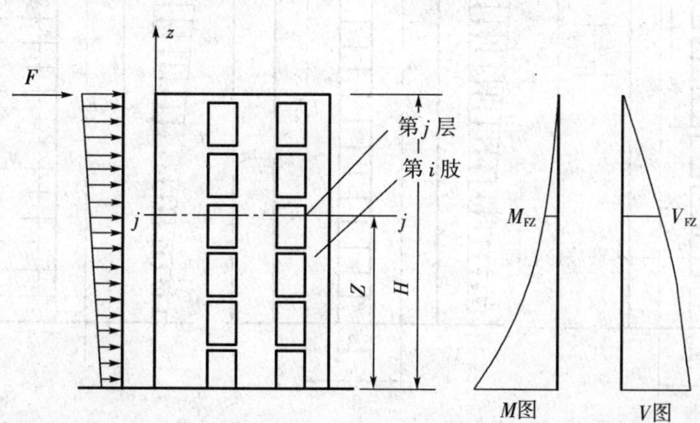

图 6-6　小开口整体墙计算图

(2)墙肢剪力计算

墙肢剪力，底层按墙肢截面面积分配；其余各层墙肢剪力，可按材料力学公式计算截面面积和惯性矩比例的平均值分配剪力，第 i 墙肢分配到的剪力 V_{Zi} 可近似地表达为：

$$V_{Zi}=\frac{1}{2}V_{FZ}\left(\frac{A_i}{\sum A_i}+\frac{J_i}{\sum J_i}\right) \tag{6-7}$$

式中：A_i——墙肢截面面积。

(3)墙肢轴力计算

各墙肢所受的轴力应为整体弯曲使墙肢受到的正应力的合力，局部弯曲并不在墙肢中产生轴力。因此

$$N=N'Zi=\int\frac{M'FZ(y_i+x_i)}{J}\mathrm{d}A_i=\frac{kM_{FZ}}{J}y_iA_i \tag{6-8}$$

式中：x_i——微面积 $\mathrm{d}A_i$ 的形心到墙肢 i 的截面形心间的距离；

y_i——墙肢 i 的截面形心到剪力墙整个截面的形心间的距离。

2. 侧移

小开口整体墙的侧移计算仍可按整体剪力墙公式计算，但应考虑洞口对截面刚度的削弱。因此，应将计算结果乘侧移增大系数 1.2，即：

$$\Delta_{小开口墙}=1.2\Delta_{按整体截面墙计算} \tag{6-9}$$

6.2.3 双肢墙的内力与位移计算

当墙上的门窗洞口尺寸较大时，剪力墙已被洞口分割成彼此联系较弱的若干墙肢，于是在整个剪力墙截面上的正应力分布已不再成直线。墙面上开有一排洞口的墙称双肢墙；当开有多排洞口时，称多肢墙。双肢墙由于连系梁的连结，而使双肢墙结构在内力分析时成为一个高次超静定的问题。为了简化计算，一般可用解微分方程的办法计算。

1. 基本假定

(1)将每一楼层处的连系梁简化为均匀连续分布的连杆，见图 6-7；

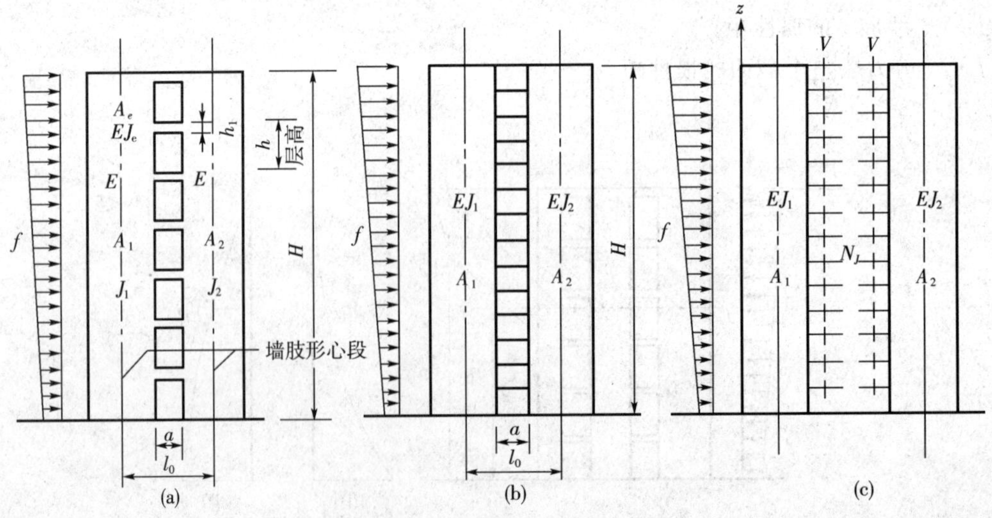

图 6-7 双肢剪力墙计算图

(2)忽略连系梁的轴向变形,即假定两墙肢在同一标高处的水平位移相等。

(3)假定两墙肢在同一标高处的转角和曲率相等,即变形曲线相同。

(4)假定各连系梁的反弯点在该连系梁的中点。

(5)认为双肢墙的层高 h、惯性矩 J_1、J_2;截面积 A_1、A_2;连系梁的截面积 A_l 和惯性矩 J_l 等参数,沿墙高度方向均为常数。

根据以上假定,可得双肢墙的计算简图,如图 6-7(b)所示。图中连系梁的计算跨度的计算:

$$l=l_0+\frac{h_l}{2}(h_l\text{ 为连系梁的高度}).$$

2. 内力及侧移计算

将连续化后的连续梁沿中线切开,见图 6-7(c)。由于跨中为反弯点,故切开后在截面上只有剪力集度 $V_{(Z)}$ 及轴力集度 $N_l(Z)$。根据外荷载、$V_{(Z)}$ 及 $N_l(Z)$ 共同作用下,沿 $V_{(Z)}$ 方向的相对位移等于零的变形协调条件,可建立一个二阶常系数非齐次线性微分方程,考虑边界条件后,可求得微分方程的解,进而可求得双肢剪力墙在水平荷载作用下的内力和侧移。其具体的计算过程如下:

(1)计算几何参数

计算连系梁的折算惯性矩 J_l:

$$J_l=\frac{J_{l0}}{1+\frac{30\mu J_{l0}}{A_l l^2}} \tag{6-10}$$

计算连系梁的刚度特征值:

$$D=\frac{2J_i a^2}{l^3} \tag{6-11}$$

计算双肢剪力墙组合截面形心轴的面积矩 S:

$$S=\frac{\alpha A_1 A_2}{A_1+A_2} \tag{6-12}$$

计算未考虑轴向变形的系数 α_1^2:

$$\alpha_1^2=\frac{6H^2D}{h(J_1+J_2)} \tag{6-13}$$

计算整体系数 α^2,即连梁、墙肢刚度比:

$$\alpha^2=\frac{6H^2D}{h(J_1+J_2)}+\frac{6H^2D}{hSl_0} \tag{6-14}$$

计算剪切参数 γ_1:

$$\gamma_1=\frac{\mu E(J_1+J_2)}{H^2G(A_1+A_2)}\approx\frac{2.38(J_1+J_2)}{H^2(A_1+A_2)} \tag{6-15}$$

计算等效抗弯刚度 EJ_d:

均布荷载

$$EJ_d=\frac{E(J_1+J_2)}{1-\frac{\alpha_1^2}{\alpha^2}+\frac{\alpha_1^2}{\alpha^2}\Psi_a+4\gamma_1^2} \tag{6-16}$$

倒三角形荷载

$$EJ_d=\frac{E(J_1+J_2)}{1-\frac{\alpha_1^2}{\alpha^2}+\frac{\alpha_1^2}{\alpha^2}\Psi_a+3.64\gamma_1^2} \tag{6-17}$$

顶点集中荷载

$$EJ_d=\frac{E(J_1+J_2)}{1-\frac{\alpha_1^2}{\alpha^2}+\frac{\alpha_1^2}{\alpha^2}\Psi_a+3\gamma_1^2} \tag{6-18}$$

其中

$$\Psi_a=\begin{cases}\frac{60}{11}\frac{1}{\alpha^2}\left(\frac{2}{3}+\frac{2sh\alpha}{\alpha^3 ch\alpha}-\frac{2}{\alpha^2 ch\alpha}-\frac{sh\alpha}{\alpha ch\alpha}\right) & \text{(倒三角荷载)}\\ \frac{8}{\alpha^2}\left(\frac{1}{2}+\frac{1}{\alpha^2}-\frac{1}{\alpha^2 ch\alpha}-\frac{sh\alpha}{\alpha ch\alpha}\right) & \text{(均布荷载)}\\ \frac{3}{\alpha^2}\left(1-\frac{1}{\alpha}\frac{sh\alpha}{ch\alpha}\right) & \text{(顶部集中荷载)}\end{cases} \tag{6-19}$$

(2)双肢剪力墙的内力计算

计算连系梁的约束弯矩 $m(\xi)$：

$$m(\xi)=V_0\ \frac{\alpha_1^2}{\alpha^2}\Phi(\alpha,\xi) \tag{6-20}$$

式中：$\Phi(\alpha,\xi)$可根据 ξ 和 α 查表得到。

计算连系梁的剪力 V_{li}：

$$V_{li}=m_i(\xi)\frac{h_i}{a}\qquad (i=1,2,\cdots,n) \tag{6-21}$$

计算连系梁端弯矩 M_{li}：

$$M_{li}=V_{li}\frac{l_0}{2} \tag{6-22}$$

计算墙肢的轴力 N_{ji}：

$$N_{ji}=\sum_{k=1}^{n}V_{lk}\qquad (j=1,2)(i=1,2,\cdots,n) \tag{6-23}$$

计算墙肢的弯矩 M_{ji}：

$$M_{1i}=\frac{J_1}{\sum\limits_{i=1}^{2}J_i}M_i \tag{6-24}$$

$$M_{2i}=\frac{J_2}{\sum\limits_{i=1}^{2}J_i}M_i \tag{6-25}$$

$$M_i=M_{Fi}-\sum_{i}^{n}m_i(\xi) \tag{6-26}$$

计算墙肢的剪力 V_{ji}：

$$V_{1i}=\frac{J'_1}{J'_1+J'_2}V_i;\quad V_{2i}=\frac{J'_2}{J'_2+J'_2}V_i\quad (i=1,2,\cdots,n)\tag{6-27}$$

$$J'_j=\frac{J_j}{1+\frac{12\mu EJ_j}{GA_jh^2}}\quad (j=1,2)\tag{6-28}$$

J'_j 是墙肢考虑剪切变形后的折算惯性矩：

(3)计算双肢剪力墙的侧移 Δ

$$\Delta=\begin{cases}\frac{11}{60}\frac{V_0H^3}{EI_{\text{eq}}} & \text{(倒三角荷载)}\\ \frac{1}{8}\frac{V_0H^3}{EI_{\text{eq}}} & \text{(均布荷载)}\\ \frac{1}{3}\frac{V_0H^3}{EI_{\text{eq}}} & \text{(顶部集中荷载)}\end{cases}\tag{6-29}$$

3. 双肢墙内力分布特点及几何参数 α、γ 的物理意义

图6-8给出了按连续化方法计算得到的双肢墙侧移 y，连梁剪力、墙肢轴力及墙肢弯矩沿高度的分布曲线。现在对这些计算结果作如下几点说明：

(1)双肢墙的侧移曲线呈弯曲型。α 值愈大，墙的刚度愈大，侧移减小。

(2)连梁的剪力分布具有明显的特点：剪力最大(也是弯矩最大)的连梁不在底层，它的位置及大小将随 α 值改变。当 α 值增大时，连梁剪力加大，剪力最大的梁向下移。

(3)墙肢的轴力与 α 有关。因为墙肢轴力即该截面以上所有连梁剪力之和，当 α 值增大时，连梁剪力加大，墙肢轴力也必然加大。

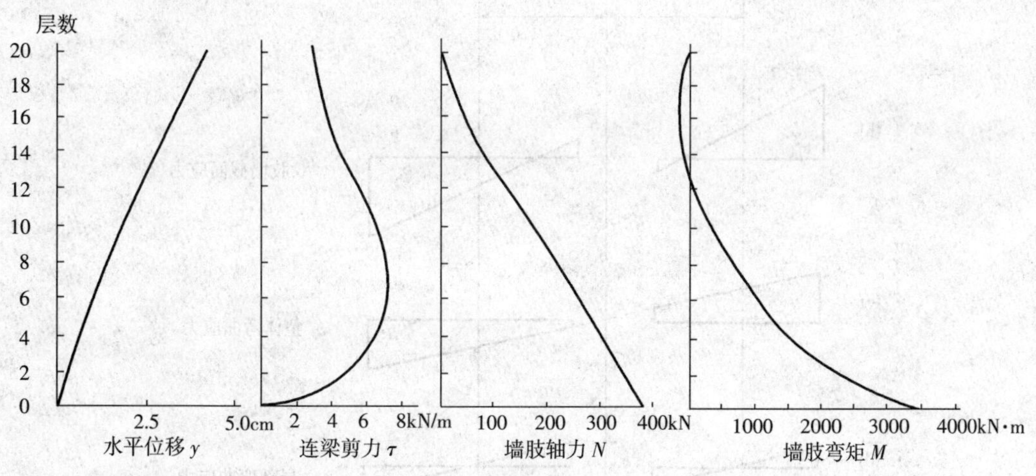

图6-8　双肢墙侧移及内力分布

(4)墙肢的弯矩也与 α 有关，但正好相反：α 愈大，墙肢弯矩愈小。这也可以从平衡的观点得到解释。从图6-9得到的平衡关系是

$$M_1+M_2+N\cdot 2c=M_p$$

所以，在相同的外弯矩 M_p 作用下，N 愈大，M_1 和 M_2 减小。

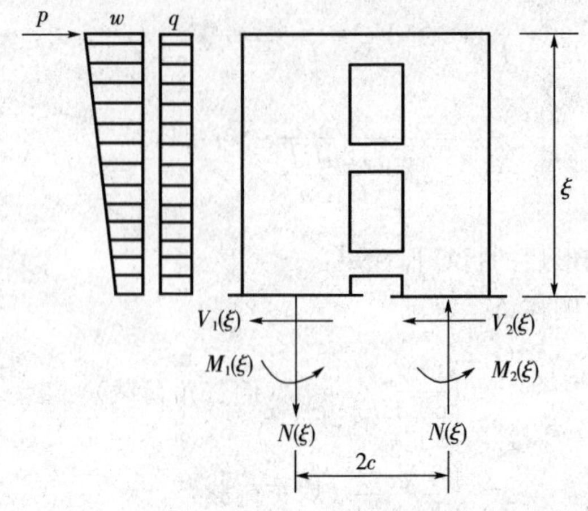

图 6-9 双肢墙内力

双肢墙内力分布和刚度都与 α 有关。α 是一个重要的几何参数，称为整体系数。

α_1 与 α 的物理意义都是连梁与墙肢的刚度比，前者未考虑墙肢轴向变形，后者考虑了墙肢轴向变形。当墙肢有轴向变形时，相当于墙肢变“软”了，因此 $\alpha>\alpha_1$，$T=\frac{\alpha_1^2}{\alpha^2}<1$ 称为轴向变形影响系数。

下面分析 α 系数对截面应力及变形的影响。

双肢墙的截面应力可分解为两部分叠加，见图 6-10。

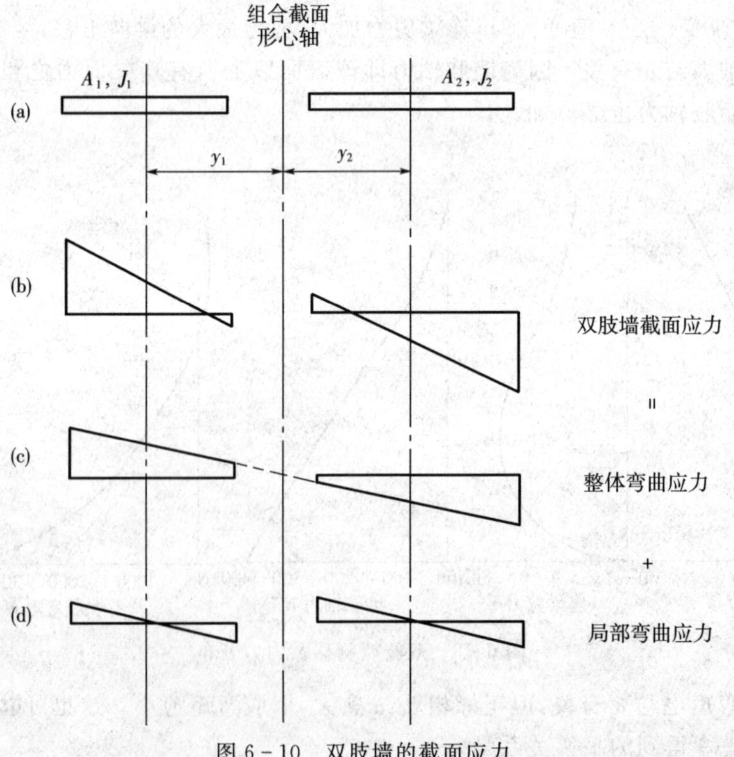

图 6-10 双肢墙的截面应力

内连续连杆法得到的函数解，可将坐标为 ξ 处的墙肢截面弯矩和轴力表达为：

$$M_i = kM_p \frac{J_i}{J} + (1-k)M_p \frac{J_i}{\sum J_i}$$

$$N_i = kM_p \frac{A_i y_i}{J}$$

式中：M_p——外荷载作用在 ξ 坐标截面上的倾覆力矩。

上式中第一项相应于图中整体弯曲应力，第二项相应于局部弯曲应力。系数 k 为前者在总内力中比值，是 α 与 ξ 的函数。k 与荷载形式有关。下面以均布荷载为例。

从图 6-11 可见，ξ 不相同的各个截面，k 不相同。其特点是：当 α 值很小时，k 值都小，截面内力以局部弯曲应力为主，当 α 增至较大时，k 值趋近于 1，即截面内力以整体弯曲为主。因此，系数 α 称为整体系数，当 α 很大时，连梁刚度较大，开洞剪力墙的变形与内力趋近于整体悬臂墙。

系数 γ 是考虑墙肢剪切变形影响的系数。在 $H/B \geqslant 4$ 的剪力墙中，剪切变形影响约在 10% 以内，一般可以忽略，此时可取 $\gamma = 0$。

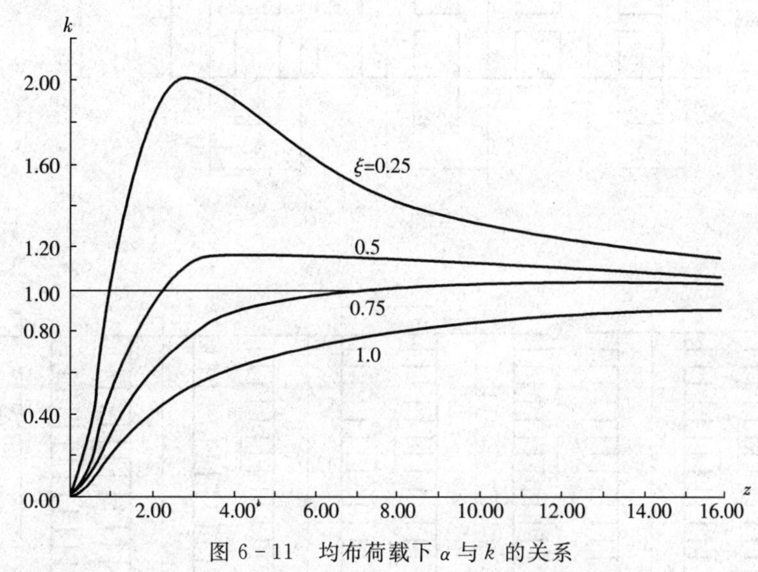

图 6-11　均布荷载下 α 与 k 的关系

6.2.4　多肢墙计算

具有多于一排且排列整齐的洞口时，就成为多肢剪力墙，它的几何尺寸及几何参数示于图 6-12。多肢墙也可以采用连续连杆法求解，基本假定和基本体系的取法都和双肢墙类似。它的基本体系和未知力见图 6-13。在每个连梁切口处建立一个变形协调方程，则可建立 K 个微分方程。要注意，在建立第 i 个切口处协调方程时，除了 i 跨连梁内力影响外，还要考虑第 $i-1$ 跨连梁内力对 i 墙肢和 $i+1$ 跨连梁内力对 $i+1$ 墙肢的影响。

将 k 个微分方程叠加，可建立与双肢墙完全相同的微分方程，取得完全相同的微分方程解。双肢墙的公式和图表都可以应用，但必须注意下面几点区别：

(1)多肢墙中共有 $k+1$ 个墙肢，要把双肢墙中墙肢惯性矩和及面积和改为惯性矩和及面积和，即用 $\sum_{i=1}^{k+1} J_i$ 代替 (J_1+J_2)，用 $\sum_{i=1}^{k+1} A_i$ 代替 (A_1+A_2)。

(2)多肢墙中有 k 个连梁，每个连梁的刚度 D_i 用下式计算：

$$D_i=\frac{J_{bi}^0 c_i^2}{a_i^3} \qquad (i=1,2,\cdots,k) \tag{6-30}$$

式中：a_i——第 i 列连梁计算跨度之半；

c_i——i 和 $i+1$ 墙肢轴线距离之半。

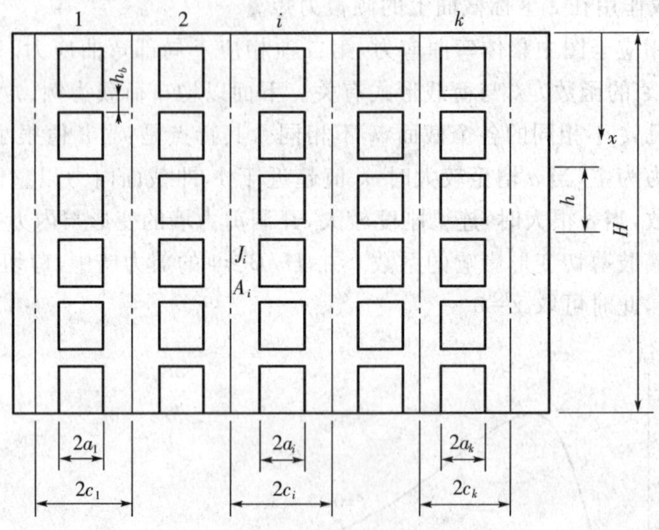

图 6-12 多肢墙

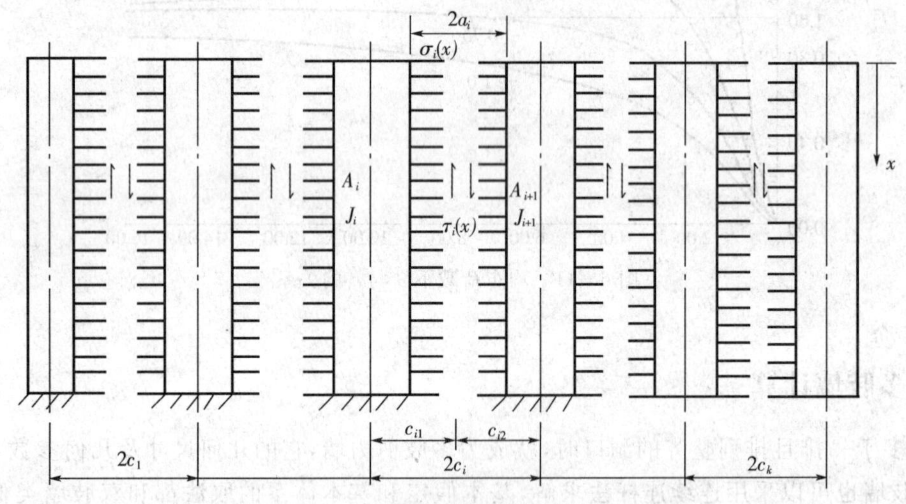

图 6-13 多肢墙计算基本体系

计算连梁与墙肢刚度比参数 α_1 时，要用各排连梁刚度之和与墙肢惯性矩之和。

$$\alpha_1^2=\frac{6H^2}{h\sum_{i=1}^{k+1}J_i}\sum_{i=1}^{k}D_i \tag{6-31}$$

(3)双肢墙的整体系数 α 表达式与双肢墙不同。多肢墙中计算墙肢轴向变形影响比较困难，因此 T 值用近似值代替。整体系数 α 由下式计算：

$$\alpha^2=\frac{\alpha_1^2}{T} \tag{6-32}$$

表 6 - 2　多肢墙轴向变形影响系数 T

墙肢数目	3～4	5～7	8 肢以上
T	0.8	0.85	0.9

(4)求解出基本未知量 $m(\xi)$后，按分配系数 η_i 计算各跨连梁的约束弯矩 $m_i(\xi)$。

$$m_i(\xi)=\eta_i m(\xi) \tag{6-33}$$

$$\eta_i=\frac{D_i\varphi_i}{\sum_{i=1}^{k}D_i\varphi_i} \tag{6-34}$$

$$\varphi_i=\frac{1}{1+\alpha/4}\left[1+1.5\alpha\frac{r_i}{B}\left(1-\frac{r_i}{B}\right)\right] \tag{6-35}$$

式中：r_i——第 i 列连梁中点距墙边的距离；

B——总宽。

6.2.5　壁式框架计算

1. 壁式框架计算简图及计算方法

在联肢墙中，当洞口较大，连梁刚度接近或大于墙肢刚度时，可以按带刚域框架计算简图进行内力及位移分析。这种联肢墙的性能已接近框架，大部分层的墙肢具有反弯点。但它具有宽梁、宽柱（图 6 - 14)，不能简单地简化为一般杆件体系。它的梁、墙相交部分面积大、变形小，可以看成“刚域”。于是，可以把梁、墙肢简化为杆端带刚域的变截面杆件(图 6 - 14(b))，假定刚域部分没有任何变形，因此称为带刚域框架，有时也称作壁式框架。

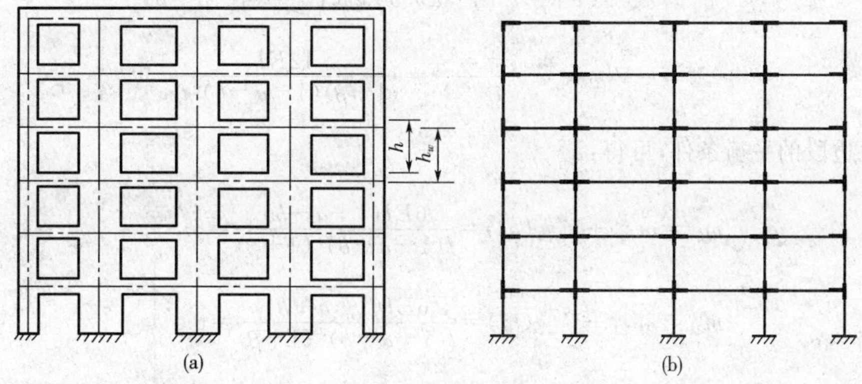

图 6 - 14　带刚域框架计算简图

《高层规程》(JGJ3—2002) 规定，在内力与位移计算中，壁式框架梁柱节点区的刚域(图 6 - 15)影响。刚域的长度可按下式计算：

$$l_{b1}=a_1-0.25h_b$$

$$l_{b2}=a_2-0.25h_b$$

$$l_{c1}=c_1-0.25b_c$$

$$l_{c2}=c_2-0.25b_c$$

当按上式计算的刚域长度为负值时，应取为零。

2. 带刚域框架柱的 D 值计算

壁式框架与普通框架的差别有两点：一是刚域的存在；二是杆件截面较宽，剪切变形的影响不宜忽略。因此，在采用 D 值法进行计算时，原理和步骤与普通框架都是一样的。但相应的要进行一些修正。

当考虑剪切变形时，图 6－16 中杆两端都有单位转角时的杆端弯矩为$\dfrac{6EI}{l'(1+\beta_i)}$，这里

$$\beta_i=\frac{12\mu EI}{GAl'^2} \tag{6-36}$$

是考虑剪切变形影响后的附加系数。当不考虑剪切变形影响时，$\beta_i=0$，即仅考虑弯曲变形时的一般公式。

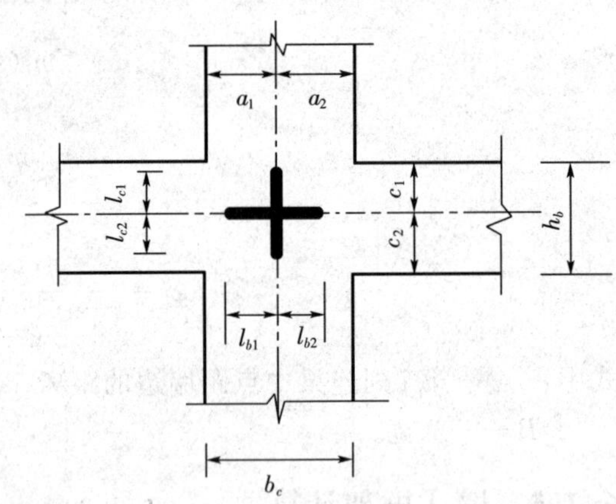

图 6－15 刚域尺寸

当杆端有刚域时，可利用等截面杆的刚度系数推导在节点处有单位转角时的杆端弯矩。图 6－16 所示两端有刚域（刚域长度不同）的杆在 $\theta_1=\theta_2$ 时，直杆 $1'2'$ 的转角将是：

$$\theta+\Psi=1+\frac{al+bl}{l'}=\frac{1}{1-a-b} \tag{6-37}$$

因此：

$$m'_{12}=m'_{21}=\frac{6EI}{(1+\beta)l'}\left(\frac{1}{1-a-b}\right)=\frac{6EI}{(1+\beta)(1-a-b)^2 l} \tag{6-38}$$

$$V'_{12}=V'_{21}=\frac{m'_{12}+m'_{21}}{l'}=\frac{12EI}{(1+\beta)(1-a-b)^3 l^2} \tag{6-39}$$

由刚性边段的平衡条件，可得：

$$\left.\begin{aligned}
m_{21}&=m'_{21}+V'_{12}(al)=\frac{6EI(1+a-b)}{l(1-a-b)^3(1+\beta)}=6ic\\
m_{21}&=m'_{21}+V'_{12}(bl)=\frac{6EI(1-a+b)}{l(1-a-b)^3(1+\beta)}=6ic'\\
m&=m_{12}+m_{21}=\frac{12EI}{l(1-a-b)^3(1+\beta)}=12i\frac{c+c'}{2}
\end{aligned}\right\} \tag{6-40}$$

式中：

$$\left.\begin{aligned}
c&=\frac{1+a-b}{(1-a-b)^3(1+\beta)}\\
c'&=\frac{1+b-a}{(1-a-b)^3(1+\beta)}\\
i&=\frac{EI}{l}
\end{aligned}\right\} \tag{6-41}$$

a,b——刚域长度系数，见图 6－16；

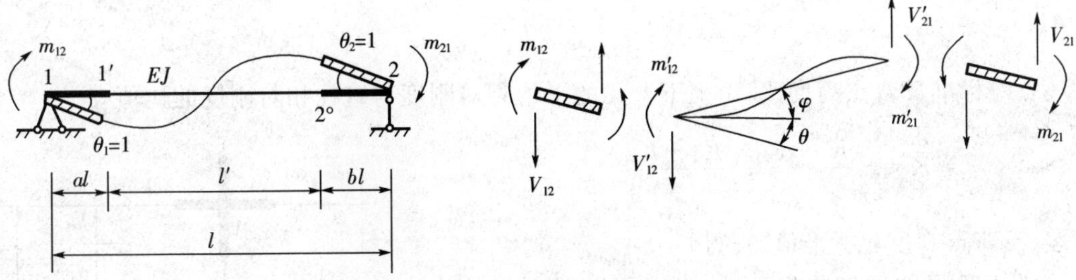

图 6－16　带刚域杆件的转角与内力

β——剪切影响系数；

μ——剪切不均匀系数。

由式(6－41)可知带刚域杆考虑剪切变形影响后折算刚度系数是等截面杆的刚度 i 乘以相应的系数 c、c'、$\frac{c+c'}{2}$ 就可以得到壁式框架的刚度系数。

有了带刚域杆考虑剪切变形影响后的杆端折算刚度系数，求出壁式框架柱的 D 值。

壁柱侧移刚度 D 值为：

$$D=\alpha K_c \frac{12}{h^2} \tag{6-42}$$

有关计算 D 值的公式，见表 6－3。

表 6－3　壁式框架柱侧移刚度修正值 α

楼层	壁梁壁柱修正刚度值	梁柱刚度比 K	α	附注
一般层	① $K_2=ci_2$，$K_c=\frac{c+c'}{2}i_c$，$K_4=ci_4$，h ② $K_1=c'i_1$，$K_2=ci_2$，$K_c=\frac{c+c'}{2}i_c$，$K_3=c'i_3$，$K_4=ci_4$	①情况 $K=\frac{K_2+K_4}{2K_c}$ ②情况 $K=\frac{K_1+K_2+K_3+K_4}{2K_c}$	$\alpha=\frac{K}{2+K}$	i_i 为梁未考虑刚域修正前的刚度 $i_i=\frac{EI_i}{l_i}$
底层	① $K_2=ci_2$，$K_c=\frac{c+c'}{2}i_c$，h ② $K_1=c'i_1$，$K_2=ci_2$，$K_c=\frac{c+c'}{2}i_c$	①情况 $K=\frac{K_2}{K_c}$ ②情况 $K=\frac{K_1+K_2}{K_c}$	$\alpha=\frac{0.5+K}{2+K}$	i_c 为柱未考虑刚域修正前的刚度 $i_c=\frac{EI_c}{h}$

3. 反弯点高度比

壁柱反弯点高度比按式(6－43)计算(图 6－17)：

$$y=\alpha+sy_0+y_1+y_2+y_3 \tag{6-43}$$

式中：

$$s=\frac{h'}{h} \tag{6-44}$$

y_0——标准反弯点高度比；由上下壁梁的平均相对刚度与壁柱相对刚度的比值

$$\overline{K}=s^2\ \frac{K_1+K_2+K_3+K_4}{2i_c} \tag{6-45}$$

从附表(反弯点高度比标准值)查得。

y_1 为上下梁刚度变化修正值，由上下壁梁刚度的比值 $\alpha_1=\frac{K_1+K_2}{K_3+K_4}$ 或 $\alpha_1=\frac{K_3+K_4}{K_1+K_2}$(刚度较小者为分子)及 $\overline{K}$ 由附表(反弯点高度比修正值 y_1)查得。

y_2 为上层层高变化的修正值，由上层层高对该层层高的比值 $\alpha_2=\frac{h_{上}}{h}$ 及 $\overline{K}$ 由附表(反弯点高度比修正值 y_2)查得。对于最上层不考虑。

y_3 为下层层高变化的修正值，由下层层高对该层层高的比值 $\alpha_3=\frac{h_{下}}{h}$ 及 $\overline{K}$ 由附表(反弯点高度比修正值 y_3)查得。对于最下层不考虑。

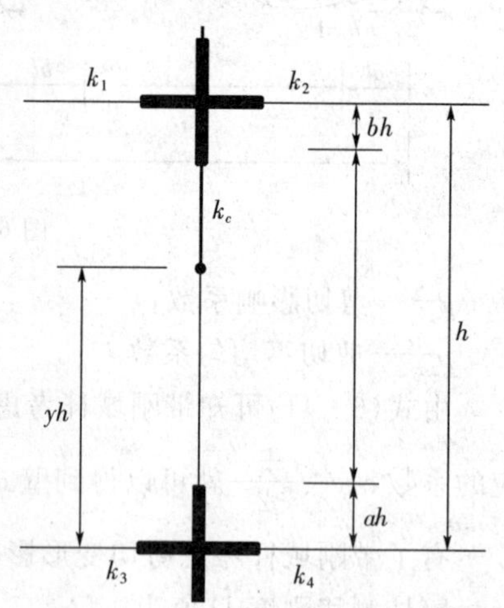

图 6-17 带刚域框架柱反弯点位置

6.3 剪力墙结构的分类

前面讨论了整体墙、整体小开口端、联肢墙及壁式框架等类型剪力墙的内力分析方法。分析结果表明：具有不同洞口尺寸和排列形式的剪力墙，它们的受力特点和计算方法是不相同的，不但在墙肢截面上的正应力分布有区别，而且沿墙肢高度方向上弯矩的变化规律也不同。因此，在对剪力墙进行内力分析之前，首先应判断一下它属于哪一种类型，然后再采用相应的计算方法进行分析。

1. 按整体参数 α 来划分

在推导联肢墙求解方法的公式中曾给出：$\alpha_1^2=\frac{6H^2}{h\sum_{i=1}^{k+1}J_i}\sum_{i=1}^{k}D_i$，式中 D_i 为连梁的刚度系数，是衡量连梁转动的依据，其值越大，连梁的转动刚度也越大、连梁对墙肢的约束作用也就越大。式中 $\sum J_i$ 为剪力墙墙肢惯性矩之和，反映剪力墙本身的刚度。剪力墙的整体性程度如何，主要取决于连梁与墙肢两者刚度之间的相对关系，即取决于 α。当剪力墙上的门窗洞口很大，连梁的刚度很小而墙肢的刚度又相对较大时，α 值就小，这些说明连梁对墙肢的约束作用很小，连梁犹如铰接于墙肢的一个连杆，每一墙肢相当于一个单肢的剪力墙，这些单肢剪力墙完全承担了水平荷载，墙肢中的轴力为零，各墙肢横截面上的正应力呈线性分布。

反之，当剪力墙开洞很小，连梁刚度很大而墙肢的刚度又相对较小时，连梁对墙肢的约束作用很强，整个剪力墙的整体性很好。此时的剪力墙犹如一片整体墙或整体小开口墙，在整个剪力墙的截面中，正应力呈线性分布或接近于线性分布。

当连梁对墙肢的约束作用介于上述两种情况之间时，它的受力状态也介于上述两种情况之间，这时整个剪力墙截面正应力不再呈线性分布，墙肢中局部弯曲正应力的比例增大。

经过以上分析，对剪力墙类别的判别可给出一个定性的标准：

(1)当 $\alpha<1$ 时，可以忽略连梁对墙肢的约束作用，剪力墙按独立墙肢进行计算；

(2)当 $\alpha\geqslant10$ 时，连梁对墙肢的约束作用很强，剪力墙可按整体小开口墙进行计算；

(3)当 $1\leqslant\alpha<10$ 时，可按联肢墙进行计算。

上面给出了判断剪力墙类别的一个标准，但并不是唯一标准，在下面的分析中可以清楚地看到这一点。

2. 按剪力墙墙肢惯性矩比值来划分

以上分析表明，整体参数 α 反映了剪力墙整体性的强弱，它基本上能反映出剪力墙的受力状态，但不能反映墙肢弯矩沿墙高度方向是否出现反弯点，因此在某些情况下，仅靠 α 值的大小还不足以完全判别剪力墙的类型。通过分析表明，墙肢是否出现反弯点，与墙肢惯性矩的比值 I_A/I、剪力墙的整体参数 α 及结构的层数 N 等诸多因素有关。理论分析与试验研究的结果证明，当 α 值相同时，随着 I_A/I 的增大，出现反弯点的层数就增多；反之就减小。根据墙肢是否出现反弯点的分析，给出了 I_A/I 的限值 Z(见表 6-4)，作为划分剪力墙类别的第二个准则。

表 6-4　系数 Z

层数 n / α	8	10	12	16	20	≥30
10	0.886	0.948	0.975	1.000	1.000	1.000
12	0.866	0.924	0.950	0.994	1.000	1.000
14	0.853	0.908	0.934	0.978	1.000	1.000
16	0.844	0.896	0.923	0.964	0.988	1.000
18	0.836	0.888	0.914	0.952	0.978	1.000
20	0.831	0.880	0.906	0.945	0.970	1.000
22	0.827	0.875	0.901	0.940	0.965	1.000
24	0.824	0.871	0.897	0.936	0.960	0.989
26	0.822	0.867	0.894	0.932	0.955	0.986
28	0.820	0.864	0.890	0.929	0.962	0.982
≥30	0.818	0.861	0.887	0.926	0.950	0.979

3. 剪力墙类型的判别方法

经上面的分析知道，剪力墙的类型判别应以其受力特点为依据，从剪力墙的整体性能及墙肢沿高度是否出现反弯点两个主要特征来进行判别，具体条件如下：

(1)当 $\alpha<1$ 时，忽略连梁对墙肢的约束作用，各墙肢按独立墙肢分别计算；

(2)当 $1\leqslant\alpha<10$，且 $I_A/I\leqslant z$ 时，可按联肢墙计算；

(3)当 $\alpha\geqslant10$，且 $I_A/I\leqslant z$ 时，可按整体小开口墙进行计算；

(4)当 $\alpha \geqslant 10$，且 $I_A/I > z$ 时，按壁式框架计算；

(5)当无洞口或有洞口而洞口面积小于墙总立面的 15%时，按整体墙计算。

在上面的判别式 I_A/I 中，I 为剪力墙对组合截面形心的惯性矩，$I_A = I - \sum I_i$，式中 I_i 为第 i 个墙肢对自身截面形心轴的惯性矩。

6.4 剪力墙的截面设计及构造要求

剪力墙设计包括墙肢和连梁两部分。

6.4.1 剪力墙墙肢设计及构造要求

剪力墙墙肢截面一般是矩形、T 形或工字形截面，有时在截面端部需设置明柱或暗柱，以提高其抗震性能。墙肢承受的偏心受压或偏心受拉，由墙肢端部集中配置的纵向钢筋 A_s 和 A'_s、腹部配置的竖向分布钢筋 A_{sw} 以及受压区混凝土共同承担。剪力墙墙肢应进行正截面承载力计算、斜截面受剪承载力计算、平面外竖向荷载轴心受压承载力计算以及集中荷载作用下局部受压承载力计算等。此外，还应满足一系列构造要求。

6.4.1.1 墙肢正截面承载力计算

1.《高层规程》(JGJ3－2002)规定，墙肢正截面偏心受压承载力计算可按下面方法进行计算。剪力墙一般采用对称配筋，具体设计时，通常先给定竖向分布钢筋 A_{sw}，然后再求出受压区高度 x 和端部钢筋 A_s 和 A'_s。

(1)无地震作用组合时

$$N \leqslant a'_s f'_y - A_s \sigma_s - N_{sw} + N_c \tag{6-46}$$

$$N\left(e_0 + h_{w0} - \frac{h_w}{2}\right) \leqslant A'_s f'_y (h_{w0} - a'_s) - M_{sw} + M_c \tag{6-47}$$

当 $x > h'_f$ 时

$$N_e = \alpha_1 f_c b_w x + \alpha_1 f_c (b'_f - b_w) h'_f \tag{6-48}$$

$$M_c = \alpha_1 f_c b_w x \left(h_{w0} - \frac{x}{2}\right) + \alpha_1 f_c (b'_f - b_w) h'_f \left(h_{w0} - \frac{h'_f}{2}\right) \tag{6-49}$$

当 $x \leqslant h'_f$ 时

$$N_c = \alpha_1 f_c b'_f x \tag{6-50}$$

$$M_c = \alpha_1 f_c b'_f x \left(h_{w0} - \frac{x}{2}\right) \tag{6-51}$$

当 $x \leqslant \xi_b h_{w0}$ 时

$$\sigma_s = f_y \tag{6-52}$$

$$N_{sw} = (h_{w0} - 1.5x) b_w f_{yw} \rho_w \tag{6-53}$$

$$M_{sw} = \frac{1}{2}(h_{w0} - 1.5x)^2 b_w f_{yw} \rho_w \tag{6-54}$$

当 $x>\xi h_{w0}$ 时

$$\sigma_s=\frac{f_y}{\xi_b-0.8}\left(\frac{x}{h_{w0}}-\beta_1\right) \tag{6-55}$$

$$N_{sw}=0 \tag{6-56}$$

$$M_{sw}=0 \tag{6-57}$$

$$\xi_b=\frac{\beta}{1+\frac{f_y}{E_s\varepsilon_{cu}}} \tag{6-58}$$

式中：a'_s——剪力墙受压区端部钢筋合力点到受压区边缘的距离；

b'_f——T 形或工字形截面受压区翼缘宽度；

e_0——偏心距，$e_0=M/N$；

f_y、f'_y——分别为剪力墙端部受拉、受压钢筋强度设计值；

f_{yw}——剪力墙墙体竖向分布钢筋强度设计值；

f_c——混凝土轴心抗压强度设计值；

h'_f——T 形或 I 形截面受压区翼缘的高度；

h_{w0}——剪力墙截面有效高度，$h_{w0}=h_w-a'_s$；

ρ_w——剪力墙竖向分布钢筋配筋率；

ξ_b——界限相对受压区高度；

α_1——受压区混凝土矩形应力图的应力与混凝土轴心抗压强度设计值的比值。当混凝土强度等级不超过 C50 时取 1.0；当混凝土强度等级为 C80 时取 0.94；当混凝土强度等级在 C50 和 C80 之间时，可按线性内插取值；

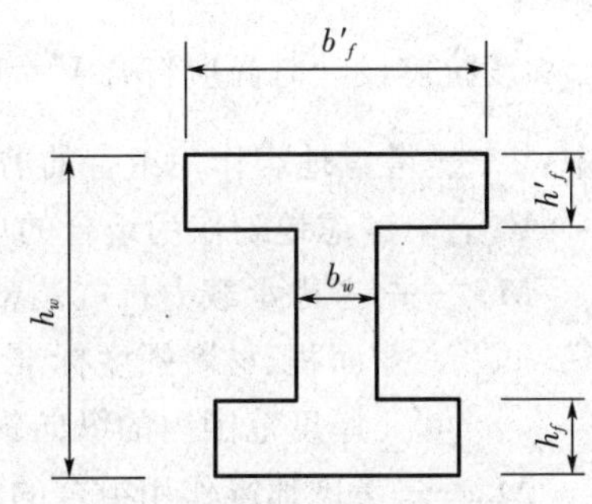

图 6-18　截面尺寸

β_1——随混凝土强度提高而逐渐降低的系数。当混凝土强度等级不超过 C50 时取 0.8 当混凝土强度等级为 C80 时取 0.74；当混凝土强度等级在 C50 和 C80 之间时，可按线性内插取值；

ε_{cu}——混凝土极限压应变，应按现行国家标准《混凝土结构设计规范》(GB50010)的有关规定采用。

(2)有地震作用组合时

公式(6-46)、(6-47)右端均应除以承载力抗震调整系数 γ_{RE}，γ_{RE} 取 0.85。

2. 正截面偏心受拉承载力计算。

偏心受拉时，当轴向拉力 N 位于纵向钢筋 A_s 和 A'_s 之间时，属于小偏心受拉情况，截面全部受拉，混凝土开裂将贯通整个截面，因此不允许出现属于小偏心受拉情况。

当轴向拉力 N 位于纵向钢筋 A_s 和 A'_s 之外时，属于大偏心受拉，采用对称配筋时可按下列近似公式计算。与偏心受压情况一样，采用对称配筋设计时，一般也是先给定竖向分布钢筋 A_{sw}，再求出受压区高度 x 和端部配筋量 A_s 和 A'_s。

(1) 无地震作用组合

$$N\leqslant\frac{1}{\frac{1}{N_{ou}}-\frac{e_0}{M_{wu}}} \tag{6-59}$$

(2)地震作用组合

$$N \leqslant \frac{1}{\gamma_{RE}}\left(\frac{1}{N_{ou}+\dfrac{e_0}{M_{wu}}}\right) \tag{6-60}$$

式中,N_{ou} 和 M_{wu} 可按下列公式计算:

$$N_{ou}=2f_yA_s+A_{sw}f_{yw} \tag{6-61}$$

$$M_{wu}=A_sf_y(h_{wo}-a_s')+A_{sw}f_{yw}\frac{(h_{wo}-a_s')}{2} \tag{6-62}$$

式中:A_{sw}——剪力墙腹板竖向分布钢筋的全部截面面积。

3. 剪力墙底部加强部位墙肢截面的剪力设计值,一、二、三级抗震等级时应按下式调整,四级抗震等级及无地震作用组合时可不调整。

$$V=\eta_{vw}V_w$$

9 度抗震设计时尚应符合 $V=1.1\dfrac{M_{wua}}{M_w}V_w$

式中:V——考虑地震作用组合的剪力墙墙肢底部加强部位截面的剪力设计值;

V_w——考虑地震作用组合的剪力墙墙肢底部加强部位截面的剪力计算值;

M_{wua}——考虑承载力抗震调整系数 γ_{RE} 后的剪力墙墙肢正截面抗弯承载力,应按实际配筋面积、材料强度标准值和轴向力设计值确定,有翼墙时应考虑墙两侧各一倍翼墙厚度范围内的纵向钢筋;

M_w——考虑地震作用组合的剪力墙墙肢截面的弯矩设计值;

η_{vw}——剪力增大系数,一级为 1.6,二级为 1.4,三级为 1.2。

6.4.1.2　墙肢斜截面承载力计算

剪力墙墙肢的剪力由混凝土和水平布置的分布钢筋共同承受,轴向压力或轴向拉力则将提高或降低剪力墙的抗剪能力。因此,剪力墙墙肢斜截面承载力计算应分别按偏心受压或偏心受拉两种情况进行:

(1)偏心受压墙肢斜截面承载力计算

①无地震作用组合时

$$V \leqslant \frac{1}{\lambda-0.5}\left(0.5f_tb_wh_{wo}+0.13N\frac{A_w}{A}\right)+f_{yh}\frac{A_{sh}}{s}h_{wo} \tag{6-63}$$

②有地震作用组合时

$$V \leqslant \frac{1}{\gamma_{RE}}\left[\frac{1}{\lambda-0.5}\left(0.4f_tb_wh_{wo}+0.1N\frac{A_w}{A}\right)+0.8f_{yh}\frac{A_{sh}}{s}h_{wo}\right] \tag{6-64}$$

式中:N——剪力墙的轴向压力设计值,抗震设计时,应考虑地震作用效应组合;当 N 大于 $0.2f_cb_wh_w$ 时,应取 $0.2f_cb_wh_w$;

A——剪力墙截面面积;

A_w——T 形或 I 形截面剪力墙腹板的面积,矩形截面时应取 A;

λ——计算截面处的剪跨比。计算时,当 λ 小于 1.5 时应取 1.5,当 λ 大于 2.2 时应取 2.2;当计算截面与墙底之间的距离小于 $0.5h_{wo}$ 时,λ 应按距墙底 $0.5h_{wo}$ 处的弯矩值与剪力值计算；

s——剪力墙水平分布钢筋间距。

(2)偏心受拉墙肢斜截面承载力计算

①无地震作用组合时

$$V \leqslant \frac{1}{\lambda - 0.5}\left(0.5 f_t b_w h_{wo} + 0.13 N \frac{A_w}{A}\right) + f_{yh} \frac{A_{sh}}{s} h_{wo} \tag{6-65}$$

上式右端的计算值小于 $f_{yh}\frac{A_{sh}}{s}h_{wo}$ 时，取等于 $f_{yh}\frac{A_{sh}}{s}h_{wo}$。

②有地震作用组合时

$$V \leqslant \frac{1}{\gamma_{RE}}\left[\frac{1}{\lambda - 0.5}\left(0.4 f_t b_w h_{wo} + 0.1 N \frac{A_w}{A}\right) + 0.8 f_{yh} \frac{A_{sh}}{s} h_{wo}\right] \tag{6-66}$$

上式右端方括号内的计算值小于 $0.8f_{yh}\frac{A_{sh}}{s}h_{wo}$ 时，取等于 $0.8f_{yh}\frac{A_{sh}}{s}h_{wo}$。

6.4.1.3　剪力墙墙肢的构造要求

(1)剪力墙的截面厚度，一、二级抗震设计时，底部加强部位不应小于层高或剪力墙长度的 1/16，且不应小于 200mm；其他部位不应小于层高或剪力墙长度的 1/20，且不应小于 160mm；当为无端柱或翼墙的一字形剪力墙时，其底部加强部位截面厚度不应小于层高 1/12，其他部位不应小于层高的 1/15，且不应小于 180mm。三、四级抗震设计时，底部加强部位不应小于层高或剪力墙长度的 1/20，且不应小于 160mm；其他部位不应小于层高或剪力墙长度的 l/25，且不应小于 160mm。非抗震设计时，其截面厚度不应小于层高或剪力墙长度的 1/25，且不应小于 160mm。

(2)一般剪力墙底部加强部位的高度可取墙肢总高度的 1/8 和底部两层二者的较大值。

(3)抗震设计时，一、二级剪力墙的底部加强部位及其上一层的墙肢端部应设置约束边缘构件(图 6－19)。约束边缘构件的设计应符合以下要求：

①约束边缘构件沿墙肢方向的长度 l_c 和箍筋配箍特征值 λ_v 宜符合表 6－5 的要求，且箍筋直径不应小于 8mm，箍筋间距一级时不应大于 100mm，二级时不应大于 150mm；箍筋的配筋范围如图 6－19 所示。

②约束边缘构件纵向钢筋的配箍范围不应小于图 6－19 所示的阴影范围，纵向钢筋的最小截面面积，一级不应小于图中阴影面积的 1.2%，且不应少于 6ф16；二级不应小于图中阴影面积的 1.0%，且不应少于 6ф14。

表 6－5　约束边缘构件范围 l_c 箍筋配箍特征值 λ_v

项目	一级(9 度)	二级(7、8 度)	二级
λ_v	0.20	0.20	0.20
l_c(暗柱)	$0.25h_w$	$0.20h_w$	$0.20h_w$
l_c(翼墙或端柱)	$0.20h_w$	$0.15h_w$	$0.15h_w$

［注］ (1)l_c 为约束边缘构件沿墙肢方向的长度，不应小于表中数值、$15b_w$ 和 450mm 三者的较大值，有翼墙或端柱时尚不应小于翼墙厚度或端柱沿墙肢方向截面高度加 300mm；(2)翼墙长度小于其厚度 3 倍或端柱截面边长小于墙厚的 2 倍时，视为无翼墙或无端柱；(3)h_w 为剪力墙墙肢长度。

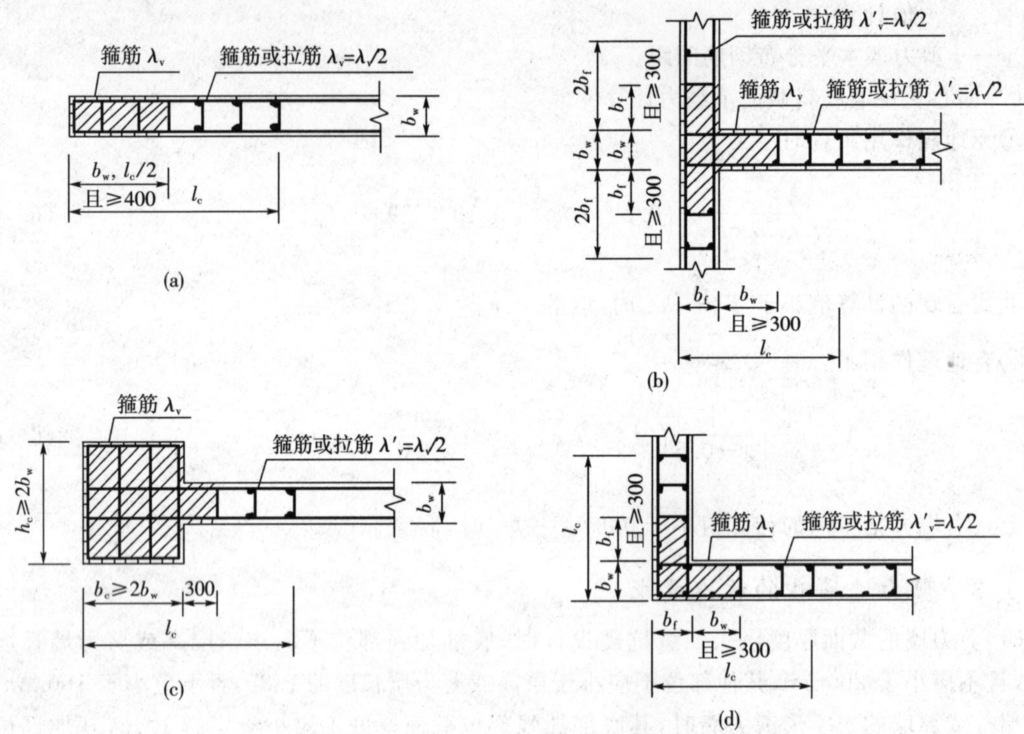

图 6-19　剪力墙的约束边缘构件

(4)一、二级剪力墙的其他部位以及三、四级和非抗震设计的剪力墙墙肢端部应设置构造边缘构件，如图 6-20 所示。构造边缘构件应符合以下要求：

①构造边缘构件的范围和计算纵向钢筋用量的截面面积 A_c 应取图 6-20 中的阴影部分；

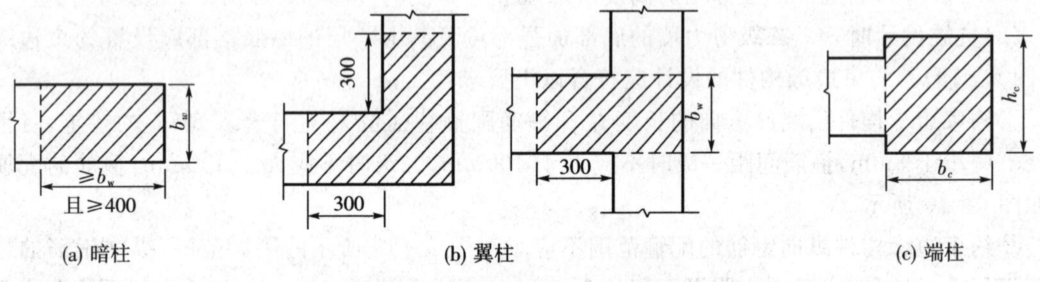

图 6-20　剪力墙的构造边缘构件

②构造边缘构件的纵向钢筋应满足抗弯承载力的要求；

③抗震设计时，构造边缘构件的最小配筋应符合表 6-6 的规定，箍筋的无支长度不应大于 300mm，拉筋的水平间距不应大于纵向钢筋间距的 2 倍；当剪力墙端部为端柱时，端柱中的纵向钢筋和箍筋宜按框架柱的构造要求配置；

④对于框架—剪力墙结构中的剪力墙，其构造边缘构件的纵向钢筋最小配筋应将表 6-6 中的 $0.008A_c$、$0.006A_c$、$0.004A_c$ 分别用 $0.010A_c$、$0.008A_c$、$0.005A_c$ 代替；其配箍特征值 λ_v 不宜小于 0.1；

表 6-6　剪力墙构造边缘构件的配筋要求

抗震设计	底部加强区			其他部位		
	纵向钢筋最小量（取较大值）	箍筋		纵向钢筋最小量（取较大值）	箍筋或拉筋	
		最小直径（mm）	最大间距（mm）		最小直径（mm）	最大间距（mm）
一级	—	—	—	$0.008A_c$，6ф14	8	150
二级	—	—	—	$0.006A_c$，6ф12	8	200
三级	$0.005A_c$，4ф12	6	150	$0.004A_c$，4ф12	6	200
四级	$0.005A_c$，4ф12	6	150	$0.004A_c$，6ф12	6	250

⑤非抗震设计时，剪力墙端部应按构造配置不少于 4ф12 的纵向钢筋，沿纵向钢筋配置不少于直径为 6mm，间距为 250mm 的拉筋。

(5)剪力墙水平和竖向分布钢筋的配筋率，一、二、三级时不应小于 0.25%，四级、非抗震设计时不应小于 0.20%，并应至少采用双排钢筋，双排钢筋之间应采用拉筋连接，拉筋直径不小于ф6，间距不大于 600mm，底部加强区的拉筋宜适当加密；水平和竖向分布钢筋的直径不应小于 8mm，也不宜大于墙肢截面厚度的 1/10，分布钢筋间距均不应大于 300mm。

(6)对于墙肢截面高度和厚度之比为 5～8 的短肢剪力墙，抗震等级应提高一级，截面厚度不应小于 200mm，其底部加强区的纵向钢筋配筋率不宜小于 1.2%，其他部位不宜少于 1.0%；一、二、三级短肢剪力墙在重力荷载代表值作用下产生的轴力设计值的轴压比分别不宜大于 0.5、0.6 和 0.7。

(7)剪力墙水平分布钢筋应全部锚人端柱内，锚人长度不应小于 l_a（非抗震设计）和 l_{aE}（抗震设计）。

6.4.2　连梁截面设计和构造要求

剪力墙中的连梁受弯矩、剪力和轴力的共同作用。但轴力较小，一般忽略不计，按受弯构件进行截面设计，且应满足构造要求。

6.4.2.1　连梁的剪力设计值 V_b 应按规定计算

1. 无地震作用组合以及有地震作用组合的四级抗震等级时，应取考虑水平风荷载或水平地震作用组合的剪力设计值；

2. 有地震作用组合的一、二、三级抗震等级时，连梁的剪力设计值应按下式进行调整：

$$V_b = \eta_{vb} \frac{M_b^l + M_b^r}{l_n} + V_{Gb} \tag{6-67}$$

9 度抗震设计时尚应符合

$$V_b = 1.1(M_{bua}^l + M_{bua}^r)/l_n + V_{Gb} \tag{6-68}$$

式中：M_b^l、M_b^r——分别为梁左、右端顺时针或反时针方向考虑地震作用组合的弯矩设计值；对一级抗震等级且两端均为负弯矩时，绝对值较 小一端的弯矩应取零；

M_{bua}^l、M_{bua}^r——分别为连梁左、右端顺时针或反时针方向实配的受弯承载力所对应的弯矩值，应按实配钢筋面积（计入受压钢筋）和材料强度标准值并考虑承载力抗震调整系数计算；

l_n——连梁的净跨。

V_{Gb}——在重力荷载代表值（9 度时还应包括竖向地震作用标准值）作用下，按简支梁计算的梁端截面剪力设计值；

η_{vb}——连梁剪力增大系数，一级取 1.3，二级取 1.2，三级取 1.1。

6.4.2.2 剪力墙连梁的截面尺寸应符合的要求

(1)无地震作用组合时

$$V_b \leqslant 0.25\beta_c f_c b_b h_{b0} \tag{6-69}$$

(2)有地震作用组合时

跨高比大于 2.5 时
$$V_b \leqslant \frac{1}{\gamma_{RE}}(0.2\beta_c f_c b_b h_{b0}) \tag{6-70}$$

跨高比不大于 2.5 时
$$V_b \leqslant \frac{1}{\gamma_{RE}}(0.15\beta_c f_c b_b h_{b0}) \tag{6-71}$$

式中：V_b——连梁剪力设计值；

b_b——连梁截面宽度；

h_{b0}——连梁截面有效高度；

β_c——混凝土强度影响系数.

6.4.2.3 连梁正截面承载力计算

1. 连梁弯矩的调幅

要实现“强墙弱梁”，在联肢剪力墙中，延性连梁的设计是主要矛盾。为使连梁首先屈服，须对连梁的弯矩进行调幅，一般可下调 20%左右。

2. 连梁的配筋设计

连梁可按普通受弯构件的抗弯承载力计算公式进行配筋设计。连梁通常采用对称配筋，取 $A_s = A'_s$，此时可采用简化公式计算：

无地震作用组合时

$$M \leqslant f_y A_s (h_{b0} - a'_s) \tag{6-72}$$

有地震作用组合时

$$M \leqslant \frac{1}{\gamma_{RE}} f_y A_s (h_{b0} - a'_s) \tag{6-73}$$

6.4.2.4 连梁斜截面承载力计算

(1)无地震作用组合

$$V_b \leqslant 0.7 f_t b_b h_{b0} + f_{yv}\frac{A_{sv}}{s}h_{b0} \tag{6-74}$$

(2)有地震作用组合

跨高比大于 2.5 时

$$V_b \leqslant \frac{1}{\gamma_{RE}}(0.42 f_t b_b h_{b0} + f_{yv}\frac{A_{sv}}{s}h_{b0}) \tag{6-75}$$

跨高比不大于 2.5 时

$$V_b \leqslant \frac{1}{\gamma_{RE}}(0.38 f_t b_b h_{b0} + 0.9 f_{yv}\frac{A_{sv}}{s}h_{b0}) \tag{6-76}$$

6.4.2.5　连梁配筋构造要求

1. 连梁配筋的构造要求，大致有以下几点：

(1)连梁顶面、底面纵向受力钢筋伸入墙内的锚固长度，抗震设计时不应小于 l_{aE}，非抗震设计时不应小于 l_a，且不应小于 600mm；

(2)抗震设计时，沿连梁全长箍筋的构造应按框架梁梁端加密区箍筋的构造要求采用；非抗震设计时，沿连梁全长的箍筋直径不应小于 6mm，间距不应大于 150mm；

(3)顶层连梁纵向钢筋伸入墙体的长度范围内，应配置间距不大于 150mm 的构造箍筋，箍筋直径应与该连梁的箍筋直径相同；

(4) 墙体水平分布钢筋应作为连梁的腰筋在连梁范围内拉通连续配置；当连梁截面高度大于 700mm 时，其两侧面沿梁高范围设置的纵向构造钢筋(腰筋)的直径不应小于 10mm，间距不应大于 200mm；对跨高比不大于 2.5 的连梁，梁两侧的纵向构造钢筋(腰筋)的面积配筋率不应小于 0.3%。(如图 6－21 所示)

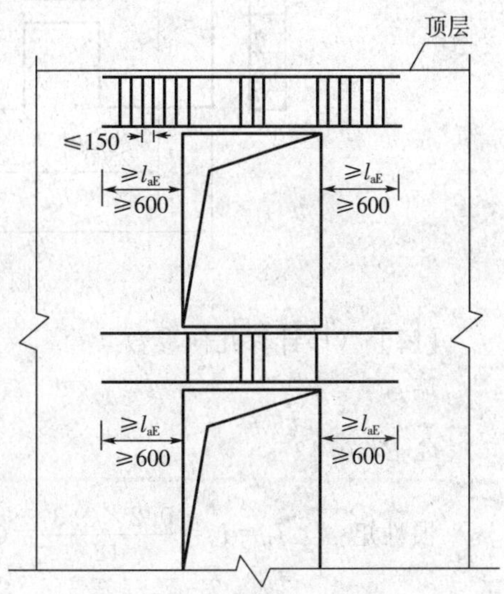

图 6－21　连梁配筋构造示意

注：非抗震设计时，图中 l_{aE} 应取 l_a。

2. 剪力墙墙面开洞和连梁开洞时，应符合下列要求：

(1) 当剪力墙墙面开有非连续小洞口(其各边长度小于 800mm)，且在整体计算中不考虑其影响时，应将洞口处被截断的分布筋量分别集中配置在洞口上、下和左、右两边(图 6－22(a))，且钢筋直径不应小于 12mm；

(2)穿过连梁的管道宜预埋套管，洞口上、下的有效高度不宜小于梁高的 1/3，且不宜小于 200mm，洞口处宜配置补强钢筋，被洞口削弱的截面应进行承载力验算(图 6－22(b))。

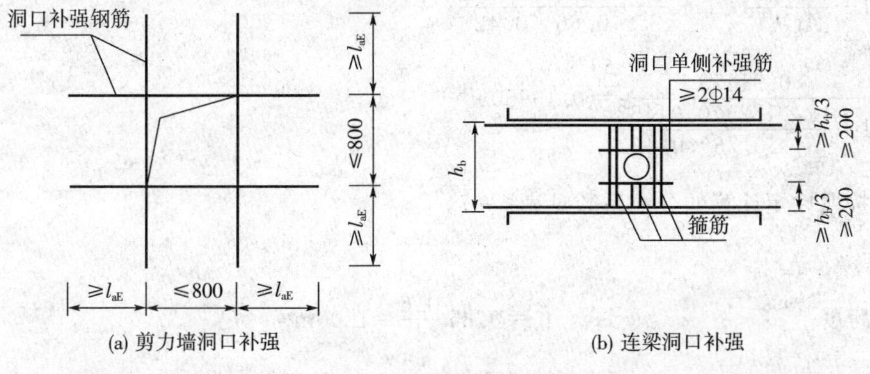

图 6－22　洞口补强配筋示意

注：非抗震设计时，图中锚固长度取 l_a。

6.5 高层建筑剪力墙结构设计实例

求如图 6-23 所示的 12 层 3 肢剪力墙的内力和位移。

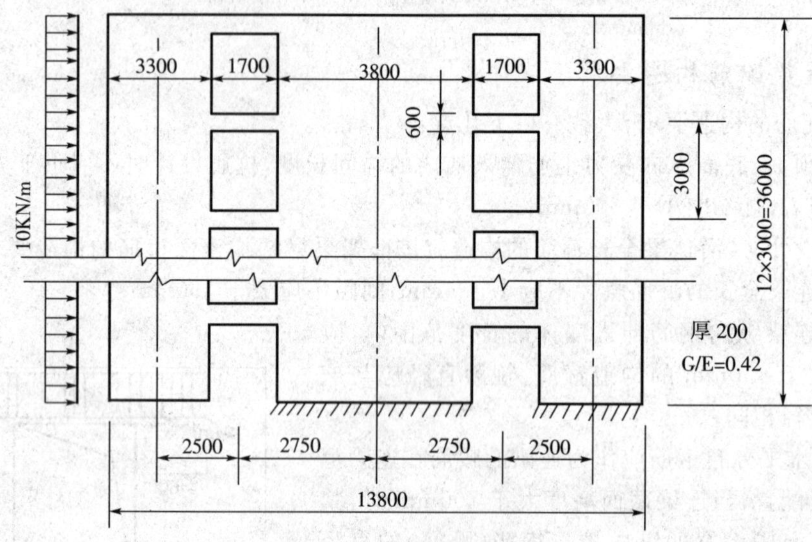

图 6-23 11 层三肢剪力墙

［解］ (1)计算几何参数

墙：

$G/E=0.42$

惯性矩 $I_1=I_3=\dfrac{0.2\times3.3^3}{12}=0.59895m^4$

$$I_2=\frac{0.2\times3.8^3}{12}=0.91453m^4$$

折算惯性矩

$$\tilde{I}_1=\frac{I_1}{1+\dfrac{12\mu EI_1}{AGh^2}}=\frac{0.59895}{1+\dfrac{12\times1.2\times0.59895}{3^2\times0.66\times0.42}}=0.13438m^4$$

$$\tilde{I}_2=\frac{0.91453}{1+\dfrac{12\times1.2\times0.91453}{3^2\times0.76\times0.42}}=0.19950m^4$$

墙肢按惯性矩计算的分配系数见表 6-7。

连梁：

计算跨度 $a_i=0.85\ \dfrac{0.6}{4}=1.00\text{m}$

惯性矩 $I_{bi}=\dfrac{0.2\times0.6^3}{12}=0.0036\text{m}^4$

折算惯性矩　$\tilde{I}_{bi}=\dfrac{I_{bi}}{1+\dfrac{3\mu EI_{bi}}{A_bGa_i^2}}=\dfrac{0.0036}{1+\dfrac{3\times1.2\times0.0036}{1^2\times0.2\times0.6\times0.42}}=0.00286\text{m}^4$

表 6-7　墙肢分配系数表

	1	2	3	$\sum$
A_i	0.66	0.76	0.66	2.08
I_i	0.59895	0.91453	0.59895	2.1117
$I_i/\sum I_i$	0.28346	0.43308	0.28346	
$\tilde{I}_i$	0.13438	0.19950	0.13438	0.46826
$\tilde{I}_i/\sum \tilde{I}_i$	0.28700	0.42605	0.28700	

连梁刚度 D 的计算见表 6-8。

表 6-8　连梁刚度 D 计算表

	1	2	$\sum$
c_i^2	6.8906	6.8906	
$D_i=\dfrac{c_i^2\tilde{I}_{bi}}{a_i^3}$	0.0197	0.0197	0.0394

(2)计算综合参数

$$\alpha_1^2=\frac{6H^2\sum D_i}{h\sum I_i}=\frac{6\times36^2\times0.0394}{3\times2.1117}=48.36$$

对于 3 肢墙，由取轴向变形影响系数 $T=0.8$，轴向变形的整体参数

$$\alpha^2=\frac{\alpha_1^2}{T}=\frac{48.36}{0.8}=60.45$$

$\alpha=7.775<10$，可按多肢墙计算。

剪切参数

$$\gamma^2=\frac{2.38\mu\sum I_i}{H^2\sum A_i}=\frac{2.38\times1.2\times2.1117}{36^2\times2.08}=2.23729\times10^{-3}$$

等效刚度：按 $\alpha=7.775$ 查表均布荷载下的 Ψ 值，$\Psi_\alpha=0.0507$。

$$I_{eq}=\sum I_i/[(1-T)+4\gamma^2+\Psi_\alpha T]$$

$$=\frac{2.1117}{(1-0.8)+0.8\times0.0507+4\times2.23729\times10^{-3}}=8.46342\text{m}^4$$

(3)内力计算

根据求得的 $\Phi_1(\xi)$，可以求出各层总约束弯矩：

$$m_j=hTV_0\Phi_1(a,\xi)=3\times0.8\times360\Phi_1(a,\xi)=864\Phi_1(a,\xi)$$

顶层总约束弯矩为上式的一半。

因为只有两列连梁，且是对称布置的，所以 $\eta_i=0.5$。

各层连梁剪力(两梁是一样的)为：

$$V_{bj}=\frac{m_j}{2c_i}\eta_i=\frac{m_j}{10.5}$$

连梁梁端弯矩(两梁是一样的)为：

$$M_{bj}=V_{bj}\alpha_{i0}=\frac{m_j}{10.5}$$

墙肢弯矩为：

$$M_i=\frac{I_i}{\sum I_i}(M_p-\sum_{s=j}^{n}m_s)$$

墙肢剪力为：

$$V_i=\frac{\tilde{I}_i}{\sum \tilde{I}_i}V_p$$

墙肢轴力为：

$$N_{1j}=N_{3j}=\sum_{s=j}^{n}V_{bs}$$

$$N_{2j}=0$$

(4)位移计算

顶点位移

$$\Delta=\frac{V_0H^3}{8EI_{eq}}=\frac{360\times 36^2}{8\times 2.6\times 10^7\times 8.46342}=0.00954\text{m}$$

其计算结果见表 6 - 9。

思 考 题

1. 什么是剪力墙结构体系？
2. 水平荷载作用下剪力墙计算截面如何选取？
3. 水平荷载作用下剪力墙剪力如何分配？
4. 剪力墙有哪几种类型？如何划分的？
5. 剪力墙的分析方法有哪几种？
6. 什么是剪力墙整体工作系数 α？
7. 整体剪力墙的等效刚度、整体截面内力、顶点位移如何计算？
8. 整体小开口剪力墙的等效刚度、墙肢截面内力、连梁内力、整体截面内力、顶点位移如何计算？
9. 联肢剪力墙的等效刚度、内力、顶点位移如何计算？
10. 在水平荷载作用下,计算剪力墙结构的基本假定是什么？
11. 根据基本假定,在水平荷载作用下,剪力墙的荷载、内力、顶点位移如何考虑的？
12. 写出矩形、T 形、工字形偏心受压剪力墙的正截面承载力计算公式。
13. 写出矩形偏心受拉剪力墙的正截面承载力计算公式。
14. 剪力墙墙肢、连梁配筋构造要求有哪些？

表 6 - 9　结构设计实例计算结果

层	ξ	$\Phi_1(\alpha,\xi)$	m_j	$\sum_{s=j}^{n} m_s$	$M_p=\frac{V_0 H}{2}\xi^2$	V_{bi} (kN)	M_{bj} (kN·m)	$M_p-\sum_{s=j}^{n} m_s$	$M_1=M_3$ (kN·m)	M_2 (kN·m)	$V_1=V_3$ (kN)	V_2 (kN)	$N_1=N_3$ (kN)
12	0	0.128	110.592	110.592	0	10.533	10.533	−110.592	−31.348	−47.895	0	0	10.533
11	0.0833	0.158	136.512	247.104	44.964	13.001	13.001	−202.140	−57.299	−87.543	8.61	12.782	23.534
10	0.1667	0.207	178.848	425.952	180.072	17.033	17.033	−245.880	−69.697	−106.486	17.220	25.563	40.567
9	0.2500	0.265	228.960	654.912	405.000	21.806	21.806	−249.912	−70.840	−108.232	25.830	38.345	62.373
8	0.3333	0.329	338.688	993.6	719.856	32.256	32.256	−273.744	−77.3595	−118.553	34.440	51.126	94.629
7	0.4167	0.408	352.512	1346.112	1125.180	33.573	33.573	−220.932	−62.625	−95.681	43.050	63.908	128.202
6	0.5000	0.481	415.584	1761.696	1620.000	39.579	39.579	−141.696	−40.165	−61.366	51.660	76.689	167.781
5	0.5833	0.538	464.832	2226.528	2204.748	44.269	44.269	−21.780	−6.174	−9.432	60.270	89.471	212.050
4	0.6667	0.592	511.488	2738.016	2880.288	48.713	48.713	142.272	40.328	61.615	68.880	102.252	260.763
3	0.7500	0.605	522.720	3260.736	3645.000	49.783	49.783	384.262	108.923	166.417	77.490	115.034	310.546
2	0.8333	0.561	484.704	3745.440	4499.640	46.162	46.162	754.200	213.786	326.629	86.100	127.815	356.708
1	0.9167	0.397	343.008	4088.448	5445.396	32.667	32.667	1356.948	384.640	587.667	94.710	140.597	389.375
0	0.9999	0	0	4088.448	6478.704	0	0	2390.526	677.542	1035.176	103.320	153.378	389.375

第 7 章　框架—剪力墙结构设计

7.1　框架—剪力墙结构协同工作的基本原理

当高层建筑层数较多且高度较高时，如仍采用框架结构，则其在水平力作用下，截面内力将增加很快。这时，框架梁柱截面增加很大，并且还产生过大的水平侧移。为解决上述矛盾，通常的做法是在框架体系中，增设一些刚度较大的钢筋混凝土剪力墙，使之代替框架承担水平荷载，于是就形成了框架—剪力墙结构体系。

框架—剪力墙结构中，框架主要用以承受竖向荷载，而剪力墙主要用以承受水平荷载。两者分工明确，受力合理，取长补短，能更有效地抵抗水平外荷载的作用，是一种比较理想的高层建筑体系。

7.1.1　框架—剪力墙结构的变形及受力特点

1. 在钢筋混凝土高层和多层公共建筑中，当框架结构的刚度和强度不能满足抗震或抗风要求时，采用刚度和强度均较大的剪力墙与框架协同工作，可由框架构成自由灵活的大空间，以满足不同建筑功能的要求；同时又有刚度较大的剪力墙，从而使框剪结构具有较强的抗震抗风能力，并大大减少了结构的侧移，在大地震时还可以防止砌体填充墙、门窗、吊顶等非结构构件的严重破坏和倒塌。因此，有抗震设防要求时，宜尽量采用框剪结构来替代纯框架结构。

框架—剪力墙结构适用于需要灵活大空间的多层和高层建筑，如办公楼、商业大厦、饭店、旅馆、教学楼、试验楼、电讯大楼、图书馆、多层工业厂房及仓库、车库等建筑。

2. 框剪结构由框架和剪力墙两种不同的抗侧力结构组成，这两种结构的受力特点和变形性质是不同的。在水平力作用下，剪力墙是竖向悬臂结构，其变形曲线呈弯曲型(图 7-1(a))，楼层越高水平位移增长速度越快，顶点水平位移值与高度是 4 次方关系：

均布荷载时
$$u=\frac{qH^4}{8EI} \tag{7-1}$$

倒三角形荷载时
$$u=\frac{11q_{\max}H^4}{120EI} \tag{7-2}$$

式中：H—— 总高度；

EI—— 弯曲刚度。

在一般剪力墙结构中，由于所有抗侧力结构都是剪力墙，在水平力作用下各片墙的侧向位移相似，所以，楼层剪力在各片墙之间是按其等效刚度 EI_{eq} 比例进行分配。

框架在水平力作用下，其变形曲线为剪切型(图 7-1(b))，楼层越高水平位移增长越慢，在纯框架结构中，各种框架的变形曲线相似，所以，楼层剪力按框架柱的抗侧移刚度 D 值比例分配。

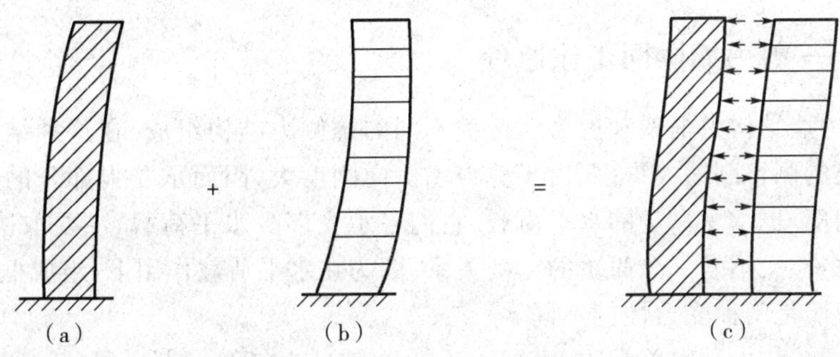

图7-1　框剪结构变形特点

框剪结构，既有框架又有剪力墙，它们之间通过平面内刚度无限大的楼板连接在一起，在水平力作用下，使它们水平位移协调一致，不能各自自由变形，在不考虑扭转影响的情况下，在同一楼层的水平位移必须相同。因此，框剪结构在水平力作用下的变形曲线呈反S形的弯剪型位移曲线(图7-1(c))。

3. 框剪结构在水平力作用下，由于框架与剪力墙协同工作，在下部楼层，因为剪力墙位移小，它拉住框架的变形，使剪力墙承担了大部分剪力；上部楼层则相反，剪力墙的位移越来越大，而框架的变形反而小，所以，框架除承受水平力作用下的那部分剪力外，还要负担拉回剪力墙变形的附加剪力，因此，在上部楼层即使水平力产生的楼层剪力很小，而框架中仍有相当数值的剪力。

4. 框剪结构在水平力作用下，框架与剪力墙之间楼层剪力的分配和框架各楼层剪力分布情况，是随楼层所处高度而变化，与结构刚度特征值直接相关。由图7-2可知，框剪结构中框架底部剪力为零，剪力控制截面在房屋高度的中部甚至是上部，而纯框架最大剪力在底部。因此，当实际布置有剪力墙(如楼梯间墙、电梯井墙、设备管道井墙等)的框架结构，必须按框剪结构协同工作计算内力，不能简单按纯框架分析，否则不能保证框架部分上部楼层构件的安全。

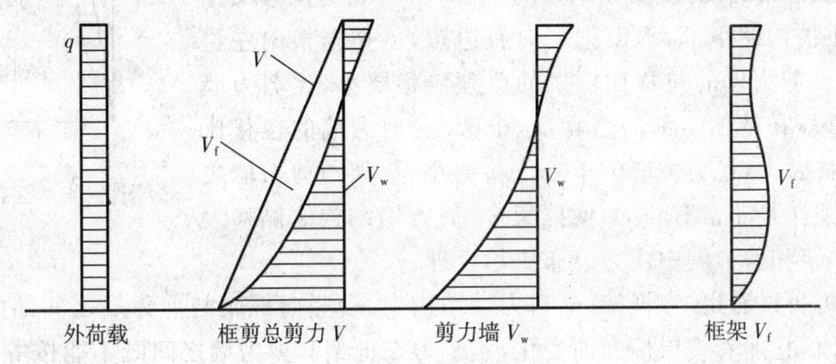

图7-2　框剪结构受力特点

5. 框剪结构，由延性较好的框架、抗侧力刚度较大并带有边框的剪力墙和有良好耗能性能的连梁所组成，具有多道抗震防线。从国内外经受地震后震害调查表明，它确为一种抗震性能很好的结构体系。

6. 框剪结构在水平力作用下，水平位移是由楼层层间位移与层高之比$\frac{\Delta u}{H}$控制，而不是顶点水平位移进行控制。层间位移最大值发生在$(0.4\sim0.8)H$范围内的楼层，H为建筑物总高度。

7. 框剪结构在水平力作用下，框架上下各楼层的剪力取用值比较接近，梁、柱的弯矩和剪力值变化较小，使得梁、柱构件规格较少，有利于施工。

7.1.2　框架 — 剪力墙协同工作原理

框架 — 剪力墙结构由框架和剪力墙两种不同的抗侧力结构组成。在这种结构中，剪力墙的侧移刚度比框架的侧移刚度大得多。由于剪力墙侧向刚度大，因而承受大部分的水平荷载；框架有一定的侧移刚度，也承受一定的水平荷载。它们各承受多少水平荷载，主要取决于剪力墙与框架侧移刚度之比，但又不是一个简单的比例关系。因为在水平荷载作用下，组成框架 — 剪力墙结构的框架和剪力墙是两种受力性能不同的结构形式。在同一结构受力单元中，由于楼板和连梁的连接作用，使框架和剪力墙协同工作，两者之间产生了相互作用力，具有共同的变形曲线。

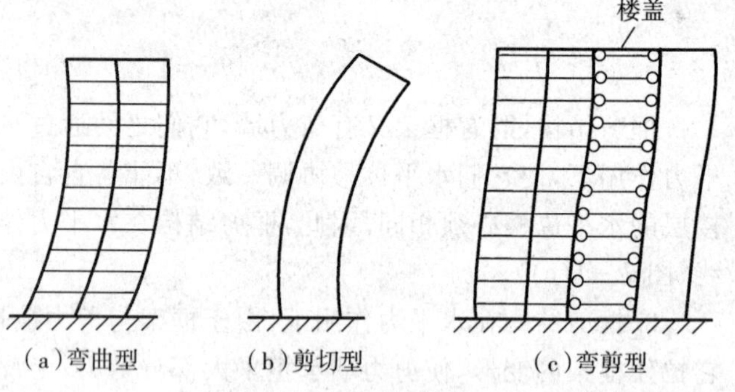

图 7-3　框架与剪力墙的协同工作原理

剪力墙的工作特点类似于竖向悬臂弯曲梁，其变形曲线为弯曲型，如图 7-3(a) 所示，楼层越高水平位移增长越快；框架的工作特点类似于竖向悬臂剪切梁，其变形曲线为剪切型，楼层越高水平位移增长越慢，如图 7-3(b) 所示。当框架和剪力墙通过楼盖形成框架 — 剪力墙结构时，各层楼盖因其巨大的水平位移使得框架与剪力墙的变形协调一致，因而其变形曲线介于剪切型和弯曲型之间，属于弯剪型，如图 7-3(c) 所示。

为了清楚起见，将它画在图 7-4 中。可以看出，在结构的上部剪力墙的位移比框架的要大，而在结构的下部，剪力墙的位移又比框架的要小。在结构的下部，框架把墙向右边拉，墙把框架向左边拉，因而框架 — 剪力墙的位移比框架的单独位移要小，比剪力墙的单独位移要大；在结构上部与之相反，框架 — 剪力墙的位移比框架的单独位移要大，比剪力墙的单独位移要小。框架与剪力墙之间的这种协同工作是非常有利的，使框架 — 剪力墙结构的侧移大大减小，且使框架和剪力墙中内力分布更趋合理。

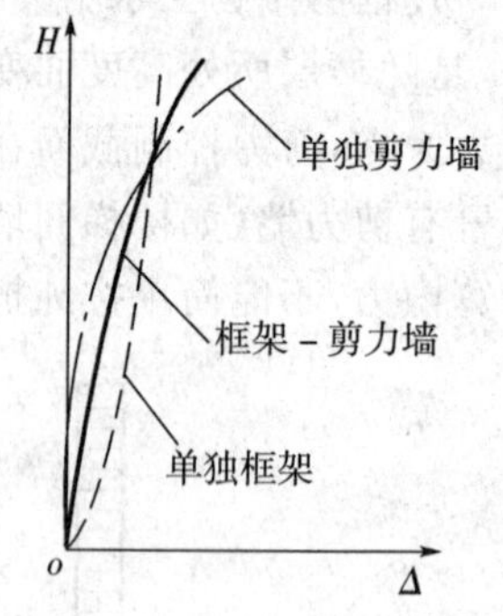

图 7-4　三种侧移曲线

从以上分析可以看出，在框架 — 剪力墙结构中，沿竖向框架与剪力墙之间的水平力之比并非是一个固定值，它随着楼层标高而变化，水平力在框架和剪力墙之间既不能按等效刚度 E_{eq} 分配，也不能按侧移刚度 D 分配。另外值得一提的是：在框架 — 剪力墙结构中的框架受的剪力，下部为零，中部或上部较大，顶部不为零。

7.1.3　框架 — 剪力墙结构的分析计算方法

框架 — 剪力墙结构的分析计算方法可大致分为下列 3 类：

1. 空间三维分析方法

把剪力墙视作薄壁杆件、带刚域的杆件或平板条元，按结构体系空间变形的三维协调条件进行分析。该方法可以考虑杆件的弯曲、剪切和轴向变形，包括楼板变形的影响，也可以采用刚性楼板的假设以便简化。水平荷载的偏心作用所产生的建筑物扭转效应，已自动包含在计算结果中，无须另行计算。但其计算工作量大，需用容量相当大的电子计算机进行。

2. 平面结构空间协同工作分析方法

这个方法假定整个结构体系由各向的平面结构组成，然后按结构体系水平变形的二维协调条件进行分析。显然，在两极平面结构相交处，其竖向变形是不协调的。故其计算结果的精度稍逊于空间三维分析方法。该方法的其他性能则与空间三维分析方法基本相同。同样，由于计算工作量大，需用电子计算机进行。

3. 结构体系沿主轴方向平移的分析法(侧移法)

该方法将整个结构体系在各主轴方向进行平面结构分析，水平荷载的偏心作用所产生的建筑物扭转效应，则用近似的分层分析考虑其附加效应。这个方法计算工作量最小，利用现成公式或图表曲线用手算即可解决问题。对于比较规则的结构体系，应用该方法可获得满意结果。

7.2　框架—剪力墙结构的抗侧刚度

7.2.1　框架—剪力墙结构的基本假定与计算简图

1. 基本假定

框架—剪力墙结构体系作为平面结构来计算，在结构分析中一般采用如下假设：

(1) 楼板在自身平面内的刚度为无限大——这保证了楼板将整个结构单元内的所有框架和剪力墙连为整体，不产生相对变形。现浇楼板和装配整体式楼板均可采用刚性楼板的假定。此外，横向剪力墙的间距宜满足表7-1的要求。采用这一假设，当结构体系沿主轴方向产生平移变形时，同一层楼面上各点的水平位移相同。

表7-1　剪力墙的间距

楼盖形式	非抗震设计(取较小值)	抗震设防烈度		
		6度、7度(取较小值)	8度(取较小值)	9度(取较小值)
现　　浇	5.0B,60	4.0B,50	3.0B,40	2.0B,30
装配整体	3.5B,50	3.0B,40	2.5B,30	—

[注]　(1) 表中B为楼面宽度，单位为m；(2) 装配整体式楼盖的现浇层应符合《高层规程》第4.5.3条的有关规定；(3) 现浇层厚度大于60mm的叠合楼板可作为现浇板考虑。

(2) 房屋的刚度中心与作用在结构上的水平荷载(风荷载或水平地震作用)的合力作用点重合，在水平荷载作用下房屋不产生绕竖轴的扭转。当结构体型规整、剪力墙布置对称均匀时，结构在水平荷载作用下可不计扭转的影响。

(3) 不考虑剪力墙和框架柱的轴向变形及基础转动的影响。

(4) 假定所有结构参数沿建筑物高度不变。如有不大的改变，则参数可取沿高度的加权平均值，仍近似地按参数沿高度不变来计算。

2. 框架—剪力墙结构的计算简图

在以上基本假定的前提下，计算区段内结构在水平荷载作用时，处于同一楼面标高处各片剪力墙和框架的水平位移相同。此时，可将结构单元内所有剪力墙综合在一起，形成一榀假想的总剪力墙，总剪力墙的弯曲刚度等于各榀剪力墙弯曲刚度之和；把结构单元内所有框架综合起来，形成一榀假想的总框架，总框架的剪切刚度等于各榀框架剪切刚度之和。

按照剪力墙之间和剪力墙与框架之间有无连梁，或者是否考虑这些连梁对剪力墙转动的约束作用，框架 — 剪力墙结构可分为下列两类：

(1) 框架 — 剪力墙铰接体系

如图 7-5(a) 所示的结构单元平面，框架和剪力墙是通过楼板的作用连接在一起的。因楼板在平面外的转动约束作用很小而予以忽略，可以把楼板简化为铰接连杆。则总框架与总剪力墙之间可按铰接考虑，其横向计算简图如图 7-5(b) 所示。在总框架与总剪力墙之间的每个楼层标高处，有一根两端铰接的连杆。这一列铰接连杆代表各层楼板，把各根框架和剪力墙连成整体，共同抗御水平荷载的作用。图 7-5 中总剪力墙包含 2 片剪力墙，总框架包含了 5 榀框架，连杆代表刚性楼盖的作用，它将剪力墙与框架连在一起，同一楼层标高处，有相同的水平位移。这种连接方式或计算简图称为框架 — 剪力墙铰接体系。

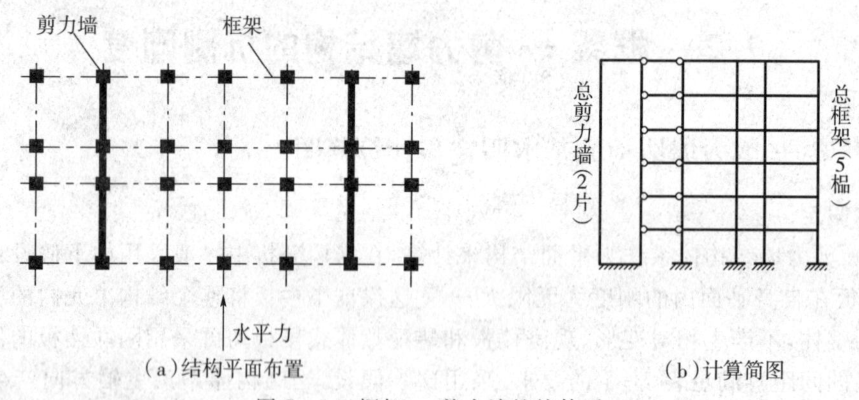

(a)结构平面布置　　(b)计算简图

图 7-5　框架 — 剪力墙铰接体系

(2) 框架 — 剪力墙刚接体系

当墙肢之间有连梁或墙肢与框架柱之间有连系梁相连，如图 7-6(a) 所示，连系梁对剪力墙有明显的约束作用，可视为刚接；框架与总连杆间用铰接，表示楼盖连杆的作用。连系梁对柱也有约束作用，但此约束作用已反映在柱的抗侧刚度 D 中，则应采用如图 7-6(b) 所示的计算简图，这种连接方式或计算简图称为框架 — 剪力墙刚接体系。

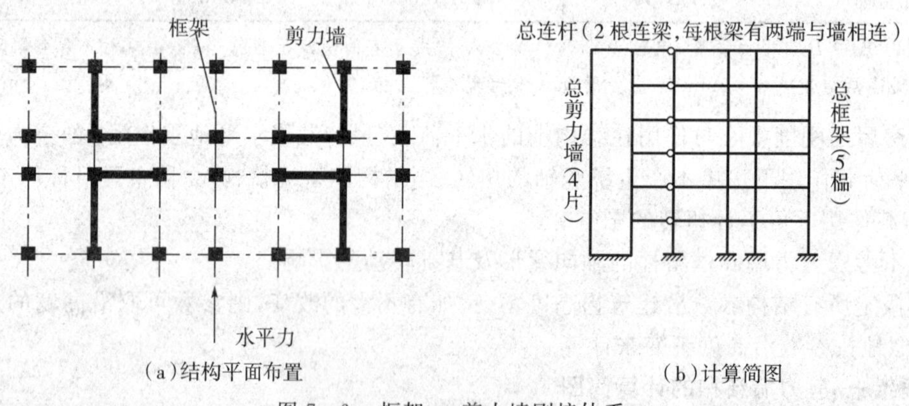

(a)结构平面布置　　(b)计算简图

图 7-6　框架 — 剪力墙刚接体系

该体系包含总剪力墙、总框架和总刚性连杆。此连杆连接剪力墙和框架，图 7-6 中的总连系梁刚度为所有连梁和连系梁刚度之和。

图 7-6 中，被连接的总剪力墙包含 4 片墙，总框架包含 5 榀框架；总连杆中包含 2 根连梁，每根梁有两端与墙相连，即 2 根连梁的 4 个刚接端对墙肢有约束弯矩的作用。

计算地震力对结构的影响时，纵、横两个方向均需考虑。计算横向地震力时，考虑沿横向布置的剪力墙和横向框架；计算纵向地震力时，考虑沿纵向布置的剪力墙和纵向框架。取堵截面时，另一方向的墙可作为翼缘，取一部分有效宽度。

7.2.2　总剪力墙和总框架刚度的计算

1. 总框架抗剪刚度的计算

框架剪力与侧移（剪切变形）之间可写成如下关系：

$$V_{fi} = C_{fi}\left(\frac{dy}{dx}\right)_i \tag{7-3}$$

式中：V_{fi}—— 第 i 层总框架剪力；

$\left(\frac{dy}{dx}\right)_i$—— 第 i 层总框架剪切角；

C_{fi}—— 第 i 层总框架抗剪刚度。

由式（7-3）不难理解。框架抗剪刚度的物理含义是：该层使框架产生单位剪切角（或称旋转角）时所需剪力值，如图 7-7(a) 所示。

C_{fi} 的计算可与第 5 章中的框架 D 值法内容联系起来，借框架的抗侧刚度 D 来求。对比图 7-7 的(a) 和(b)，不难发现两者正好相差层高的 h_i 倍。对第 i 层，可表达为

$$C_{fi} = DH_i = h_i \sum D_{ij} \tag{7-4}$$

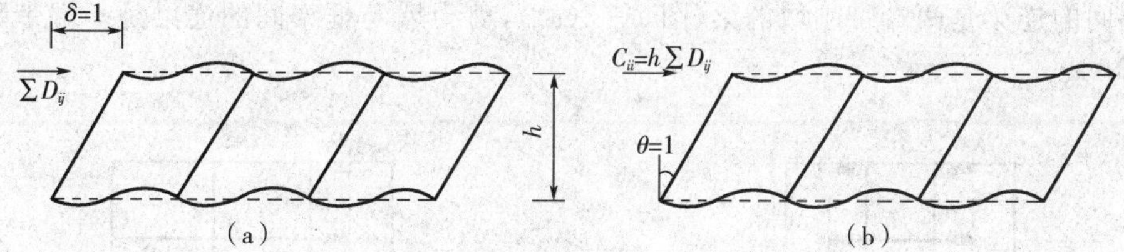

图 7-7　框架抗剪刚度

当各层 C_{fi} 不相同时，计算中所用的 C_f 可近似地以各层的 C_{fi} 按高度取平均值，即

$$C_f = \frac{\sum_{i=1}^{n} C_{fi} h_i}{H} \tag{7-5}$$

式中：H—— 建筑物总高；

h_i—— 第 i 层层高；

n—— 建筑物总层数。

当框架高度超过 50m 或大于其宽度的 4 倍时，应计算柱轴向变形对框架 — 剪力墙体系内力和位移的影响，否则会使计算误差增大。这时，需以等效抗剪刚度 C_{f0} 替代上述抗剪刚度 C_f 来计算，即：

$$C_{f0} = \frac{\Delta_M}{\Delta_M + \Delta_N} C_f \tag{7-6}$$

式中：Δ_M—— 仅考虑梁、柱弯曲变形时框架的顶点位移；

Δ_N—— 仅考虑柱轴向变形时框架的顶点位移。

Δ_M 和 Δ_N 可用第 5 章中的简化方法计算。计算时可以任意给定荷载，但必须使用相同的荷载计算 Δ_M 和 Δ_N。

2. 总剪力墙抗弯刚度的计算

总剪力墙抗弯刚度 EI_w 是每片墙抗弯刚度的总和，即

$$EI_w = \sum EI_{eq} \tag{7-7}$$

式中：EI_{eq}—— 每片墙的等效抗弯刚度，可用第 6 章中介绍的方法计算。

实际工程中，各层的 EI_w 值可能不同。如果各层刚度相差不大，则可用沿高度加权平均方法得到平均的 EI_w，即

$$EI_w = \frac{\sum_{i=1}^{n} EI_{wi} h_i}{H} \tag{7-8}$$

式中：EI_{wi}—— 剪力墙沿竖向各段的抗弯刚度；

h_i—— 各段相应的高度；

H—— 建筑物总高；

n—— 建筑物总层数。

3. 总连梁的约束刚度

框架—剪力墙刚接体系的连梁进入墙的部分刚度很大，因此连梁应作为带刚域的梁进行分析。剪力墙间的连梁是两端带刚域的梁(图 7-8(a))，剪力墙与框架间的连梁是一端带刚域的梁(图 7-8(b))。

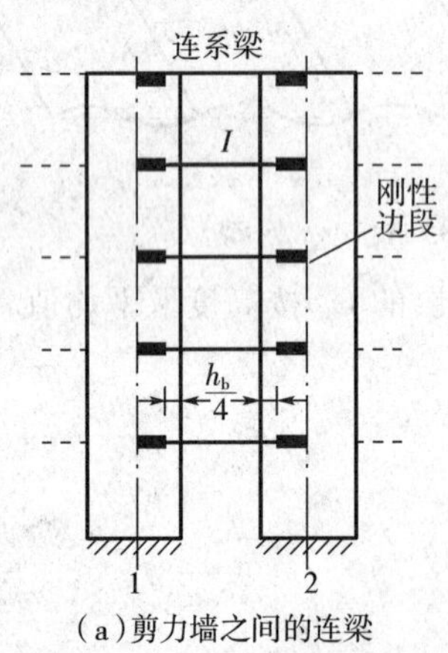

(a)剪力墙之间的连梁

(b)剪力墙与框架之间的连梁

图 7-8 连梁的计算简图

在水平荷载作用下，根据刚性楼板的假定，同层框架和剪力墙的水平位移相同，同时假定同层所有节点的转角 θ 也相同，则可得两端带刚域连梁的梁端约束弯矩系数(梁端转动刚度)，以 m 表示。如图 7-9 所示。

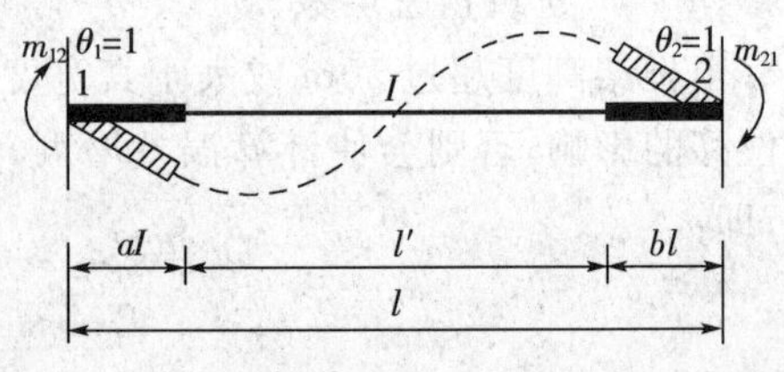

图 7-9 带刚域梁的约束弯矩系数

$$\left.\begin{aligned}m_{12}&=\frac{6EI(1+a-b)}{l(1-a-b^{3})(1+\beta)}\\m_{21}&=\frac{6EI(1+b-a)}{l(1-a-b)^{3}(1+\beta)}\\\beta&=\frac{12\mu EI}{GAl'}\end{aligned}\right\}\tag{7-9a}$$

在上式中令 $b=0$,可得一端带刚域连梁的杆端转动刚度：

$$\left.\begin{aligned}m_{12}&=\frac{6EI(1+a)}{1(1-a)^{3}(1+\beta)}\\m_{21}&=\frac{6EI(1-a)}{l(1-a)^{3}(1+\beta)}\end{aligned}\right\}\tag{7-9b}$$

式中：a、b—— 刚域长度系数；

β—— 剪切影响系数；

μ—— 剪切不均匀系数。

当采用连续化方法计算框架—剪力墙结构内力时，应将 m_{12} 和 m_{21} 化为沿层高 h 的线约束刚度 C_{12} 和 C_{21},其值为：

$$\left.\begin{aligned}C_{12}&=\frac{m_{12}}{h}\\C_{21}&=\frac{m_{21}}{h}\end{aligned}\right\}\tag{7-10}$$

单位高度上连梁两端线约束刚度之和为：

$$C_{\mathrm{b}}=C_{12}+C_{21}$$

当第 i 层内有 k 根刚接连梁时，总连梁的线约束刚度为：

$$C_{\mathrm{bi}}=\sum_{i=1}^{k}(C_{j12}+C_{j21})$$

上式适用于两端与墙连接的连梁；对一端与墙、另一端与柱连接的连梁，应令与柱连接端的 $C_{21}=0$。

当各层总连梁的 $C_{\mathrm{b}i}$ 不同时，可近似地以各层的 $C_{\mathrm{b}i}$ 按高度取平均值，即：

$$C_{\mathrm{b}}=\frac{\sum_{i=1}^{n}C_{\mathrm{b}i}}{H}$$

式中：H—— 建筑物总高；

h_i—— 第 i 层层高；

n—— 建筑物总层数。

7.3　框架—剪力墙结构的内力与位移计算

7.3.1　按铰接体系框架—剪力墙结构的内力计算

框架—剪力墙结构在水平荷载作用下，外荷载由框架和剪力墙共同承担，外力在框架和剪力墙之间的分配由协同工作计算确定，协同工作计算采用连续连杆法。图 7－10 给出了框剪结构铰结体系计算简图，将连杆切断后在各楼层标高处框架和剪力墙之间存在相互作用的集中力 P_{fi}，为简化计算，集中力 P_{fi} 简化为连续分布力 $p(x)$、$p_f(x)$。当楼层层数较多时，将集中力简化为分布力不会给计算结果带来多大误差。将连梁切开后，框架和剪力墙之间的相互作用相当于一个弹性地基梁之间的相互作用。总剪力墙相当于置于弹性地基上的梁，同时承受外荷载 $p(x)$ 和“弹性地基”—— 总框架对它的弹性反力 $p_f(x)$。总框架相当于一个弹性地基，承受着总剪力墙传给它们的力 $p_f(x)$。

将铰结体系中的连杆切开，建立协同工作微分方程时取总剪力墙为脱离体，计算简图如图 7－11 所示。此剪力墙是一个竖向受弯构件，为静定结构，受外荷载 $p(x)$、$p_f(x)$ 作用。剪力墙上任一截面的转角、弯矩及剪力的正负号仍采用梁中通用的规定，图 7－11 中所示方向均为正方向。

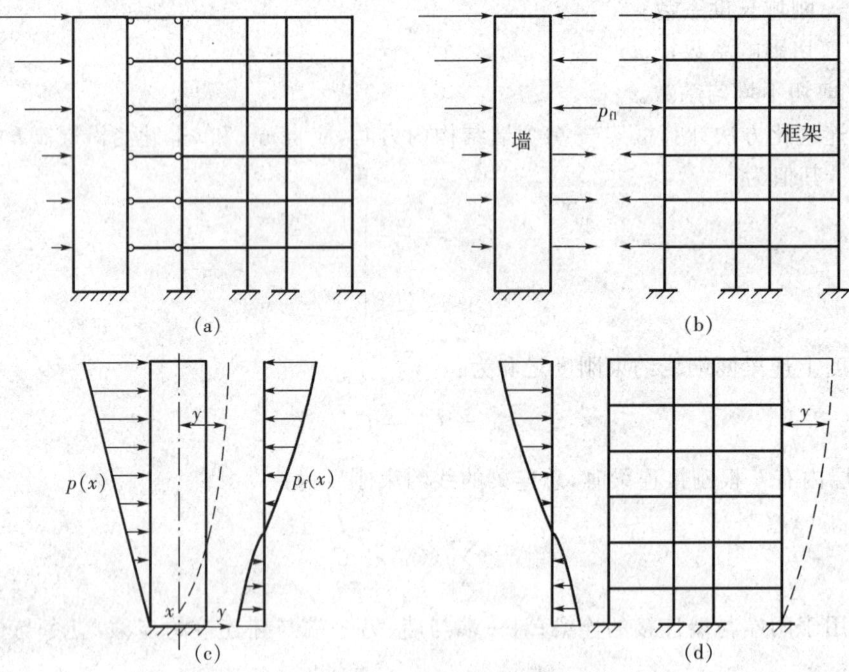

图 7－10 铰结体系计算简图

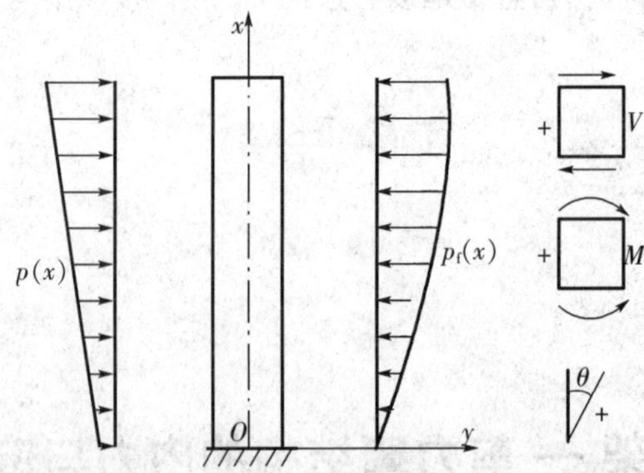

图 7－11 总剪力墙脱离体及符号规则

把总剪力墙当作悬臂梁，其内力与弯曲变形的关系如下：

$$EI_w = \frac{d^4 y}{dx^4} = p(x) - p_f(x) \tag{7-11}$$

由计算假定可知，总框架和总剪力墙具有相同的侧移曲线，取总框架为脱离体可以给出 $p_f(x)$ 与侧移 $y(x)$ 之间的关系。

前面已定义 C_f 为使总框架在楼层处产生单位剪切变形时所需要的水平剪力。当总框架的剪切变形为 $\theta = dy/dx$ 时，由定义可得总框架层间剪力为：

$$V_f = C_f\theta = C_f \frac{dy}{dx} \tag{7-12}$$

对上式微分得：

$$\frac{dV_f}{dx} = -f_f(x) = C_f \frac{d^2 y}{dx^2} \tag{7-13}$$

将式(7-13)代入式(7-11)，整理后得：

$$\frac{d^4 y}{dx^4} - \frac{C_f}{EI_w}\frac{d^2 y}{dx^2} = \frac{p(x)}{EI_w} \tag{7-14}$$

令：

$$\xi = \frac{x}{H}$$

$$\lambda = H\sqrt{\frac{C_f}{EI_w}} \tag{7-15}$$

λ 称为结构刚度特征值，是反映总框架和总剪力墙刚度之比的一个参数，对框剪结构的受力状态和变形状态及外力的分配都有很大的影响。

引入式(7-15)中的符号后，式(7-14)则变为：

$$\frac{d^4 y}{dx^4} - \lambda\frac{d^2 y}{d\xi^2} = \frac{H^4}{EI_w}p(\xi) \tag{7-16}$$

上式是一个四阶常系数非齐次线性微分方程。它的解包括两部分：一部分是相应齐次方程的通解，另一部分是该方程的一个特解。

(1) 通解 y_i

方程(7-16)的特征方程为：

$$r^4 - \lambda^2 r^2 = 0$$

特征方程的解为：

$$r_1 = r_2 = 0, r_3 = \lambda, r_4 = -\lambda$$

因此，齐次方程的通解为：

$$y_1 = C_1 + C_2\xi + A\mathrm{sh}(\xi) + B\mathrm{ch}(\xi)$$

(2) 特解 y

方程(7-16)的特解 y_2 取决于外荷载的形式，可用待定系数法求解。

① 均布荷载

设均布荷载的分布密度为 q，因此有 $p(\xi)$。另外，特解方程中 $r_1 = r_2 = 0$，故可设：

$$y_2 = a\xi^2$$

因此有：

$$\frac{\mathrm{d}^2 y^2}{\mathrm{d}\xi^2} = a, \frac{\mathrm{d}^4 y_2}{\mathrm{d}\xi^4} = 0$$

代入式(7-16)得：

$$a = \frac{qH^4}{2\lambda_2 EI_w} = -\frac{qH^2}{2C_f}$$

因此有：

$$y_2 = -\frac{qH^2}{2C_f}\xi^2$$

② 三角形分布荷载

设三角形分布荷载的最大分布密度为 q，则任意高度 ξ 处的分布密度为 $p(\xi) = q\xi$，由 $r_1 = r_2 = 0$ 可假设：

$$y_2 = a\xi^3$$

代入式(7-16)可得：

$$-6a\lambda^2\xi = \frac{H^4}{EI_w}p(\xi) = \frac{H^4}{EI_w}q\xi$$

因此有：

$$a = -\frac{qH^4}{6\lambda^2 EI_w} = -\frac{qH^2}{6C_f}$$

所以得特解：

$$y_2 = -\frac{qH^2}{6C_f}\xi^3$$

③ 顶部集中荷载

顶部作用有集中荷载 P 时，$p(\xi) = 0$，则特解为 $y_2 = 0$。

综合以上计算结果可得微分方程(7-16)的解为：

$$y = C_1 + C_2\xi + A\mathrm{sh}(\lambda\xi)B\mathrm{ch}(\lambda\xi) - \begin{cases} \frac{qH^2}{2C_f}\xi^2 & \text{(均布荷载)} \\ \frac{qH^2}{6C_f}\xi^3 & \text{(倒三角形分布荷载)} \\ 0 & \text{(顶部集中荷载)} \end{cases} \tag{7-17}$$

(3) 确定通解中积分常数

对于剪力墙脱离体，其 4 个边界条件分别为：

① 当 $\xi = 0$(即 $x = 0$)时，结构底部位移 $y = 0$；

② 当 $\xi = 0$ 时，结构底部转角 $\theta = \mathrm{d}y/\mathrm{d}x = 0$；

③ 当 $\xi=1$（即 $x=H$）时，结构顶部弯矩为零，即 $M=\frac{d^2y}{dx^2}=0$；

④ 当 $\xi=1$ 时，结构顶部总剪力

$$V=V_w+V_f=\begin{cases}0\text{（均布荷载）}\\0\text{（倒三角形均布荷载）}\\P\text{（顶部集中荷载）}\end{cases}$$

根据边界条件，可以求得三种荷载作用下的积分常数 A、B、C_1、C_2，分别代入式(7-17)得：

$$y=\begin{cases}\frac{qH^4}{EI_w\lambda^2}\left\{\frac{1+\lambda\mathrm{sh}\lambda}{\mathrm{ch}\lambda}[\mathrm{ch}(\lambda\xi)-1]-\lambda\mathrm{sh}(\lambda\xi)+\lambda^2\xi\left(1-\frac{\xi}{2}\right)\right\}\text{（均布荷载）}\\\frac{qH^4}{EI_w\lambda^2}\left\{\frac{\mathrm{ch}(\lambda\xi)-1}{\mathrm{ch}\lambda}\left(\frac{\mathrm{sh}\lambda}{2\lambda}-\frac{\mathrm{sh}\lambda}{\lambda^3}+\frac{1}{\lambda^2}\right)+\left(\xi-\frac{\mathrm{sh}(\lambda\xi)}{\lambda}\right)\left(\frac{1}{2}-\frac{1}{\lambda^2}\right)-\frac{\xi^2}{6}\right\}\text{（倒三角形分布荷载）}\\\frac{PH^3}{EI_w\lambda^3}\left\{\frac{\mathrm{sh}\lambda}{\mathrm{ch}\lambda}[\mathrm{ch}(\lambda\xi)-1]-\mathrm{sh}(\lambda\xi)+\lambda\xi\right\}\text{（顶部集中荷载）}\end{cases}$$

(7-18)

上式就是框剪结构在均布、三角形分布、顶部集中荷载作用下的位移计算公式，有了式(7-18)后就可以确定总剪力墙的内力 M_w 和 V_w 以及总框架的剪力 V_f。

$$M_w=\begin{cases}\frac{qH^2}{\lambda^2}\left\{\frac{1+\lambda\mathrm{sh}\lambda}{\mathrm{ch}\lambda}[\lambda\mathrm{sh}(\lambda\xi)-1]\right\}\text{（均布荷载）}\\\frac{qH^2}{\lambda^2}\left\{\left(1+\frac{\mathrm{sh}\lambda}{2\lambda}-\frac{\mathrm{sh}\lambda}{\lambda}\right)\frac{\mathrm{ch}(\lambda\xi)}{\mathrm{ch}\lambda}-\left(\frac{1}{2}-\frac{1}{\lambda}\right)\mathrm{sh}(\lambda\xi)-\xi\right\}\text{（倒三角形分布荷载）}\\PH\left\{\frac{\mathrm{sh}\lambda}{\mathrm{ch}\lambda}[\mathrm{ch}(\lambda\xi)]-\frac{1}{\lambda}\mathrm{sh}(\pi c)\right\}\text{（顶部集中荷载）}\end{cases}$$

(7-19)

$$V_w=\begin{cases}\frac{qH}{\lambda}\left\{\lambda\mathrm{ch}(\lambda\xi)-\frac{1+\lambda\mathrm{sh}\lambda}{\mathrm{ch}\lambda}\lambda\mathrm{sh}(\lambda\xi)\right\}\text{（均布荷载）}\\\frac{qH}{\lambda^2}\left\{\left(1+\frac{\lambda\mathrm{sh}\lambda}{2}-\frac{\mathrm{sh}\lambda}{\lambda}\right)\frac{\mathrm{ch}(\lambda\xi)}{\mathrm{ch}\lambda}-\left(\frac{1}{2}-\frac{1}{\lambda}\right)\mathrm{sh}(\lambda\xi)-1\right\}\text{（倒三角形分布荷载）}\\P\left\{[\mathrm{ch}(\lambda\xi)]-\frac{\mathrm{sh}\lambda}{\mathrm{ch}\lambda}\mathrm{sh}(\lambda\xi)\right\}\text{（顶部集中荷载）}\end{cases}$$

(7-20)

由上式可知，剪力墙位移 y、内力 M_w、V_w 均是 λ、ξ 的函数，计算起来比较繁琐，为方便计算，附录 D 给出 3 种典型荷载作用下 y、M_w、V_w 的计算图表，设计时便可直接查用。

附录 D 并没有直接给出位移 y、内力 M_w、V_w 的值，而是位移系数 $y(\xi)/f_H$、弯矩系数 $M_w(\xi)/M_0$ 和剪力系数 $V_w(\xi)/V_0$，这里的 f_H 是剪力墙单独承受水平荷载时在顶点产生的侧移，M_0、V_0 为水平荷载在剪力墙底部产生的总弯矩和总剪力。3 种不同荷载所对应的 f_H、M_0、V_0 均分别示于相应的图中。计算时首先根据结构刚度特征值 λ 及所求截面相对坐标 ξ 从附录 D 中分别查出各系数，然后根据下列式子求得结构该截面处的位移及内力：

$$\left.\begin{aligned} y &= \left[\frac{y(\xi)}{f_H}\right] f_H \\ M_w &= \left[\frac{M_w(\xi)}{M_0}\right] M_0 \\ V_w &= \left[\frac{V_w(\xi)}{V_0}\right] V_0 \end{aligned}\right\} \tag{7-21}$$

总框架的剪力可直接由总剪力减去剪力墙的剪力得到：

$$V_f = V_p(\xi) - V_w(\xi) = \begin{cases} (1-\xi)qH - V_w(\xi)\text{（均布荷载）} \\ \dfrac{1}{2}(1-\xi^2)qH - V_w(\xi)\text{（倒三角形分布荷载）} \\ P - V_w(\xi)\text{（顶部集中荷载）} \end{cases} \tag{7-22}$$

7.3.2 按刚接体系框架 — 剪力墙结构的内力计算

在框剪结构铰结体系中连杆对墙肢没有约束作用。当考虑连杆对剪力墙有约束弯矩作用时，框剪结构就可以简化为图 7-12(a) 所示的刚结体系。铰结体系与刚结体系相同之处是总剪力墙与总框架通过连杆传递之间的相互作用力，不同之处是在刚结体系中连杆对总剪力墙的弯曲有一定的约束作用。

在框架 — 剪力墙刚结体系中，将连杆切开后，连杆中除有轴向力外还有剪力和弯矩。将剪力和弯矩对总剪力墙墙肢截面形心轴取矩，就得到对墙肢的约束弯矩 M_i。连杆轴向力 P_{fi} 和约束弯矩 M_i 都是集中力，作用在楼层处，计算时需将其在层高内连续化，这样便得到了图 7-12(d) 所示的计算简图。

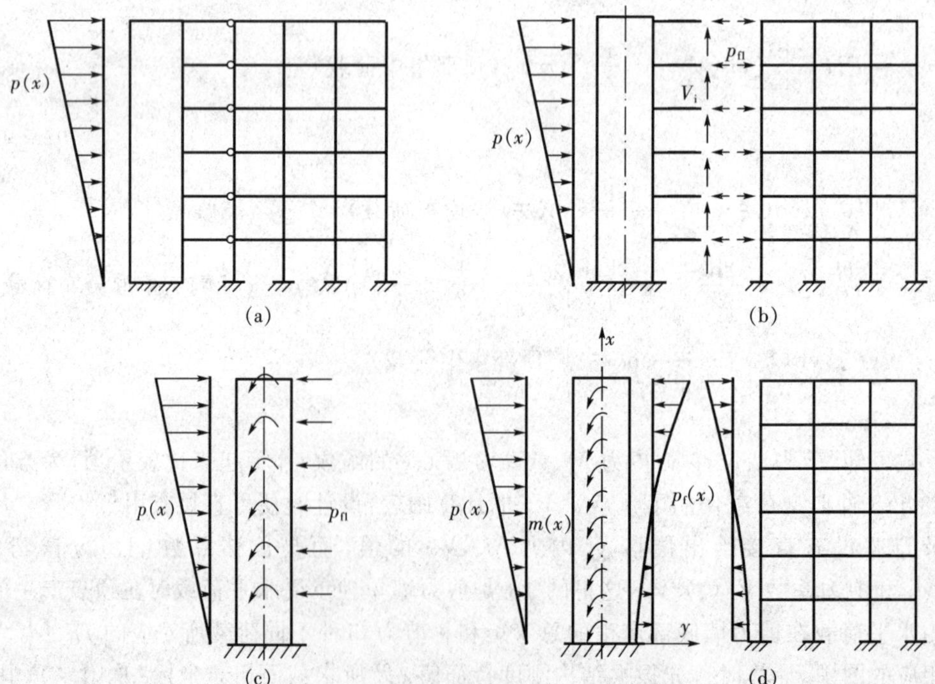

图 7-12　刚结体系计算简图

如图 7-13 所示，在框架 — 剪力墙结构刚结体系中，形成刚结连杆的连梁有两种：一种是连接墙肢与框架的连梁，另一种是连接墙肢与墙肢的连梁。这两种连梁都可以简化为带刚域的梁，如图 7-14 所示。

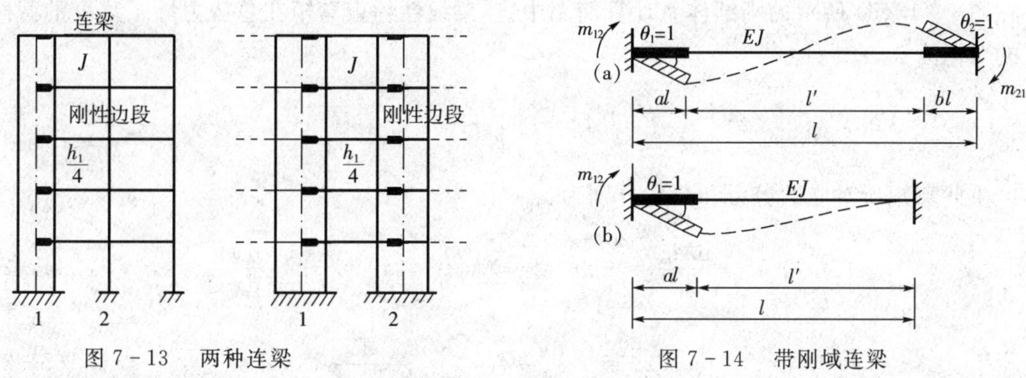

图 7-13　两种连梁　　图 7-14　带刚域连梁

约束弯矩系数 m 为当梁端有单位转角时，梁端产生的约束弯矩。约束弯矩系数表达式如下，式中所有符号的意义见图 7-14 所示。

$$\left.\begin{aligned} m_{12} &= \frac{1+a-b}{(1+\beta)(1-a-b)^3}\frac{6EI}{l} \\ m_{21} &= \frac{1-a+b}{(1+\beta)(1-a-b)^3}\frac{6EI}{l} \end{aligned}\right\} \tag{7-23}$$

在上式中令 $b=0$，则得到仅在一端带有刚性段的梁端约束弯矩系数为：

$$\left.\begin{aligned} m_{12} &= \frac{1+a}{(1+\beta)(1-a)^3}\frac{6EI}{l} \\ m_{21} &= \frac{1-a}{(1+\beta)(1-a)^3}\frac{6EI}{l} \end{aligned}\right\} \tag{7-24}$$

式中：β—— 考虑剪切变形时的影响系数，取 $\beta = \dfrac{12\mu EI}{GAl^2}$，如果不考虑剪切变形的影响，可令 $\beta = 0$。

由梁端约束弯矩系数的定义可知，当梁端有转角 0 时，梁端约束弯矩为：

$$\left.\begin{aligned} M_{12} &= m_{12}\theta \\ M_{21} &= m_{21}\theta \end{aligned}\right\} \tag{7-25}$$

上式给出的梁端约束弯矩为集中约束弯矩，为便于用微分方程求解，要把它简化为沿层高 h 均布的分布弯矩：$m_i(x) = \dfrac{M_{\text{ab}i}}{h} = \dfrac{m_{\text{ab}i}}{h}\theta(x)$

某一层内总约束弯矩为：

$$m = \sum_{i=1}^{n} m_i(x) = \sum_{i=1}^{n} \frac{m_{\text{ab}i}}{h}\theta(x) \tag{7-26}$$

式中：n—— 同一层内连梁总数；

$\sum\limits_{i=1}^{n} \dfrac{m_{\text{ab}i}}{h}$—— 连梁总约束刚度。$m_{\text{ab}}$ 中下标 a、b 分别代表“1”或“2”，即当连梁两端与墙

肢相连时，m_{ab} 是指 m_{12} 或 m_{21}。

如果框架部分的层高及杆件截面沿结构高度不变化，则连梁的约束刚度是常数，但实际结构中各层的 m_{ab} 是不相同的，这时应取各层约束刚度的加权平均值。

在图 7-12(d) 所示的刚结体系计算简图中，连梁线性约束弯矩在总剪力墙 x 高度的截面处产生的弯矩为：

$$M_{m}=-\int_{x}^{H} m\,\mathrm{d}x$$

产生此弯矩所对应的剪力和荷载分别为：

$$V_{m}=-\frac{\mathrm{d}M_{m}}{\mathrm{d}x}=-m=-\sum_{i=1}^{n}\frac{m_{abi}}{h}\theta(x)=-\sum_{i=1}^{n}\frac{\mathrm{d}y}{\mathrm{d}x} \tag{7-27a}$$

$$p_{m}(x)=-\frac{\mathrm{d}V_{m}}{\mathrm{d}x}=\sum_{i=1}^{n}\frac{m_{abi}}{h}\frac{\mathrm{d}^{2}y}{\mathrm{d}x^{2}} \tag{7-27b}$$

式中：V_{m}、$p_{m}(x)$——“等代剪力”、“等代荷载”分别代表刚性连梁的约束弯矩作用所承受的剪力和荷载。

在连梁约束弯矩影响下，总剪力墙内力与弯曲变形的关系可参照下式：

$$EI_{w}\frac{\mathrm{d}^{4}y}{\mathrm{d}x^{4}}=p(x)-p_{f}(x)+p_{m}(x) \tag{7-28}$$

式中：$p(x)$—— 外荷载；

$p_{f}(x)$—— 总框架与总剪力墙之间的相互作用力，由式(7-11) 确定。则有：

$$EI_{w}\frac{\mathrm{d}^{4}y}{\mathrm{d}x^{4}}=p(x)+C_{f}\frac{\mathrm{d}^{2}y}{\mathrm{d}x^{2}}+\sum_{i=1}^{n}\frac{m_{abi}}{h}\frac{\mathrm{d}^{2}y}{\mathrm{d}x^{2}}$$

整理后有：

$$\frac{\mathrm{d}^{4}y}{\mathrm{d}x^{4}}-\frac{\left(C_{f}+\sum_{i=1}^{n}\frac{m_{abi}}{h}\right)}{EI_{w}}\frac{\mathrm{d}^{2}y}{\mathrm{d}x^{2}}=\frac{p(x)}{EI_{w}} \tag{7-29}$$

令

$$\xi=\frac{x}{H} \tag{7-30a}$$

$$\lambda=H\sqrt{\frac{C_{f}+\sum_{i=1}^{n}\frac{m_{abi}}{h}}{EI_{w}}} \tag{7-30b}$$

则方程(7-29) 可化为：

$$\frac{\mathrm{d}^{4}y}{\mathrm{d}x^{4}}-\lambda^{2}\frac{\mathrm{d}^{2}y}{\mathrm{d}\xi^{2}}=\frac{p(\xi)H^{2}}{EI_{w}} \tag{7-31}$$

上式即为刚结体系的微分方程，此式与铰结体系所对应的微分方程是完全相同的，因此铰结体系微分方程的解及附录 D 对刚结体系也都适用，但应用时应注意下列问题：

①λ 值计算不同。λ 值按式(7-30(b))计算。

② 内力计算不同。附录D中并没有直接给出总剪力墙分配到的剪力 V_w。要求出 V_w 需进行一些变换。

在刚结体系中，由于连梁对剪力墙有一定的约束作用，这种关系可写为：

$$EI_w \frac{d^2 y}{d\xi^2} = -V_w + m(\xi) = -V_w' \tag{7-32}$$

V_w 可通过查附录D得到，如果知道了 $m(\xi)$，就可以借助上式求出剪力墙分配到的剪力 V_w。

在刚结体系中，由结构任意高度处水平方向力的平衡条件可得：

$$V_p = V' + m_w + V_f \tag{7-33}$$

令：

$$V_f' = m_w + V_f \tag{7-34}$$

则式(7-33)可以变成：

$$V_p = V' + V_f' \tag{7-35}$$

即：

$$V_f' = V_p - V_w' \tag{7-36}$$

由式(7-32)～(7-36)可归纳出刚结体系中总剪力在总剪力墙和总框架中的分配计算步骤如下：

① 由刚结体系的刚度特征值 λ 和某一截面处的无量纲量 ξ，查附录 D 得到剪力系数，确定 V_w'；

② 由式(7-36)计算 V_f'；

③ 根据总框架的抗侧移刚度和总连梁的约束刚度按比例分配 V_f'，得到总框架和总连梁的剪力：

$$V_f = \frac{C_f}{C_f + \sum_{i=1}^{n} \frac{m_{abi}}{h}} V_f' \tag{7-37a}$$

$$m = \frac{\sum_{i=1}^{n} \frac{m_{abi}}{h}}{C_f + \sum_{i=1}^{n} \frac{m_{abi}}{h}} V_f' \tag{7-37b}$$

④ 由式(7-32)确定总剪力墙分配到的剪力 $V_w = V_w' + m$

利用铰结体系的计算图，按照步骤①～④就可以将总剪力分配给总框架梁、总剪力墙及总连梁。

7.3.3　各剪力墙、框架和连梁的内力计算

1. 剪力墙内力计算

由框架—剪力墙协同工作计算求得总剪力墙的弯矩 M_w 和剪力 V_w 后，按各片墙的等效抗弯刚度 EI_{wj} 分配，即得各片剪力墙的内力：

$$M_{wij} = \frac{EI_{wj}}{\sum_{k=1}^{n} Ei_{wk}} M_{wi} \tag{7-38a}$$

$$V_{wij} = \frac{EI_{wj}}{\sum_{k=1}^{n} EI_{wk}} V_{wi} \tag{7-38b}$$

式中：M_{wij} 和 V_{wij} —— 第 i 层第 j 个墙肢分配到的弯矩和剪力；

N—— 墙肢总数。

2. 框架梁、柱内力计算

由框架 — 剪力墙协同工作关系确定总框架所承担的剪力 V_f 后，可按各柱的抗侧移刚度 D 值把 V_f 分配到各柱，这里的 V_f 应当是柱反弯点标高处的剪力。但实际计算中为简化计算，常近似地取各层柱的中点为反弯点的位置，用各楼层上、下两层楼板标高处的剪力 V_{pi}。取平均值作为该层柱中点处剪力。因此，第 i 层第 j 个柱子的剪力为：

$$V_{cij} = \frac{D_j}{\sum_{j=1}^{k} D_J} \frac{V_{pi} + V_{pi-1}}{2} \tag{7-39}$$

式中：k—— 第 i 层中柱子总数；

V_{pi}、V_{pi-1}—— 第 i 层柱柱顶与柱底楼板标高处框架的总剪力。

求得各柱的剪力之后即可确定柱端弯矩，再根据节点平衡条件，由上、下柱端弯矩求得梁端弯矩，再由梁端弯矩确定梁端剪力；由各层框架梁的梁端剪力可以求得各柱轴向力。

3. 刚结连梁内力计算

式(7 - 37(b)) 给出的连梁约束弯矩 m 是沿结构高度连续分布的，在计算刚结连梁的内力时首先应该把各层高范围内的约束弯矩集中成弯矩 M 作用在连梁上，再根据刚结连梁的梁端刚度系数将 M 按比例分配给各连梁；如果第 i 层有 n 个刚结点即有 n 个梁端与墙肢相连，则第 j 个梁端的弯矩为：

$$M_{ijab} = \frac{m_{jab}}{\sum_{j=1}^{n} m_{jab}} m_i \left(\frac{h_i + h_{i+1}}{2}\right) \tag{7-40}$$

式中：h_i、h_{i+1}—— 表示第 i 层和第 $i+1$ 层的层高；

m_{ab}—— 表示 m_{12} 或 m_{21}。

由式(7-40) 计算出的弯矩是连梁在剪力墙轴线处的弯矩，而连梁的设计内力应该取剪力墙边界处的值，因此还应该把式(7 - 38) 给出的弯矩换算到墙边界处，如图 7 - 15 所示，由比例关系可确定连梁设计弯矩：

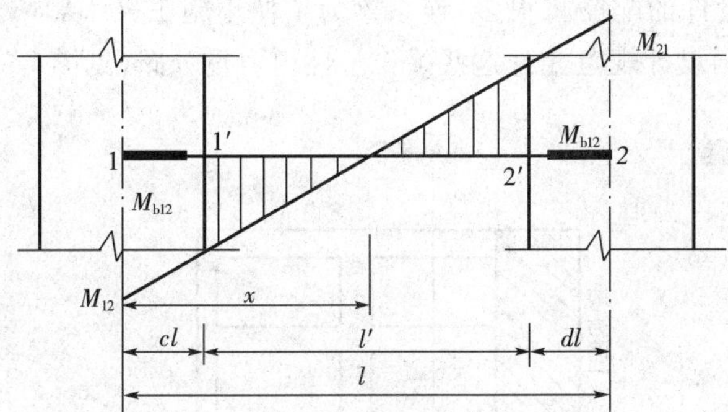

图 7 - 15　连梁与剪力墙边界处弯矩的计算

$$\left.\begin{aligned} M_{b12} &= \frac{x-cl}{x}M_{12} \\ M_{b21} &= \frac{l-x-dl}{x}M_{21} \end{aligned}\right\} \tag{7-41}$$

式中：$x=\dfrac{m_{12}}{m_{12}+m_{21}}$；

l—— 连梁反弯点到墙肢轴线的距离。

连梁剪力设计值可以用连梁在墙边处的弯矩表示为：

$$V_b=\frac{M_{b12}+M_{b21}}{l'} \tag{7-42}$$

也可以用连梁在剪力墙轴线处的弯矩来表示：

$$V_b=\frac{M_{12}+M_{21}}{l} \tag{7-43}$$

式(7 - 42) 和式(7 - 43) 是完全等价的。

在框架 — 剪力墙协同工作计算体系中，组成总剪力墙的各片剪力墙常含有双肢墙。下面简要介绍一下双肢墙的一种简化计算步骤：

(1) 在双肢墙与框架协同工作分析时，可近似按顶点位移相等的条件求出双肢墙换算为无洞口墙的等效刚度，再与其他墙和框架一起协同计算；

(2) 由协同计算求得双肢墙的基底弯矩，可按基底等弯矩求倒三角形分布的等效荷载，然后求出双肢墙各部分的内力；

按基底等弯矩求等效荷载时，基底剪力应与实际剪力值相近，如相差太大则可按两种荷载分布情况求等效荷载然后叠加；

(3) 由等效荷载求各层连梁的剪力及连梁对墙肢的约束弯矩；

(4) 计算墙肢各层截面内的弯矩；

(5) 双肢墙内力按各墙肢的等效抗弯刚度在两肢间分配。

7.3.4　框架 — 剪力墙结构的内力调幅

钢筋混凝土框架 — 剪力墙结构的内力调幅有以下两点要求：

1. 连系梁弯矩调幅

通常，由于剪力墙刚度很大，与之相连的梁(剪力墙之间的连梁、框架与剪力墙之间的连系梁)端部弯矩都很大,设计的配筋将很多,连系梁为了便于施工又不影响安全,在抗震结构中又可使梁先出塑性铰,我国设计规范允许这些梁作塑性内力重分布(见图 7-16)。

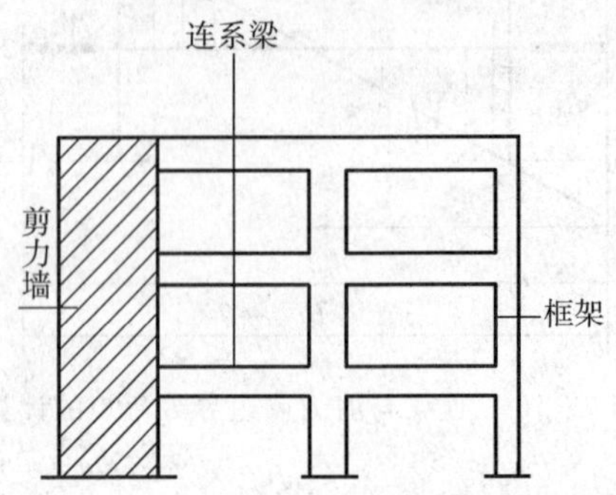

图 7-16 框架与剪力墙之间的连系梁

塑性内力重分布的方法是在内力计算前降低需要调幅构件的刚度,使它减少内力。《高层程规》规定:在内力和位移计算中,抗震设计的框架 — 剪力墙结构中的连梁刚度可予以折减,折减系数不宜小于 0.5。

抗震结构需要调幅,非抗震结构中,为减少连系梁的负筋(一般情况下,负弯矩很大),也可调幅。

2. 框架内力调整

在得到计算内力之后,要在框架与剪力墙之间进行内力调整。这是因为在地震作用下,通常都是剪力墙先开裂,剪力墙刚度降低,其承载力也将下降,剪力将在框架和剪力墙之间重新分配,使一部分地震剪力向框架转移,此时需要适当调整框架的内力值。

另外,在结构计算中,假定楼板在其自身平面内的刚度无限大,不发生变形。然而,在实际的框架 — 剪力墙结构中,楼板或多或少要产生变形,变形的结果将会使框架部分的水平位移大于剪力墙的水平位移;与之相应,框架实际承受的水平力大于采用刚性楼板假定的计算结果。

鉴于以上原因,在地震作用下应对框架 — 剪力墙结构中的框架的剪力做适当调整。调整的原则如下:

(1) 规则建筑凡是 $V_f \geqslant 0.2V_0$ 的楼层设计时可按计算值采用,不做调整。

(2) 规则建筑凡是 $V_f < 0.2V_0$ 的楼层设计时应选取下列两者中的较小值:

$$V_f = 0.2V_0$$

$$V_f = 1.5V_{fmax}$$

式中:V_f—— 框架 — 剪力墙协同工作时分析所得的框架各层总剪力;

V_0—— 地震作用产生的结构底部总剪力;

V_{fmax}—— 各层框架所承担的总剪力最大值。

对于框架柱数量从下到上基本不变的规则结构,V_0、V_{fmax} 按照结构全高分别取底层总剪力和框架各楼层剪力中的最大值。对于框架柱数量从下到上分段变化的结构,可将结构分段,V_0、V_{fmax} 应分别取每段框架底层以及该段各楼层剪力中的最大值。

按振型分解反应谱法计算时,应针对振型组合之后的剪力进行调整。

调整柱剪力的同时,也要按剪力调整比例调整柱弯矩及梁的内力,但柱轴力不调整。调整以后的地震作用内力与其他荷载作用下的内力再进行组合。

7.4　刚度特征值 λ 对框剪结构受力、位移特性的影响

7.4.1　框架 — 剪力墙结构的侧向位移特征

框架 — 剪力墙结构的侧向位移曲线，与结构刚度特征值 λ 有很大关系。当 $\lambda = 0$，此时框架 — 剪力墙结构就变成无框架的纯剪力墙结构，其侧移曲线与悬臂梁的变形曲线相同，呈弯曲型变形；当 $\lambda = \infty$，即 $EI_w = 0$ 时，结构转变为纯框架结构，其侧移曲线呈剪切型变形；当 λ 介于 0 与 ∞ 之间时，框架 — 剪力墙结构的侧移曲线介于弯曲和剪切变形之间，属弯剪型变形，如图 7-17 所示。

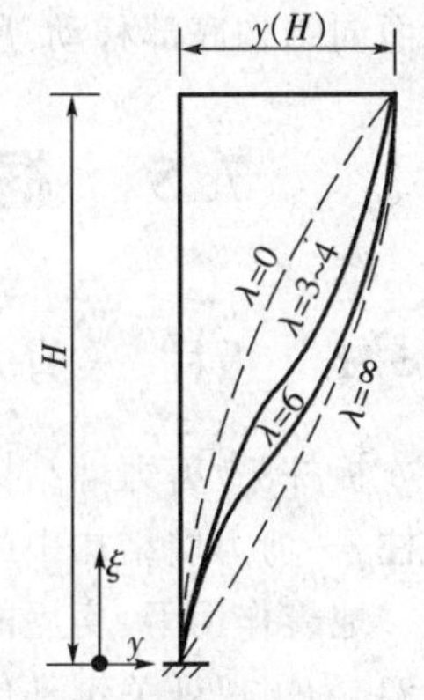

图 7-17　框架 — 剪力墙结构变形曲线

如果框架刚度与剪力墙刚度之比较小，即 λ 较小（$\lambda \leqslant 1$）时，框架的作用已经很小，框架 — 剪力墙结构基本上为弯曲型变形；如果框架刚度与剪力墙刚度之比较大，即 λ 较大时，侧移曲线呈以剪切型为主的弯剪型变形，$\lambda > 6$ 时，剪力墙的作用已经很小，框架 — 剪力墙结构基本上为剪切型变形。

7.4.2　剪力分配

以承受水平均布荷载为例说明框架 — 剪力墙结构的剪力分配特性。

首先，框架 — 剪力墙结构的剪力分配是与结构刚度特征值有很大关系的。图 7-18 为均布水平荷载作用时剪力分配示意图。当 λ 很小时，剪力墙几乎承担全部剪力。当 λ 较大时，剪力墙承担的剪力就减小了。当 λ 很大时（即剪力墙很弱），则框架几乎承担全部剪力。

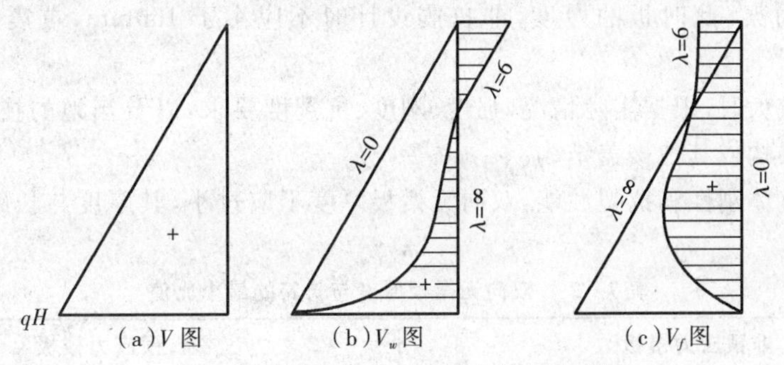

(a) V 图　(b) V_w 图　(c) V_f 图

图 7-18　框架、剪力墙剪力分配示意图

其次，对图 7-18 和图 7-19 分析可知，框架、剪力墙承担的剪力和荷载具有以下的特点：

(1) 剪力墙下部承担荷载大于外荷载，上部荷载逐渐减少，顶部有反向集中力作用；框架承担的荷载在上部为正，在下部出现负值，顶部有正向集中力作用。这是因为剪力墙和框架单独承受水平荷载时，两者的变形曲线不同。当两者共同工作时，变形形式必须一致，因而两者间必然产生上述的荷载形式。

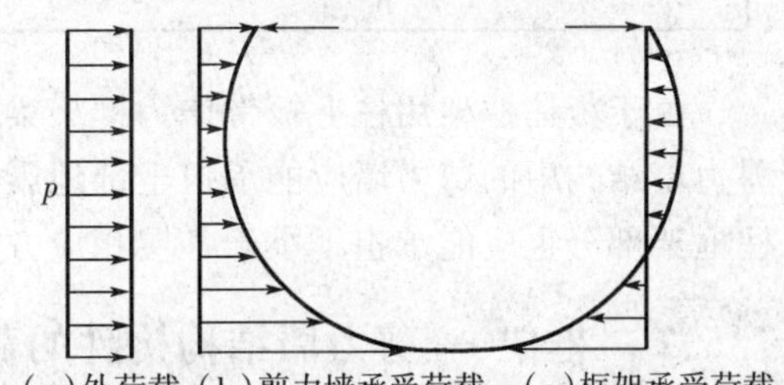

(a) 外荷载 (b) 剪力墙承受荷载 (c) 框架承受荷载

图 7-19　框架、剪力墙荷载分配

(2) 框架和剪力墙顶部剪力不为零，存在大小相等、方向相反的自平衡集中力。这也是由两者的变形

曲线必须协调一致所产生的。

(3) 总剪力在总框架与总剪力墙之间分配与结构刚度特征有很大关系。当 $\lambda = 0$ 时，框架剪力为零，剪力墙承担全部剪力；当 λ 很大时框架几乎承担全部剪力；λ 为任意值时，框架和剪力墙按刚度比各承受一定的剪力。另外，对一般框架 — 剪力墙结构，在基底处框架不承担剪力，全部剪力由剪力墙承担。

(4) 框架最大剪力的位置在结构中部(在 $\xi = 0.6 \sim 0.3$ 间)，而不在结构的底部，且随 λ 值增大而向结构底部移动。所以，对框架起控制作用的是中部剪力墙，这与纯框架结构不同。

7.5 框架 — 剪力墙结构的截面设计及构造要求

7.5.1 板柱 — 剪力墙结构的布置和计算要求

板柱 — 剪力墙结构两个主轴方向均应布置剪力墙，原因同对框架 — 剪力墙结构的解释。而板柱 — 剪力墙结构中的板柱框架比梁柱框架更弱，因而这个要求显得更为重要。

地震作用下，房屋的周边(特别是角点) 是受力的主要部位，故要求应设置框架梁形成梁柱框架。为了保证关键部位的可靠性，要求房屋的顶层、地下一层的顶板、楼盖大开洞的周边等部位要设置框架梁或边梁。

无梁板可根据承载力和变形的需要，采用无柱帽板或有柱帽板。为了保证无梁板具有必需的强度和刚度，《高层规程》规定了对无柱帽板和有柱帽板的最低构造要求：当采用托板式柱帽时，托板的长度和厚度应按计算确定，且从柱截面形心算起的每方向长度不宜小于板跨度的 1/6，其厚度不宜小于 1/4 无梁板的厚度；抗震设计时，托板每方向长度尚不宜小于同方向柱截面宽度与 4 倍板厚度之和，托板处总厚度尚不宜小于 16 倍柱纵筋直径。当不满足承载力要求且不允许设置柱帽时可采用剪力架，此时板的厚度，非抗震设计时不应小于 150mm，抗震设计时不应小于 200mm。

当楼板跨度较大时，根据实际情况(强度、刚度、抗裂度要求，以及当地的技术条件)，选用预应力混凝土楼盖结构或其他楼盖结构。

为保证楼板整体刚性和抗裂性能，双向无梁板厚度不应过小，其厚度与长跨之比，不宜小于表 7 - 2 的规定。

表 7 - 2 双向无梁板厚度与长跨的最小比值

非预应力楼板		预应力楼板	
无柱帽或托板	有柱帽或托板	无柱帽或托板	有柱帽或托板
1/30	1/35	1/40	1/45

由于板柱框架用柱上板带作为框架梁，其抗侧力的能力甚差，因此《高层规程》要求板柱 — 剪力墙结构中的剪力墙应能承担全部地震剪力以保证结构的安全。考虑多道设防原则，各层的板柱框架部分也应能承担不小于各层相应方向地震剪力的 20%。

7.5.2 框架 — 剪力墙结构构件的截面设计和构造要求

1. 框架 — 剪力墙结构和板柱—剪力墙结构中剪力墙的配筋构造要求

这两种结构中，剪力墙都是抗侧力的主要构件，承担较大的水平剪力，因此剪力墙竖向和水平分布钢筋的配筋率，抗震设计时均应不小于 0.25%，非抗震设计时均应不小于 0.20%，并应至少双排布置(具体应根据墙厚确定，可参照剪力墙结构的相关规定)；各排分布钢筋之间应设置拉筋，拉筋直径不应小于 6mm，间距不应大于 600mm。

这是剪力墙设计的最基本构造要求，使剪力墙具有最低限度的强度和延性保证。实际工程中，应根据实际情况确定不低于该项要求的、适当的构造设计。

2. 带边框剪力墙的构造要求

(1) 带边框剪力墙的截面厚度应符合下列规定：

① 抗震设计时，一、二级剪力墙的底部加强部位均不应小于 200mm，且不应小于层高的 1/16；

② 除第 1 项以外的其他情况下不应小于 160mm，且不应小于层高的 1/20。

(2) 剪力墙的水平钢筋应全部锚入边框柱内，锚固长度不应小于 l_a(非抗震设计)或 l_{aE}(抗震设计)。

(3) 带边框剪力墙的混凝土强度等级宜与边框柱相同。

(4) 与剪力墙重合的框架梁可保留，亦可做成宽度与墙厚相同的暗梁，暗梁截面高度可取墙厚的 2 倍或与该片框架梁截面等高，暗梁的配筋可按构造配置且应符合一般框架梁相应抗震等级的最小配筋要求。

(5) 剪力墙截面宜按"工" 字形设计，其端部纵向受力钢筋应配置在边框柱截面内；

(6) 边框柱截面宜与该根框架其他柱的截面相同，边框柱应符合框架柱构造配筋规定；剪力墙底部加强部位边框柱的箍筋宜沿全高加密；当带边框剪力墙上的洞口紧邻边框柱时，边框柱的箍筋宜沿全高加密。

带边框剪力墙的设计应使之能整体工作。首先，墙板自身应有足够厚度以保证其稳定性，条件许可时尽量满足条文中的厚度要求，若确实做不到则应按《高层规程》规定进行稳定性复核。其次，墙截面的设计应将之作为工字形截面来考虑，因此墙的端部纵向钢筋应配置在边框柱截面内，而边框柱又是框架的组成部分，故其构造应符合框架柱的构造要求。

3. 板柱一剪力墙结构中板的构造要求

(1) 防止无梁板脱落的措施

在地震作用下，无梁板与柱的连接是最薄弱的部位。在地震的反复作用下易出现梁柱交接处的裂缝，严重时发展成为通缝，板失去了支承而脱落。为防止板的完全脱落而下坠，沿两个主轴方向布置通过柱截面的板底连续钢筋不应过小(连续钢筋的总抗拉力等于该层楼板造成的对该柱的轴压力)，以便把趋于下坠的楼板吊住而不至于倒塌。具体可按式(7 - 44)计算：

$$A_s \geqslant \frac{N_G}{f_y} \tag{7-44}$$

式中：A_s—— 通过柱截面的板底连续钢筋的总截面面积；

N_G—— 在该层楼面重力荷载代表值作用下的柱轴向压力设计值；

f_y—— 通过柱截面的板底连续钢筋的抗拉强度设计值。

(2) 关于预应力无梁板

当柱网较大时，有时会采用预应力无梁楼板，对于这种情况，要求只能采用部分预应力而不能采用全预应力，而且板内钢筋应以非预应力筋为主要受力钢筋，预应力筋主要用作提高板的刚度(减小挠曲变形) 和抗裂能力，因为预应力筋在地震的反复作用下的可靠性不如非预应力筋。

(3) 板柱—剪力墙结构中构成板柱框架的柱上板带，当无柱帽时，由于柱的宽度有限，板带的受力主要集中在柱的连线附近，抗震设计时，无柱帽的板应在板内沿纵横柱轴线设置暗梁，将柱上板带上下纵向钢筋各 50% 集中布置在暗梁内，并按梁的构造要求设置箍筋。

(4) 有托板式柱帽时，应加强托板与平板的连结使之成为整体。非抗震设计时，应在托板内设置构造钢筋(锚入平板内)；抗震设计时，托板在柱边处的弯矩可能发生变号，托板底部的钢筋要按计算确定；由于托板与平板成了整体，故计算柱上板带的支座面筋时可把托板的厚度考虑在内。

(5) 无梁板上允许开局部洞口。当洞口尺寸满足图 7-20 的规定时，对板的受力影响不大，均可不作由于开洞的强度复核。但当洞口较大时，则应对被洞口削弱的板带进行刚度和强度的验算。所有洞口均应沿其周边设置补强钢筋。

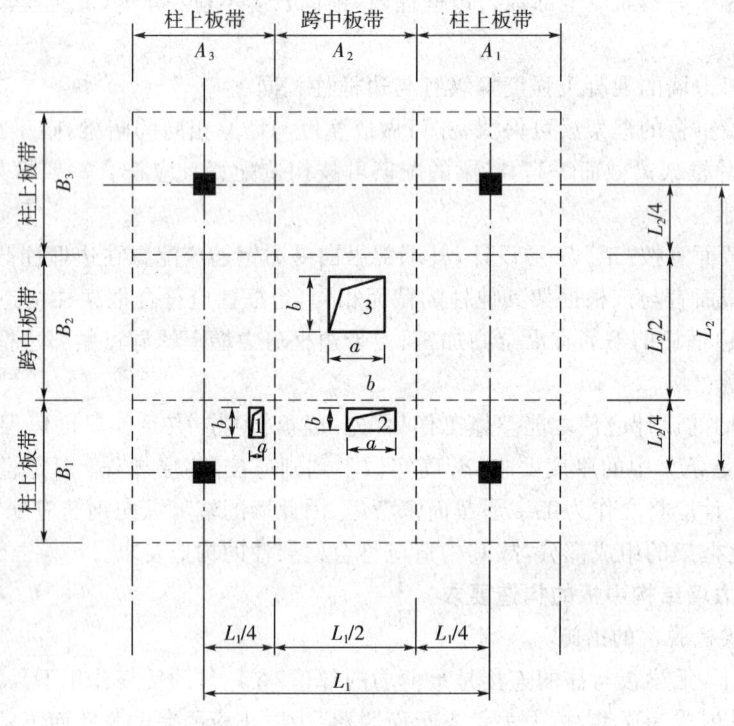

图 7-20 无梁楼板开洞要求

洞 1：$b \leqslant bc/4$ 且 $b \leqslant t/2$；其中，b 为洞口长边尺寸，bc 为洞口长边方向的柱宽，t 为板厚。

洞 2：$\alpha < A_2/4$ 且 $b \leqslant B_1/4$。

洞 3：$\alpha \leqslant A_2/4$ 且 $b \leqslant B_2/4$。

(6) 无梁板的冲切计算，洞口补强措施应符合现行国家标准《混凝土结构设计规范》(GB50010—2002)的有关规定。

7.6 高层框架—剪力墙结构设计实例

[例] 某 12 层框架剪力墙结构，平面布置如图 7-21(a) 所示，1～6 层的柱截面尺寸为 600mm × 600mm，7～12 层的柱截面尺寸为 500mm × 500mm；剪力墙厚度均为 160mm，其中剪力墙 1 开有 1.5m 宽，1.8m 高的窗洞，见图 7-21(c)；框架梁 1 截面尺寸为 350mm × 750mm，框架梁 2 截

面尺寸为 300mm × 500mm。墙、梁、柱的混凝土强度等级为 C30。结构的横向地震作用见图 7 - 21(b)(图中水平力的单位为 kN)。

试计算横向地震作用下结构的内力及侧移。

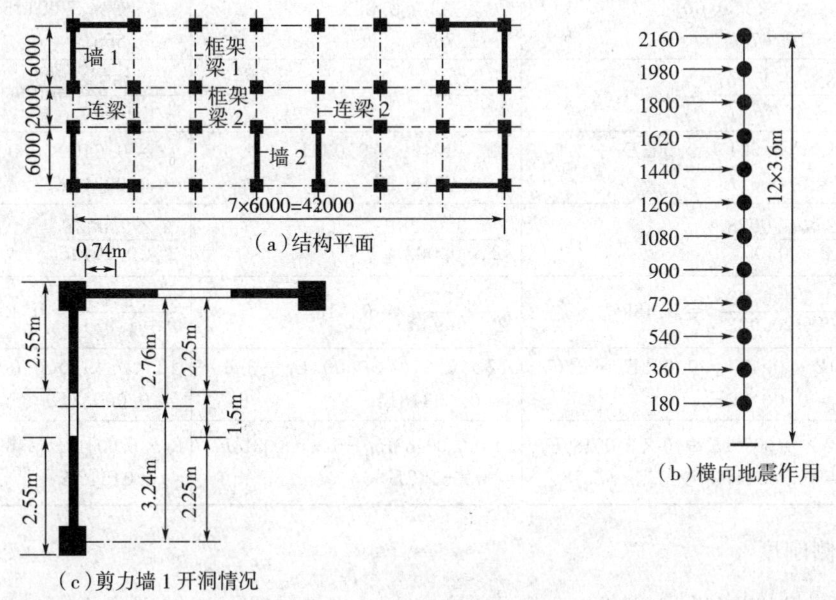

图 7 - 21　框架 — 剪力墙结构

[解]

(1) 综合框架抗侧刚度 C_f

与剪力墙相连的柱作为剪力墙的翼缘,共有 16 根框架柱,其中中柱 10 根,边柱 6 根。计算框架梁刚度时,考虑楼板的影响,乘以 1.6 的放大系数。

框架梁线刚度

$$I_{b1} = 1.6 \times \frac{1}{12} \times 0.3 \times 0.75^3 = 0.0169\text{m}^4, i_{b1} = E_c I_{b1}/l_1 = 0.0028E_c$$

$$I_{b2} = 1.6 \times \frac{1}{12} \times 0.3 \times 0.5^3 = 0.005\text{m}^4, i_{b1} = E_c I_{b1}/l_1 = 0.002E_c$$

框架柱线刚度

$$1 \sim 6 \text{ 层 } I_c = \frac{1}{12} \times 0.6^4 = 0.0108\text{m}^4, i_c = E_c I_c/h = 0.003E_c$$

$$7 \sim 12 \text{ 层 } I_c = \frac{1}{12} \times 0.5^4 = 0.0052\text{m}^4, i_c = E_c I_c/h = 0.00145E_c$$

单根框架柱的抗侧刚度 $C_{fi} = 12\alpha \dfrac{i_c}{h}$,其中 α_z 根据梁柱刚度比。楼层框架柱的抗侧刚度 $C_f = 12\sum \alpha_z \dfrac{i_c}{h}$。具体计算结果见表 7 - 3。

表 7-3 框架柱的抗侧刚度

层数		1	2～6	7～12
中柱	K	$\dfrac{2\times(0.0028+0.0025)}{2\times0.003}$ $=1.767$	$\dfrac{2\times(0.0028+0.0025)}{2\times0.003}$ $=1.767$	$\dfrac{2\times(0.0028+0.0025)}{2\times0.00145}$ $=3.655$
	α_z	$\dfrac{0.5+1.767}{2+1.767}=0.601$	$\dfrac{1.767}{2+1.767}=0.469$	$\dfrac{3.655}{2+3.655}=0.646$
	C_{fi}	$12\times0.601\times0.003E_s\div3.6$ $=0.0061E_c$	$12\times0.469\times0.033E_s\div3.6$ $=0.00469E_c$	$12\times0.646\times0.00145E_s\div3.6$ $=0.00312E_c$
边柱	K	$\dfrac{2\times0.0028}{2\times0.003}=0.933$	$\dfrac{2\times0.0028}{2\times0.003}=0.933$	$\dfrac{2\times0.0028}{2\times0.00145}=1.931$
	α_z	$\dfrac{0.5+0.933}{2+0.933}=0.489$	$\dfrac{0.933}{2+0.933}=0.318$	$\dfrac{1.931}{2+1.931}=0.491$
	C_{fi}	$12\times0.489\times0.003E_s\times3.6$ $=0.00489E_c$	$12\times0.318\times0.003E_s\div3.6$ $=0.00318E_c$	$12\times0.491\times0.00145E_x\div3.6$ $=0.00237E_c$
总刚度	$\sum C_{fi}$	$10\times0.00601E_c+6\times0.00489E_x$ $=0.08944E_c$	$10\times0.00469E_c+6\times0.00318E_s$ $=0.06598E_c$	$10\times0.00312E_c+6\times0.00237E_c$ $=0.04542E_c$

平均抗侧刚度

$$C_f=\frac{0.08944E_c\times3.6+0.65508E_c\times18+0.04542E_c\times21.6}{43.2}=0.05728E_c$$

(2) 综合剪力墙等效抗弯刚度

结构横向共有 4 榀墙 1、2 榀墙 2，墙 1、墙 2 均为整截面剪力墙。

墙 1 的惯性矩(忽略剪力墙周边柱截面变化引起的惯性矩变化)：

开洞处

$$I_1=2\times\frac{1}{12}\times0.16\times2.55^3+0.16\times2.55\times[(2.76-0.975)^2+(3.24-0.975)^2]+$$

$$2\times\frac{1}{12}\times0.44\times0.6^3+0.44\times0.6\times(2.76^2+3.24^2)+\frac{1}{12}\times0.74\times0.16^3+$$

$$0.74\times0.16\times2.76^2$$

$$=9.536\text{m}^4$$

无洞处

$$I_1=\frac{1}{12}\times0.16\times6.6^3+0.16\times6.6\times0.21^2+2\times\frac{1}{12}\times0.44\times0.6^3$$

$$0.44\times0.6\times(2.76^2+3.24^2)+\frac{1}{12}\times0.74\times0.16^3+0.74\times0.16\times2.79^2$$

$$=9.536\text{m}^4$$

墙 1 考虑开洞影响后的折算惯件矩

$$I_{w1}=\frac{9.536\times1.8+9.593\times1.8}{3.6}=9.565\text{m}^4$$

墙 1 考虑开洞影响后的折算面积

$$A_{w1}=6.6\times0.16\times(1-1.25\sqrt{\frac{1.5\times1.8}{6.6\times3.6}})=0.611\text{m}^2$$

墙 1 等效抗弯刚度

$$E_eI_{eq}=\frac{E_cI_{w1}}{1+\frac{3.67\mu E_cI_{w1}}{GA_{w1}H^2}}=\frac{9.565E_c}{1+\frac{3.67\times1.61\times9.565}{0.42\times0.611\times43.2^2}}=8.555E_c$$

墙 2 的惯性矩

$$I_w=\frac{1}{12}\times0.16\times6.6^3+2\times\frac{1}{12}\times0.44\times0.6^3+2\times0.44\times0.6\times3^2=8.6\text{m}^4$$

墙 2 等效抗弯刚度

$$E_eI_{eq}=\frac{E_cI_{w1}}{1+\frac{3.67\mu E_cI_{w1}}{GA_{w1}H^2}}=\frac{8.6E_c}{1+\frac{3.67\times1.5\times8.6}{0.42\times1.056\times43.2^2}}=8.135E_c$$

综合剪力墙等效抗弯刚度

$$E_cI_{eq}=4\times8.555E_c+2\times8.135E_c=50.49E_c$$

(3) 刚度特征值 λ

铰接体系：

$$\lambda=H\sqrt{\frac{C_f}{E_cI_{eq}}}=43.2\times\sqrt{\frac{0.05728E_c}{50.49E_c}}=1.455$$

刚接体系：

先计算综合连梁约束刚度。共有 4 处梁与墙肢相连，其中 2 根连梁与墙 1 相连(记为连梁 1)；2 根连梁与墙 2 相连(记为连梁 2)。综合连梁共包含 4 根连梁。

连梁 1 刚臂长度　$al=bl=3.24+0.3-\frac{0.5}{4}=3.415\text{m}$

连梁 1 计算长度　$l=2+2\times3.24=8.48\text{m}$

连梁 1 约束刚度

$$C_{b1}=\frac{6ci}{h}=\frac{6l^3}{(l-al-bl)^3h}\cdot\frac{E_cI_{b1}}{l}=\frac{6\times8.48\times0.00375E_c}{(8.48-2\times3.415)^3\times3.6}=0.00118E_c$$

连梁 2 刚臂长度　$al=3+0.3-\frac{0.5}{4}=3.175\text{m}$

连梁 2 计算长度　$l=2+6/2=5\text{m}$

连梁 2 约束刚度

$$C_{b2}=\frac{6ci}{h}=\frac{6(l+al)l^2}{(l-al)^3h}\cdot\frac{E_cI_{b2}}{l}=\frac{6\times(5+3.175)\times5\times0.00375E_c}{(5-3.175)^3\times3.6}=0.042E_c$$

综合连梁约束刚度(连梁刚度折减 0.55)：

$$C_{b1} = 0.55 \times 2 \times (0.00118E_c + 0.042E_c) = 0.05918E_c$$

$$\lambda = H\sqrt{\frac{C_f + C_b}{E_c I_{eq}}} = 43.2 \times \sqrt{\frac{0.05728E_c + 0.05918E_c}{50.49E_c}} = 2.075$$

(4) 结构内力系数及侧移

根据刚度特征值 λ，查附录 D 可以得到各层的相对侧移 $\frac{u}{u_0}$、剪力墙相对弯矩 $\frac{M_w}{M_0}$ 和剪力墙相对名义剪力 $\frac{V_w}{V_0}$，计算结果见表 7-4。

外荷载在结构底部产生的总弯矩

$$M_0 = 180 \times 3.6 \times (1 + 2^2 + 3^2 + \cdots + 12^2) = 4.212 \times 10^5 \text{kN} \cdot \text{m}$$

等效倒三角分布荷载的最大分布荷载值

$$q_{max} = \frac{3M_0}{H^2} = 677\text{kN/m}$$

外荷载在结构底部产生的总剪力

$$V_0 = 0.5 \times 43.2 \times 677 = 1.4623 \times 10^4 \text{kN}$$

结构的侧移为 $u = \frac{u}{u_0} \cdot u_0$，其中 $u_0 = \frac{1V_0 H^3}{60E_c I_{eq}} m = 0.137\text{m}$

表 7-4 结构内力系数及侧移

层数	相对高度 ξ	铰接体系					刚接体系				
		$\frac{u}{u_0}$	侧移 u	层间 δu	$\frac{M_w}{M_0}$	$\frac{V_w}{V_0}$	$\frac{u}{u_0}$	侧移 u	层间 δu	$\frac{M_w}{M_0}$	$\frac{V_w}{V_0}$
0	0.000	0.0000	0.0000	0.0000	0.6809	1.0000	0.0000	0.0000	0.0000	0.5472	1.0000
1	0.083	0.0081	0.0011	0.0011	0.5608	0.9211	0.0064	0.0009	0.0009	0.4301	0.8764
2	0.167	0.0303	0.0042	0.0031	0.4507	0.8417	0.0237	0.0032	0.0024	0.3276	0.7652
3	0.250	0.0640	0.0088	0.0046	0.3505	0.7606	0.0493	0.0068	0.0035	0.2384	0.6630
4	0.333	0.1066	0.0146	0.0058	0.2606	0.6767	0.0809	0.0111	0.0043	0.1616	0.5667
5	0.417	0.1557	0.0213	0.0067	0.1815	0.5886	0.1167	0.0160	0.0049	0.0966	0.4736
6	0.500	0.2094	0.0287	0.0074	0.1137	0.4952	0.1549	0.0212	0.0052	0.0432	0.3807
7	0.583	0.2661	0.0365	0.0078	0.0579	0.3951	0.1942	0.0266	0.0054	0.0016	0.2853
8	0.667	0.3242	0.0444	0.0080	0.0152	0.2869	0.2336	0.0320	0.0054	−0.0279	0.1845
9	0.750	0.3828	0.0524	0.0080	−0.0134	0.1688	0.2723	0.0373	0.0053	−0.0442	0.0753
10	0.833	0.4410	0.0604	0.0080	−0.0265	0.0394	0.3100	0.0425	0.0052	−0.0462	−0.0455
11	0.917	0.4986	0.0683	0.0079	−0.0226	−0.1034	0.3465	0.0475	0.0050	−0.0322	−0.1816
12	1.000	0.5557	0.0761	0.0078	0.0000	−0.2617	0.3822	0.0524	0.0049	0.0000	−0.3371

[注] 侧移单位为 m。

铰接体系结构顶点位移 $\frac{u}{H} = \frac{0.0761}{43.2} = \frac{1}{567} > \frac{1}{700}$，不满足规范要求。最大层间侧移发生在第

7、8 层，$\frac{\delta u}{h}=\frac{0.008}{3.6}=\frac{1}{450}>\frac{1}{650}$，不满足规范要求。

刚接体系结构顶点侧移$\frac{u}{H}=\frac{0.0524}{43.2}=\frac{1}{824}<\frac{1}{700}$，满足规范要求。最大层间侧移发生在第8、9 层，$\frac{\delta u}{h}=\frac{0.0054}{3.6}=\frac{1}{667}<\frac{6}{650}$，满足规范要求。

刚接体系的侧移曲线和层间侧移曲线见图 7-22。

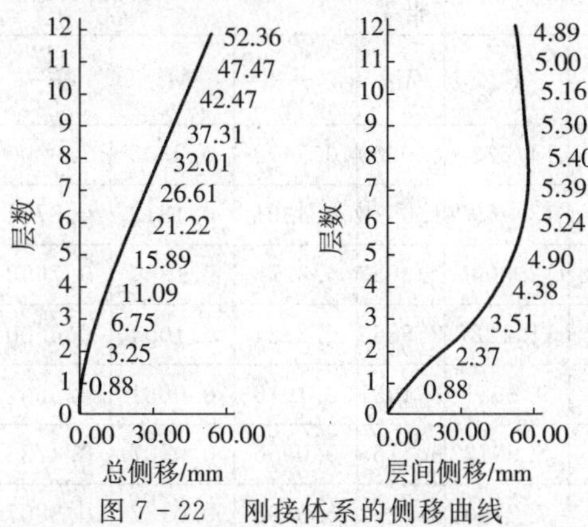

图 7-22　刚接体系的侧移曲线

(5) 综合剪力墙、综合框架、综合连梁内力

① 铰接体系：

a. 综合剪力墙弯矩

$$M_w=\frac{M_w}{M_0}\cdot M_0=4.212\times10^5\times\frac{M_w}{M_0}$$

b. 综合剪力墙剪力

$$V_w=\frac{V_w'}{V_0}\cdot V_0=1.4623\times10^4\times\frac{V_w'}{V_0}$$

c. 综合框架剪力

$$V_f=V_p-V_w=\frac{q_{max}H}{2}\cdot(1-\xi^2)-V_w=14623\left[(1-\xi^2)-\frac{V_w'}{V_0}\right]$$

② 刚接体系：

a. 综合剪力墙弯矩

$$M_w=\frac{M_w}{M_0}\cdot M_0=4.212\times10^5\times\frac{M_w}{M_0}$$

b. 综合框架剪力

$$V_f=\frac{C_f}{C_f+C_b}(V_p'-V_w)=0.492\times14623\left[(1-\xi^2)-\frac{V_w'}{V_0}\right]$$

$$=7195\left[(1-\xi^2)-\frac{V_w'}{V_0}\right]$$

c. 综合连梁约束弯矩　$m_b=\frac{C_f}{C_f+C_b}(V_p-V_w')=7428\left[(1-\xi^2)-\frac{V_w'}{V_0}\right]$

d. 综合剪力墙剪力　$V_w = V_w' + m_b = 7428(1-\xi^2) + 7195\dfrac{V_w'}{V_0}$

以上计算结果见表 7－5。刚接体系的剪力分配见图 7－23。

表 7－5　综合剪力墙、综合框架、综合连梁内力

层数	铰接体系					刚接体系					
	综合剪力墙				综合框架	综合剪力墙				综合框架	综合连梁
	$\frac{M_w}{M_0}$	M_w	$\frac{V_w'}{V_0}$	V_w	V_f	$\frac{M_w}{M_0}$	M_w	$\frac{V_w'}{V_0}$	V_w	V_f	mb
0	0.6809	0.2868	1.0000	14.6230	0.0000	0.5472	0.2305	1.0000	14.6230	0.0000	0.0000
1	0.5608	0.2362	0.9211	13.4697	1.0518	0.4301	0.1812	0.8764	13.6822	0.8392	0.8664
2	0.4507	0.1898	0.8417	12.3085	1.9083	0.3276	0.1380	0.7652	12.7272	1.4896	1.5379
3	0.3505	0.1476	0.7606	11.1227	2.5863	0.2384	0.1004	0.6630	11.7339	1.9752	2.0391
4	0.2606	0.1098	0.6767	9.8951	3.1031	0.1616	0.0681	0.5667	10.6803	2.3179	2.3929
5	0.1815	0.0764	0.5886	8.6078	3.4765	0.0966	0.0407	0.4736	9.5457	2.5386	2.6208
6	0.1137	0.0479	0.4952	7.2420	3.7252	0.0432	0.0182	0.3807	8.3099	2.6573	2.7434
7	0.0579	0.0244	0.3951	5.7781	3.8690	0.0016	0.0007	0.2853	6.9529	2.6942	2.7814
8	0.0158	0.0064	0.2869	4.1947	3.9292	−0.0279	−0.0117	0.1845	5.4541	2.6698	2.7562
9	−0.0134	−0.0056	0.1688	2.4689	3.9287	−0.0442	−0.0186	0.0753	3.7918	2.6058	2.6902
10	−0.0265	−0.0112	0.0394	0.5756	3.8926	−0.0462	−0.0195	−0.0455	1.9424	2.5258	2.6076
11	−0.0226	−0.0095	−0.1034	−1.5127	3.8483	−0.0322	−0.0136	−0.1816	−0.1202	2.4558	2.5354
12	0.0000	0.0000	−0.2617	−3.8263	3.8263	0.0000	0.0000	−0.3371	−2.4253	2.4253	2.5039

［注］　表中剪力单位 10^3kN，弯矩单位 10^6kN·m。

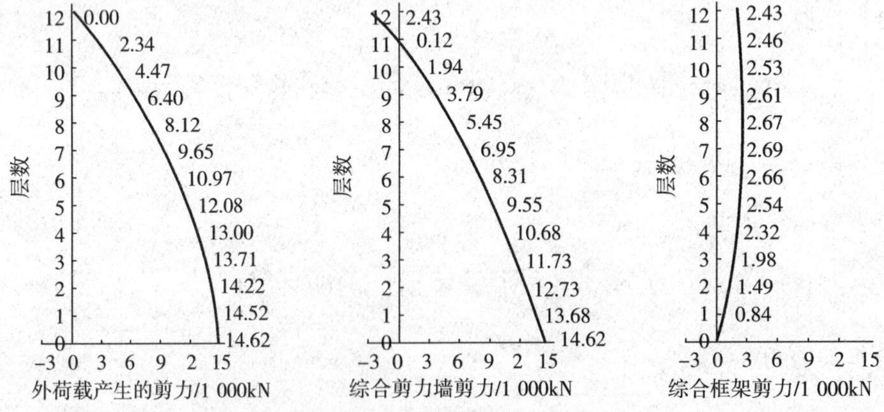

图 7－23　刚接体系框架与剪力墙的剪力分配

(6) 单榀剪力墙、单榀框架、单根连梁内力

综合剪力墙的弯矩和剪力按各榀墙的等效抗弯刚度进行分配，其中墙 1 的分配系数为 $\frac{8.55}{50.49} = 0.169$；墙 2 的分配系数为 $\frac{8.135}{50.49} = 0.161$。各榀墙的弯矩、剪力分配值见表 7－6。

表 7-6　各榀剪力墙弯矩和剪力

层数	铰接体系						刚接体系					
	综合剪力墙		单榀剪力墙				综合剪力墙		单榀剪力墙			
			弯矩		剪力				弯矩		剪力	
	弯矩	剪力	墙1	墙2	墙1	墙2	弯矩	剪力	墙1	墙2	墙1	墙2
0	0.2868	14.6230	0.0485	0.0462	2.4713	2.3543	0.2305	14.6230	0.0390	0.0371	2.4713	2.3543
1	0.2362	13.4697	0.0399	0.0380	2.2764	2.1686	0.1812	13.6822	0.0306	0.0292	2.3123	2.2028
2	0.1898	12.3085	0.0321	0.0306	2.0801	1.9817	0.1380	12.7272	0.0233	0.0222	2.1509	2.0491
3	0.1476	11.1227	0.0249	0.0238	1.8797	1.7908	0.1004	11.7339	0.0170	0.0162	1.9830	1.8892
4	0.1098	9.8951	0.0186	0.0177	1.6723	1.5931	0.0681	10.6803	0.0115	0.0110	1.8050	1.7195
5	0.0764	8.6078	0.0129	0.0123	1.4547	1.3858	0.0407	9.5457	0.0069	0.0066	1.6132	1.5369
6	0.0479	7.2420	0.0081	0.0077	1.2239	1.1660	0.0182	8.3099	0.0031	0.0029	1.4044	1.3379
7	0.0244	5.7781	0.0041	0.0039	0.9765	0.9303	0.0007	6.9529	0.0001	0.0001	1.1750	1.1194
8	0.0064	4.1947	0.0011	0.0010	0.7089	0.6754	−0.0117	5.4541	−0.0020	−0.0019	0.9217	0.8781
9	−0.0056	2.4689	−0.0010	−0.0009	0.4172	0.3975	−0.0186	3.7918	−0.0031	−0.0030	0.6408	0.6105
10	−0.0112	0.5756	−0.0019	−0.0018	0.0973	0.0927	−0.0195	1.9424	−0.0033	−0.0031	0.3283	0.3127
11	−0.0095	−1.5127	−0.0016	−0.0015	−0.2556	−0.2435	−0.0136	−0.1202	−0.0023	−0.0022	−0.0203	−0.0194
12	0.0000	−3.8263	0.0000	0.0000	−0.6467	−0.6160	0.0000	−2.4253	0.0000	0.0000	−0.4099	−0.3905

[注]　表中剪力单位 10^3kN,弯矩单位 10^6kN·m

综合框架的剪力按抗侧刚度进行分配,各柱的分配系数:

1层:

中柱　$\dfrac{0.00601}{0.08944}=0.0672$　　边柱　$\dfrac{0.00408}{0.08944}=0.0456$

2～6层:

中柱　$\dfrac{0.00469}{0.06598}=0.0711$　　边柱　$\dfrac{0.00318}{0.06598}=0.0482$

7～12层:

中柱　$\dfrac{0.00312}{0.04542}=0.0687$　　边柱　$\dfrac{0.00237}{0.04542}=0.0522$

各柱的剪力值见表7-7。根据各框架柱的剪力值可进一步确定框架柱端弯矩、框架梁端弯矩、剪力以及框架柱轴力。

综合连梁的约束弯矩按约束刚度进行分配,连梁1的分配系数为 $\dfrac{0.0118}{2\times(0.0118+0.042)}=0.1097$;连梁2的分配系数为 $\dfrac{0.042}{0.1076}=0.3903$

连梁1剪力

$$V_{b1}=0.1097m_b\cdot\frac{h}{l}=0.0466m_b$$

连梁1梁端弯矩

$$M_{b1}=V_{b1}\cdot\frac{l_n}{2}=0.0326m_b$$

连梁 2 剪力

$$V_{b2} = 0.3903 m_b \cdot \frac{h}{l} = 0.281 m_b$$

连梁 2 梁端弯矩

$$M_{b2} = V_{b2} \cdot \frac{l_n}{2} = 0.1967 m_b$$

各连梁的弯矩、剪力计算结果见表 7-7。

连梁的剪力将在相连的剪力墙和框架柱中引起附加轴力，轴力值为各层连梁剪力的累加，此处计算从略。

表 7-7 框架柱剪力和连梁内力

层数	铰接体系			刚接体系							
				框架柱			连梁				
								连梁 1		连梁 2	
	综合框架剪力	中柱剪力	边柱剪力	综合框架剪力	中柱剪力	边柱剪力	约束弯矩	剪力	弯矩	剪力	弯矩
1	1.0518	0.0707	0.0480	0.8392	0.0564	0.0383	0.8664	0.0404	0.0282	0.2435	0.1704
2	1.9083	0.1357	0.0920	1.4896	0.1059	0.0718	1.5379	0.0717	0.0501	0.4321	0.3025
3	2.5863	0.1839	0.1247	1.9752	0.1404	0.0952	2.0391	0.0950	0.0665	0.5730	0.4011
4	3.1031	0.2206	0.1496	2.3179	0.1648	0.1117	2.3929	0.1115	0.0780	0.6724	0.4707
5	3.4765	0.2472	0.1676	2.5386	0.1805	0.1224	2.6208	0.1221	0.0854	0.7364	0.5155
6	3.7252	0.2649	0.1796	2.6573	0.1889	0.1281	2.7434	0.1278	0.0894	0.7709	0.5396
7	3.8690	0.2658	0.2020	2.6942	0.1851	0.1406	2.7814	0.1296	0.0907	0.7816	0.5471
8	3.9292	0.2699	0.2051	2.6698	0.1834	0.1394	2.7562	0.1284	0.0899	0.7745	0.5421
9	3.9287	0.2699	0.2051	2.6058	0.1790	0.1360	2.6902	0.1254	0.0877	0.7559	0.5292
10	3.8926	0.2674	0.2032	2.5258	0.1735	0.1318	2.6076	0.1215	0.0850	0.7327	0.5129
11	3.8483	0.2644	0.2009	2.4558	0.1687	0.1282	2.5354	0.1181	0.0827	0.7124	0.4987
12	3.8263	0.2629	0.1997	2.4253	0.1666	0.1266	2.5039	0.1167	0.0816	0.7036	0.4925

[注] 表中剪力的单位 10^3 kN，弯矩的单位 10^6 kN·m。

思考题

1. 什么是框架—剪力墙结构？为什么框架和剪力墙两者可协同工作？

2. 框架—剪力墙结构协同工作计算的基本假定是什么？建立微分方程的基本未知量是什么？

3. 区分铰接体系和刚接体系，在计算方法和计算步骤上有什么不同？内力分配结果会有哪些变化？当总框架和总剪力墙都相同、水平荷载也相同时，按铰接体系和刚接体系分别计算所得的剪力墙剪力哪个大？框架呢？为什么？

4. 总框架、总剪力墙的刚度如何计算?D 值和 C_f 值的物理意义有什么不同?它们有什么关系?当框架或剪力墙沿高度方向刚度变化时,怎样确定其值?

5. 什么是刚度特征值 λ?它对内力分配、侧移变形有什么影响?

6. 铰接体系计算简图中的铰接连杆代表什么?作用是什么?刚接体系中总剪力墙与总框架之间的连杆又代表什么?作用是什么?

7. 在框 — 剪协同工作计算简图中的总剪力墙是否有具体几何尺寸?总框架是否有具体的跨数、柱数及梁柱几何尺寸?该计算简图的物理含义是什么?

8. 刚接体系中如何确定连系梁的计算简图及连系梁跨度?什么时候是两端有刚域?什么时候是一端有刚域?总连系梁的刚度如何计算?

9. 框架 — 剪力墙结构中总剪力在各抗侧力结构间的分配有什么特点?与纯剪力墙、纯框架结构有什么根本区别?

10. 刚接体系中如何确定连系梁的计算简图及连系梁跨度?两端刚域如何确定?

11. 连系梁刚度乘以刚度降低系数后,内力有什么变化?

12. 为什么要对框架承受的水平剪力进行调整?怎样调整?

13. 为什么要对剪力墙的内力进行调整?怎样调整?

14. 为什么框 — 剪结构的弯剪型变形在下部是弯曲型,到上部变为剪切型?框 — 剪协同工作在变形性能上有哪些优点?

15. 求得总框架和总剪力墙的剪力后,怎样求各杆件的 M、N、V?

16. 刚接体系中,查曲线后,由公式计算的剪力是总剪力墙的剪力吗?怎样才能求得总框架、总剪力墙、总连系梁的剪力?

17. 按公式计算得到的总连系梁约束弯矩是什么?分配到每个梁端的约束弯矩能直接设计梁截面配筋吗?怎么才能得到用于截面配筋的弯矩和剪力?

18. 按协同工作分配得到的框架内力什么部位最大?它对其他各层配筋有什么影响?

19. 按协同工作分配得到的剪力墙内力分布有什么特点?它对配筋有什么影响?

20. 框架 — 剪力墙结构中的框架构件设计为什么可以降低要求?什么情况下不能降低?

21. 设计框架 — 剪力墙结构中的剪力墙与设计剪力墙结构中的剪力墙有什么异同?

22. 框架 — 剪力墙结构的延性通过什么措施保证?

23. 高层框架 — 剪力墙结构中,为何横向剪力墙宜均匀对称地设置在建筑的端部附近、楼梯间、电梯间,平面形状变化处,以及恒载较大的地方?

24. 为什么高层框架 — 剪力墙结构中的剪力墙布置不宜过分集中?

习　题

1. 如图 7 - 24 所示框架 — 剪力墙结构,其侧移曲线为:

$$y = C_1 + C_2\xi + C_3\,\mathrm{sh}\lambda\xi + C_4\,\mathrm{ch}\lambda\xi - \frac{qH^2}{2C_f}\xi^2$$

试根据边界条件确定系数 C_1、C_2、C_3、C_4

提示:$\theta = \dfrac{1}{H}\dfrac{\mathrm{d}y}{\mathrm{d}\xi}$,$M_w = -\dfrac{E_c I_{eq}}{H^2}\dfrac{\mathrm{d}^2 y}{\mathrm{d}\xi^2}$,$V_w = -\dfrac{E_c I_{eq}}{\mathrm{d}\xi^3}$,$V_f = \dfrac{C_f}{H}\dfrac{\mathrm{d}y}{\mathrm{d}\xi}$

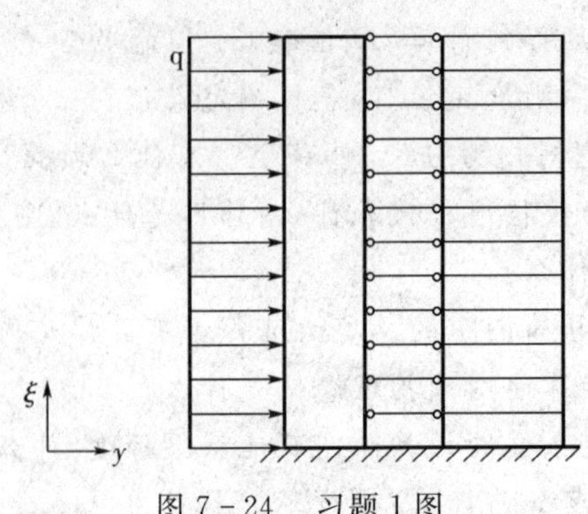

图 7-24 习题 1 图

2. 某一 12 层框架—剪力墙结构平面图如图 7-25 所示，层高 3m，总高 36m。沿 y 轴方向作用地震作用，在各楼层处的水平地震力如表 7-8 所示。已知沿 y 轴方向，边柱 D 值为 1.2×10^4kN/m，中柱 D 值为 1.8×10^4kN/m，每片剪力墙 E_wI_w 为 6.02×10^7kN·m，1～12 层截面不变。试计算结构在水平地震作用下的内力和位移（不计扭转效应）。

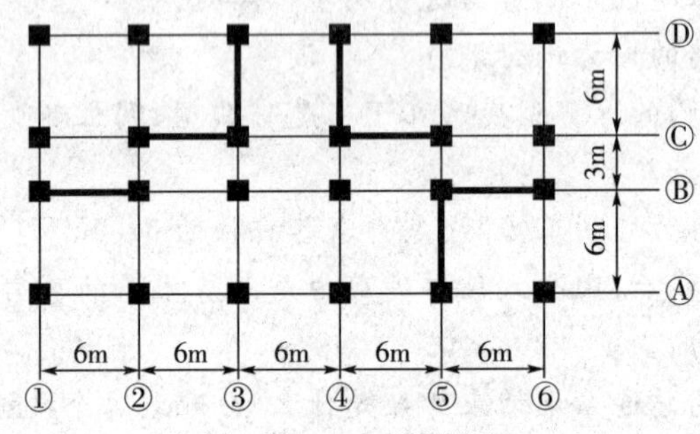

图 7-25 习题 2 图

表 7-8 各楼层处水平地震剪力

层 数	1	2	3	4	5	6	7	8	9	10	11	12
***F*(kN)**	70	84	112	140	168	197	225	254	281	310	353	572

第8章　筒体结构设计

8.1　概　述

筒体结构(tube structure)由竖向筒体为主组成的承受竖向和水平作用的高层建筑结构。筒体结构的筒体分剪力墙围成的薄壁筒和由密柱框架或壁式框架围成的框筒等。

筒体结构具有造型美观、使用灵活、受力合理，以及整体性强等优点，适用于较高的高层建筑。目前全世界最高的100幢高层建筑中约有三分之二采用筒体结构；国内百米以上的高层建筑约有一半采用钢筋混凝土筒体结构，所用形式大多为框架－核心筒结构和筒中筒结构。研究表明，筒中筒结构的空间受力性能与其高宽比有关，当高宽比小于3时，就不能较好地发挥结构的空间作用。

通常情况下结构内部的电梯间、管道设备通路等竖向薄壁筒体和外层楼面处用平面内刚度很大的楼板联结成一个空间受力的结构体系。筒体结构外围具有密柱及深梁的框架筒组成的筒状结构，各自抗侧力刚度很大，内部可不设置太多的柱或剪力墙．房间分隔和利用比较灵活。从上世纪60年代初为适应大空间、超高层建筑的需要而形成筒体结构以来，筒体结构平面图形多种多样，比较常用的有单个筒、筒中筒、组合筒等类型。

如图8－1大连国贸中心：钢筋混凝土核心筒＋方钢管混凝土柱78层，高度341m，7度抗震设防。

(a) 效果图

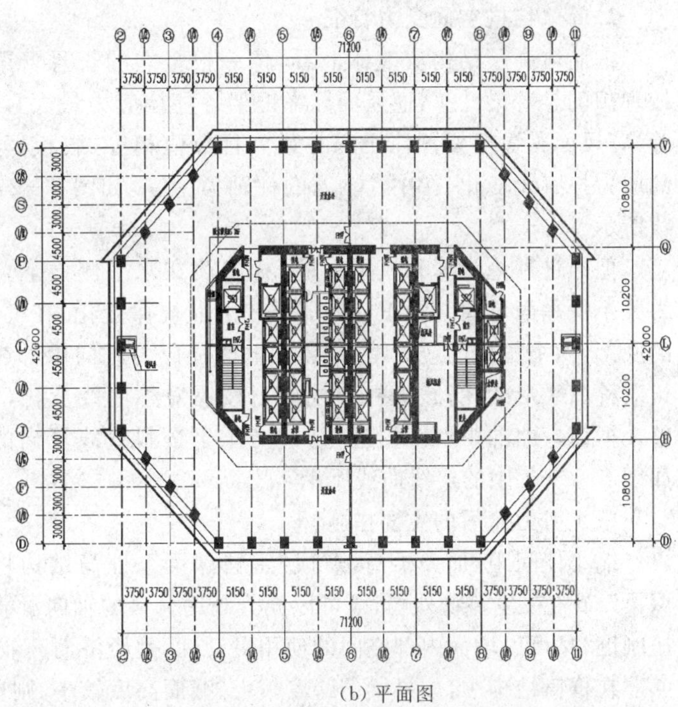

(b) 平面图

图8－1　大连国贸中心

1. 筒体结构布置

(1) 框筒必须做成“密柱深梁”,以减小剪力滞后,充分发挥结构空间作用。一般情况下,柱距为1 ～ 3m,最大为 4.5m;窗裙梁跨高比约为 3 ～ 4,窗洞面积一般不得超过建筑面积的 50%。

(2) 框筒平面宜接近方形、圆形、矩形截面则要保证长短边的比值不宜超过 2,否则在较长的一边,剪力滞后现象会比较严重,长边中部的柱子不能充分利用。

(3) 结构总高度与宽度之比大于 3 时,才能充分发挥框筒作用,在矮而胖的结构中不宜采用框筒或者筒中筒结构体系。

(4) 内筒面积不宜过小。通常,内筒边长为外筒边长的 1/2 ～ 1/3 较为合理;一般情况下,内、外筒之间不再设置柱子。

(5) 筒中筒结构中的楼盖不仅承受竖向荷载,在水平荷载作用下还起着刚性隔板作用,一方面,内、外筒通过楼盖联系并协同工作,另一方面,它维持筒体的平面形状。因此,楼盖是筒中筒结构中的重要构件。

但是,楼板构件(楼板、梁)的高度不宜太大,要尽量减小楼盖构件与柱子间的弯矩传递,有的筒中筒结构将楼板与柱的连接处理成铰接,多数钢筋混凝土筒中筒结构中,楼盖做成平板式或者密肋楼盖以减小端弯矩,使框筒结构的空间结构传力体系更加明确。内、外筒间距一般为 10 ～ 12m。

(6) 因为梁、柱的弯矩主要在腹板框架和翼缘框架的平面内,框架平面外的柱弯矩较小,因此框筒结构的柱截面宜做成正方形和扁矩形,也即矩形柱截面的长边沿外框周围方向布置。

(7) 角柱截面要增大,它承受较大轴向力,截面较大可以减少压缩变形,因此角柱面积为中柱面积的 1.2 ～ 1.5 倍为宜。

(8) 由于剪力滞后,各柱的竖向压缩量不同,角柱压缩变形最大,因此,楼板四角下沉较多,楼板出现翘曲现象,楼板设计时要注意增加四角的配筋以抵抗翘曲开裂。

2. 筒体结构空间受力特征

框筒体高层结构从整体上看,像一根竖立的长悬臂梁。如果按理想的悬臂梁计算,迎风面翼缘框架各柱拉应力最大且数值相等,背风面翼缘框架各柱压应力最大且数值相等,腹板框架各柱的应力按直线变化。在中性轴处的柱轴力为零,如图 8 - 2 中的虚线所示。

但通过理论计算和模型试验,框架筒在水平侧力下。柱的应力并不像平面弯曲梁的正应力那样按平面规律变化。在框筒结构的底部,四个角柱的应力特大,翼缘框架柱应力越向中部越小,呈正对称曲线形变化;腹板框架柱应力按反对称曲线变化,在靠近整个框筒弯曲的中性轴附近,柱应力小于按斜直线算出的应力,如图 8 - 2(a) 中的实线曲线所示。

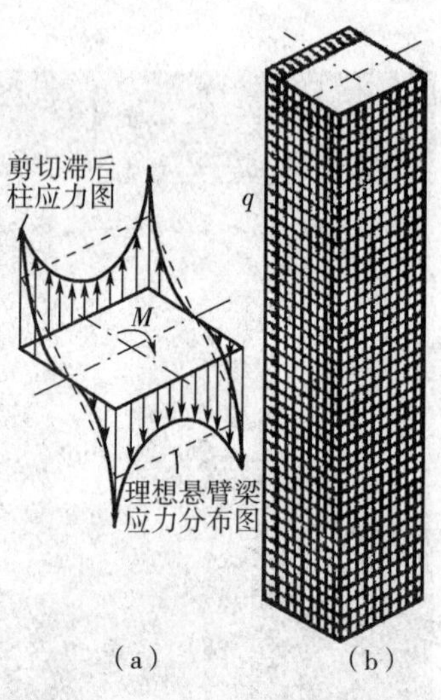

图 8 - 2　筒体结构受力

减少剪力滞后的主要措施:

缩小柱间距,加大梁高,形成“密柱深梁”。框筒结构将“密柱深梁”布置在建筑物外围,既可以充分利用材料的轴向承载能力,使结构具有很大抗侧刚度和抗扭刚度,又可以增大内部空间的使用灵活性,是经济而高效的一种抗侧力结构。

在框筒结构中,如果梁的跨度较大、截面高度较小,则剪力滞后现象将更加严重。框筒结构的整体空间抗弯作用将减低。所以,通常要求框筒结构具有密柱和深梁,以便剪力滞后作用减小、增大整体抗弯的能力。

既然框筒中的柱在受力和变形上出现剪力滞后现象，则各层楼板必将发生翘曲，这在设计时应予以考虑。

由于框筒结构的受力性能与实心截面悬臂梁不尽相同，故其水平位移曲线与悬臂梁弯曲型曲线也不相同。

由薄壁墙体围成的单个内筒，当其宽度较大时，在水平荷载下横截面上的正应力也有一些剪力滞后现象。通常电梯井在各楼层都开有门洞，其应力变化规律将更为复杂一些。

筒中筒结构是内、外筒协同工作的结构体系。底部水平剪力主要由薄壁内筒承担。靠近顶部的水平剪力则多由外框筒承担。

组合筒结构，外框筒由于设置了内部双向隔墙或深梁密柱的框架而得到加强，结构的整体受力性能非常好。平行于水平荷载的腹板墙或框架抗剪能力很大，垂直于水平荷载的翼缘墙或框架抵抗弯矩的能力也很强。组合筒的剪切滞后现象比单个框筒要均匀一些。

8.2　筒体结构的近似计算方法

1. 等效槽形截面方法

考虑剪力滞后的影响，可以仅取邻近腹板框架的部分翼框架，视作“有效翼缘”，如图8-3所示。

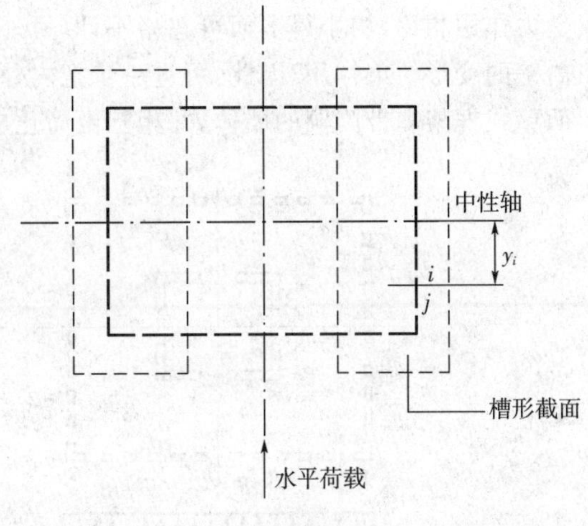

图8-3　框筒的简化估算

等效槽形截面的翼缘宽度，通常不大于腹板框架总宽度的一半，亦不大于建筑物总高度的10%。与准确分析结果比较，采用上述的等效翼缘宽度，所得到的框筒柱内力，一般是偏于安全的。由两个槽形产生的抵抗倾覆力矩，在槽形内的密排柱中产生轴向力，同时在连接柱子的窗裙墙梁中产生剪力。选定等效翼缘宽度后，框筒的梁、柱内力就可按材料力学的公式进行估算。

框筒的第 i 个柱内轴力，可由下式作初步估算：

$$N_{ci} = \frac{My_i}{I_c}A_{ci} \tag{8-1}$$

式中：M—— 水平外荷载产生的悬臂弯矩；

y_i—— 所求轴力的柱距中性轴的距离；

I_c—— 两个等效槽形框筒截面对中性轴的惯性矩；

A_{ci}—— 第 i 个柱的横截面积。

框筒的第 j 个梁内剪力 V_{bj}，可由下式作初步估算：

$$V_{bj} = \frac{VS_j}{I_c}h \tag{8-2}$$

式中：V_{bj}—— 水平外荷载产生的悬臂剪力；

S_j—— 第 j 个梁中心以外的平面面积对中性轴的面积矩；

h—— 楼层高度。

窗间墙梁的端弯矩可由梁的剪力 V_b 导出。柱的剪力可根据楼层剪力，假设仅由两个腹板框架柱（包括角柱）按 D 值分配而求得，由此可进一步求得柱的弯矩。

上述的等效槽形截面方法，仅用于初步设计的粗略估算。

2. 平面展开矩阵位移计算法

通过对矩阵平面的框筒结构或筒中筒结构受力性能的分析可知，在侧向力作用下，筒体结构的腹板部分主要抗剪，翼缘部分的轴力形成弯矩作用主要抗弯；筒体结构的各榀平面单元主要在其自身平面内受力，而在平面外的受力则很小。因此，可采用如下两点基本假定：

① 对筒体结构的各榀平面单元，可略去其平面外的刚度，而考虑在其自身平面内的作用，因此，可忽略外筒的梁柱构件各自的扭转作用。

② 楼盖结构在其自身平面内的刚度可视为无穷大，因此在对称侧向力作用下，在同一楼层标高处的内外筒的侧移量应相等，楼盖结构在平面外的刚度可忽略不计。

对于图 8-4 所示的筒中筒结构，在对称侧向力作用下，整个结构不发生整体扭转，并且内外筒各个平面结构在自身平面外的作用以及外筒的梁柱构件各自的扭转作用与筒中筒结构的主要受力作用相比，均小得多而可忽略不计。另外，又因楼盖结构处平面的刚度小，可略去它对内、外筒壁的变形约束作用。因此，可进一步把内外筒分别展开到同一平面内，分别展开成带刚域的平面壁式框架和带门洞的墙体，并相互由简化成楼盖连杆的楼面体系相连。由于大部分筒中筒结构

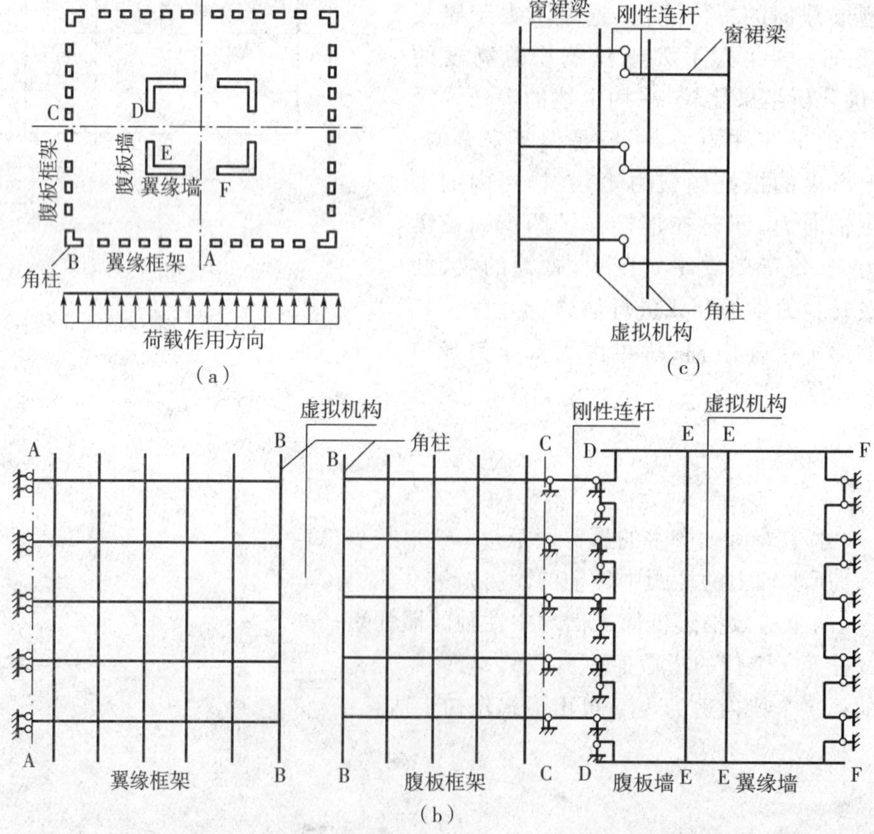

图 8-4 筒中筒结构的平面展开矩阵位移法

在双向都为轴对称，因此，可取四分之一平面的结构来分析。而对称轴上的有关边界条件则需按筒中筒结构的变形及其受力特点来确定。

在对称侧向力作用下，在翼缘框架的对称轴，即 A—A 轴处，框架平面内既不产生水平位移，也不产生转角，只会出现竖向位移。因此，在各层的梁柱节点上，力学模式中应有两个约束。在内筒的冀缘墙的对称轴，即 F—F 轴处，同样亦应设置图 8-3(b) 所示的约束。在对称侧向力作用下的腹板框架的对称轴，即 C—C 轴处，由于腹板框架这时的变形及其受力情况都是反对称的，因此，在对称轴 C—C 处，柱的轴向力应为零，但在此处会产生腹板框架平面内的侧向位移与相应的转角。因此，在各层的相应节点上，应设置一个竖向约束。同理，在内筒的腹板墙的对称轴 D—D 处，亦应设立相应的竖向约束。由于楼盖结构在其自身平面内的刚度为无限大，且忽略了筒壁的出平面的作用，所以，作用在结构某层上的侧向力，其荷载作用点可简化到该层外筒的腹板框架或内筒的腹板墙上的任一节点。基于同样的理由，把楼盖结构简化成轴向刚度为无穷大的、与内外筒以铰相连的连杆，以保证内外筒结构的侧向位移在各楼层处一一相同。

3. 等效弹性连续体能量法

把框筒作为杆件结构计算时，超静定次数很高，未知量很多，需要计算机容量很大，机时很长，计算费用也显得昂贵。为了避免这种缺点，可以把每一面由梁、柱杆件组成框架，转化为等效均匀的正交异性板，这样框筒便转化为一个闭合的等效实腹筒。对于等效实腹筒，分析弹性连续体的很多有效方法都可以应用，如能量法、有限单元法、有限条法等方法。这些方法基本未知量少，从而达到减小计算机容量要求，缩短机时和降低计算费用的目的。

在实际工程中，梁和柱的间距沿建筑物高度方向常常保持不变。为了在分析中简化公式推导，同时假定梁与柱的横截面沿建筑物高度方向保持不变。于是由密集柱和窗裙梁所组成的每榀框架都可用一榀等厚的正交异性弹性板来等效，从而把框筒结构等效成了一个无孔实腹筒体(图 8-5)，并可利用能量法求解。等效正交异性弹性板的刚度特征值可通过弹性板与实际结构的变形等效条件来导得。

在轴向力作用(图 8-6) 的情况下，对于每个开间，如果能满足：

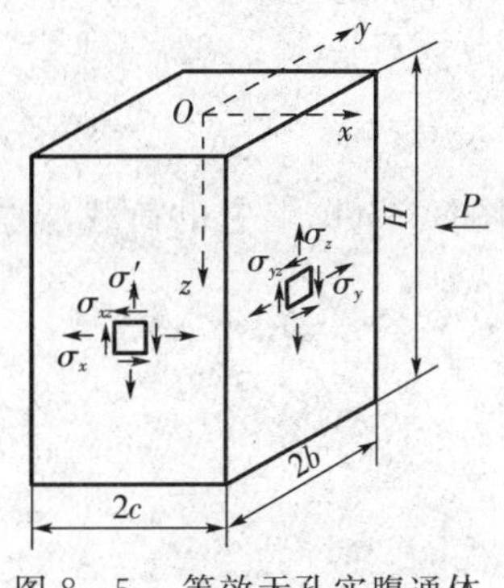

图 8-5　等效无孔实腹通体

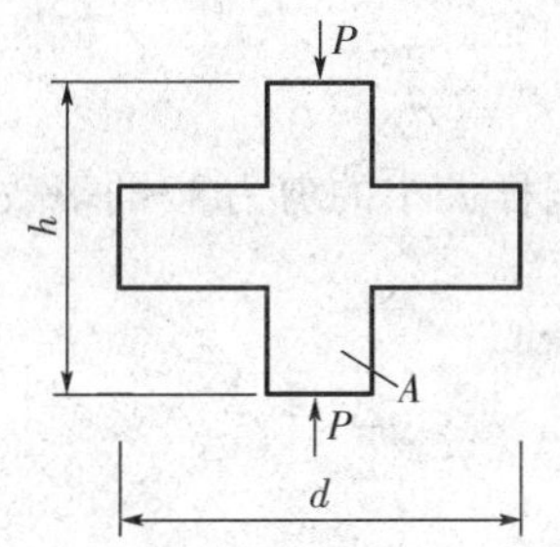

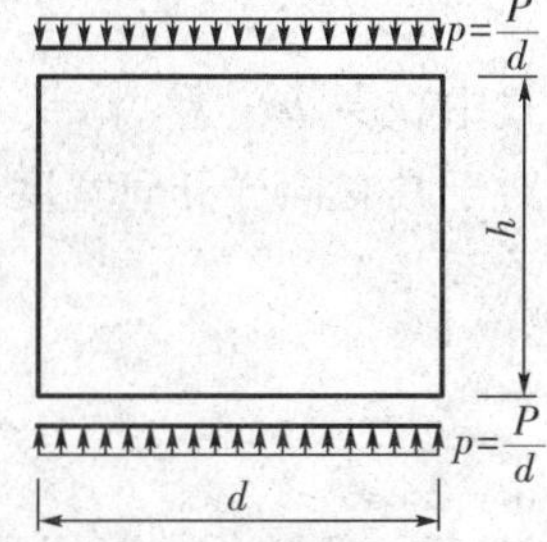

图 8-6　等效正交异性弹性板的轴向刚度特征值

$$AE = \mathrm{d}tE_{\mathrm{eq}} \tag{8-3}$$

式中：A—— 每根柱的截面面积；

E—— 材料的弹性模量；

D—— 柱距；

t—— 等效板厚；

E_{eq}—— 等效弹性模量。

则框架与墙板两者在轴力作用下的荷载变形关系将会相等。

若取等效板的截面面积 dt 和柱子截面面积 A 相等，则：

$$E = E_{eq} \tag{8-4}$$

等效墙板的剪切模量应按壁式框架与等效墙板在承受相同的剪力 v 时，两者能发生相等的水平位移这一条件来选择(图 8-7)。今假定在图 8-7 所示的壁式框架中，柱中的反弯点都在层高的中间，梁内的反弯点都在梁的跨中。这样，整个壁式框架的受力与变形特性就可取一个梁柱单元来进行研究。由于柱的间距很小，窗裙梁的截面又相对很高，相对于柱的层高与梁的跨度来说，梁柱节点区的刚域就必须加以考虑了。这时，可假定梁柱单元在每个节点处存在着短的刚臂，其宽度等于柱宽，其高度等于梁高。

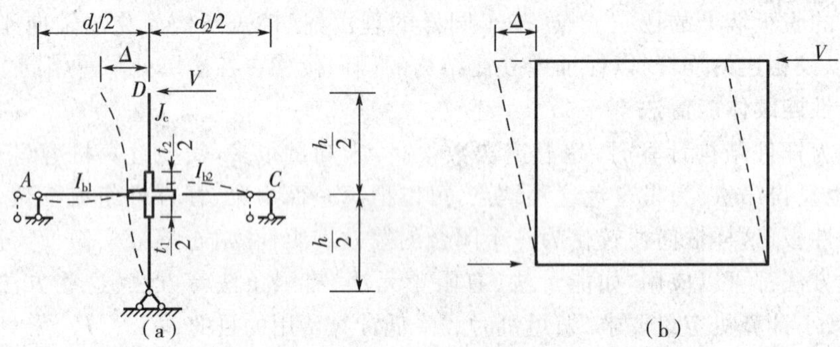

图 8-7　等效正交异性弹性板的剪切刚度特征值

框架梁柱单元上的受力及边界约束条件如图 8-7(a) 所示。如果水平剪力值为 V，作用于节点 D，最终的水平位移是 Δ，可得出剪力与位移之间的关系为：

$$V\frac{h}{2} = \frac{6EI_c}{e^2}\left(1+\frac{t_2}{e}\right)\frac{\Delta}{1+\dfrac{2\dfrac{I_c}{e}\left(1+\dfrac{t_2}{e}\right)^2}{\dfrac{I_{b1}}{l_1}\left(1+\dfrac{t_1}{l}\right)^2+\dfrac{I_{b2}}{l_2}\left(1+\dfrac{t_1}{l_2}\right)^2}} \tag{8-5}$$

式中，$e = h - t_2$；$l_1 = d_1 - t_1$；$l_2 = d_2 - t_1$

对于具有同样开间宽度，承受同样大小的剪力 V 的等效墙板[图 8-7(b)]，它的荷载与位移间的关系是：

$$\Delta = \frac{V}{GA}h \tag{8-6}$$

式中：G—— 等效板的剪切弹性模量；

A—— 每根柱的截面积亦即等效板的截面积。

由式(8-5)、式(8-6)，可得等效板的剪切刚度为：

$$GA = \frac{12EI_c}{e^2}\left(1+\frac{t_2}{e}\right)\frac{1}{1+\dfrac{2I_c\left(1+\dfrac{t_2}{e}\right)^2}{e\left[\dfrac{I_{b1}}{l_1}\left(1+\dfrac{t_1}{l_1}\right)^2+\dfrac{I_{b2}}{l_2}\left(1+\dfrac{t_1}{l_2}\right)^2\right]}} \tag{8-7}$$

若把其中一根梁的惯性矩设为零，则这个关系式可用于边柱。

一般说来，在实际结构工程中，常有 $I_{b1}=I_{b2}=I_b$，$d_1=d_2=d$，$l_1=l_2=l=d-t_1$，则：

$$GA=\frac{12EI_c}{e^2}\left(1+\frac{t_2}{3}\right)\frac{1}{1+\frac{l}{e}\frac{I_c\left(1+\frac{t_2}{e}\right)^2}{I_b\left(1+\frac{t_1}{l}\right)^2}} \tag{8-8}$$

等效墙板的总剪切刚度 GA 等于各单个柱的等效剪切刚度 GA_i 值的总和。

这样，就把实际为密柱深梁的框筒结构等效为厚度为 t、等效弹性模量为 E、等效剪切模量为 G 的封闭的实腹筒，并可根据能量法进一步求解。

4. 连续化的计算方法

把空间杆系结构连续化，即把空间杆系折合成等效的连续体，按连续体进行计算，最后再把结果变换为框架杆件的内力。对连续体的计算，可用等效连续体法，也可用有限条法。

(1) 等效连续体法

将框筒的 4 片框架用四片等效均匀的正交异性平板代替，形成一个等效实腹筒，求出平板内的双向应力后再回复到梁柱内力。内筒为实腹筒体，与外筒协同工作。通常通过弹性力学方法得到函数解，也可通过程序计算，程序较小。

(2) 有限条方法

将外筒和内筒均沿高度划分成竖向条带，条带的应力分布用函数形式表示，条带连接线上的位移为未知函数，通过求解位移函数得到应力。这种方法比平面有限元方法大大减少未知量，适于在较规则的高层建筑结构的空间分析中采用。外筒与内筒也通过无限刚性楼板连接而协同工作。

8.3　筒体结构的截面设计及构造要求

1. 框架 — 核心筒结构设计和构造

核心筒宜贯通建筑物全高。核心筒的宽度不宜小于筒体总高的 1/12，当筒体结构设置角筒、剪力墙或增强结构整体刚度的构件时，核心筒的宽度可适当减小。核心筒是框架 — 核心筒结构的主要抗侧力结构，应尽量贯通建筑物全高。一般来讲，当核心筒的宽度不小于筒体总高度的 1/12 时，筒体结构的层间位移就能满足要求。

核心筒应具有良好的整体性，并满足下列要求：

1. 墙肢宜均匀、对称布置。

2. 筒体角部附近不宜开洞，当不可避免时，筒角内壁至洞口的距离不应小于 500mm 和开洞墙的截面厚度。

3. 核心筒外墙的截面厚度不应小于层高的 1/20 及 200mm，对一、二级抗震设计的底部加强部位不宜小于层高的 1/16 及 200mm，不满足时，应计算墙体稳定，必要时可增设扶壁柱或扶壁墙；在满足承载力要求以及轴压比限值(仅对抗震设计) 时，核心筒内墙可适当减薄，但不应小于 160mm。

4. 筒体墙的水平、竖向配筋不应少于两排。

5. 抗震设计时，核心筒的连梁，宜通过配置交叉暗撑、设水平缝或减小梁截面的高宽比等措施来提高连梁的延性。

框架一核心筒结构的周边柱间必须设置框架梁。

2. 筒中筒结构设计和构造

1. 筒中筒结构的平面外形宜选用圆形、正多边形、椭圆形或矩形等，内筒宜居中。

2. 矩形平面的长宽比不宜大于 2。内筒的边长可为高度的 1/12 ～ 1/15，如有另外的角筒或剪力墙时，内筒平面尺寸还可适当减小。内筒宜贯通建筑物全高，竖向刚度宜均匀变化。

3. 三角形平面宜切角，外筒的切角长度不宜小于相应边长的 1/8，其角部可设置刚度较大的角柱或角筒；内筒的切角长度不宜小于相应边长的 1/10，切角处的筒壁宜适当加厚。

研究表明，筒中筒结构的空间受力性能与其平面形状和构件尺寸等因素有关，选用圆形和正多边形等平面，能减少外框筒的“剪力滞后”现象，使结构更好地发挥空间作用，矩形和三角形平面的“剪力滞后”现象相对较严重，矩形平面的长宽比大于 2 时，外框筒的“剪力滞后”更突出，应尽量避免；三角形平面切角后，空间受力性质会相应改善。除平面形状外，外框筒的空间作用的大小还与柱距、墙面开洞率，以及洞口高宽比与层高 / 柱距之比等有关，矩形平面框筒的柱距越接近层高、墙面开洞率越小，洞口高宽比与层高和柱距之比越接近，外框筒的空间作用越强。

4. 外框筒应符合下列规定：

(1) 柱距不宜大于 4m，框筒柱的截面长边应沿筒壁方向布置，必要时可采用 T 形截面；

(2) 洞口面积不宜大于墙面面积的 60%，洞口高宽比宜与层高与柱距之比值相近；

(3) 外框筒梁的截面高度可取柱净距的 1/4；

(4) 角柱截面面积可取中柱的 1 ～ 2 倍。

由于外框筒在侧向荷载作用下的“剪力滞后”现象，角柱的轴向力约为邻柱的 1 ～ 2 倍，为了减小各层楼盖的翘曲，角柱的截面可适当放大，必要时可采用 L 形角墙或角筒。

5. 外框筒梁和内筒连梁的截面尺寸应符合下列要求：

无地震作用组合：
$$V_b < 0.25\beta_c b_b h_{bo} \tag{8-9}$$

有地震作用组合：

跨高比大于 2.5 时：
$$V_c \leqslant \frac{1}{\gamma_{RE}}(0.20\beta_c f_c b_b h_{bo}) \tag{8-10}$$

跨高比不大于 2.5 时：
$$V_c \leqslant \frac{1}{\gamma_{RE}}(0.15\beta_c f_c b_b h_{bo}) \tag{8-11}$$

式中：V_b—— 外框筒梁或内筒连梁剪力设计值；

b_b—— 外框筒梁或内筒连梁截面宽度；

h_{bo}—— 外框筒梁或内筒连梁截面的有效高度。

6. 外框筒梁和内筒连梁的构造配筋应符合下列要求：

(1) 非抗震设计时，箍筋直径不应小于 8mm；抗震设计时，箍筋直径不应小于 10mm。

(2) 非抗震设计时，箍筋间距不应大于 150mm；抗震设计时，箍筋间距沿梁长不变，且不应大于 100mm，当梁内设置交叉暗撑时，箍筋间距不应大于 150mm。

(3) 框筒梁上、下纵向钢筋的直径均不应小于 16mm，腰筋的直径不应小于 10mm，腰筋间距不应大于 200mm。

7.跨高比不大于 2 的框筒梁和内筒连梁宜采用交叉暗撑；跨高比不大于 1 的框筒梁和内筒连梁应采用交叉暗撑，且应符合下列规定：

(1) 梁的截面宽度不宜小于 300mm；

(2) 全部剪力应由暗撑承担。每根暗撑应由 4 根纵向钢筋组成，纵筋直径不应小于 14mm，其总面积 A 应按下列公式计算：

① 无地震作用组合时：

$$A_s \geqslant \frac{V_b}{2 f_y \sin\alpha} \tag{8-12}$$

② 有地震作用组合时：

$$A_s \geqslant \frac{\gamma_{RE} V_b}{2 f_y \sin\alpha} \tag{8-13}$$

式中：α—— 暗撑与水平线的夹角；

两个方向斜撑的纵向钢筋均应采用矩形箍筋或螺旋箍筋绑成一体，箍筋直径不应小于 8mm，箍筋间距不应大于 200mm 及梁截面宽度的一半；端部加密区的箍筋间距不应大于 100mm，加密区长度不应小于 600mm 及梁截面宽度的 2 倍。

在水平地震作用下，框筒梁和内筒连梁的端部反复承受正、负弯矩和剪力，而一般的弯起钢筋无法承担正、负剪力，必须要加强箍筋或在梁内设置交叉暗撑；当梁内设置交叉暗撑时，全部剪力可由暗撑承担，此时箍筋的间距可由 100mm 放宽至 150mm。

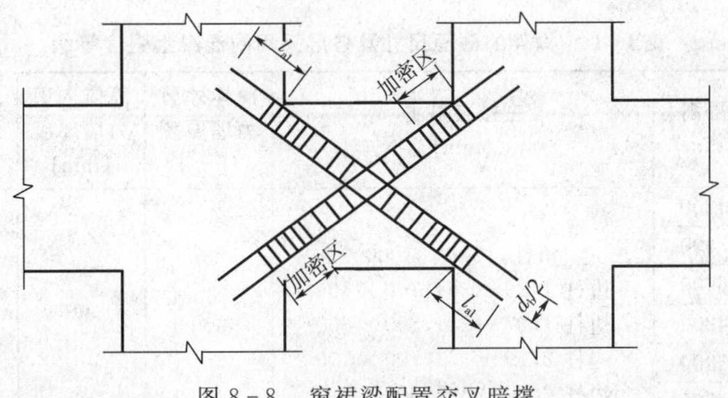

图 8-8　窗裙梁配置交叉暗撑

8.纵筋伸入竖向构件的长度不应小于 l_{a1}，非抗震设计时 l_{ah} 可取 l_a；抗震设计 l_{ah} 可取 $1.15 l_a$。

8.4　筒体结构在工程中的应用

中国工商银行安徽省营业大楼为大型办公建筑。建筑总长 57.30m，总宽 50.40m，总建筑面积 5 594m^2，主楼地下 3 层，地上 38 层，加上突出屋面的 5 层塔楼共 43 层；裙房地下 2 层，地上 5 层，其中营业大厅为 3 层高度，多功能厅为 2 层高度。

主楼基础底标高－15.00m，38 层檐口高度 155.80m，43 层檐口高度 175.50m，天线的最高点高 198.00m。平面图及剖面图如图 8-9、8-10 所示。

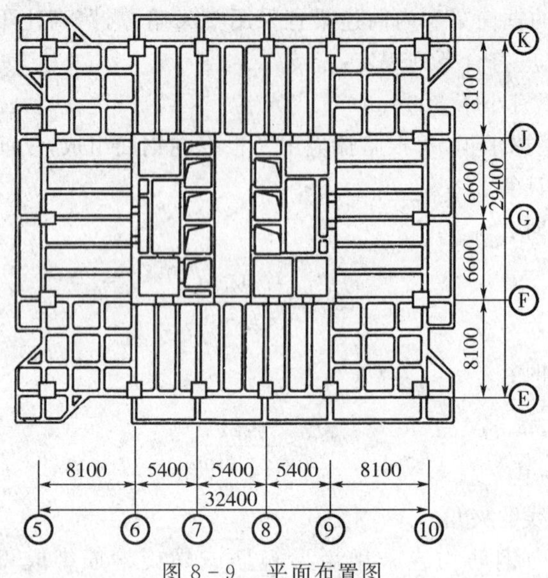

图 8-9　平面布置图

建筑结构安全等级主楼为一级，裙房为二级；抗震设防烈度为 7 度，抗震设防类别为丙类，建筑场地类别为 Ⅱ 类；结构抗震等级为剪力墙为一级，框架为二级。

主楼采用框架－核心筒结构。外框架 11 层及以下为型钢混凝土柱，其余柱为钢筋混凝土柱。结合建筑避难层在 24 层设置了结构加强层。裙房为钢筋混凝土框架。

构件的截面尺寸及各层采用的混凝土强度等级详见表 8-1。

表 8-1　构件的截面尺寸及各层采用的混凝土强度等级

<table>
<tr><th rowspan="2">层号</th><th rowspan="2">层高
(mm)</th><th rowspan="2">主楼柱截面
(mm)</th><th rowspan="2">筒体外剪力墙厚度
(mm)</th><th rowspan="2">筒体内剪力墙厚度
(mm)</th><th colspan="2">混凝土强度等级</th></tr>
<tr><th>柱、剪力墙</th><th>梁、板</th></tr>
<tr><td>43 ～ 41</td><td>4200</td><td rowspan="7">角柱，1000 × 1000
边柱 1(29－36)，700 × 700
边柱 1(37－38)，800 × 800
边柱 2(29－36)，700 × 700
边柱 2(37－38)，800 × 800</td><td rowspan="7">300</td><td rowspan="19">200
300</td><td rowspan="7">C35</td><td rowspan="19">C30</td></tr>
<tr><td>40</td><td>3600</td></tr>
<tr><td>39</td><td>6600</td></tr>
<tr><td>38 ～ 37</td><td>4200</td></tr>
<tr><td>36 ～ 31</td><td>3900</td></tr>
<tr><td>30</td><td>3900</td></tr>
<tr><td>29</td><td>3900</td></tr>
<tr><td>28 ～ 25</td><td>3900</td><td rowspan="3">角柱，1200 × 1200
边柱 1，1000 × 850
边柱 1，850 × 850</td><td rowspan="8">400</td><td rowspan="4">C45</td></tr>
<tr><td>24</td><td>4800</td></tr>
<tr><td>23 ～ 21</td><td>3900</td></tr>
<tr><td>20 ～ 19</td><td>3900</td><td rowspan="9">角柱，1400 × 1400
边柱 1，1200 × 850
边柱 1，1000 × 1000</td></tr>
<tr><td>18 ～ 16</td><td>3900</td><td rowspan="8">C50</td></tr>
<tr><td>15</td><td>4800</td></tr>
<tr><td>14 ～ 13</td><td>3900</td></tr>
<tr><td>12 ～ 6</td><td>3900</td></tr>
<tr><td>5 ～ 4</td><td>4200</td><td rowspan="2">600</td></tr>
<tr><td>3 ～ 2</td><td>4200</td></tr>
<tr><td>1 ～－1</td><td>4800</td><td rowspan="2">700</td></tr>
<tr><td>地下夹层 ～－2</td><td>3900</td></tr>
</table>

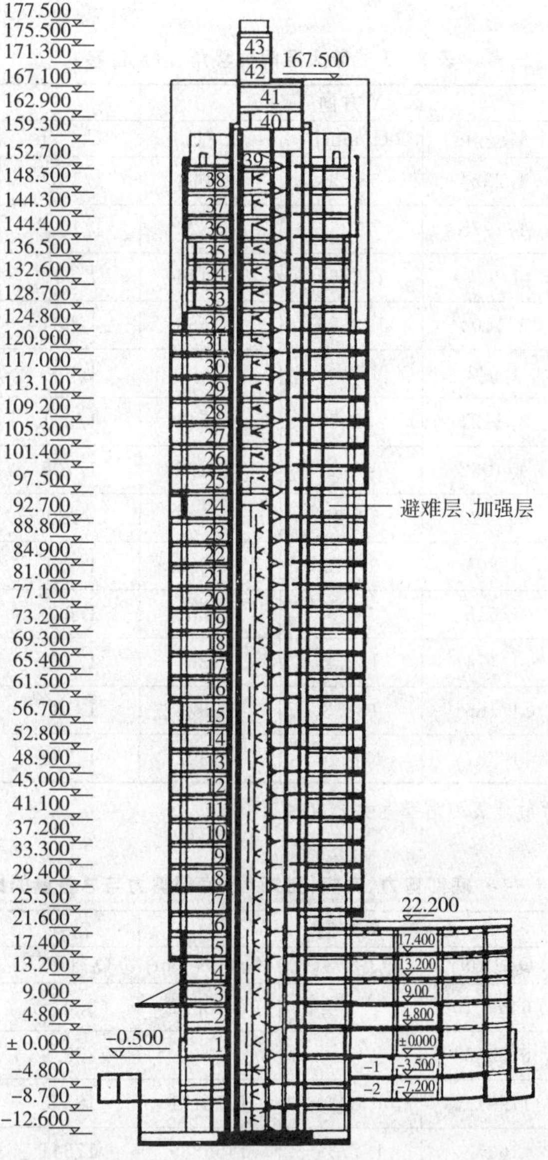

图 8-10　剖面图

分别采用中国建筑科学研究院编制的多高层建筑结构三维分析与设计软件 TBSA 和清华大学设计研究院研制的 TUS 进行计算，分析结果见表 8-2。

表 8-2　结构自振周期表

周期(S)	TBSA(SRSS 法)		TBSA(CQC 法)	TUS(CQC 法)
	X 方向	Y 方向		
T_1	3.6	3.82	3.827	4.185
T_2	1.052	1.007	3.60	4.11
T_3	0.536	0.445	2.056	3.09
T_4	0.385	0.28	1.055	1.302
T_5	0.30	0.249	1.001	1.135
T_6	0.249	0.184	0.793	1.108

[注]　计算方法均采用振型分解反应谱法，SRSS 法不考虑扭转，CQC 法考虑扭转。

表 8-3 最大层间位移角、顶点位移

工况		X方向			Y方向		
		U_{max}/h	U(mm)	U/H	U_{max}/h	U(mm)	U/H
风荷载	TBSA	1/2324	58.26	1/3094	1/1919	72.78	1/2477
	TUS	1/1978	77.5	1/2326	1/1633	86.4	1/2087
TBSA	SRSS法	1/994	124.64	1/1446	1/947	142.55	1/1264
	CQC法	1/1104	122.86	1/1468	1/984	141.2	1/1276
TUS	CQC法	1/941	164.8	1/1094	1/858	164.5	1/1096
多遇地震时程分析	USER－1	1/1121	32.5	1/5548	1/891	44.7	1/4034
	USER－2	1/1032	40.1	1/4496	1/705	46.9	1/3844
	LAN1－2	1/1128	50.25	1/3588	1/1203	51.02	1/3534
	TAFT－2	1/801	67.15	1/2685	1/754	59.6	1/3025
	ELC－3	1/618	76.7	1/1251	1/620	58.9	1/3061
罕遇地震时程分析	USER－3	1/174	132.2	1/1364	1/173	192.3	1/938
	USER－4	1/166	182.3	1/989	1/138	208.7	1/864
	LAN3－3	1/357	138. 5	1/1302	1/342	136.4	1/1322

[注] TBSA及TUS分析时地震力调整系数取1.40。

表 8-4 底部剪力、弯矩(扭矩)及底部剪力与总重量的比值

工况		X方向			Y方向		
		Q_{0x}(kN)	Q_{0x}/wt	M_{0x}(kN·m)	Q_{0y}(kN)	Q_{0y}/Wt	M_{0y}(kN·m)
风荷载	TBSA	6469.15		674183.15	6880.57		728397.7
	TUS	6769.54			7239.93		
TBSA	SRSS	17991.6	1.87%	1458121	18565	1.93%	1441164
	CQC	16958	1.77%	1456889	17641	1.84%	1439707
TUS	CQC	15971	1.64%	(61484)	17288	1.8%	(46931)
多遇地震时程分析	USER	11525		451336	18056		469476
	USER	12276		589220	22459		583548
	LAN	16098		665118	13237		498932
	TAFT	15756		512930	18689		683792
	ELC	19920		671820	22638		663295

[注] TBSA及TUS分析时地震力调整系数取1.40。

思考题

1. 筒体结构有哪些形式？结构布置有哪些特点？
2. 筒体结构的高宽比、平面长宽比、柱距有哪些要求？为什么提出这些要求？
3. 简述筒体结构的受力特点。
4. 为什么会出现剪力滞后效应？对筒体结构有什么影响？
5. 筒体结构的计算方法有哪些？
6. 平面展开矩阵位移法的假定有哪些？
7. 简述框架—筒体结构的构造要点。
8. 简述筒中筒结构构造要点。

第 9 章　高层建筑结构基础设计

9.1　概　述

高层建筑结构基础的设计与一般多层建筑设计在理念和设计方法上有很大的区别。由于高层建筑的基础工程量大、施工工期长，故基础设计对高层建筑的经济技术指标影响不可忽视。因此，高层建筑的基础设计应满足以下要求：

1. 基底的附加压力不超过地基承载力或桩基承载力；
2. 基础总沉降量和差异沉降量控制在允许值范围内；
3. 满足建筑物地下室部分的防水要求；
4. 基础施工应避免和减轻对相邻建筑物的影响和干扰；
5. 考虑综合经济技术指标，设计应考虑使用条件、施工条件和施工工期。

9.2　高层建筑的基础选型和埋置深度

9.2.1　高层建筑的基础选型

高层建筑的上部结构荷载很大，基础底面压力也很大，应采用整体性好、能满足地基的承载力和建筑物容许变形要求并能调节不均匀沉降的基础形式。根据上部结构类型、层数、荷载及地基承载力，可采用单独柱基、交叉梁基础、筏形基础或箱形基础；当地基承载力或变形不能满足设计要求时，可采用桩基或复合地基。

1. 单独柱基

当高层建筑的裙房无地下室或地下水位较低，地下室无需设满堂筏板防水时，框架柱可采用单独柱基。单独柱基的形式一般有阶梯形、锥形（如图 9-1(a)、(b) 所示）；底面形状一般为正方形或矩形。

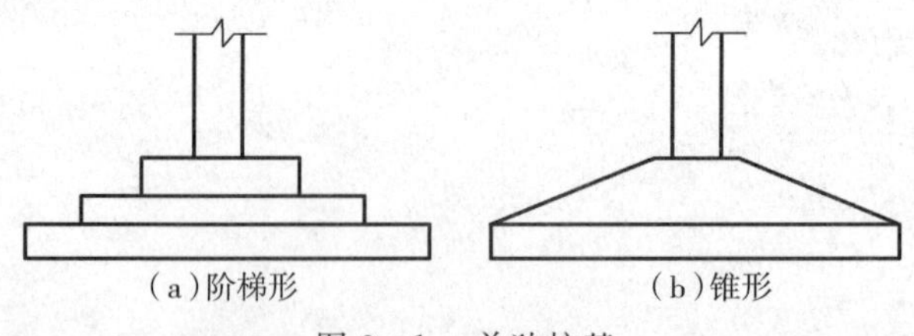
(a)阶梯形　　(b)锥形

图 9-1　单独柱基

2. 交叉梁式条形基础

当地质条件好、荷载较小，且能满足地基承载力和变形要求时，可在柱网下纵横两向设置钢筋混凝土条形基础，这样就形成了如图 9-2 所示的交叉梁式基础（也称十字交叉条形基础）。这种结构形式整体刚度好，有利于荷载分布。

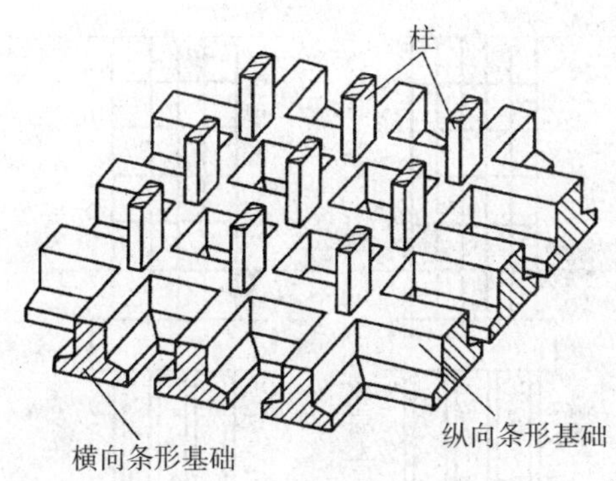

图 9－2　交叉梁式条形基础

3. 筏形基础

若上部结构传来的荷载很大，可采用筏形基础（如图 9-3 所示）。筏形基础是指柱下或墙下连续的平板式或梁板式钢筋混凝土基础。筏形基础不仅能使地基土单位面积的压力减小，而且提高了地基土的承载能力，增强了基础的整体性，并可以减少高层建筑的不均匀沉降。所以，采用筏形基础能使地基土的承载力随着基础埋深和宽度的增加而增大，而基础的沉降则随着基础埋深的增加而减少。

平板式筏形基础为地基上的等厚度钢筋混凝土平板，一般厚度为 1.0 ～ 2.5m 左右。梁板式筏形基础是带肋梁的钢筋混凝土板。肋梁可以根据结构的要求单向平行布置，也可以按柱网纵横向布置。肋梁的位置可以布置在板面上，也可以向下嵌入地基。通常，筏形基础可用于 15 ～ 20 层高层建筑。若地基较好，其层数可适当增加。

4. 箱形基础

当上部结构荷载较大，底层墙柱间距过大，地基承载能力相对较低，采用筏形基础不能满足要求时，可采用箱形基础。箱形基础是由底板、顶板、侧墙及一定数量内隔墙构成的整体刚度较好的单层或多层钢筋混凝土基础，如图 9－4 所示。

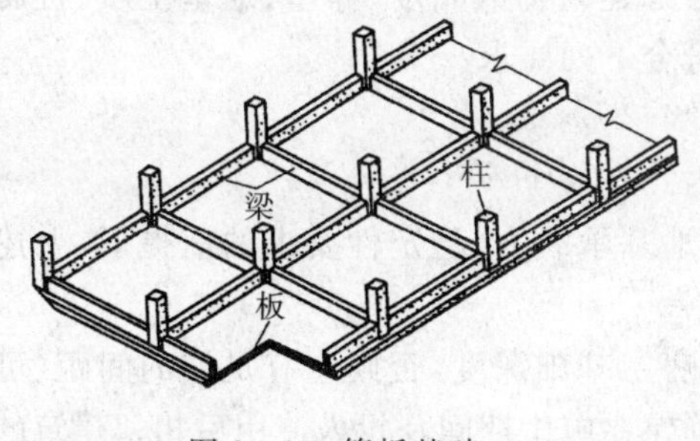

图 9－3　筏板基础

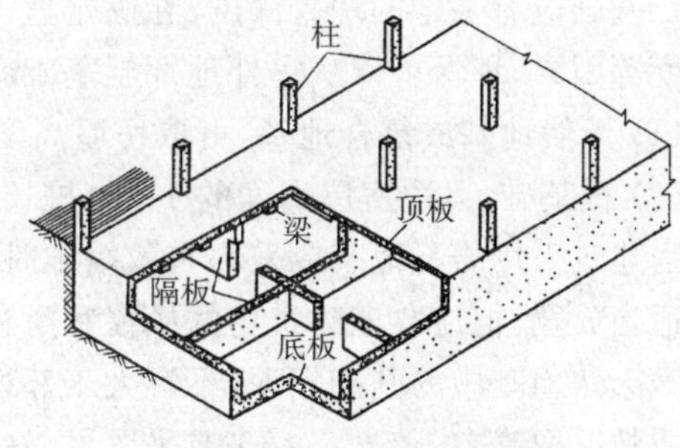

图 9－4　箱形基础

5. 桩基础

桩基础是高层建筑常用的基础形式，具有承载能力大，能抵御复杂荷载以及能良好地适应各种地质条件的优点，尤其对于软弱地基上的高层建筑，桩基础是最理想的基础形式之一。常用的桩基础支承形式按桩的传力及作用性质可分为端承桩、摩擦桩基础（图 9-5）。端承桩主要靠桩端的支承力起作用；而摩擦桩则主要靠桩与土的摩擦力来支承。

随着高层建筑的发展，目前在设计中已不再采用上述的单一基础形式，而是采用多种基础的混合形式，如桩－筏基础、桩－箱基础等。

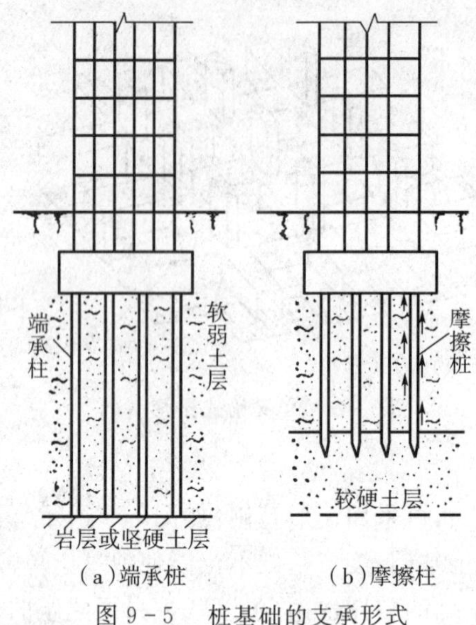

图 9-5 桩基础的支承形式

9.2.2 高层建筑的埋置深度

基础应有一定的埋置深度。基础的埋置深度是指从基础底面到设计地面的垂直距离。

基础埋置的深度,对建筑物的施工技术、施工期限、建筑物的造价以及房屋是否可以正常使用等有很大影响。基础埋得太深,不但会增加房屋造价,而且在有些情况下,还可能增大房屋的沉降;但如果埋得太浅,常又不保证房屋的稳定性。因此,在地基基础设计中,合理确定基础埋置深度是一个十分重要的问题。

确定基础埋深的原则是:在满足地基稳定和变形要求的前提下,基础应尽量浅埋,除岩石地基外,但一般不宜小于 0.5m。另外,基础顶面应低于设计地面 100mm 以上,以避免基础外露。

在确定高层建筑基础埋置深度时,应当综合考虑以下因素:

1.基础应有一定的埋置深度。在确定埋深时,应考虑建筑物的高度、体型、地基土质、抗震设防烈度等因素。埋深可以从室外地坪至基础底面,并符合下列要求:

(1) 天然地基或复合地基,可取房屋高度 1/15;

(2) 桩基础,可取房屋高度的 1/18(桩长不计在内)。

当建筑采用岩石地基或采取有效措施时,在满足地基承载力、稳定性要求的前提下,上述要求可适当放宽。但应验证建筑物的倾覆和滑移。

2.天然地基中的基础埋深,不宜大于邻近的原有房屋基础深度,否则应有足够的间距(可根据土质情况取高差 1.5 ~ 2 倍)或采取可靠的措施,确保在施工期间及投入使用后相邻建筑的安全和正常使用。

3.高层建筑的基础与其相连的裙房的基础,可通过计算确定是否需设沉降缝。当设置沉降缝时,应考虑高层主楼基础有可靠的侧面约束及有效埋深。当不设沉降缝时,应采取有效措施减少不均匀沉降及其影响。

《高层规程》(JGJ3 - 2002) 关于基础的若干规定:

(1) 为使高层建筑结构在水平力和竖向荷载作用下,其地基应力不致过于集中,同时为保证高层建筑物的抗倾覆能力具有足够的安全储备,对基础底面压应力较小一端的应力状态作了限制,具体规定如下:

高度比大于 4 的高层建筑，基础底面不宜出现零应力区；高宽比不大于 4 的高层建筑，基础底面与地基之间零应力区不应超过基础底面面积的 15%。计算时，质量偏心较大的裙楼与主楼分开考虑。

(2) 高层建筑由于质心高、荷载重，对基础底面一般难免偏心。建筑物在沉降过程中，由于偏心造成倾覆力矩加大，导致基础倾斜加大，因此为减少基础倾斜带来的不利影响，对基础偏心作如下规定：

在地基上比较均匀的条件下，箱形基础及筏形基础的基础平面形心宜与上部结构竖向永久荷载重心重合。当不能重合时，其偏心距 e 宜符合下式要求，即：

$$e \leqslant 0.1W/A$$

式中：W—— 与偏心方向一致的基础底面边缘抵抗矩(m^3)；

A—— 基础底面面积(m^2)；

e—— 基底平面形心与上部结构在永久荷载与楼(屋)面可变荷载准许永久组合下的重心的偏心距(m)。

9.3　地基承载力

1. 地基承载力的确定

(1) 当偏心距 e 小于或等于 0.033 倍基础底面宽度时，根据土的抗剪强度指标确定地基承载力特征值可按下式计算，并应满足变形要求：

$$f_a = M_b \gamma b + M_d \gamma_m d + M_c c_k \tag{9-1}$$

式中：f_a—— 由土的抗剪强度指标确定的地基承载力特征值；

M_b、M_d、M_c—— 承载力系数，按表 9-1 确定；

b—— 基础底面宽度，大于 6m 时按 6m 取值，对于砂土小于 3m 时按 3m 取值；

c_k—— 基底下一倍短边宽深度内土的粘聚力标准值。

(2) 当基础宽度大于 3m 或埋置深度大于 0.5m 时，从载荷试验或其他原位测试、经验值等方法确定的地基承载力特征值，尚应按下式修正：

$$f_a = f_{ak} + \eta_b \gamma (b-3) + \eta_d \gamma_m (d-0.5) \tag{9-2}$$

式中：f_a—— 修正后的地基承载力特征值；

f_{ak}—— 地基承载力特征值；

η_b、η_d—— 基础宽度和埋深的地基承载力修正系数，按基底下土的类别查表 9-2 取值；

表 9-1 承载力系数 M_b、M_d、M_c

土的内摩擦角标准值 φ_k(°)	M_b	M_d	M_c
0	0	1.00	3.14
2	0.03	1.12	3.32
4	0.06	1.25	3.51
6	0.10	1.39	3.71
8	0.14	1.55	3.93
10	0.18	1.73	4.17
12	0.23	1.94	4.42
14	0.29	2.17	4.69
16	0.36	2.43	5.00
18	0.43	2.72	5.31
20	0.51	3.06	5.66
22	0.61	3.44	6.04
24	0.80	3.87	6.45
26	1.10	4.37	6.90
28	1.40	4.93	7.40
30	1.90	5.59	7.95
32	2.60	6.35	8.55
34	3.40	7.21	9.22
36	4.20	8.25	9.97
38	5.00	9.44	10.80
40	5.80	10.84	11.73

[注] φ_k 为基底下一倍短边宽深度内土的内摩擦角标准值。

γ—— 基础底面以下土的重度，地下水位以下取浮重度；

b—— 基础底面宽度(m)，当基宽小于 3m 按 3m 取值，大于 6m 按 6m 取值；

γ_m—— 基础底面以上土的加权平均重度，地下水位以下取浮重度；

d—— 基础埋置深度(m)，一般自室外地面标高算起。在填方整平地区，可自填土地面标高算起，但填土在上部结构施工后完成时，应从天然地面标高算起。对于地下室，如采用箱形基础或筏基时，基础埋置深度自室外地面标高算起；当采用独立基础或条形基础时，应从室内地面标高算起。

2. 地基承载力的验算

(1) 当轴心荷载作用时

$$p_k \leqslant f_a \tag{9-3}$$

式中：p_k—— 相应于荷载效应标准组合时，基础底面均压力值；

$$p_k = \frac{F_k + G_k}{A}$$

F_k—— 相应于荷载效应标准组合时，上部结构传至基础顶面的竖向力值；

G_k—— 基础自重和基础上的土重；

A—— 基础底面面积；

f_a—— 修正后的地基承载力特征值。

表 9-2　承载力修正系数

土的类别		η_b	η_d
淤泥和淤泥质土		0	1.0
人工填土 e 或 I_L 大于等于 0.85 的粘性土		0	1.0
红粘土	含水比 $\alpha_w > 0.8$	0	1.2
	含水比 $\alpha_w \leqslant 0.8$	0.15	1.4
大面积压实填土	压实系数大于 0.95，粘粒含量 $\rho_c \geqslant 10\%$ 的粉土	0	1.5
	最大干密度大于 2.1t/m³ 的级配砂石	0	2.0
粉土	粘粒含量 $\rho_c \geqslant 10\%$ 的粉土	0.3	1.5
	粘粒含量 $\rho_c < 10\%$ 的粉土	0.5	2.0
e 及 I_L 均小于 0.85 的粘性土		0.3	1.6
粉砂、细砂（不包括很湿与饱和时的稍密状态）		2.0	3.0
中砂、粗砂、砾砂和碎石土		3.0	4.4

［注］（1）强风化和全风化的岩石，可参照所风化成的相应土类取值；其他状态下的岩石不修正；（2）地基承载力特征值按《规范》（GB50007－2002）附录 D 深层平板载荷试验确定时 η_d 取 0。

（2）当偏心荷载作用时，除符合式（9-3）要求外，尚应符合下式要求：

$$p_{k,max} \leqslant 1.2 f_a \tag{9-4}$$

式中：$p_{k,max}$—— 相应于荷载效应标准组合时，基础底面边缘的最大压力值。

$$p_{k,max} = \frac{(F_k + G_k)}{A} + \frac{M_k}{W}$$

$$p_{k,min} = \frac{(F_k + G_k)}{A} - \frac{M_k}{W}$$

M_k—— 相应于荷载效应标准组合时，作用于基础底面的力矩值；

W—— 基础底面的抵抗矩；

$p_{k,min}$—— 相应于荷载效应标准组合时，基础底面边缘的最小压力值。

9.4　筏形基础设计

9.4.1　概述

筏形基础是发展较早的一种基础形式，当钢筋混凝土被用于建筑物的基础时，开始较多使用的是条形基础、独立柱基和交叉梁基础。由于建筑物荷载越来越大或地基承载力较低，基座所占基础平面的面积越来越大，当达到 3/4 以上时，人们发现采用整板式基础更经济，于是就产生了筏形基础。《高层建筑箱形与筏形基础技术规范》（JGJ6－99）中筏形基础的定义是指"柱下或墙下连续的平板式或梁板式钢筋混凝土基础"。从力学角度来看，筏形基础是用作支承荷载和扩散荷载的基础结构，要求具有一定的刚度和强度。其刚度一般介于刚性板和柔性板之间，为有限刚度板。

筏形基础的设计一般包括基础梁设计与板的设计两部分，筏板上基础梁的设计计算方法与柱下条形基础相同。筏板的设计计算，主要包括筏板基础地基承载力验算、筏板内力分析、筏板截面强度验算与板厚、配筋量确定等。

筏形基础常见的类型有平板式和梁板式两种，如图 9-6 所示。

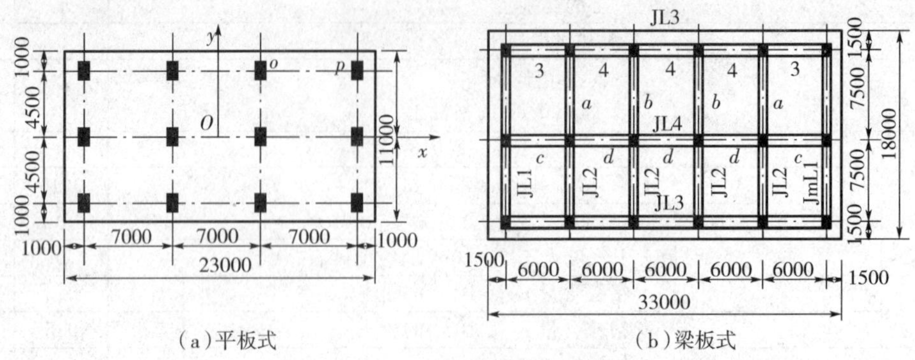

（a）平板式 （b）梁板式

图 9-6 筏形基础常见类型

平板式筏基使用较普遍，其优点是施工简便，且有利于地下室空间的利用。其缺点是当柱荷载很大、地基不均匀即差异沉降较大时板的厚度较大。

梁板型筏基是由短梁、长梁和板组成的双向板体系，与平板型相比具有材耗低、刚度大的特点，其应用十分广泛。板底设梁的方案有利于地下室空间的利用，但地基开槽不但施工麻烦而且破坏了地基的连续性、扰动了地基土，导致地基承载力降低。板顶设梁的方案则便于施工，但缺点是不利于地下室空间的利用。因此，选择方案时应根据工程地质、上部结构体系、柱距、荷载大小以及施工条件等因素确定。

9.4.2 筏形基础的内力计算

当地基比较均匀、上部结构刚度较好、柱间距及柱荷载的变化不超过 20% 时，高层建筑的筏形基础可仅考虑局部弯曲作用。筏形基础的内力，可按基底反力直线分布进行计算，计算时基底反力应扣除底板自重及其上填土的自重。当不满足上述要求时，筏基内力应按弹性地基梁板方法进行分析计算。

1. 倒楼盖法

倒楼盖法是目前国内用得最多的简化方法。《高层建筑箱形与筏形基础技术规范》(JGJ6－99) 规定：当地基比较均匀、上部结构刚度较好，筏板的厚跨比不小于 1/6，且柱荷载及柱间距的变化不超过 20% 时，筏形基础可仅考虑局部弯曲作用，按倒楼盖法进行计算。

倒楼盖法是将筏形基础视为一倒置的平面楼盖，地基反力按直线分布，作为荷载作用在平面楼盖上。对于平板式筏基即可按多跨连续双向板计算其内力；对于梁板式筏基，可将地基反力按 45° 线划分范围(图 9-7)，阴影部分作为传递到横向肋梁上的荷载，其余部分作为传递到纵向肋梁上的荷载。然后按多跨连续梁分别计算纵向和横向肋梁的内力。

倒楼盖法计算筏形基础从力学概念上讲是不准确的，其缺点是完全不能考虑基础的整体作用，也无法计算挠曲变形。该法是从过去低层和多层房屋基础设计延续下来的，高层建筑一般筏板较厚，在一个开间的范围内按结构力学的双向或单向板计算，则由于厚跨比太大显然是不太妥当的。结构力学的双向或单向板计算表是由弹性薄板理论求出的，对上部结构楼板比较合适，在应用倒楼盖法计算筏形基础时应注意这个问题。

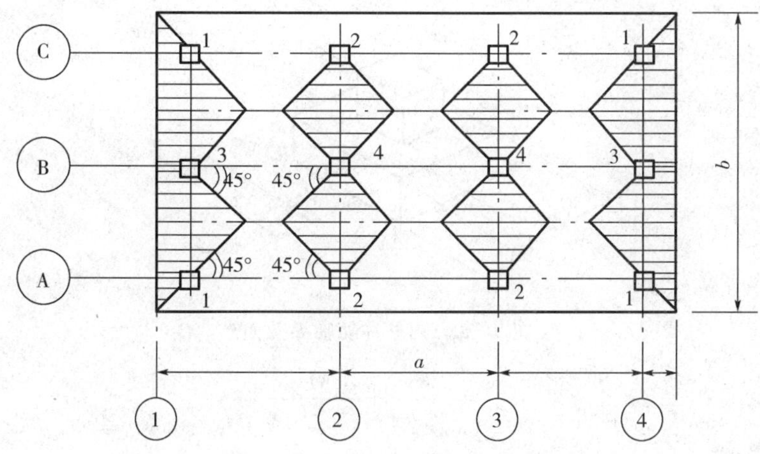

图 9-7　筏形基础肋梁上荷载的分布

2. 有限差分法

有限差分法分析筏形基础的基本理论是弹性地基上的薄板理论，其将筏形基础假设为计算网格的各结点由独立弹簧支撑的弹性薄板，由静力平衡条件求得其基本微分方程式。计算时用一组有限差分方程代替弹性地基上薄板的偏微分方程，作数学上的近似分析。对于等厚度矩形板，当计算网格划分较细时，求得的结果从理论上讲是比较精确的。

3. 有限单元法

有限差分法不适于计算变厚度板、带肋筏板和形状不规则的板，而这些采用有限单元法则很容易解决。该法的适应性很强，各种不同类型的筏形基础都能计算，尤其是分析梁板式筏形基础最为理想，还可分析十字交叉梁基础。采用该法是将筏基化成梁单元进行求解。

9.4.3　筏形基础的构造要求

1. 筏形基础的平面尺寸，应根据地基土的承载力、上部结构的布置及荷载分布等因素确定。对单幢建筑物，在地基土比较均匀的条件下，基底平面形心宜与结构竖向永久荷载重心重合。当不能重合时，在荷载效应准永久组合下，偏心距 e 宜符合下式要求：

$$e \leqslant 0.1W/A \tag{9-5}$$

式中：W—— 与偏心距方向一致的基础底面边缘抵抗矩；

A—— 基础底面积。

2. 采用筏形基础的地下室，地下室钢筋混凝土外墙厚度不应小于 250mm，内墙厚度不应小于 200mm。墙的截面设计除满足承载力要求外，尚应考虑变形、抗裂及防渗等要求。墙体内应设置双面钢筋，竖向和水平钢筋的直径不应小于 12mm，间距不应大于 300mm。

3. 当满足地基承载力时，筏形基础的周边不宜向外有较大的伸挑扩大。当需要外挑时，有肋梁的筏基宜将梁一同挑出。周边有墙体的筏基，筏板可不外伸。

4. 平板式筏基的板厚应满足受冲切承载力的要求。

计算时应考虑作用在冲切临界面重心上的不平衡弯矩产生的附加剪力。距柱边 $h_0/2$ 处冲切临界截面（图 9-8）的最大剪应力 τ_{max} 应按公式（9-6）、（9-7）、（9-8）计算。板的最小厚度不应小于 400mm。

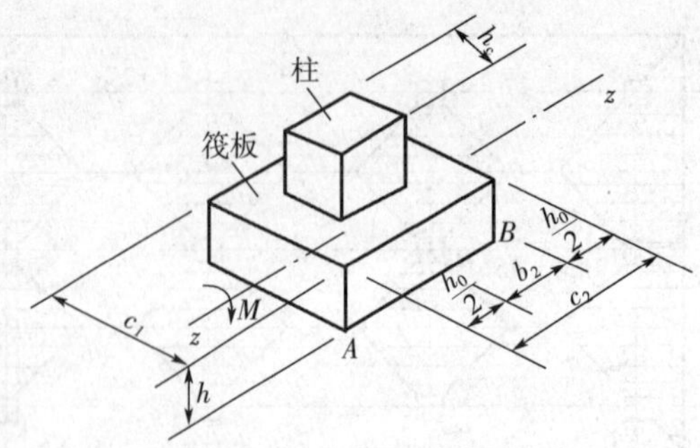

图 9-8　内柱冲切临界截面

$$\tau_{\max}=\frac{F_1}{u_m h_0}+\frac{a_s M_{unb} c_{AB}}{I_s} \tag{9-6}$$

$$\tau_{\max}\leqslant 0.7\left(0.4+\frac{1.2}{\beta_s}\right)\beta_{hp} f_t \tag{9-7}$$

$$a_s=1-\frac{1}{1+\frac{2}{3}\sqrt{\frac{c_1}{c_2}}} \tag{9-8}$$

式中：F_1—— 相应于荷载效应基本组合时的集中力设计值，对内柱取轴力设计值减去筏板冲切破坏锥体内的地基反力设计值；对边柱和角柱，取轴力设计值减去筏板冲切临界截面范围内的地基反力设计值；地基反力值应扣除底板自重；

u_m—— 距柱边 $h_0/2$ 处冲切临界截面的周长；

h_0—— 筏板的有效高度；

M_{unb}—— 作用在冲切临界截面重心上的不平衡弯矩设计值；

c_{AB}—— 沿弯矩作用方向，冲切临界截面重心至冲切临界截面最大剪应力点的距离；

I_s—— 冲切临界截面对其重心的极惯性矩；

β_s—— 柱截面长边与短边的比值，当 $\beta_s<2$ 时，β_s 取 2，当 $\beta_s>4$ 时，β_s 取 4；

c_1—— 与弯矩作用方向一致的冲切临界截面的边长；

c_2—— 垂直于 c_1 的冲切临界截面的边长；

a_s—— 不平衡弯矩通过冲切临界截面上的偏心剪力传递的分配系数。

当柱荷载较大，等厚度筏板的受冲切承载力不能满足要求时，可在筏板上面增设柱墩或在筏板下局部增加板厚或采用抗冲切箍筋来提高受冲切承载能力。

当筏板变厚度时，尚应验算变厚度外筏板的受剪承载力。

当筏板的厚度大于 2000mm 时，宜在板厚中间部位设置直径不小于 12mm，间距不大于 300mm 的双向钢筋。

9.5　箱形基础设计

9.5.1　概述

箱形基础是高层建筑常用的一种基础形式。它是由底板、顶板、外侧墙以及一定数量的纵、横较均匀布置的内隔墙构成的整体刚度较好的单层或多层钢筋混凝土结构。

箱形基础的优点是:刚度大、整体性好、传力均匀;能适应局部软硬不均匀地基,有效调整基底反力;由于基底面积和基础埋深都较大,挖去了大量的土方,卸去了原有的地基自重应力,因而提高了地基承载力、减小了建筑物的沉降;由于埋深较大,箱基外壁与四周土壤间的摩擦力增大,因而增强了阻尼作用,利于抗震;箱基的底板及其外围墙形成的整体有利于防水,还具有兼作人防地下室的优点,适用于高层框架、剪力墙以及框架剪力墙结构。但是箱形基础也有缺点:内隔墙相对较多,支模和绑扎钢筋都需要时间,因而施工工期相对较长;此外,使用上也因隔墙较多而受到一定的影响。

箱形基础受力较复杂。它一方面承受上部结构传来的荷载和不均匀地基反力引起的整体弯曲,同时其顶板和底板还分别受到顶板荷载与地基反力引起的局部弯曲。在分析箱形基础整体弯曲时,其自重按均布荷载处理;在进行底板弯曲计算时,应扣除底板自重。

9.5.2　箱形基础几何尺寸的确定

箱形基础的几何尺寸的确定包括以下几个方面:

1. 基础的平面尺寸

先根据上部结构底层平面或地下室的平面尺寸,按荷载分布情况,经验算出地基承载力、沉降量和倾斜值后确定。若不满足要求,则需调整基础底面积,将基础底板一侧或全部适当挑出,可将箱形基础整体扩大,或增加埋深,以满足地基承载力和变形允许值的要求。当需要扩大基底面积时,宜优先扩大基础的宽度,以避免由于加大基础的纵向长度而引起箱形基础纵向整体挠曲的增加。当采用整体扩大箱形基础方案时,扩大部分的墙体应与箱形基础的内墙或外墙拉通连成整体。如图 9-9 所示。箱基扩大部分的墙体可视为由箱基内、外墙伸出的悬挑梁,计算时扩大部分的墙体根部受剪截面宜符合 $V \leqslant 0.15 f_c b h_0$ 的要求,其中 V 为墙根部的剪力设计值,b 和 h_0 分别为扩大部分墙体的厚度和墙的有效高度。

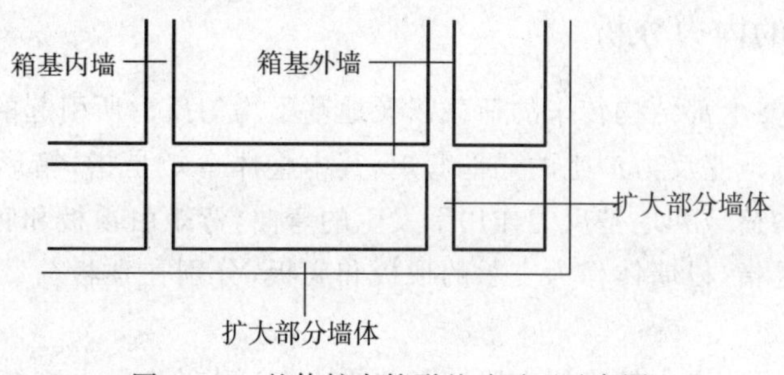

图 9-9　整体扩大箱形基础平面示意图

高层建筑的箱形基础其基底平面形心宜与结构竖向永久荷载重心重合。因为在地基土较均匀的条件下,建筑物的倾斜与偏心距 e 和基础宽度 B 的比值 $\frac{e}{B}$ 有关,在地基土相同的条件下,$\frac{e}{B}$ 越大则倾斜越大。高层建筑由于质心高、重量大,当箱形基础由于荷载重心与基底平面形心不重合开始产生倾斜后建筑物总重对箱形基础基底平面形心将产生新的倾覆力矩增量,而倾覆力矩的增量又将引起新的倾斜增量,这种相互影响可能随着时间而增长,直到地基变形稳定(或丧失稳定)为止。因此,设计时应尽量使结构竖向永久荷载的合力通过基底平面形心,避免箱基产生倾斜,保证建筑物正常使用。当偏心不可避免时,在荷载效应准永久组合下,偏心距 e 宜符合下式要求:

$$e \leqslant 0.1\frac{W}{A}$$

式中：W—— 与偏心距方向一致的基础底面边缘抵抗矩；

A—— 基础底面积。

2. 箱形基础的高度

为了保证箱形基础具有一定的刚度，能适应地基的不均匀沉降，减少不均匀沉降引起的上部结构附加应力。《高层建筑箱形与筏形基础技术规范》(JGJ6－99) 中规定："箱形基础的高度应能满足承载力和刚度的要求，其值不宜小于箱形基础长度的1/20，也不应小于3m。"

3. 箱形基础的墙体

箱形基础的墙体是连接箱基顶、底板，使箱形基础具有足够的整体刚度和承载力，并把上部结构的竖向荷载安全传到地基上的重要构件。为了保证箱形基础的整体刚度，《高层建筑箱形与筏形基础技术规范》(JGJ6－99) 中规定："外墙宜沿建筑物周边布置，内墙沿上部结构的柱网或剪力墙位置纵横均匀布置，墙体水平截面总面积不宜小于箱形基础外墙外包尺寸的水平投影面积的1/10。""对基础平面长宽比大于4的箱形基础，其纵墙水平截面面积不应小于箱基外墙外包尺寸水平投影面积的1/18。"箱基的外墙厚度不应小于250mm，内墙的厚度不应小于200mm；当箱基兼人防地下室时其外墙厚度尚应根据人防等级，按实际情况计算后确定。

4. 箱形基础底、顶板的厚度

箱形基础底、顶板的厚度应根据荷载大小、跨度、整体刚度防水要求确定。底板厚度不应小于300mm，且板厚与最大双向板区格的短边尺寸之比不小于1/14。顶板厚度一般不应小于100mm，且应能承受由整体弯曲产生的压力，当考虑上部结构嵌固在箱形基础顶板上时，顶板的厚度不宜小于200mm。对兼作人防地下室的箱形基础其底、顶板的厚度，尚应根据人防等级，按实际情况计算后确定。

9.5.3 箱形基础的内力分析

箱形基础除了承受上部结构传来的荷载以及地基不均匀反力所引起的整体弯矩外，其顶、底板还承受由顶板荷载、地基反力产生的局部弯矩。其中整体弯矩是指，箱形基础类似于放置在地基上的梁，在上部结构荷载和地基反力作用下发生的弯曲，弯矩由顶板和底板承受，使顶板受压、底板受拉。局部弯曲是指，以墙体作为支承的顶板和底板，分别在顶板荷载和底板荷载作用下发生的弯曲。

当地基压缩层深度范围内的土层在竖向和水平方向较均匀、且上部结构为平立面布置较规则的剪力墙、框架、框架 — 剪力墙体系时，箱形基础的顶、底板可仅按局部弯曲计算，计算时底板反力应扣除板的自重。对于整体弯曲的考虑可以将局部弯曲计算的沿纵横向的钢筋的1/2～1/3贯通全跨，且贯通钢筋的配筋率分别不应小于0.15%、0.10%；跨中钢筋应按实际配筋全部连通。

不符合上述条件要求的箱形基础，应同时考虑局部弯曲和整体弯曲的作用。局部弯曲的内力按楼盖或倒置楼方法计算；整体弯曲的任一截面的弯矩和剪力由静力平衡条件求得，同时计算整体弯曲时应考虑上部结构与基础的共同作用。箱形基础承受的整体弯矩按下列公式计算：

$$M_F = M\frac{E_F I_F}{E_F I_F + E_B I_B} \tag{9-9}$$

式中：M_F—— 箱形基础承受的整体弯矩；

M—— 建筑物整体弯曲产生的弯矩，可按静定梁分析或采用其他有效方法计算；

$E_F I_F$—— 箱形基础的刚度，其中 E_F 为箱形基础混凝土弹性模量，I_F 为按工字形截面计算的箱形基础惯性矩，工字形截面的上、下翼缘宽度分别为箱形基础顶板、底板的全宽，腹板厚度为在弯曲方向的墙体厚度的总和；

$E_B I_B$—— 上部结构的总折算刚度；

9.5.4　箱形基础构件截面承载力的计算

1. 箱形基础底板的受剪和受冲切承载力计算

箱形基础底板除计算正截面受弯承载力计算外，尚应满足受剪承载力和受冲切承载力的要求。

(1) 受剪承载力计算：

箱形基础底板斜截面受剪承载力应符合下式要求：

$$V_s \leqslant 0.7\beta_{hs} f_t (l_{n2} - 2h_0) h_0 \tag{9-10}$$

$$\beta_{hs} = (800/h_0)^{1/4}$$

式中：V_s—— 距墙边 h_0 处，作用在图 9-10 中阴影部分面积上的地基土平均净反力设计值；

β_{hs}—— 受剪切时截面高度影响系数。当按式计算时，板的有效高度 h_0 小于 800mm 时，h_0 取 800mm；h_0 大于 2000mm 时，h_0 取 2000mm；

f_t—— 混凝土轴心抗拉强度设计值；

l_{n2}—— 计算区格长边的净长度；

h_0—— 板的有效高度。

(2) 受冲切承载力计算

箱形基础底板应满足受冲切承载力的要求：

$$F_l \leqslant 0.7\beta_{hp} f_t u_m h_0 \tag{9-11}$$

式中：F_l—— 作用在图 9-10 阴影部分面积上的地基土平均净反力设计值；

u_m—— 距基础墙边 $h_0/2$ 处冲切临界截面的周长，图 9-10；

β_{hp}—— 受冲切时截面高度影响系数。当 h 不大于 800mm 时，β_{hp} 取 1.0，当 h 大于 2000mm 时，β_{hp} 取 0.9，其间按线性内插法取用。

当底板区格为矩形双向板时，底板受冲切所需的厚度 h_0 按下式计算：

$$h_0 = \frac{(l_{n1} + l_{n2}) - \sqrt{(l_{n1} + l_{n2})^2 - \dfrac{4pl_{n1}l_{n2}}{p + 0.7\beta_{hp} f_t}}}{4} \tag{9-12}$$

式中：l_{n1}，l_{n2}—— 计算板格的短边和长边的净长度；

p—— 相应与荷载效应基本组合的地基土平均净反力设计值。

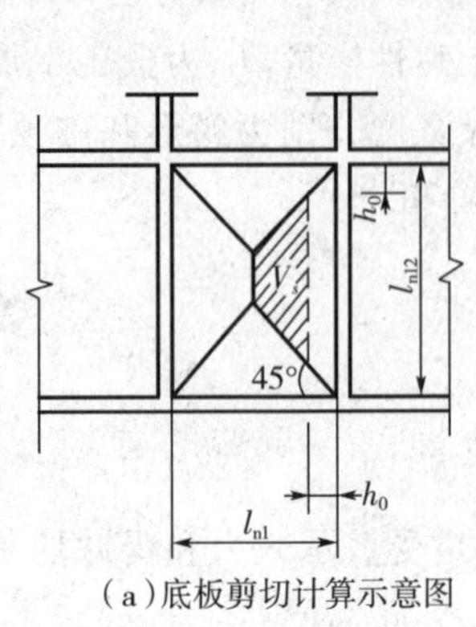

(a)底板剪切计算示意图

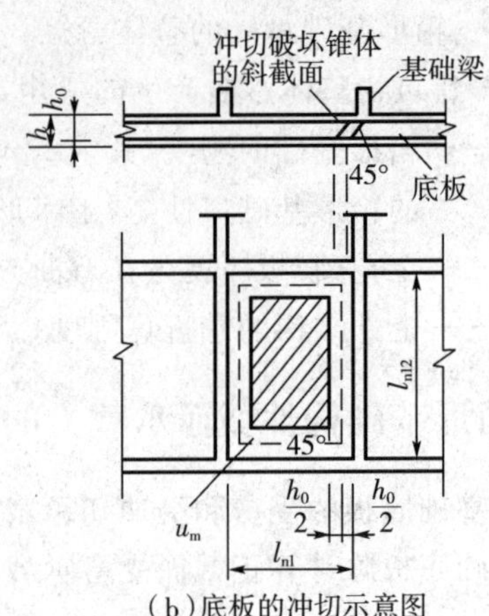

(b)底板的冲切示意图

图 9-10　底板剪切计算和底板的冲切示意图

2. 箱形基础墙体承载力计算

(1) 墙体截面剪力计算

① 纵墙截面的剪力

将箱形基础看做是放置在地基上的梁，在上部结构荷载和地基反力作用下，由静力平衡条件求得各支座(横墙)左右控制截面的总剪力 $V_{j,l(r)}$(图 9-11)，然后将总剪力根据纵墙的横截面面积和柱子所承受的竖向荷载大小的平均比值分配到各道纵墙上。第 i 道纵墙第 j 支座左右截面所分配到的剪力

$$V_{ij,l(r)} = \frac{1}{2}\left(\frac{b_i}{\sum b_i} + \frac{N_{ij}}{\sum N_{ij}}\right)V_{j,l(r)} \tag{9-13}$$

式中：$V_{ij,l(r)}$—— 第 i 道纵墙第 j 支座左、右截面所分配到的剪力；

b_i—— 第 i 道纵墙的宽度；

$\sum b_i$—— 各道纵墙第 j 支座柱的荷载；

N_{ij}—— 第 i 道纵墙第 j 支座柱的荷载；

$\sum N_{ij}$—— 第 j 道横墙上各柱的竖向荷载之和。

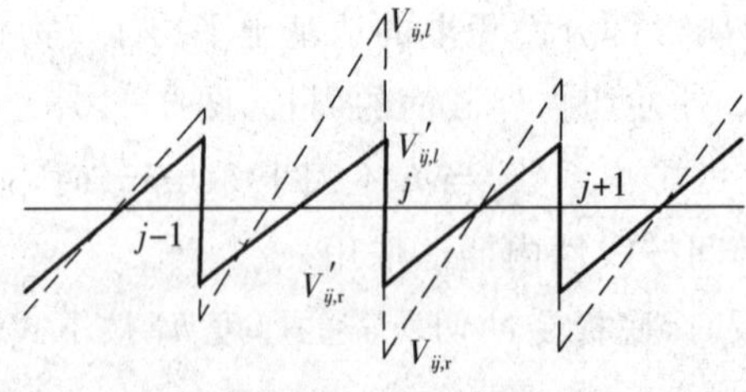

图 9-11　第 i 道纵墙截面的剪力计算

由于在计算纵墙总剪力 $V_{j,l(r)}$ 时，地基反力全部计入其中，实际上地基反力中有一部分要传给横墙。因此，要从式(9-13) 所求得的第 i 道纵墙第 j 支座左、右截面剪力中扣除该处横墙所承担的剪力，即：

$$W'_{ij,l(r)} = V_{ij,l(r)} - p(A_1 + A_2) \tag{9-14}$$

式中：p—— 地基反力；

A_1、A_2—— 引起相应横墙剪力的地基反力作用面积，按图 9－12(a) 中阴影面积计算。

② 横墙截面的剪力：

$$V_{ji,r(l)} = p(A_1'A_2') \tag{9-15}$$

式中：$V_{ji,r(l)}$—— 第 j 道横墙第 i 支座（纵墙）右、左截面所分配的剪力；

$A_1'A_2'$—— 产生 $V_{ji,r(l)}$ 的地基反力作用面积，按图 9－12(b) 中阴影面积计算。

(2) 墙体受剪承载力计算

箱形基础的内、外墙，除与剪力墙连接者外，墙身的受剪截面应符合下式要求：

$$V_w \leqslant 0.25 f_c h_w \tag{9-16}$$

式中：V_w—— 墙体截面剪力设计值；

f_c—— 混凝土轴心抗压强度；

h_w—— 墙身竖向有效截面面积。

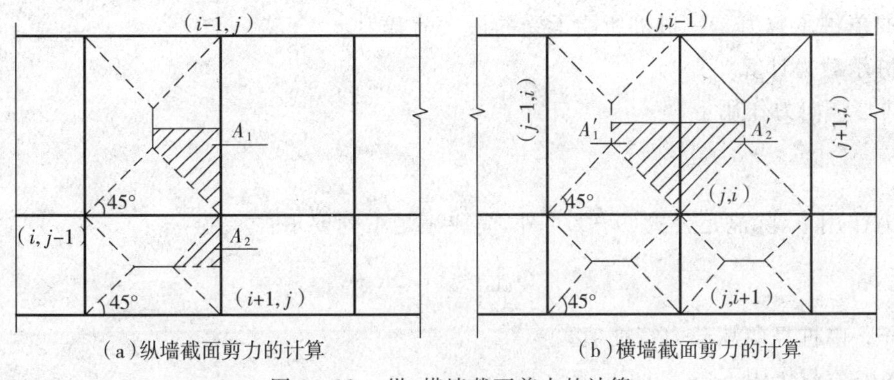

(a)纵墙截面剪力的计算　　(b)横墙截面剪力的计算

图 9－12　纵、横墙截面剪力的计算

9.5.5　箱形基础构造要求

1. 墙体内应设置双面钢筋，竖向和水平钢筋的直径不应小于 10mm，间距不应大于 200mm。除上部为剪力墙外，内外墙的墙顶处宜配置两根直径不小于 20mm 的通长构造钢筋。

2. 当箱形基础顶板、底板仅按局部弯曲计算时，顶、底板钢筋配置量除满足局部弯曲的计算要求外，纵横方向的支座钢筋尚应有 1/2 ～ 1/3 贯通全跨，且贯通钢筋的配筋率分别不应小于 0.15%、0.10%；跨中钢筋应按实际配筋全部连通。

3. 当箱形基础顶板、底板按整体弯曲和局部弯曲计算时，在顶、底板配筋时，应综合考虑承受整体弯曲的钢筋与局部弯曲的钢筋的配置部位，以充分发挥各截面钢筋的作用。

4. 门洞宜设在柱间居中部位，洞边至上层柱中心的水平距离不宜小于 1.2m，洞口上过梁的高度不宜小于层高的 1/5，洞口面积不宜大于柱距与箱形基础全高乘积的 1/4。

墙体洞口周围应设置加强钢筋，洞口四周附加钢筋面积不应小于洞口内被切断钢筋面积的一半，且不少两根直径为 16mm 的钢筋，此钢筋应从洞口边缘处延长 40 倍钢筋直径。

5. 底层柱纵向钢筋伸入箱形基础的长度应符合下列规定：

(1) 柱下三面或四面有箱形基础墙的内柱，除四角钢筋应直通基底外，其余钢筋可终止在顶板底面下 40 倍钢筋直径处。

(2) 外柱、与剪力墙相连的柱及其他内柱的纵向钢筋应直通到底。

9.6 桩基础设计

9.6.1 概述

桩基础是高层建筑中应用较广的一种基础形式。当地基的软弱土层较厚，采用浅基础不能满足地基变形要求，采用其他人工地基又不经济或者不具备条件时，就可以采用桩基础。桩基的作用是将荷载通过桩传给埋藏较深的坚硬土层，或通过桩周围的摩擦力传给地基。

高层建筑中桩的选型应根据结构类型、荷载性质、桩的使用功能、穿越土层、桩端持力层土类、地下水位、施工设备、施工环境、施工经验、制桩材料供应条件等，选择经济合理、安全适用的桩型和成桩工艺。

9.6.2 单桩承载力

所谓的单桩承载力是一根桩所能承受的最大荷载值。

1. 单桩承载力计算

(1) 轴心竖向力作用下

$$Q_k \leqslant R_a \tag{9-17}$$

偏心竖向力作用下，除满足公式(9-17)外，尚应满足下列要求：

$$Q_{ik\max} \leqslant 1.2R_a \tag{9-18}$$

式中：R_a—— 单桩竖向承载力特征值。

(2) 水平荷载作用下：

$$H_{ik} \leqslant R_{Ha} \tag{9-19}$$

式中：R_{Ha}—— 单桩水平承载力特征值。

2. 群桩中单桩桩顶竖向力

(1) 轴心竖向力作用下

$$Q_k = \frac{F_k + G_k}{n} \tag{9-20}$$

偏心竖向力作用下：

$$Q_{ik} = \frac{F_k + G_k}{n} \pm \frac{M_{xk} y_i}{\sum y_i^2} \pm \frac{M_{yk} x_i}{\sum x_i^2} \tag{9-21}$$

(2) 水平力作用下

$$H_{ik} = \frac{H_k}{n} \tag{9-22}$$

式中：F_k—— 相应于荷载效应标准组合时，作用于桩基承台顶面的竖向力；

G_k—— 桩基承台自重及承台上土自重标准值；

Q_k—— 相应于荷载效应标准组合轴心竖向力作用下任一单桩的竖向力；

n—— 桩基中的桩数；

Q_{ik}—— 相应于荷载效应标准组合偏心竖向力作用下第 i 根桩的竖向力；

M_{xk}、M_{yk}—— 相应于荷载效应标准组合作用于承台底面通过桩群形心的 x、y 轴的力矩；

x_i、y_i—— 桩 i 至桩群形心的 x、y 轴线的距离；

H_k—— 相应于荷载效应标准组合时，作用于承台底面的水平力；

H_{ik}—— 相应于荷载效应标准组合时，作用于任一单桩的水平力。

3. 单桩承载力的确定

(1) 单桩竖向承载力特征值的确定

① 单桩竖向承载力特征值应通过单桩竖向静载荷试验确定。在同一条件下的试桩数量，不宜少于总桩数的 1%，且不应少于 3 根。

当桩端持力层为密实砂卵石或其他承载力类似的土层时，对单桩承载力很高的大直径端承型桩，可采用深层平板载荷试验确定桩端土的承载力特征值。

② 地基基础设计等级为丙级的建筑物，可采用静力触探及标贯试验参数确定 R_a 值。

③ 初步设计时单桩竖向承载力特征值可按下式估算：

$$R_a = q_{pa} A_p + u_p \sum q_{sia} l_i \tag{9-23}$$

式中：R_a—— 单桩竖向承载力特征值；

q_{pa}、q_{sia}—— 桩端端阻力、桩侧阻力特征值，由当地静载荷试验结果统计分析算得；

A_p—— 桩底端横截面面积；

u_p—— 桩身周边长度；

l_i—— 第 i 层岩土层的厚度。

当桩端嵌入完整及较完整的硬质岩中时，可按下式估算单桩竖向承载力特征值：

$$R_a = q_{pa} A_p \tag{9-24}$$

式中：q_{pa}—— 桩端岩石承载力特征值。

(2) 单桩水平承载力特征值的确定

单桩水平承载力特征值取决于桩的材料强度、截面刚度、入土深度、土质条件、桩顶水平位移允许值和桩顶嵌固情况等因素，通常采用现场水平载荷试验确定。

当作用于桩基上的外力主要为水平力时，应根据使用要求对桩顶变位的限制，对桩基的水平承载力进行验算。当外力作用面的桩距较大时，桩基的水平承载力可视为各单桩的水平承载力的总和。当承台侧面的土未经扰动或回填密实时，应计算土抗力的作用。当水平推力较大时，宜设置斜桩。

9.6.3　桩数的确定和桩的平面布置

1. 桩数确定

桩数的多少要根据桩基所承受的荷载和单桩承载力来确定。通常采用以下方法：

轴心竖向荷载作用下

$$n \geqslant \frac{F}{R} \tag{9-25}$$

偏心竖向荷载作用下

$$n \geqslant \mu \frac{F}{R} \tag{9-26}$$

式中：n—— 桩数；

F—— 桩基所受竖向荷载；

R—— 单桩承载力设计设计值；

μ—— 经验系数，取 1.1～1.2。

2. 桩的平面布置

桩基的布置应尽量使各桩承台承载力合力点与相应竖向永久荷载合力作用点重合，并使桩基水平力产生的力矩较大方向有较大的抵抗矩，并且同一结构单元宜避免采用不同类型的桩基础。

《高层建筑混凝土结构技术规程》(JGJ3－2002) 中还规定："等直径桩的中心距不应小于3倍桩横截面的边长或直径；扩底桩中心距不应小于扩底直径的 1.5 倍，且两个扩大头间的净距不宜小于 1m。""应选择较硬土层作为桩端持力层。桩径为 d 的桩端全截面进入持力层的深度，对于粘性土、粉土不宜小于 $2d$；砂土不宜小于 $1.5d$；碎石类土不宜小于 $1d$。当存在软弱下卧层时，桩基以下硬持力层厚度不宜小于 $4d$。抗震设计时，桩进入碎石土、砾砂、粗砂、中砂、密实粉土、坚硬粘性土的深度尚不应小于 0.5m，对其他非岩石类土尚不应小于 1.5m。" 同时对于较复杂的混合桩基规定："平板式桩筏基础，桩宜布置在柱下或墙下，必要时可满堂布置，核心筒下可适当加密布桩；梁板式桩筏基础，桩宜布置在基础梁下或柱下；桩箱基础，宜将桩布置在墙下。直径不小于 800mm 的大直径桩可采用一柱一桩，并宜设置双向连系梁连接各桩。"

9.6.4 桩基的计算

1. 桩身结构强度验算

桩的承载力尚应满足桩身混凝土强度的要求。计算中应按桩的类型和成桩工艺的不同将混凝土的轴心抗压强度设计值乘以施工工艺折减系数 ψ_c，桩身强度应符合下式要求：

桩轴心受压时：

$$\gamma_0 Q \leqslant A_p \cdot f_c \cdot \psi_c \tag{9-27}$$

式中：f_c—— 混凝土轴心抗压强度设计值；

γ_0—— 结构重要性系数，取 1.0；

Q—— 相应于基本组合时的单桩竖向力设计值；

A_p—— 桩横截面面积；

ψ_c—— 施工工艺折减系数，预制桩取 0.75，灌注桩取 0.6～0.7(水下灌注桩或长桩时用低值)。

2. 群桩效应

桩基的计算通常是验算单桩承载力，但是对于某些条件下的群桩基础，在进行桩基承载力计算时，宜考虑由桩群、土、承台相互作用产生的承载力。《建筑地基基础设计规范》(GB50007－2002) 中规定：对于端承桩基、桩数少于 9 根的摩擦桩基、条基下不超过二排的摩擦桩基，桩基竖向承载力为各单桩之和，不需再做验算；对于桩距小于 $6d$ 的摩擦桩，桩数大于 9 根的桩基础，按实体深基础验算。实体深基础法是指把桩群连同所围土体作为一个实体深基础来分析。

9.6.5 承台的计算

承台的设计首先要进行承台尺寸的初定，然后验算承台的截面尺寸是否满足抗冲切、抗剪切、抗弯和上部结构需要。同时承台的截面尺寸还必须满足构造要求。《建筑桩基技术规

范》(JGJ94－94) 中对桩基承台还有以下规定:

1. 承台最小宽度不应小于 500mm,承台边缘至桩中心的距离不宜小于桩的直径或边长,且边缘挑出部分不应小于 150mm。对于条形承台梁边缘挑出部分不应小于 75mm;

2. 条形承台和柱下独立桩基承台的厚度不应小于 300mm;

3. 筏形、箱形承台板的厚度应满足整体刚度、施工条件及防水要求。对于桩布置于墙下或基础梁下的情况,承台板厚度不宜小于 250mm,且板厚与计算区段最小跨度之比不宜小于 1/20;

4. 柱下单桩基础,宜按连接柱、连系梁的构造要求将连系梁高度范围内桩的圆形截面改变成方形截面。

承台在荷载的作用下通常会发生受弯破坏和受剪、冲切破坏,故对承台的计算要进行抗弯、抗剪和抗冲切的验算。对不同形式的桩基承台采用不同的计算公式。

9.6.6　桩基工程设计实例

[例] 某框架结构住宅楼柱下采用预制钢筋混凝土桩基(图 9－13)。柱的截面尺寸 500mm × 500mm,桩的截面 300mm × 300mm,承台底标高为 －2.10m,作用在室内标高(± 0.000) 处的竖向力标准值 $F_k = 1820$kN,作用于承台顶标高的弯矩标准值 $M_k = 210$kN · m,水平剪力标准值 $H_k = 45$kN。单桩承载力特征值 $R_a = 240$kN,承台混凝土强度等级为 C20,承台配筋采用 HRB335 钢筋,试设计桩基。($f_c = 9.6\text{N/mm}^2$,$f_t = 1.1\text{N/mm}^2$,$f_y = 300\text{N/mm}^2$)。

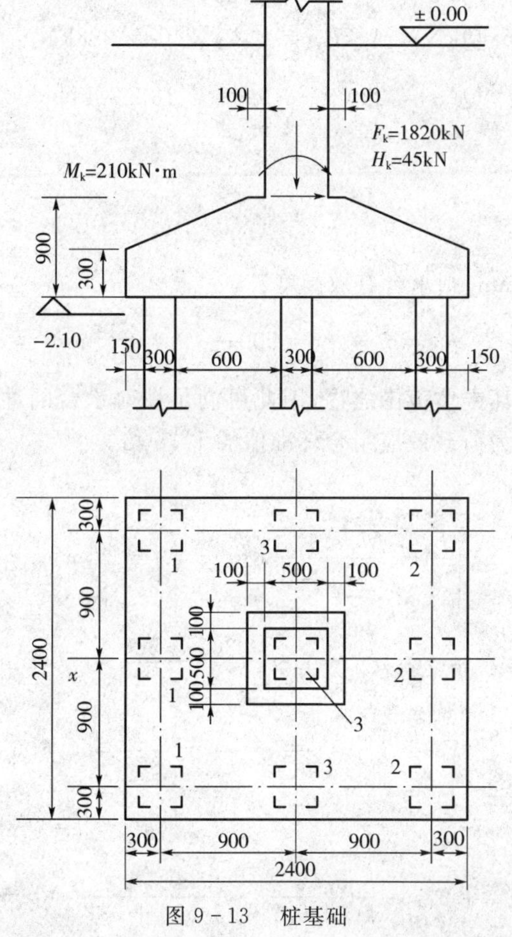

图 9－13　桩基础

[解]

1. 桩数的确定和布置

按试算法，偏心受压时所需的桩数n可按中心受压计算，并乘以增大系数$\mu=1.2\sim1.4$，即：

$$n=\frac{F_k}{R_a}\mu=\frac{1820}{240}\times1.2=9.1$$

取$n=9$。

设桩的中心距$s=3d=3\times300=900\text{mm}$。根据布桩原则，采用图9-13的布桩形式。

2. 单桩承载力验算

建筑安全等级为二级，$\gamma_0=1.0$。

$$\gamma_0 Q_k=\gamma_0\frac{F_k+G}{n}$$

$$=1.0\times\frac{1820+2.4\times2.4\times2.1\times20}{9}$$

$$=229.\text{kN}<R_a=240\text{kN}$$

$$\gamma_0 Q_{kmax}=\gamma_0\left(\frac{F_k+G}{n}+\frac{M_0x_{max}}{\sum x_i^2}\right)1.0\times\left[229.1+\frac{(210+45\times0.9)\times0.9}{2\times3\times0.9^2}\right]$$

$$=275.49\text{kN}<1.2R_a=1.2\times240=288\text{kN}$$

$$\gamma_0 Q_{kmin}=229.1-46.39=182.71\text{kN}>0$$

3. 承台计算

(1) 冲切承载力验算

① 受柱冲切验算

设承台高度$h=900\text{mm}$，则承台有效高度：

$$h_0=h-a_s=900-75=825\text{mm}$$

由于各桩均在冲切破坏锥体范围之内，因此可满足柱对承台的冲切承载力要求。《规范》规定荷载效应组合的设计值为荷载效应组合标准值的1.35倍。

② 受角桩冲切验算

$$N_l=N_{max}=1.35\left(\frac{F_k}{n}+\frac{M_0x_{max}}{\sum x_i^2}\right)=1.35\times\left(\frac{1820}{9}+46.39\right)=335.63\text{kN}$$

$$a_{1x}=a_{1y}=900-\frac{300}{2}-\frac{500}{2}=500\text{mm}$$

$$\lambda_{1x}=\lambda_{1y}=\frac{a_{1x}}{h_0}=\frac{a_{1y}}{h_0}=\frac{500}{825}=0.606$$

求角桩冲切系数

$$\alpha_{1x}=\alpha_{1y}=\frac{0.56}{\lambda_{1x}+0.2}=\frac{0.56}{0.606+0.2}=0.69$$

验算受角桩冲切承载力

$$\left[\alpha_{1x}\left(c_2+\frac{a_{1y}}{2}\right)+\alpha_{1y}\left(c_1+\frac{a_{1x}}{2}\right)\right]f_t h_0=2\times0.69\left(450+\frac{500}{2}\right)\times1.1\times825$$

$$=876.65\times10^3\text{N}$$

$$=876.65\text{kN}>\gamma_0 N_l=1\times335.63=335.63\text{kN}$$

故满足要求。

(2) 斜截面受剪承载力验算

$$V=3N_{max}=3\times335.63=1006.89\text{kN},a_x=a_y=500\text{mm}$$

$$\lambda_x=\lambda_y=\frac{a_x}{h_0}=\frac{a_y}{h_0}=\frac{500}{825}=0.606，得$$

$$\beta=\frac{1.75}{\lambda_x+1.0}=\frac{1.75}{0.606+1.0}=1.09$$

截面计算宽度为

$$b_0=b_{y0}=\left[1-0.5\frac{h_1}{h_0}\left(1-\frac{b_{y2}}{b_{y1}}\right)\right]b_{y1}=\left[1-0.5\frac{600}{825}\left(1-\frac{700}{2400}\right)\right]\times2400=1782\text{mm}$$

验算斜截面受剪承载力：

$$\beta_{hs}\beta f_c b_0 h_0=0.992\times1.09\times9.6\times1782\times825=15260.6\times10^3\text{N}$$

$$=15260.6\text{kN}>\gamma_0 V=1.0\times1006.89\text{kN}$$

故满足要求

(3) 配筋计算

桩号如图 9-13，各柱净反力如下：

1 号桩：　$N_{n1}=1.35\left(\frac{F_k}{n}-\frac{M_y x_{max}}{\sum x_i^2}\right)=1.35\times\left(\frac{1820}{9}-46.39\right)=210.37\text{kN}$

2 号桩：　$N_{n2}=1.35\left(\frac{F_k}{n}+\frac{M_y x_{max}}{\sum x_i^2}\right)=1.35\times\left(\frac{1820}{9}+46.39\right)=335.63\text{kN}$

3 号桩：　$N_{n3}=1.35\frac{F_k}{n}=1.35\times202.22=273\text{kN}$

各桩对垂直于 y 轴和 x 轴方向截面的弯矩设计值分别为

$$M_x=\sum N_i y_i=(210.37+335.63+273)(0.9-0.25)=532.35\text{kN}\cdot\text{m}$$

$$M_y=\sum N_i x_i=(335.63\times3)(0.9-0.25)=654.48\text{kN}\cdot\text{m}$$

沿 x 轴方向的钢筋截面面积

$$A_s=\frac{M_y}{0.9h_0 f_y}=\frac{654.48\times10^6}{0.9\times825\times300}=2939\text{mm}^2$$

沿 x 轴方向每米长度内的钢筋面积

$$\overline{A}_s = \frac{A_s}{l} = \frac{2939}{2.40} = 1225\text{mm}^2/\text{m}$$

选 Φ14@120($A_s = 1283\text{mm}^2$)

沿 y 轴方向的钢筋面积

$$A_s = \frac{M_x}{0.9h_0 f_y} = \frac{532.35 \times 10^6}{0.9 \times 811 \times 300} = 2432\text{mm}^2$$

沿 y 轴方向每米长度内的钢筋面积

$$\overline{A}_s = \frac{A_s}{b} = \frac{2432}{2.40} = 1014\text{mm}^2/\text{m}$$

选 Φ14@150($A_s = 1026\text{mm}^2$)

思考题

1.地基基础设计应满足哪些原则?
2.什么是基础、地基和天然地基?
3.什么是地基承载力特征值?
4.确定地基承载力的方法有哪些?
5.如何确定地基的埋置深度?影响基础埋深的因素有哪些?
6.如何确定筏形基础的内力?
7.如何确定箱形基础的内力?
8.什么是复合桩基?什么条件下宜用桩基础?
9.决定单桩竖向承载力的因素有哪些?请简述单桩竖向承载力标准值。
10.影响桩的水平承载力因素有哪些?
11.什么是群桩效应?

第10章　高层建筑结构计算程序介绍与计算实例

10.1　概　　述

高层建筑由于要满足各种功能需要，其结构体系越来越复杂，结构计算也越来越困难。目前，高层建筑结构计算都是采用计算机来完成的。现在计算机已成为高层建筑结构设计不可缺少的强有力工具。

高层建筑结构计算方法是随着数学、力学和结构体系的发展而发展的，最先采用的是有限元法，后来逐步采用有限条法、边界元法、加权残数法、样条函数法和连续化法。但是，在高层建筑结构计算中，有限元位移法或矩阵位移法仍然是基础，应用最多，各种实用软件也很成熟。有限元法的突出优点是概念清楚、公式标准化、程序设计方便、适应能力强、计算结果可靠并能满足工程设计要求。但它的缺点是进行三维空间分析时，占用计算机内存多、计算时间长。于是人们从20世纪70年代以后，开始把其他数值计算方法应用于高层建筑结构计算，这些方法具有强大的生命力，它们信息量少、程序设计简单、占机内存量小、微机可以解算很大的题目。目前，不少工程力学和软件专家都致力于研究新的数学力学模型，把有限元和其他数值计算方法广泛地结合起来，发挥各自的优点，开发更大型的程序系统。我国现已研究开发出空间三维组合结构有限元程序系统（把剪力墙、筒壁、楼板设计为板单元与杆单元组成空间结构）、空间三维薄壁杆系程序（按符拉索夫理论，把剪力墙模拟为开口薄壁杆元，考虑两端翘曲影响，空间节点增为7个自由度）、高层建筑结构连续化计算程序和其他半离散—半解析计算程序，此外也从国外引进了各种空间三维计算程序。在这里根据国内工程建设的实践和应用情况，以及程序本身的特点，重点介绍几种用于复杂体型和超高层建筑的实用三维空间结构计算软件。

10.2　高层建筑结构计算程序编制基本原理及方法

近年来，分析高层建筑结构的计算软件主要采用如下3种计算模型。这3种模型在分析梁、柱时都采用空间杆单元，最重要的区别在于它们分析剪力墙时采用不同形式单元。

1. 薄壁杆件模型

这种模型以古典薄壁杆件理论作为分析依据。薄壁杆件与普通杆件的差别在于引入翘曲（扭转角沿纵轴的导数）作为额外未知量，考虑非平面变形的影响。它适用各种平面布置，未知量少，对规则结构精度足够的优点，是目前应用最广泛的模型之一。对分析高度较大，结构布置特别是竖向布置规则的超高层建筑结构（筒中筒结构、框筒结构等），这种模型被公认为较理想的模型。但是在用于分析高度较低、结构布置复杂的结构时，这种模型存在一些缺点。主要是古典薄壁杆件理论不考虑剪切变形影响，不能反映剪力滞后现象、高估剪力墙的刚度，当结构布置复杂时变形不协调。凡是采用薄壁杆件理论分析体型复杂高层结构的软件，都存在同样的问题。

2. 一般有限元模型

这种模型把剪力墙细分为空间平面元或壳元。从理论上说，它是最好的模型。它适用于各种结构布置、分析精度高的优点。它的严重缺点是未知量太多、数据复杂、前处理不易，需要快速大容量计算机。随着计算机软硬件的发展，这种模型可能有光明的前途。

3. ETABS 模型

这种模型为美国 E. L. Wilson 等人所创立。它用空间膜元，边柱元以及层间处的刚性梁模拟层高范围内的一片剪力墙。这种模型比一般有限元模型未知量明显减少，比薄壁杆件模型未知量仍较多。位移的协调性处于上述两模型之间。它在国外很流行。国内已有类似的软件，正在推广应用。

10.2.1 三维杆系－薄壁杆系空间分析方法

目前，高层建筑结构普遍采用三维空间分析，将高层建筑结构作为由空间杆件(梁、柱)和空间薄壁杆件(剪力墙)组成的空间体系，用矩阵位移法进行内力分析。梁柱空间杆件，每端 6 个位移分量(三个线位移，三个角位移)(见图 10-1)，形成 12×12 的单元刚度矩阵；剪力墙作为空间薄壁杆件，每端 7 个位移分量(三个线位移、三个角位移和一个扭转角变化率 θ_z')(见图 10-2)，形成 14×14 的单元刚度矩阵，组装成结构总刚度矩阵，求解位移后可计算各杆件内力。这种计算方法适用于任意平面形状和立面体型，任意结构体系所组成的建筑。

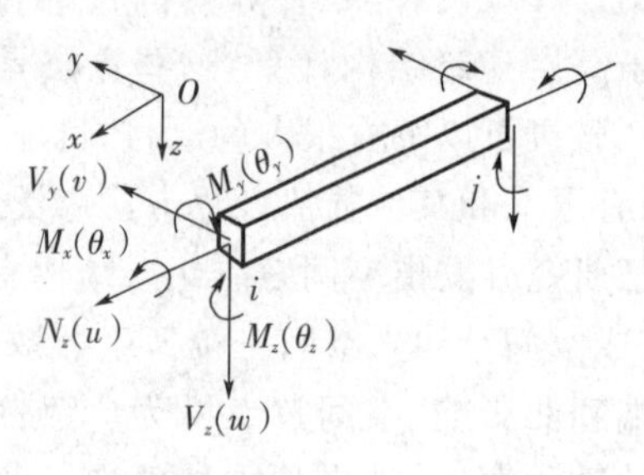

图 10-1　空间杆件

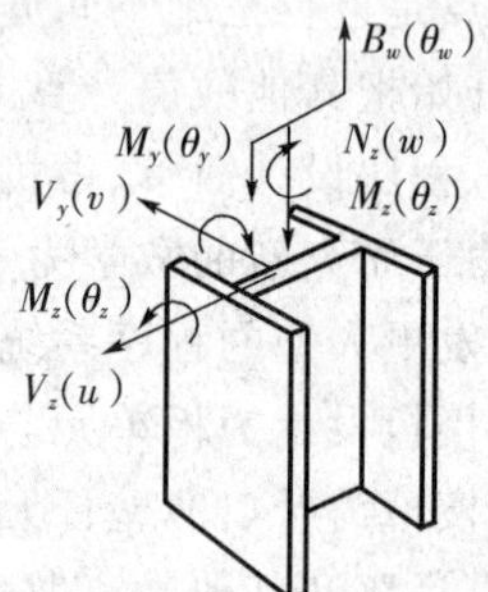

图 10-2　薄壁杆件

10.2.2 空间杆系－墙组元分析方法

用薄壁杆件代表剪力墙，在一些情况下可能遇到困难，如上、下洞口错位过大，框支剪力墙支撑情况复杂等，这时可将剪力墙视为若干条竖向墙体组成的一个墙组，以多点支撑传递上、下的内力，使其分析更为准确。墙组元模型试图保留上述三种模型各自的优点，尽量克服其不足。在层高范围内，连接在一起的一组墙称为一个墙组。墙组截面可以是开口截面、闭口截面或半开半闭截面。墙组元从外观上与薄壁柱元类似，但对受力和变形状态的描述却有根本的不同。墙组元考虑剪切变形的影响，未知量的个数随节点增加而增加，是不固定的。此外，从薄壁杆件模型可以看出薄壁柱元把剪力墙当成杆件，单点传力，不直接。当结构不规则或变断面时，变形不协调。而墙组元直接采用竖向位移作为未知量，多点直接传力，变形协调，对截面应力状态的描述直观，具有一般有限元的优点。它不需引入剪心、扇形坐标概念，容易理解。它不分开口和闭口截面，应用更广泛。墙组元模型所包含的未知量比薄壁杆件模型稍多，但比一般有限元大为减少，是一种介于杆元和连续体有限元之间的分析单元。

10.2.3 空间剪力墙单元模型分析方法

在高层建筑结构空间分析中，除了采用薄壁杆件、墙组元代表剪力墙外，还可直接采用剪力墙单元(墙元)来代表剪力墙的分析方法。

1. 板一梁墙元模型

这种模型把无洞口或有较小洞口的一片剪力墙模型化为一个墙板单元,把有较大洞口的一片剪力墙模型化为一个由墙板单元和连系梁组成的板一梁体系(图 10-3 所示)。墙板单元由核心板、边梁和边柱三部分组成(图 10-4 所示)。核心板是一个平面膜元,只能承受墙平面内的荷载,即只有墙平面内的抗弯、抗剪和抗压刚度,平面外刚度为零;边梁为一种特殊的刚性梁,其在墙平面内的抗弯、抗剪刚度和轴向刚度无限大,垂直于墙平面的抗弯、抗剪刚度和扭转刚度为零,每根边梁除两端节点外,中间还有一个刚性节点,这个节点可用"静力凝聚"方法消去,即可用边柱的位移来表达;边柱依据工程实际情况而变,可能是实际工程中的一根柱,也可能是人为虚拟的柱。通过引入板一梁墙元概念,使得剪力墙的几何描述和前处理工作都得到了简化,避免了剪力墙单元划分这一难题,结构自由度数有所减少,分析效率也相应得到提高,这也正是板一梁墙元模型的特点。与此同时,还存在以下几方面的缺点:

① 板一梁墙元模型中,是按"柱线"来把剪力墙划分成一个个墙板单元的,为了保持各墙板单元角点变形协调,板一梁墙元模型要求整个结构从上到下"柱线"对齐、贯通。对于复杂工程,特别是当剪力墙洞口不对齐(不等宽)、各层与剪力墙搭接的梁平面位置有变化时,将导致"柱线"又密又多,这不仅会增加许多墙板单元,增加计算工作量,更重要的是会使许多墙板单元变得又细又长,单元的几何比例不当,造成墙板单元刚度奇异,使分析结果有偏差。

② 将剪力墙洞口间部分模型划为一个梁单元,在如图 10-3 所示的剪力墙原型中,A 与 B 及 C 与 D 点间是线变形协调的,而用梁单元模拟 $ABCD$ 部分的剪力墙,削弱了剪力墙原型的变形协调关系,其结果是偏柔的,这也正是工程中经常反映的 ETABS 分析结果偏柔的原因所在。

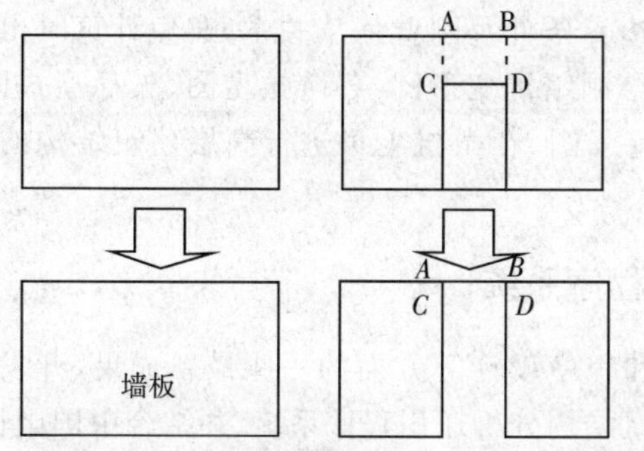

图 10-3　板一梁墙元模型剪力墙简化示意图

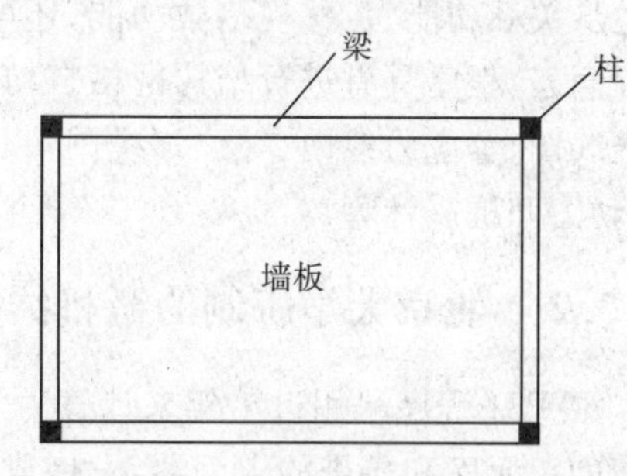

图 10-4　墙板单元示意图

2. 壳元墙元模型

(1) 壳元模型

在实际工程中,剪力墙既承受水平荷载作用,又承受竖向荷载作用。就其自身而言,既有平面内刚度,又有平面外刚度。从有限元目前的发展水平来看,用壳元模拟剪力墙是比较切合实际的,因为壳元和剪力墙一样,既有平面内刚度,又有平面外刚度。但用于建筑结构分析时,其效率不高,实用性难以满足工程设计要求,主要表现为:前处理功能弱;难以考虑建筑结构专业特点,后处理功能不强。

(2) 壳元墙元

为了克服上述壳元模型中剪力墙单元划分的困难,北京大学袁明武教授在早期的 SAP 软件中壳单元基础上,首次引入了墙元概念。建立通用的墙元,不仅简化了剪力墙的几何描述,为实现剪力墙单元的自动划分奠定了基础,而且通过采用子结构技术,减少了结构的总自由度数,提高了分析效率。

10.2.4 超高层建筑结构的动力时程分析方法

目前在高层建筑结构设计中广泛应用的空间协同工作分析和三维杆件空间分析方法都是静力分析的方法，即对固定的、不随时间变化的荷载计算其内力与位移。对于地震作用，也是通过简化的底部剪力法或振型分解反应谱方法，求出相当的等效水平力后，也还是采用静力方法计算。但是，地震并非是直接施加于结构的水平荷载，而且其作用随时间急剧改变。地震是由于地面运动而使结构产生振动，从而引起水平位移，由此而使结构受力。历次地震震害表明，许多按静力方法设计的建筑物，虽然已满足抗震规范要求，但地震中仍遭到破坏。这说明静力计算方法不能完全代表建筑物在地震过程中的反应。尤其是超高层建筑结构更需要采用动力时程分析方法进行补充计算。但动力时程分析方法由于在地震波选用、模型的简化和结果的应用等方面还有待于更多积累经验，它也还需要进行更深入的研究工作。

10.3 结构分析通用程序

10.3.1 大连理工大学研制的结构分析通用程序

DDJ－W 程序是在大型结构分析通用程序——JIGFEX 的基础上研制出来的，具有较强的前后处理功能。程序配有数据管理系统，可实现不依赖于机型的动态内存管理，计算效率较高。除了通用单元外，还有三维弹簧元、梁元、轴力杆元、各种等参膜元、板元和块体元等，并有多重及部分主从关系功能、位移规格数功能，还可以处理复杂边界条件及刚臂依从关系，避免计算时出现方程病态。程序具有进行结构网格自动生成功能，可绘制结构变形图、各阶振型图、矢稳型式图、等温线图、等应力线图、等位移线图，以及绘制结构施工图。在微机上可进行高层建筑结构的静力、动力和抗震计算。

10.3.2 北京大学研制的微机结构分析通用程序系统

SAP84 程序采用近十年来计算力学、数值方法和程序设计等方面的一些最新成果，开发了丰富的单元库和先进的求解器，发展成为 SAP84 微机结构分析通用程序系统。并结合中国国情，按中国新规范要求进行抗震计算和配筋计算。采用子空间迭带法、Ritz 向量法、Lanczos 法和分块 Ritz 向量法求固有振动，采用振型迭加法和逐步积分法求解动力响应，并配有专门的高层建筑结构地震作用和动力分析的双精度程序段。它具有绘制结构图、变形图、振型图、地震谱反应和动力响应图、结构应力和内力图以及结构施工图。程序的组织结构科学、严谨、合理、灵活，能适应实际工程结构各种特殊的、多变的外形和多种边界条件。多层子结构的静动力分析是 SAP84 颇具特色的部分，其中多层动力子结构功能是一种精确的方法来得到整体结构的特征值和特征向量，目前在国际上这种方法是独一无二的。它为在微机上求解超大型结构的动力分析提供了基础。静力分析为每个子结构 8000 个自由度，动力分析为每个子结构 6000 个自由度，子结构的总数最大为 50，使得静、动力分析的容量几乎无限。因此，非常适用于在微机上进行超高层建筑结构的静力、动力和抗震分析计算。

10.3.3　美国麻省理工学院研制的大型结构非线性静、动力分析程序系统

ADINA 程序是在总结 SAP、NONSAP 程序的编制经验以及结合有限元和计算机的发展而研制成功的大型结构分析程序系统。该程序可用于高层建筑结构的计算，能解决线性静力、动力问题，非线性静力、动力问题，稳态、瞬态温度问题，非线性稳态、瞬态温度场分析问题，流体与结构相互作用等问题。并已成功地移植到微机上，同样也是世界著名程序之一。

10.3.4　美国 CSI 公司研制的结构分析通用程序系统

SAP2000 程序是 SAP 程序系列（SAP90、SAP91、SAP92、SAP93 等）中最新的一个（见图 10-5），是当今微机结构工程有限元技术的代表之一。它具有极强的功能，可以模拟大量的结构形式，包括建筑、桥梁、水坝、油罐、地下结构等等。在 SAP2000 中可以对这些结构进行静动力计算，特别是地震作用下的计算，其分析结果将被组合起来用于设计。静力荷载除了在节点上指定的力和位移外，还有重力、压力、温度和预应力荷载。动力荷载可以用地面运动加速度反应谱的形式给出，也可以用时变荷载形式和地面运动加速度的形式给出。对桥梁可作用车辆荷载。SAP2000 有很丰富的单元库，有绘图模块及各种辅助模块（交互建模器、设计后处理、热传导分析模块、桥梁分析模块等）。该程序具有国际领先水平，这套程序还在不断的开发中。

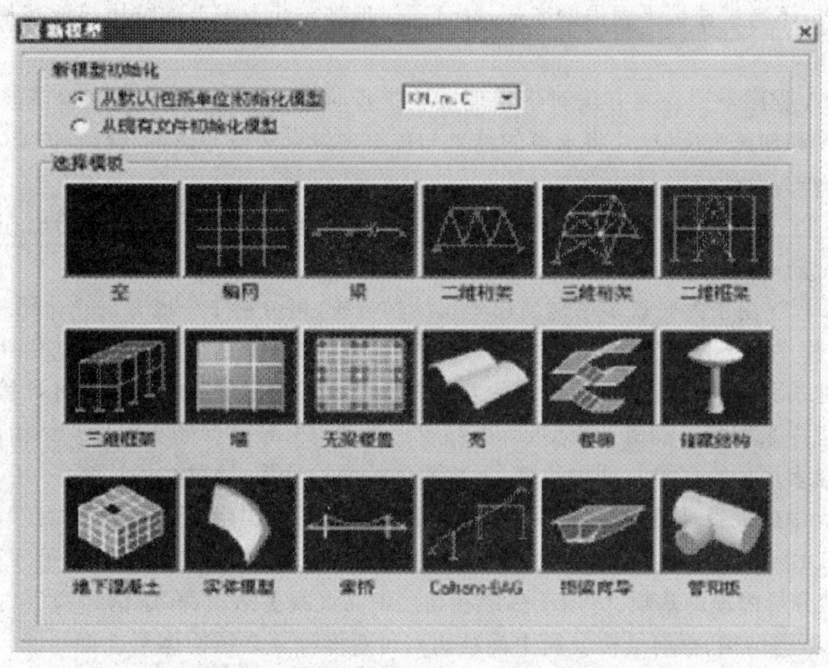

图 10-5　SAP2000 界面

10.3.5　美国 ANSYS 公司研制的大型通用有限元软件系统

ANSYS 软件是融结构、热、流体、电磁、声学于一体，以有限元分析为基础的大型通用 CEA 软件，可广泛应用于核工业、能源、机械制造、石油化工、轻工、造船、航空航天、汽车交通、国防军工、电子、土木工程、水利、铁道、地矿、生物医学、日用家电等一般工业及科学研究。该软件能够不断地吸收新的计算方法和计算技术，领导世界有限元技术的发展，并为全球工业界所接受。同时，它也是世界上第一个通过 ISO 9000 认可的有限元分析软件。

ANSYS 软件具有以下 3 方面的特点：

① 强大而广泛的分析功能：可广泛应用于结构、热、流体、电磁、声学等多物理场及多场相互耦合的线性、非线性问题；

② 一体化的处理技术：主要包括几何模型的建立、自动网格划分、求解、后处理、优化设计等许多功能及实用工具；

③ 丰富的产品系列和完善的开放体系：ANSYS/DesignSpace 产品系列为设计工程师提供了智能化的快速设计校验及优化工具。针对某些领域，还提供了专用软件包，包括：土木工程专用软件包、疲劳及耐久性专用软件包、板成形专用软件包。目前，我国最高建筑上海金茂大厦(88 层，高 420.5m,) 就是应用该软件进行结构控制位移的验算。

10.4 高层建筑结构专用程序

1. 中国建筑科学研究院高层建筑技术开发部研制的 TBSA 系列软件

TBSA 程序采用薄壁杆件模型，可进行任意复杂的三维空间结构的静、动力和抗震分析。

TBSAP 程序采用组合单元模型，单元库内除杆元、薄膜单元、平面元、块体元外，还有薄壳单元。剪力墙考虑为薄壳单元，因此可以对不规则、开洞剪力墙进行较准确的分析。通过各种单元组合，可以考虑或不考虑楼板平面内的变形，并且通过地基单元考虑上部结构与地基基础的共同工作。

TBDYNA 程序采用动力方法对指定地震波进行时程分析，得到结构在地震波作用下的位移、内力、速度和加速度反应，并将求得的结果与按振型组合法或考虑耦联影响的 CQC 法计算结果进行比较，作为设计依据。

TBFEM 程序按指定剪力墙，指定层段进行框支剪力墙平面有限元分析，给出托梁和附近墙体的内力和配筋。

MTBSA 程序用于大底盘多塔楼高层建筑结构分析，可分析 1 个底盘加 7 个塔楼。

STBSA 程序用于分析错层建筑、立面大开洞和连体建筑等复杂高层建筑结构计算与设计。

2. 中国建筑科学研究院抗震所研制的复杂多层及高层钢筋混凝土结构设计计算程序

CTAB 程序采用板—梁墙元模型，可进行规则体型与复杂体型的高层建筑结构设计计算。还可进行大底盘多塔楼高层建筑结构计算，上部连体的结构计算，错层结构计算。

3. 清华大学建筑设计研究院研制的多层及高层空间结构实用设计系统

TUS/ADBW 程序为多层及高层空间结构实用设计系统，以新型剪力墙单元(即板—梁墙元模型) 为结构分析的理论基础。适用于多层和高层钢筋混凝土结构、高层钢结构(包括框架结构、剪力墙结构、框剪结构、框筒结构及筒中筒结构)，可对多种复杂结构体系进行

空间静、动力计算，并提供交互图形结构数据处理系统，可快速直观地生成和修改结构几何属性及荷载数据，进而生成三维结构图形、计算结果图形和彩色分析图。

4. 中国建筑科学研究院 PKPM CAD 工程部研制的 PKPM 系列软件

TAT 是一个三维空间分析程序，采用空间杆系计算柱梁等杆件，薄壁柱原理计算剪力墙。可用来计算高层和多层的框架、框架 - 剪力墙和剪力墙结构，适用于平面和立面体型复杂的结构形式，还可进行建筑结构在恒、活、风、地震作用下的内力计算和地震作用计算，荷载效应组合，并对钢筋混凝土结构完成截面配筋计算，对钢结构进行强度稳定的验算。

SATWE 程序采用空间杆单元模拟梁、柱及支撑等杆件，用在壳元基础上凝聚而成的墙元模

拟剪力墙。这种墙元对剪力墙的洞口(仅考虑矩形洞)的大小及空间位置无限制，具有较好的适用性。墙元不仅具有墙所在的平面内刚度，也具有平面外刚度，可以较好地模拟工程中剪力墙的实际受力状态。SATWE 适用于高层和多层钢筋砼框架、框架－剪力墙、剪力墙结构，以及高层钢结构或钢－砼混合结构。SATWE 考虑了多、高层建筑中多塔、错层、转换层及楼板局部开大洞等特殊结构形式。SATWE 可完成建筑结构在恒、活、风、地震力作用下的内力分析、动力时程分析及荷载效应组合计算，可进行活荷载不利布置计算、底框结构空间计算、吊车荷载计算，并可将上部结构和地下室作为一个整体进行分析，对钢筋混凝土结构可完成截面配筋计算，对钢构件可作截面验算。图 10－6 所示，为 PKPM 相关参数对话框。通过对话框，可以输入前处理计算中所需要的各种信息，包括结构设计信息、荷载信息、结构材料信息、地震力计算信息等等。

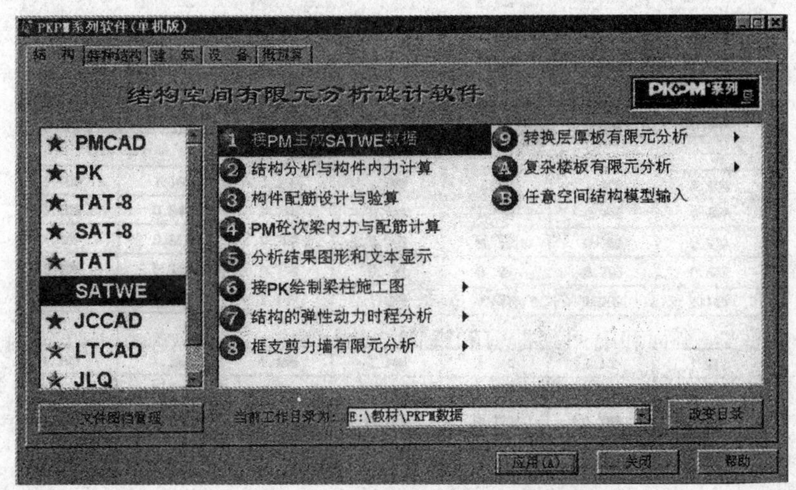

图 10－6　PKPM 主菜单

5. 美国加利福尼亚州伯克利大学研制的建筑群系统三维分析程序

ETABS 程序是计算高层建筑结构的专用程序，能进行在静载和地震荷载作用时结构的弹性分析。整个建筑结构用独立的框架和剪力墙单元系统来模拟，这些框架和剪力墙单元在楼板平面内刚性连接在一起。对结构中心的每根柱子，考虑了弯曲、轴向和剪切变形。由于梁板可能是非棱柱形的，因而考虑了弯曲和剪切变形。对于剪力墙，考虑了柱和梁的有限宽度的影响。框架和剪力墙单元在平面内的位置可以是任意非对称、对称和非矩形形状。静载荷包括垂直方向和两个横向，即三个独立方向上的静载，并可与横向地震作用组合。其地震作用可以用随时间变化的地面运动加速度波来输入，也可用加速度反应谱的方式来考虑。其主要功能：可对总体建筑结构响应量进行分析(包括楼层变位、层间位移、剪切力、扭矩和倾覆力矩)；计算三维结构的模态和频率；在静力和动力分析中考虑 $P-\Delta$ 效应；在地震反应谱分析中采用了改进的振型组合技术；自动生成按 UBC 和 ATC 规范等效的静力横向地震力；计算每个单元的应力比；为计算振型所需要的有效质量的计算；考虑地基与建筑群的相互作用；在程序执行之前，有校核输入数据的功能。此程序已有微机版本(Super－ETABS)，是世界著名程序之一，在超高层建筑结构的分析计算中已得到广泛的应用。如图 10－7 所示。

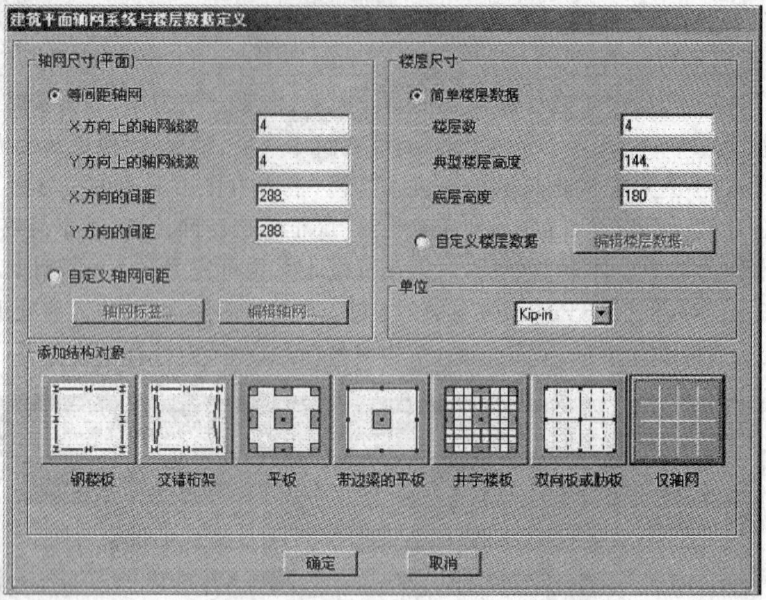

图 10－7 ETASE 界面

6. 广西大学研制的结构样条函分析程序系统

适用于高层框架(平面和空间)、框剪和框筒结构计算。位移函数采用B样条函数或B样条函数和正交多项式的乘积线性组合,两个方向均采用B样条函数或一个方向采用B样条函数而另一个方向采用正交多项式。这样利用最小势能原理就可建立起计算格式。该方法可分析高层建筑结构的静力、动力和稳定问题,与有限元、有限条法比较,具有未知数少、程序简单、输入信息少、机时少、计算工作量小、精度较高、在微机上可以计算较大题目等优点。

7. 同济大学研制的多高层钢结构设计系统

MTS程序是近几年开发出来的多高层钢结构设计系统,它的适用范围已扩展为:多高层钢框架结构、支撑钢框架结构;钢—混凝土混合结构(钢框架—混凝土剪力墙);钢管混凝土结构;钢骨混凝土结构和混凝土框架、框剪结构的静力、动力和抗震分析计算。其优势可进行多塔、错层复杂框剪结构基于墙元的精确分析,并提供基于空间模型的弹性地震时程反应分析、钢管混凝土柱的验算与优化、钢构件抗火涂料厚度设计、钢构件截面自动调整与优化、组合楼板、组合梁的楼面体系设计,有效降低用钢量等功能。

8. 香港理工大学研制的有限条法程序系统

CLF程序是将有限条法应用于高层建筑结构计算的一套程序系统,它是在一个方向采用分析函数而在另一方向采用多项式计算。该方法与有限元法相比较具有:用很少的机时可得相同的精度;输入信息很少;易于输出任意指定位置的位移和内力;分析动力问题时,仅需要级数的第一、二或三项便可得出足够精确的解答。其主要功能为:

① 适用于剪力墙、双肢剪力墙、空间框架和可作为平面或空间结构分析的框支剪力墙;

② 该程序假定高层建筑楼面为刚性,框剪结构可分条单元、线单元、梁单元和基底柱单元。由于建筑层数对结线自由度没有影响,因此可计算任意多层的高层建筑(计算高度不受限制);

③ 程序可分析100条单元、100条结线的任意层数高层建筑,可计算静载、风荷载和地震荷载作用下的单元内的位移和内力;

④ 具有总刚度矩阵带宽优化功能,以便占更少的内存和机时。此外,还有一些专门的筒体结

构有限条法程序系统，主要适用于任意平面形状的框筒、筒中筒和空间剪力墙等高层建筑结构。

10.5　典型高层建筑结构计算实例

10.5.1　钢筋混凝土框架结构实例

1. 工程概况

该工程为某市假日酒店，最高层数 12 层，地下 1 层，建筑面积地下1 393.6m²，地上9 968.1m²，总建筑面积 11 361.7m²。图 10－8 和图 10－9 为该工程的结构平面布置图和立面图。

本工程为二类高层，建筑高度为 37.640m，结构形式为钢筋混凝土框架结构，设计使用年限 50 年。建筑抗震设防类别为丙类，该地区抗震设防烈度为 6 度，设计基本地震加速度值为 0.05g，建筑结构的阻尼比取 0.05，场地土为 Ⅲ 类，场地土特征周期 $T_g = 0.45$s。

工程耐火等级一级，地基基础设计等级为乙级，地面粗糙度为 B 度，基本风压 0.40kN/m，基本雪压 0.6kN/m，基础采用桩基础，基础持力层为 4 层，中风化泥质砂岩。桩端承载力特征值 3000kPa。

2. 结构分析与主要结果

结构整体计算采用中国建筑科学研究院开发的多层及高层建筑结构空间有限元分析与设计软件 SATWE(墙元模型）高层结构分析软件进行，计算时均考虑偶然偏心，地震作用下的扭转影响，用 SATWE 进行结构的弹性动力时程分析。周期折减系数为 0.70，结构的阻尼比为 0.05。

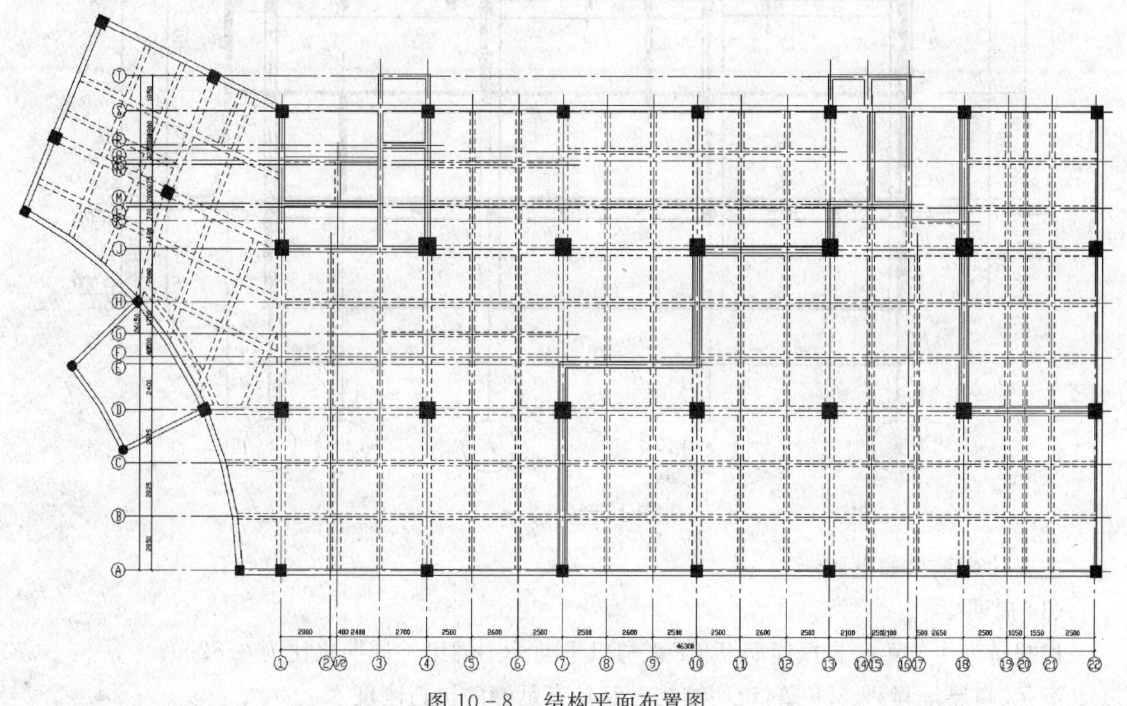

图 10－8　结构平面布置图

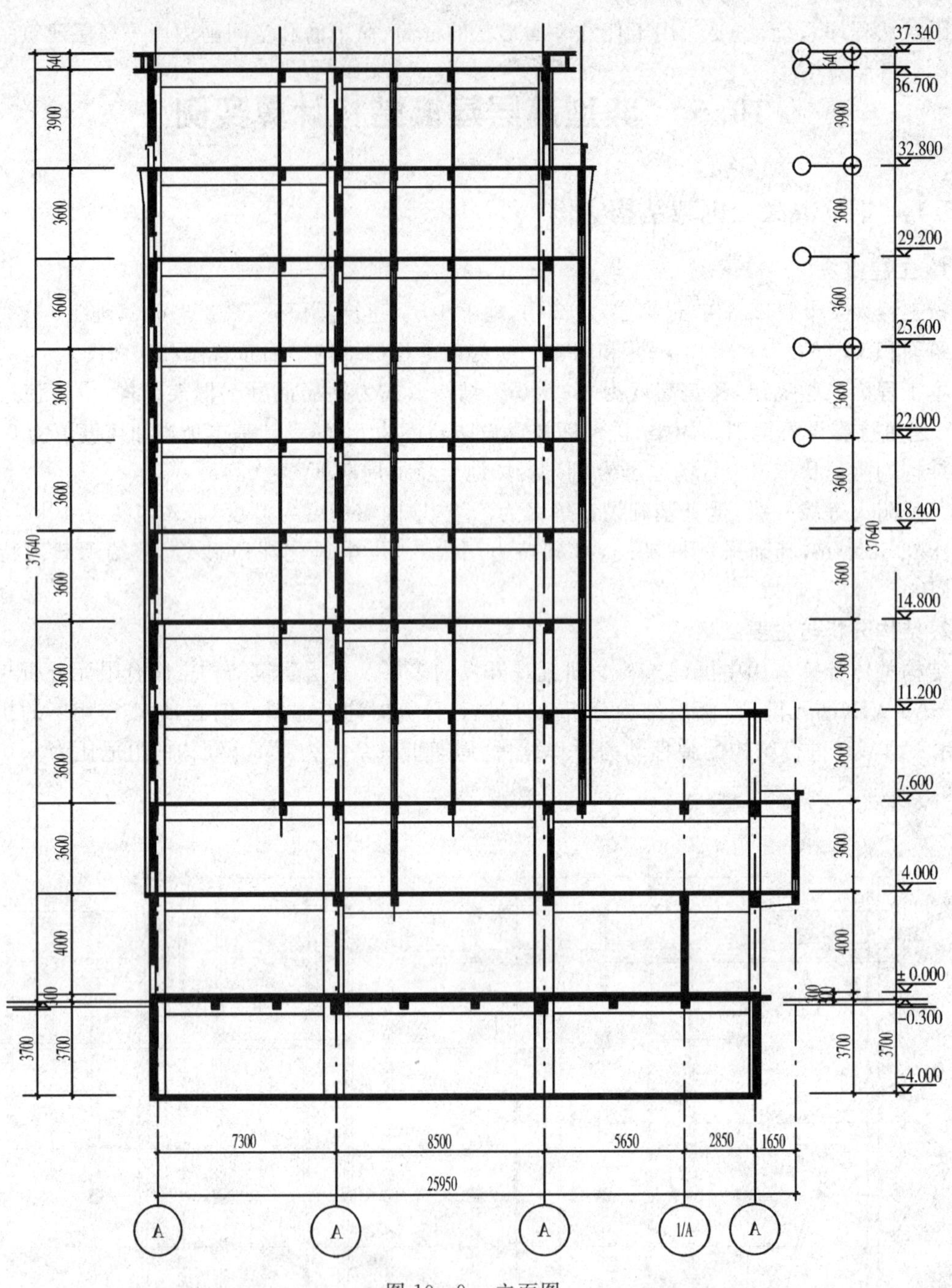

图 10-9 立面图

主要计算结果如下：

(1) 周期

以扭转为主的第一自振周期 $T_t(T_3)$ 与以平动为主的第一周期之比为 0.8209。

满足《高层规程》4.3.5 条，说明结构已经具有足够的抗扭刚度。

(2) 基底剪力

活荷载产生的总质量(t)：1507.495t，恒荷载产生的总质量(t)：15628.184t，结构的总质量(t)：17135.678t。其他结果见表 10-1。

表 10-1　主要计算结果表

	X 向	Y 向
剪重比 0.80%	0.80%(＞0.80%)	0.80%(＞0.80%)
振型有效质量系数	97.5%(＞90%)	96.54%(＞90%)
基底剪力(kN)	1904.14	2021.98

均满足《高层规程》3.3.13 及 5.1.13 条。说明振型数已经选够。该结构体系可以保证整体稳定性，且重力二阶效应的影响可不计。

(3) 位移

位移比计算结果满足《高层规程》4.3.5 条，在考虑偶然偏心影响的地震作用下，楼层竖向构件的最大水平位移和层间位移不大于该楼层平均值的 1.5 倍。楼层层间最大位移与层高之比满足《高层规程》4.6.3 条的限值。

(4) 楼层刚度比

结果满足《高层规程》4.4.2 条，说明结构体系竖向布置比较规则，无结构薄弱层。

3. 弹性时程分析

用 SATWE 进行了结构的弹性动力时程分析，根据场地周期 T_g 相近原则选用地震波为 TAF－2，地震加速度时程曲线的最大值为 $35cm/s^2$。时程分析结果曲线见图 10-10～图 10-12。

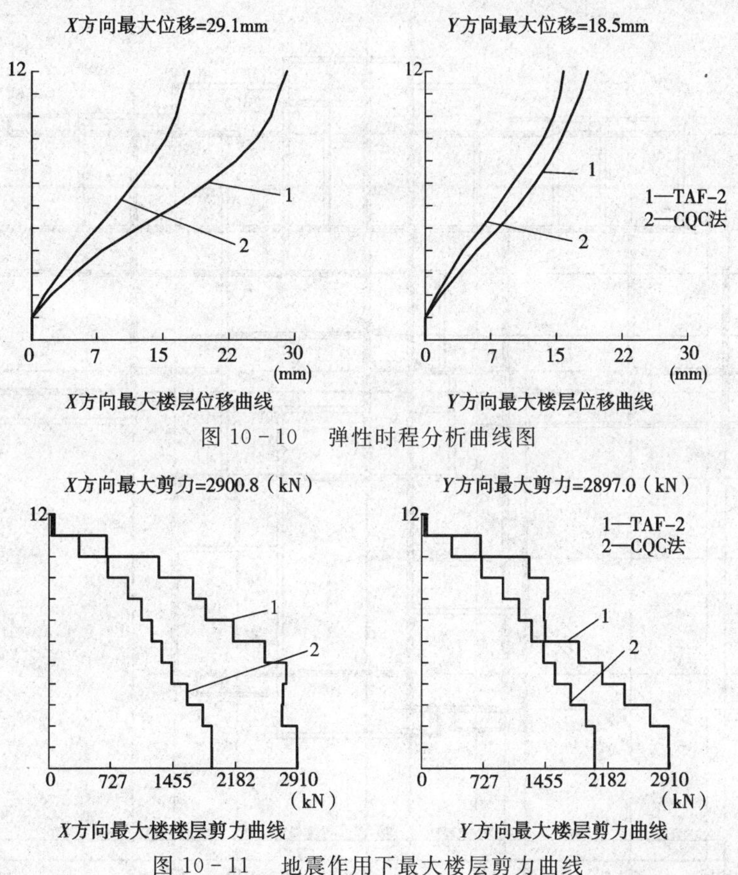

图 10-10　弹性时程分析曲线图

图 10-11　地震作用下最大楼层剪力曲线

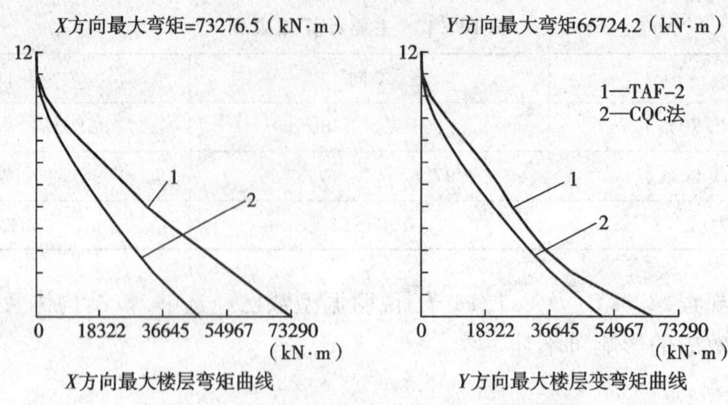

图 10－12　地震作用下最大楼层弯矩曲线

各层最大位移、最大反应剪力、最大反应弯矩这 3 项指标均满足《建筑抗震设计规范》5.1.2 条要求。说明 SATWE 的整体计算设计是安全的。该结构体系无薄弱层。

10.5.2　钢筋混凝土力剪力墙结构实例

1. 工程概况

该工程为某商住楼，最高层数 29 层，地下一层，建筑面积 13 898m²。结构平面布置图见图 10－13。

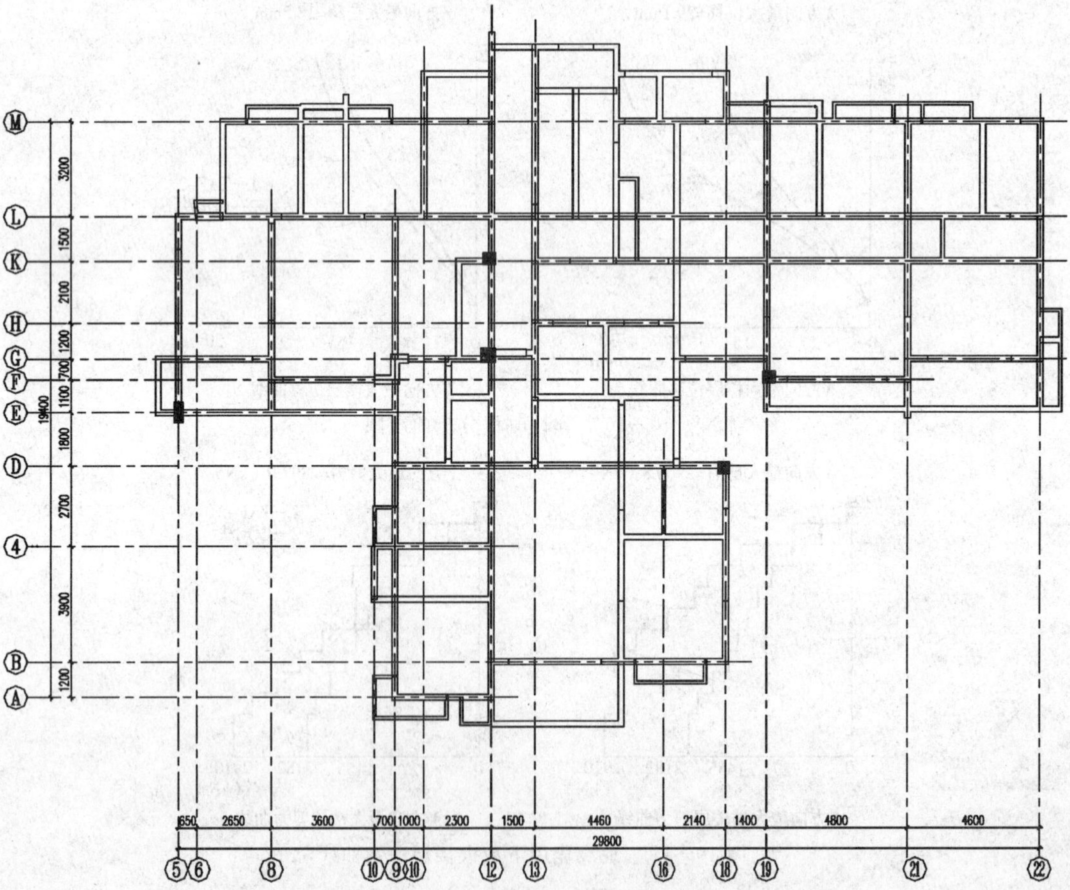

图 10－13　结构平面布置图

本工程为一类高层，建筑高度为79.1m，结构形式为钢筋混凝土剪力墙结构，设计使用年限50年。建筑抗震设防类别为丙类，抗震设防烈度为7度，设计基本地震加速度值为0.1g，建筑结构的阻尼比取0.05，场地土为Ⅱ类，场地土特征周期 $T_g = 0.35$s。

工程建筑安全等级为二级，耐火等级一级，地基基础设计等级为甲级，地面粗糙度为B度，基本风压0.40kN/m，基本雪压0.6kN/m，基础采用桩基础，基础持力层为4层，中风化泥质砂岩。桩端承载力特征值3000kPa。

2. 结构分析与主要结果

结构整体计算采用中国建筑科学研究院开发的多层及高层建筑结构空间有限元分析与设计软件SATWE（墙元模型）高层结构分析软件进行，计算时均考虑偶然偏心，地震作用下的扭转影响，用SATWE进行结构的弹性动力时程分析。周期折减系数为0.9，结构的阻尼比为0.05。

主要计算结果如下：

(1) 周期

以扭转为主的第一自振周期 T_t(T_3) 与以平动为主的第一周期之比为0.7083。满足《高层规程》4.3.5条。说明结构已经具有足够的抗扭刚度。

(2) 基底剪力

活荷载产生的总质量(t)：2120.956t，恒荷载产生的总质量(t)：23542.406t，结构的总质量(t)：25663.363t。其他结果见表10－2。

表10－2　主要计算结果表

	X向	Y向
剪重比	1.39%(＞0.80%)	1.41%(＞0.80%)
振型有效质量系数	99.02%(＞90%)	97.84%(＞90%)
基底剪力(kN)	3121.11	3161.18

均满足《高层规程》3.3.13及5.1.13条。说明振型数已经选够。该结构体系可以保证整体稳定性，且重力二阶效应的影响可不计。

(3) 位移

位移比计算结果满足《高层规程》4.3.5条，在考虑偶然偏心影响的地震作用下，楼层竖向构件的最大水平位移和层间位移不大于该楼层平均值的1.5倍。楼层层间最大位移与层高之比满足《高层规程》4.6.3条的限值

(4) 楼层刚度比

结果满足《高层规程》4.4.2条，说明结构体系竖向布置比较规则，无结构薄弱层。

3. 弹性时程分析

用SATWE进行了结构的弹性动力时程分析，根据场地周期 T_g 相近原则选用地震波为TAF－2、LAN4－2及LAN6－2，3条地震加速度时程曲线的最大值为35cm/s^2。时程分析结果曲线见图10－14至图10－16。动力时程反应值5项指标（各层最大位移，最大层间位移角，最大反应力，最大反应剪力，最大反应弯矩）均满足《建筑抗震设计规范》5.1.2条要求。说明SATWE的整体计算设计是安全的。该结构体系无薄弱层。

X方向最大位移=29.9（mm）
Y方向最大位移=30.3（mm）
29
0 15 30 45 60
(mm)
1—TAF-2
2—LAN4-2
3—LAN6-2
4—平均反应
5—CQC法
X方向最大楼层位移曲线
Y方向最大楼层位移曲线

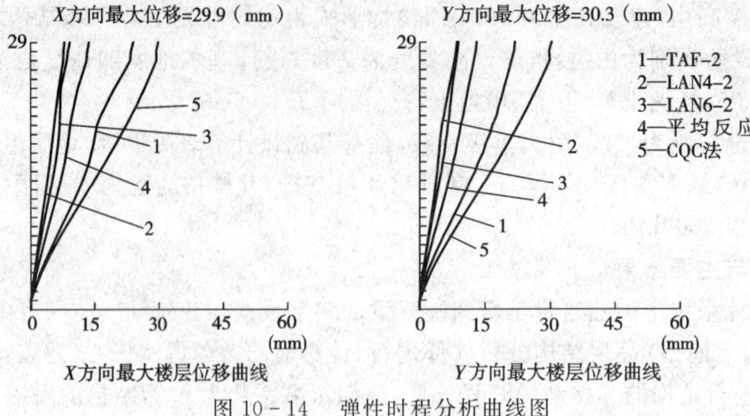

图 10－14 弹性时程分析曲线图

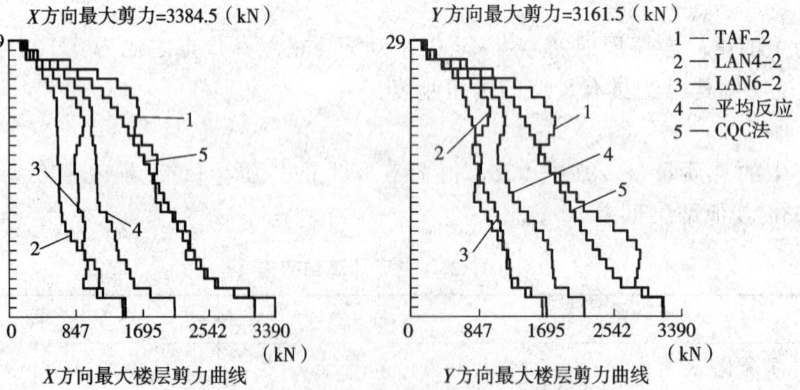

X方向最大剪力=3384.5（kN）
Y方向最大剪力=3161.5（kN）
29
0 847 1695 2542 3390
（kN）
1 — TAF-2
2 — LAN4-2
3 — LAN6-2
4 — 平均反应
5 — CQC法
X方向最大楼层剪力曲线
Y方向最大楼层剪力曲线

图 10－15 地震作用下最大楼层剪力曲线

X方向最大弯矩=13028.7（kN·m）
Y方向最大弯矩=128277.1（kN·m）
29
0 32572 65145 97717 130290
（kN·m）
1—TAF-2
2—LAN4-2
3—LAN6-2
4—平均反应
5—CQC法
X方向最大楼层弯矩曲线
Y方向最大楼层弯矩曲线

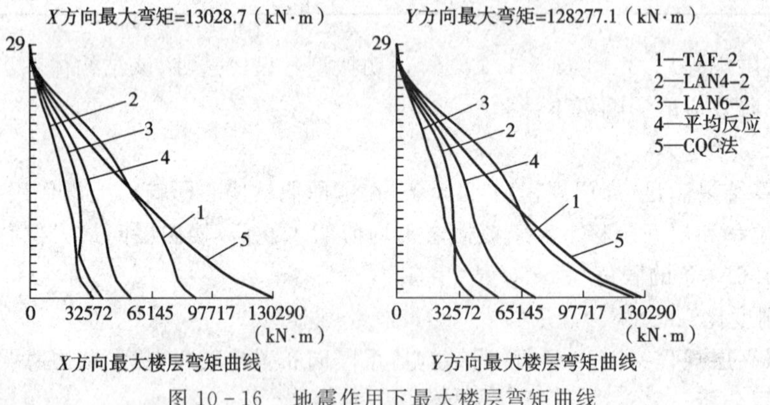

图 10－16 地震作用下最大楼层弯矩曲线

10.5.3 钢筋混凝土框架－剪力墙结构实例

1. 工程概况

工程为某大厦，地上最高层数 37 层，地下 1 层，总建筑面积 56315m^2。建筑高度 99.9m。耐火等级一级，屋面防水等级一级，地下室防水等级一级。结构平面布置图及立面图见图 10－17、图 10－18。

本工程为一类高层，结构形式为钢筋混凝土框架－剪力墙结构，工程安全等级二级，设计使用年限 50 年。建筑抗震设防类别为丙类，抗震设防烈度为 7 度，设计基本地震加速度值为 0.1g，建筑结构的阻尼比取 0.05，场地土为 Ⅱ 类，场地土特征周期 $T_g = 0.35s$。

地基基础设计等级为甲级，地面粗糙度为C度，基本风压 0.40kN/m，基本雪压 0.6kN/m，基础采用桩基础，基础持力层为 4 层，中风化泥质砂岩。桩端承载力特征值 3000kPa。

2. 结构分析与主要结果

结构整体计算采用中国建筑科学研究院开发的多层及高层建筑结构空间有限元分析与设计软件 SATWE(墙元模型) 高层结构分析软件进行，计算时均考虑偶然偏心，地震作用下的扭转影响，用 SATWE 进行结构的弹性动力时程分析。周期折减系数为 0.75，结构的阻尼比为 0.05。

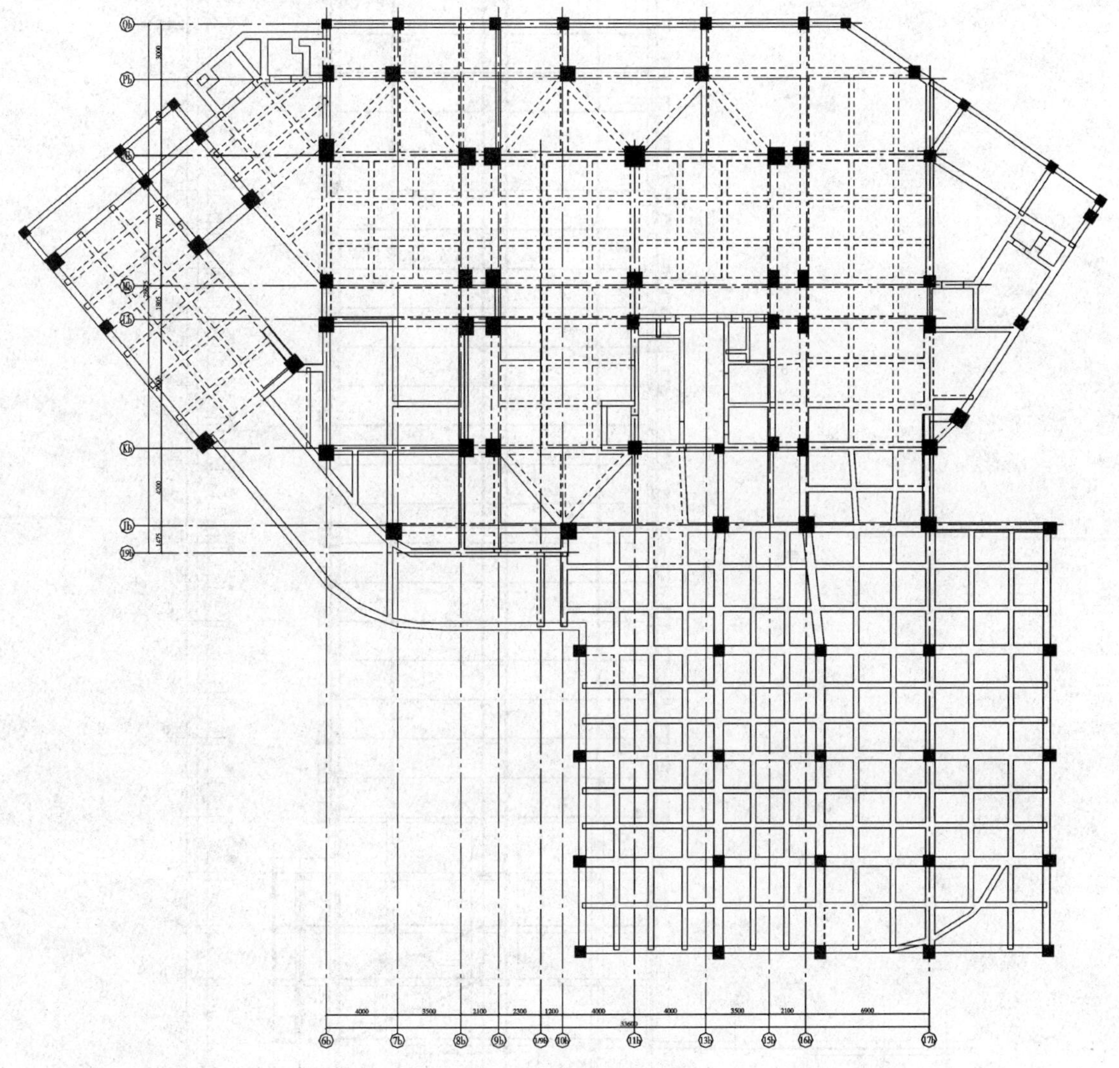

图 10 - 17　结构平面布置图

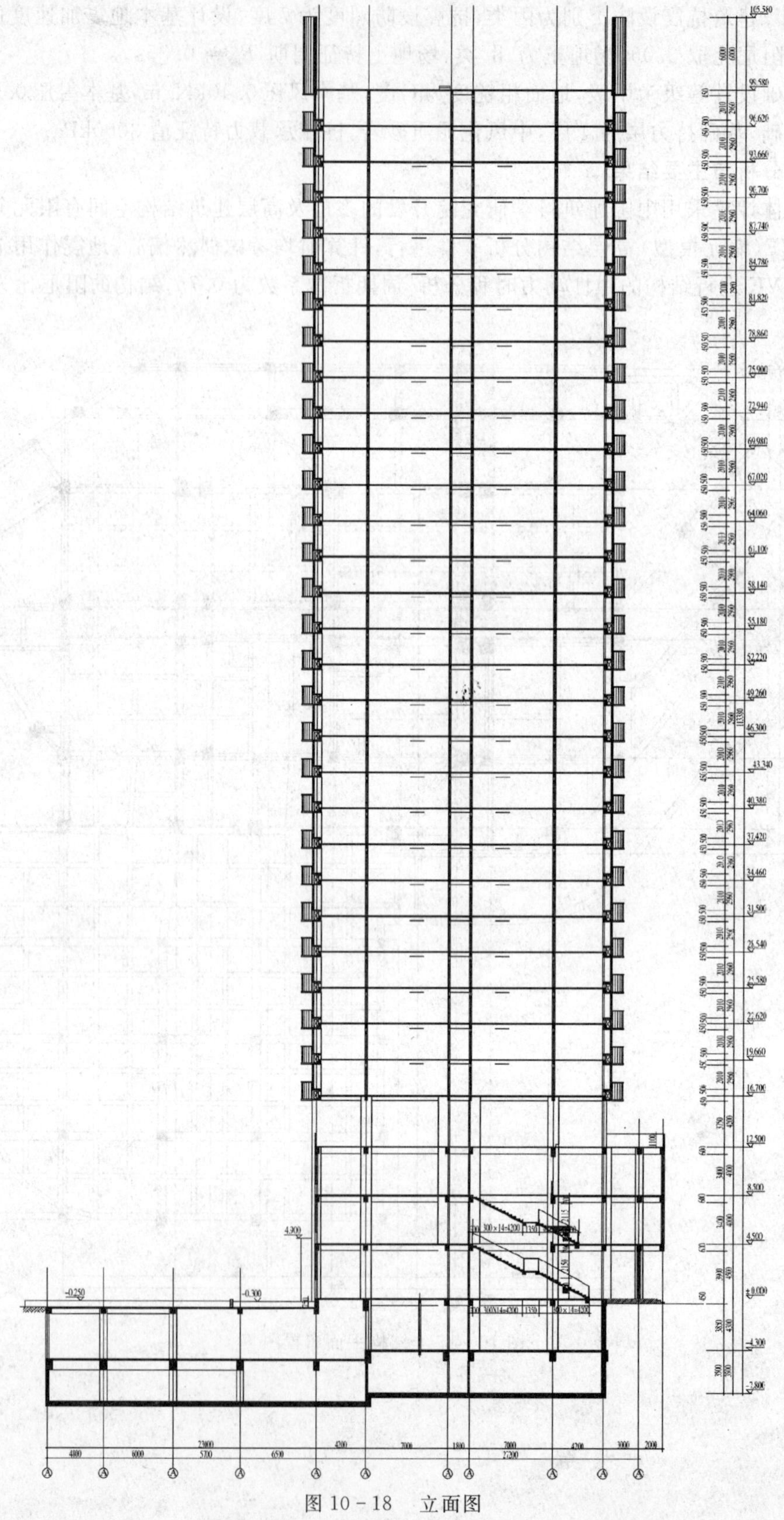

图 10-18 立面图

主要计算结果如下：

(1) 周期

以扭转为主的第一自振周期 $T_t(T_3)$ 与以平动为主的第一周期之比为 0.7697。满足《高层规程》4.3.5 条。说明结构已经具有足够的抗扭刚度。

(2) 基底剪力

活荷载产生的总质量(t)：69970t，恒荷载产生的总质量(t)：63744t，结构的总质量(t)：6226t。其他结果见表 10-3。

表 10-3　主要计算结果表

	X 向	Y 向
剪重比	1.60%(＞0.80%)	1.60%(＞0.80%)
振型有效质量系数	99.37%(＞90%)	98.91%(＞90%)
基底剪力(kN)	9276.67	9453.16

均满足《高层规程》3.3.13 及 5.1.13 条。说明振型数已经选够。该结构体系可以保证整体稳定性，且重力二阶效应的影响可不计。

(3) 位移

位移比计算结果满足《高层规程》4.3.5 条，在考虑偶然偏心影响的地震作用下，楼层竖向构件的最大水平位移和层间位移不大于该楼层平均值的 1.5 倍。楼层层间最大位移与层高之比满足《高层规程》4.6.3 条的限值

(4) 楼层刚度比

结果满足《高层规程》4.4.2 条，说明结构体系竖向布置比较规则，无结构薄弱层。

3. 弹性时程分析

用 SATWE 进行了结构的弹性动力时程分析，根据场地周期 T_g 相近原则选用地震波为 TAF－2，地震加速度时程曲线的最大值为 35cm/s^2。时程分析结果曲线见图 10-19 至图 10-21。

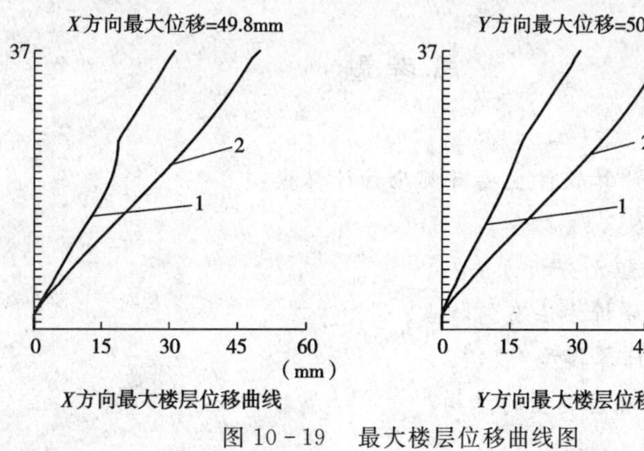

图 10-19　最大楼层位移曲线图

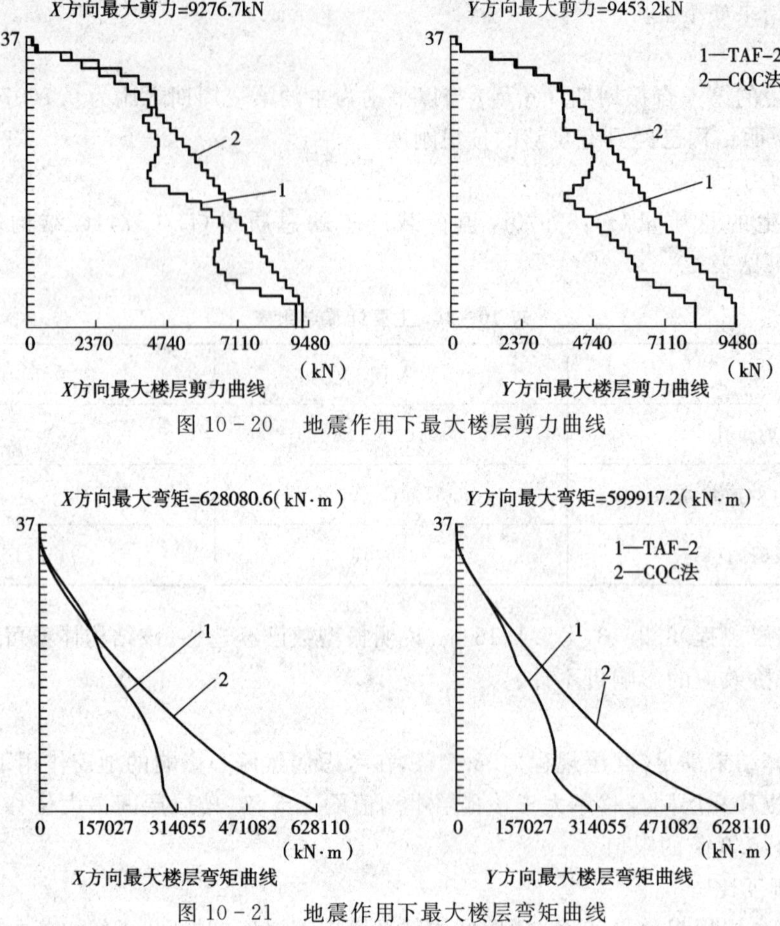

图 10-20 地震作用下最大楼层剪力曲线

图 10-21 地震作用下最大楼层弯矩曲线

动力时程反应值(各层最大位移，最大层间位移角，最大反应力，最大反应剪力，最大反应弯矩)这五项指标均满足《建筑抗震设计规范》5.1.2 条要求。说明 SATWE 的整体计算设计是安全的。该结构体系无薄弱层。

思 考 题

1. 分析高层建筑结构的计算软件主要有哪几种计算模型?
2. 薄壁杆件单元如何定义?
3. 什么是空间杆系一墙组元分析方法?
4. 空间剪力墙单元模型分析方法有何特点?
5. TBSA 软件采用什么计算模型?
6. PKPM 软件适合分析哪些类型的结构?

附　录

附录 A

附表 1　风载体型系数

1. 矩形平面

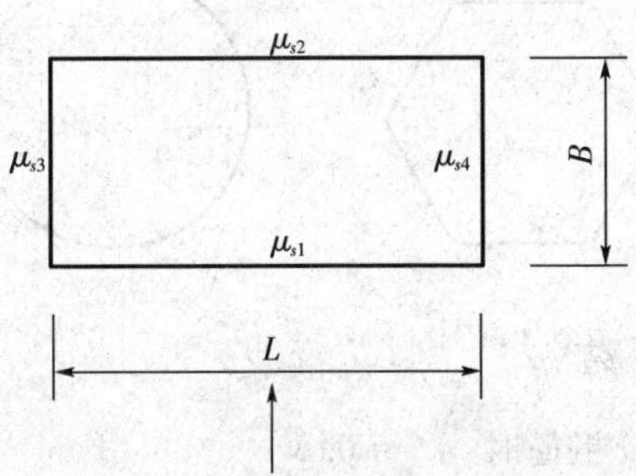

μ_{s1}	μ_{s2}	μ_{s3}	μ_{s4}
0.80	$-(0.48+0.03\dfrac{H}{L})$	−0.60	−0.60

［注］ H 为房屋高度

2. L 形平面

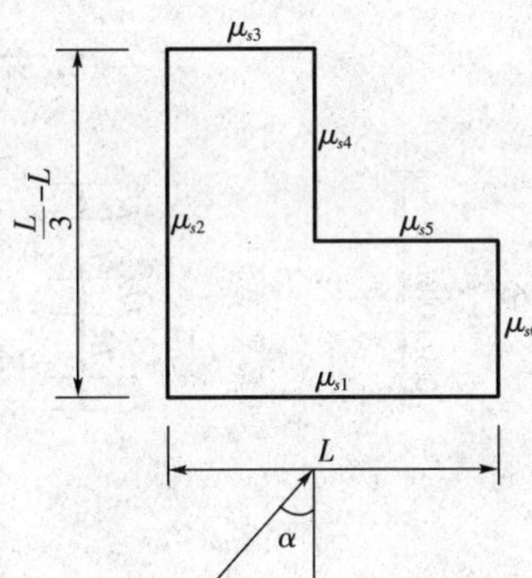

μ_s / α	μ_{s1}	μ_{s2}	μ_{s3}	μ_{s4}	μ_{s5}	μ_{s6}
0°	0.80	−0.70	−0.60	−0.50	−0.50	−0.60
45°	0.50	0.50	−0.80	−0.70	−0.70	−0.80
225°	−0.60	−0.60	0.30	0.90	0.90	0.30

3. 槽形平面

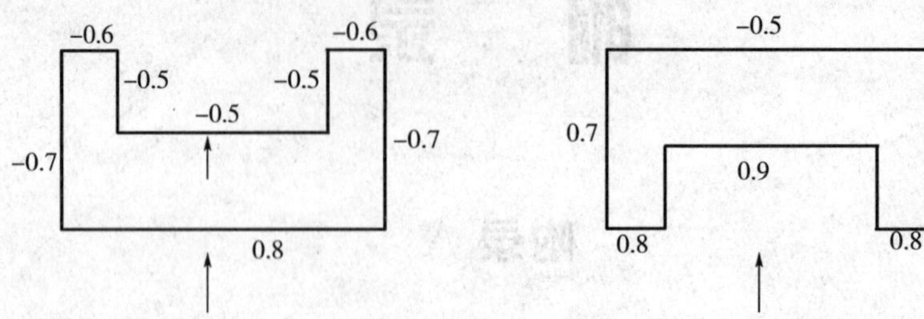

4. 正多边形平面

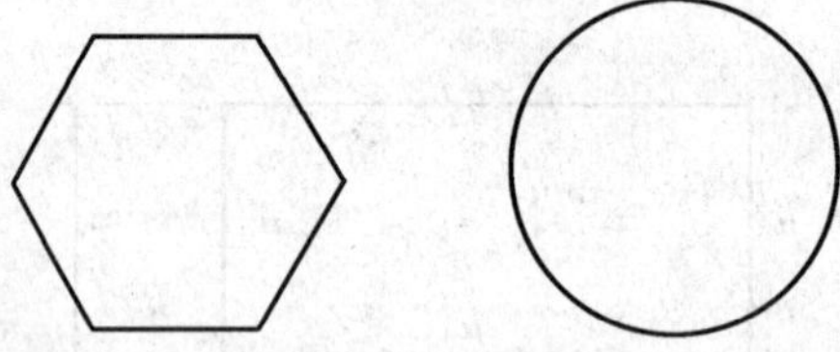

(1) $\mu_s = 0.8 + \frac{1.2}{\sqrt{n}}$ (n 为边数)；

(2) 当圆形高层建筑表面较粗糙时，$\mu_s = 0.8$

5. 扇形平面

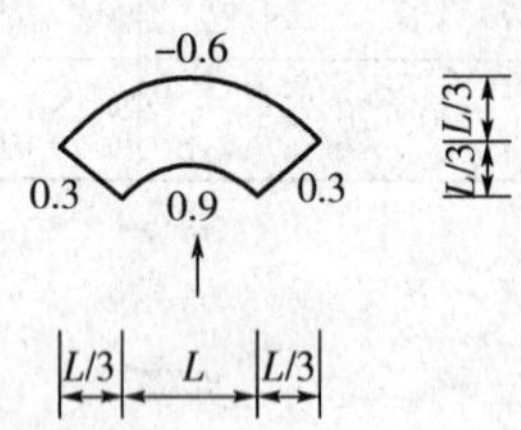

6. 梭形平面

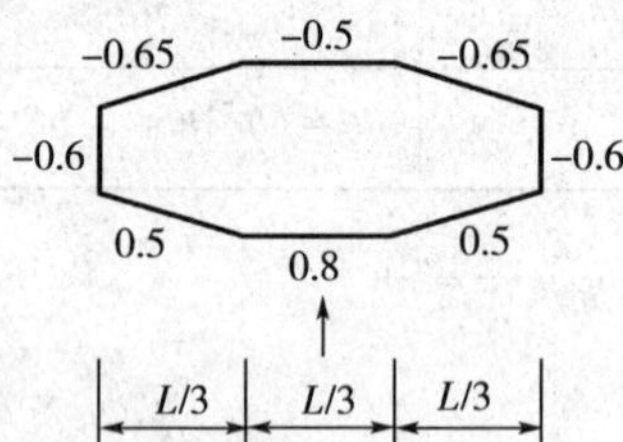

7. 十字形平面

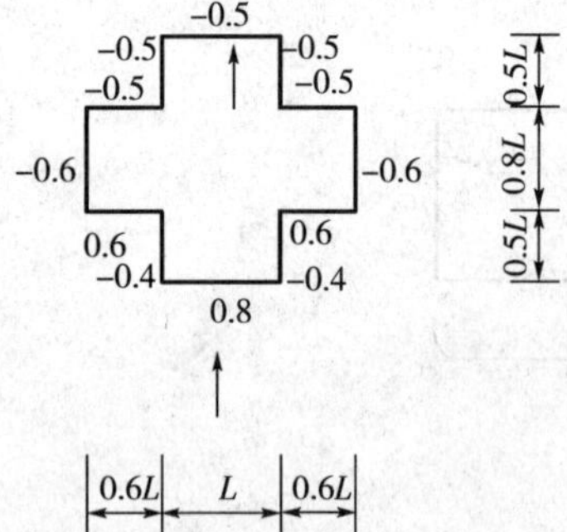

8. 井字形平面

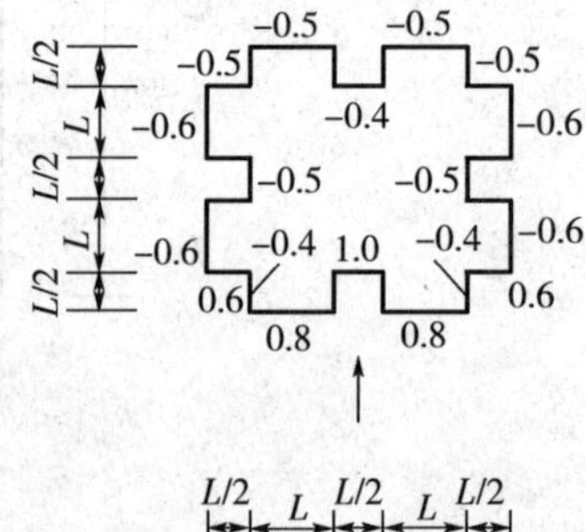

9. X 形平面

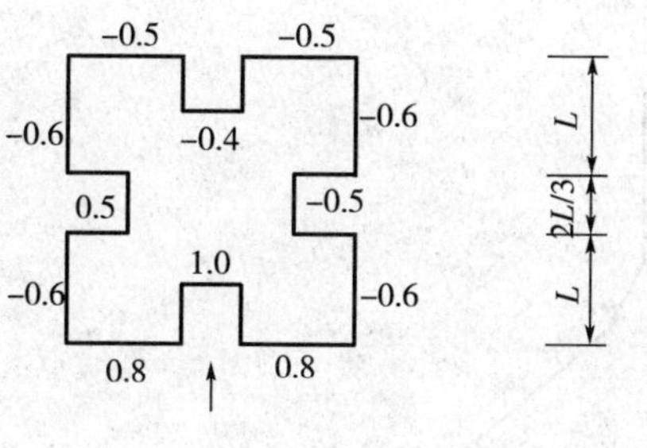

10. 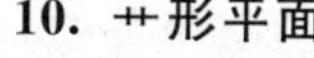形平面

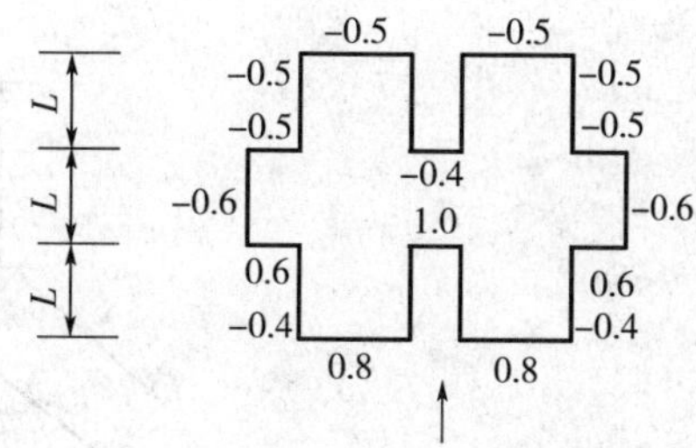

11. 六角形平面

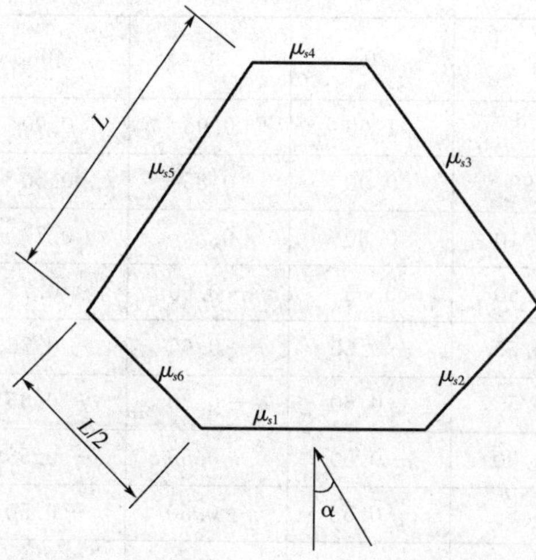

α \ μ_s	μ_{s1}	μ_{s2}	μ_{s3}	μ_{s4}	μ_{s5}	μ_{s6}
0°	0.80	－0.45	－0.50	－0.6	－0.50	－0.45
30°	0.70	0.40	－0.55	－0.50	－0.55	－0.55

12. Y 形平面

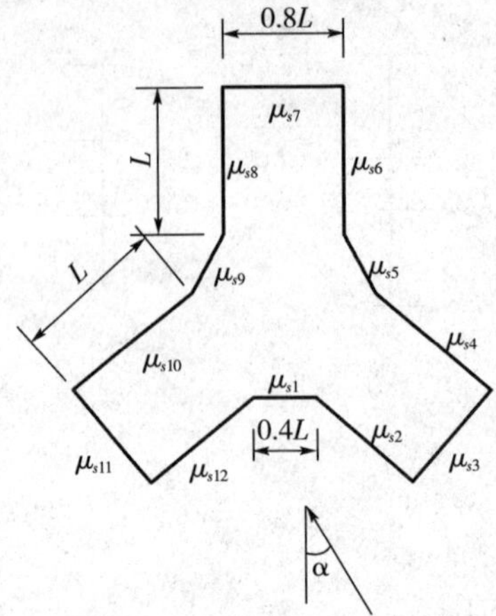

μ_s / α	0°	10°	20°	30°	40°	50°	60°
μ_{s1}	1.05	1.05	1.00	0.95	0.90	0.50	−0.15
μ_{s2}	1.22	0.95	0.90	0.85	0.50	0.40	−0.10
μ_{s3}	−1.70	−0.10	0.30	0.50	0.70	0.85	0.95
μ_{s4}	−0.50	−0.50	0.55	−0.60	−0.75	−0.40	−0.10
μ_{s5}	−0.50	−0.55	−0.60	−0.65	−0.75	−0.45	−0.15
μ_{s6}	−0.55	−0.55	−0.60	−0.70	−0.65	−0.15	−0.35
μ_{s7}	−0.50	−0.50	−0.50	−0.55	−0.55	−0.55	−0.55
μ_{s8}	−0.55	−0.55	−0.55	−0.50	−0.50	−0.50	−0.50
μ_{s9}	−0.50	−0.50	−0.50	−0.50	−0.50	−0.50	−0.50
μ_{s10}	−0.50	−0.50	−0.50	−0.50	−0.50	−0.50	−0.50
μ_{s11}	−0.70	−0.60	−0.55	−0.55	−0.55	−0.55	−0.55
μ_{s12}	1.00	−0.95	−0.90	−0.80	−0.75	0.65	0.35

附录 B

附表 2　均布水平荷载作用下各层标准的反弯点高度比 y_0

n	j \ K	0.1	0.2	0.3	0.4	0.5	0.6	0.7	0.8	0.9	1.0	2.0	3.0	4.0	5.0
1	1	0.80	0.75	0.7	0.65	0.65	0.60	0.60	0.60	0.60	0.55	0.55	0.55	0.55	0.55
2	2	0.45	0.40	0.35	0.35	0.35	0.35	0.40	0.40	0.40	0.40	0.45	0.45	0.45	0.45
	1	0.95	0.80	0.75	0.70	0.65	0.65	0.65	0.60	0.60	0.60	0.55	0.55	0.55	0.50
3	3	0.15	0.20	0.20	0.25	0.30	0.30	0.30	0.35	0.35	0.35	0.40	0.45	0.45	0.45
	2	0.55	0.50	0.45	0.45	0.45	0.45	0.45	0.45	0.45	0.45	0.45	0.50	0.50	0.50
	1	1.00	0.85	0.80	0.75	0.70	0.70	0.65	0.65	0.65	0.60	0.55	0.55	0.55	0.55
4	4	−0.05	0.05	0.15	0.20	0.25	0.30	0.30	0.35	0.35	0.35	0.40	0.45	0.45	0.45
	3	0.25	0.30	0.30	0.35	0.35	0.40	0.40	0.40	0.40	0.45	0.45	0.50	0.50	0.50
	2	0.65	0.55	0.50	0.50	0.45	0.45	0.45	0.45	0.45	0.45	0.50	0.50	0.50	0.50
	1	1.10	0.90	0.80	0.75	0.70	0.70	0.65	0.65	0.65	0.60	0.55	0.55	0.55	0.55
5	5	−0.20	0.00	0.15	0.20	0.25	0.30	0.30	0.30	0.35	0.35	0.40	0.45	0.45	0.45
	4	0.10	0.20	0.25	0.30	0.35	0.35	0.40	0.40	0.40	0.40	0.45	0.45	0.50	0.50
	3	0.40	0.40	0.40	0.40	0.40	0.45	0.45	0.45	0.45	0.45	0.50	0.50	0.50	0.50
	2	0.65	0.55	0.50	0.50	0.50	0.50	0.50	0.50	0.50	0.50	0.50	0.50	0.50	0.50
	1	1.20	0.95	0.80	0.75	0.75	0.70	0.70	0.65	0.65	0.65	0.55	0.55	0.55	0.55
6	6	−0.30	0.00	0.10	0.20	0.25	0.25	0.30	0.30	0.35	0.35	0.40	0.45	0.45	0.45
	5	0.00	0.20	0.25	0.30	0.35	0.35	0.40	0.40	0.40	0.40	0.45	0.45	0.50	0.50
	4	0.20	0.30	0.35	0.35	0.40	0.40	0.40	0.45	0.45	0.45	0.45	0.50	0.50	0.50
	3	0.40	0.40	0.40	0.45	0.45	0.45	0.45	0.45	0.45	0.45	0.50	0.50	0.50	0.50
	2	0.70	0.60	0.55	0.50	0.50	0.50	0.50	0.50	0.50	0.50	0.50	0.50	0.50	0.50
	1	1.20	0.95	0.85	0.80	0.75	0.70	0.70	0.65	0.65	0.65	0.55	0.55	0.55	0.55
7	7	−0.35	−0.05	0.10	0.20	0.20	0.25	0.30	0.30	0.35	0.35	0.40	0.45	0.45	0.45
	6	−0.10	0.15	0.25	0.30	0.35	0.35	0.35	0.40	0.40	0.40	0.45	0.45	0.50	0.50
	5	0.10	0.25	0.30	0.35	0.40	0.40	0.40	0.45	0.45	0.45	0.50	0.50	0.50	0.50
	4	0.30	0.35	0.40	0.40	0.40	0.45	0.45	0.45	0.45	0.45	0.50	0.50	0.50	0.50
	3	0.50	0.45	0.45	0.45	0.45	0.45	0.45	0.45	0.45	0.45	0.50	0.50	0.50	0.50
	2	0.75	0.60	0.55	0.50	0.50	0.50	0.50	0.50	0.50	0.50	0.50	0.50	0.50	0.50
	1	1.20	0.95	0.85	0.80	0.75	0.70	0.65	0.65	0.65	0.55	0.55	0.55	0.55	0.55
8	8	−0.35	−0.15	0.10	0.10	0.25	0.25	0.30	0.30	0.35	0.35	0.40	0.45	0.45	0.45
	7	−0.10	0.15	0.25	0.30	0.35	0.35	0.40	0.40	0.40	0.40	0.45	0.45	0.45	0.45
	6	0.05	0.25	0.30	0.35	0.40	0.40	0.40	0.45	0.45	0.45	0.45	0.50	0.50	0.50
	5	0.20	0.30	0.35	0.40	0.40	0.45	0.45	0.45	0.45	0.45	0.50	0.50	0.50	0.50
	4	0.35	0.40	0.40	0.45	0.45	0.45	0.45	0.45	0.45	0.45	0.50	0.50	0.50	0.50
	3	0.50	0.45	0.45	0.45	0.45	0.45	0.45	0.45	0.50	0.50	0.50	0.50	0.50	0.50
	2	0.75	0.60	0.55	0.55	0.50	0.50	0.50	0.50	0.50	0.50	0.50	0.50	0.50	0.50
	1	1.20	1.00	0.85	0.80	0.75	0.70	0.70	0.65	0.65	0.65	0.55	0.55	0.55	0.55

（续表）

n	K / j	0.1	0.2	0.3	0.4	0.5	0.6	0.7	0.8	0.9	1.0	2.0	3.0	4.0	5.0
9	9	−0.40	−0.05	0.10	0.20	0.25	0.25	0.30	0.30	0.35	0.35	0.45	0.45	0.45	0.45
	8	−0.15	0.15	0.25	0.30	0.35	0.35	0.35	0.40	0.40	0.40	0.45	0.45	0.50	0.50
	7	0.05	0.25	0.30	0.35	0.40	0.40	0.40	0.45	0.45	0.45	0.45	0.50	0.50	0.50
	6	0.15	0.30	0.35	0.40	0.40	0.45	0.45	0.45	0.45	0.45	0.50	0.50	0.50	0.50
	5	0.25	0.35	0.40	0.40	0.45	0.45	0.45	0.45	0.45	0.45	0.50	0.50	0.50	0.50
	4	0.40	0.40	0.40	0.45	0.45	0.45	0.45	0.45	0.45	0.45	0.50	0.50	0.50	0.50
	3	0.55	0.45	0.45	0.45	0.45	0.45	0.45	0.45	0.50	0.50	0.50	0.50	0.50	0.50
	2	0.80	0.65	0.55	0.55	0.50	0.50	0.50	0.50	0.50	0.50	0.50	0.50	0.50	0.50
	1	1.20	1.00	0.85	0.80	0.75	0.70	0.70	0.65	0.65	0.65	0.55	0.55	0.55	0.55
10	10	−0.40	−0.05	0.10	0.20	0.25	0.30	0.30	0.30	0.30	0.35	0.40	0.45	0.45	0.45
	9	−0.15	0.15	0.25	0.30	0.35	0.35	0.40	0.40	0.40	0.40	0.45	0.45	0.50	0.50
	8	0.00	0.25	0.30	0.35	0.40	0.40	0.40	0.45	0.45	0.45	0.45	0.50	0.50	0.50
	7	−0.10	0.30	0.35	0.40	0.40	0.40	0.45	0.45	0.45	0.45	0.50	0.50	0.50	0.50
	6	0.20	0.35	0.40	0.40	0.45	0.45	0.45	0.45	0.45	0.45	0.50	0.50	0.50	0.50
	5	0.30	0.40	0.40	0.45	0.45	0.45	0.45	0.45	0.45	0.50	0.50	0.50	0.50	0.50
	4	0.40	0.40	0.45	0.45	0.45	0.45	0.45	0.45	0.45	0.50	0.50	0.50	0.50	0.50
	3	0.55	0.50	0.45	0.45	0.45	0.50	0.50	0.50	0.50	0.50	0.50	0.50	0.50	0.50
	2	0.80	0.65	0.55	0.55	0.55	0.50	0.50	0.50	0.50	0.50	0.50	0.50	0.50	0.50
	1	1.30	1.00	0.85	0.80	0.75	0.70	0.70	0.65	0.65	0.65	0.60	0.55	0.55	0.55
11	11	−0.40	0.05	0.10	0.20	0.25	0.30	0.30	0.30	0.35	0.35	0.40	0.45	0.45	0.45
	10	−0.15	0.15	0.25	0.30	0.35	0.35	0.40	0.40	0.40	0.40	0.45	0.45	0.50	0.50
	9	0.00	0.25	0.30	0.35	0.40	0.401	0.45	0.45	0.45	0.45	0.350	0.50	0.50	0.50
	8	0.10	0.30	0.35	0.40	0.40	0.45	0.45	0.45	0.45	0.45	0.50	0.50	0.50	0.50
	7	0.20	0.35	0.40	0.45	0.45	0.45	0.45	0.45	0.45	0.45	0.50	0.50	0.50	0.50
	6	0.25	0.35	0.40	0.45	0.45	0.45	0.45	0.45	0.45	0.45	0.50	0.50	0.50	0.50
	5	0.35	0.40	0.40	0.45	0.45	0.45	0.45	0.45	0.45	0.50	0.50	0.50	0.50	0.50
	4	0.40	0.45	0.45	0.45	0.45	0.45	0.45	0.50	0.50	0.50	0.50	0.50	0.50	0.50
	3	0.55	0.50	0.50	0.50	0.50	0.50	0.50	0.50	0.50	0.50	0.50	0.50	0.50	0.50
	2	0.80	0.65	0.60	0.55	0.50	0.50	0.50	0.50	0.50	0.50	0.50	0.50	0.50	0.50
	1	1.30	1.00	0.85	0.80	0.75	0.70	0.70	0.65	0.65	0.65	0.60	0.55	0.55	0.55
12以上	自上1	−0.40	−0.05	0.10	0.20	0.25	0.30	0.30	0.30	0.35	0.35	0.40	0.45	0.45	0.45
	2	−0.15	0.15	0.25	0.30	0.35	0.35	0.40	0.40	0.40	0.40	0.45	0.45	0.50	0.50
	3	0.00	0.25	0.30	0.35	0.40	0.40	0.40	0.45	0.45	0.45	0.50	0.50	0.50	0.50
	4	0.10	0.30	0.35	0.40	0.40	0.45	0.45	0.45	0.45	0.45	0.50	0.50	0.50	0.50
	5	0.20	0.35	0.40	0.40	0.45	0.45	0.45	0.45	0.45	0.45	0.50	0.50	0.50	0.50
	6	0.25	0.35	0.40	0.45	0.45	0.45	0.45	0.45	0.45	0.45	0.50	0.50	0.50	0.50
	7	0.30	0.40	0.40	0.45	0.45	0.45	0.45	0.45	0.50	0.50	0.50	0.50	0.50	0.50
	8	0.35	0.40	0.45	0.45	0.45	0.45	0.45	0.50	0.50	0.50	0.50	0.50	0.50	0.50
	中间	0.40	0.40	0.45	0.45	0.45	0.45	0.50	0.50	0.50	0.50	0.50	0.50	0.50	0.50
	4	0.45	0.45	0.45	0.45	0.50	0.50	0.50	0.50	0.50	0.50	0.50	0.50	0.50	0.50
	3	0.60	0.50	0.50	0.50	0.50	0.50	0.50	0.50	0.50	0.50	0.50	0.50	0.50	0.50
	2	0.80	0.65	0.60	0.55	0.55	0.50	0.50	0.50	0.50	0.50	0.50	0.50	0.50	0.50
	自下1	1.30	1.30	0.85	0.80	0.75	0.70	0.70	0.65	0.65	0.55	0.55	0.55	0.55	0.55

附表 3　倒三角形荷载作用下各层标准的反弯点高度比 y_0

n	j \ K	0.1	0.2	0.3	0.4	0.5	0.6	0.7	0.8	0.9	1.0	2.0	3.0	4.0	5.0
1	1	0.80	0.75	0.70	0.65	0.66	0.60	0.60	0.60	0.60	0.55	0.55	0.55	0.55	0.55
2	2	0.50	0.45	0.40	0.40	0.40	0.40	0.40	0.40	0.40	0.45	0.45	0.45	0.45	0.50
	1	1.00	0.85	0.75	0.70	0.70	0.65	0.65	0.65	0.60	0.60	0.55	0.55	0.55	0.55
3	3	0.25	0.25	0.25	0.30	0.30	0.35	0.35	0.35	0.40	0.40	0.45	0.45	0.45	0.50
	2	0.60	0.50	0.50	0.50	0.50	0.45	0.45	0.45	0.45	0.45	0.50	0.50	0.55	0.50
	1	1.15	0.90	0.80	0.75	0.75	0.70	0.70	0.65	0.65	0.65	0.60	0.55	0.55	0.55
4	4	0.10	0.15	0.20	0.25	0.30	0.30	0.35	0.35	0.35	0.40	0.45	0.45	0.45	0.45
	3	0.35	0.35	0.35	0.40	0.40	0.40	0.40	0.45	0.45	0.45	0.45	0.50	0.50	0.50
	2	0.70	0.60	0.55	0.50	0.50	0.50	0.50	0.50	0.50	0.50	0.50	0.50	0.50	0.50
	1	1.20	0.95	0.85	0.80	0.75	0.70	0.70	0.70	0.65	0.6	0.55	0.55	0.55	0.50
5	5	−0.05	0.10	0.20	0.25	0.30	0.30	0.35	0.35	0.35	0.35	0.40	0.45	0.45	0.45
	4	0.20	0.25	0.35	0.35	0.40	0.40	0.40	0.40	0.40	0.45	0.45	0.50	0.50	0.50
	3	0.45	0.40	0.45	0.45	0.45	0.45	0.45	0.45	0.45	0.45	0.50	0.50	0.50	0.50
	2	0.75	0.60	0.55	0.55	0.50	0.50	0.50	0.50	0.50	0.50	0.50	0.50	0.50	0.50
	1	1.30	1.00	0.85	0.80	0.75	0.70	0.70	0.65	0.65	0.65	0.65	0.55	0.55	0.55
6	6	−0.15	0.05	0.15	0.20	0.25	0.30	0.30	0.35	0.35	0.35	0.40	0.45	0.45	0.45
	5	0.10	0.25	0.30	0.35	0.35	0.40	0.40	0.40	0.45	0.45	0.45	0.50	0.50	0.50
	4	0.30	0.35	0.40	0.40	0.45	0.45	0.45	0.45	0.45	0.45	0.50	0.50	0.50	0.50
	3	0.50	0.45	0.45	0.45	0.45	0.45	0.45	0.45	0.45	0.50	0.50	0.50	0.50	0.50
	2	0.80	0.65	0.55	0.55	0.55	0.55	0.50	0.50	0.50	0.50	0.50	0.50	0.50	0.50
	1	1.30	1.00	0.85	0.80	0.75	0.70	0.70	0.65	0.65	0.6	0.60	0.55	0.55	0.55
7	7	−0.20	0.05	0.15	0.20	0.25	0.30	0.30	0.35	0.35	0.35	0.45	0.45	0.45	0.45
	6	0.05	0.20	0.30	0.35	0.35	0.40	0.40	0.40	0.40	0.45	0.45	0.50	0.50	0.50
	5	0.20	0.30	0.35	0.40	0.40	0.45	0.45	0.45	0.45	0.45	0.50	0.50	0.50	0.50
	4	0.35	0.40	0.40	0.45	0.45	0.45	0.45	0.45	0.45	0.45	0.50	0.50	0.50	0.50
	3	0.55	0.50	0.50	0.50	0.50	0.50	0.50	0.50	0.50	0.50	0.50	0.50	0.50	0.50
	2	0.80	0.6	0.60	0.55	0.55	0.55	0.50	0.50	0.50	0.50	0.50	0.50	0.50	0.50
	1	1.30	1.00	0.90	0.80	0.75	0.70	0.70	0.70	0.65	0.65	0.60	0.55	0.55	0.55
8	8	−0.20	0.05	0.15	0.20	0.25	0.30	0.30	0.35	0.35	0.35	0.45	0.45	0.45	0.45
	7	0.00	0.20	0.30	0.35	0.35	0.40	0.40	0.40	0.40	0.45	0.45	0.50	0.50	0.50
	6	0.15	0.30	0.35	0.40	0.40	0.45	0.45	0.45	0.45	0.45	0.50	0.50	0.50	0.50
	5	0.30	0.45	0.40	0.45	0.45	0.45	0.45	0.45	0.45	0.45	0.50	0.50	0.50	0.50
	4	0.40	0.45	0.45	0.45	0.45	0.45	0.45	0.50	0.50	0.50	0.50	0.50	0.50	0.50
	3	0.60	0.50	0.50	0.50	0.50	0.50	0.50	0.50	0.50	0.50	0.50	0.50	0.50	0.50
	2	0.85	0.65	0.60	0.55	0.55	0.55	0.50	0.50	0.50	0.50	0.50	0.50	0.50	0.50
	1	1.30	1.00	0.90	0.80	0.75	0.70	0.70	0.70	0.65	0.65	0.60	0.55	0.55	0.55

（续表）

n	K / j	0.1	0.2	0.3	0.4	0.5	0.6	0.7	0.8	0.9	1.0	2.0	3.0	4.0	5.0
9	9	−0.25	0.00	0.15	0.20	0.25	0.30	0.30	0.35	0.35	0.40	0.45	0.45	0.45	0.45
	8	0.00	0.20	0.30	0.35	0.35	0.40	0.40	0.40	0.40	0.45	0.45	0.50	0.50	0.50
	7	0.15	0.30	0.35	0.40	0.40	0.45	0.45	0.45	0.45	0.45	0.50	0.50	0.50	0.50
	6	0.25	0.35	0.40	0.40	0.45	0.45	0.45	0.45	0.45	0.50	0.50	0.50	0.50	0.50
	5	0.35	0.40	0.45	0.45	0.45	0.45	0.45	0.45	0.50	0.50	0.50	0.50	0.50	0.50
	4	0.45	0.45	0.45	0.45	0.45	0.50	0.50	0.50	0.50	0.50	0.50	0.50	0.50	0.50
	3	0.65	0.50	0.50	0.50	0.50	0.50	0.50	0.50	0.50	0.50	0.50	0.50	0.50	0.50
	2	0.80	0.65	0.65	0.55	0.55	0.55	0.55	0.50	0.50	0.50	0.50	0.50	0.50	0.50
	1	1.35	1.00	1.00	0.80	0.75	0.75	0.70	0.70	0.65	0.65	0.60	0.55	0.55	0.55
10	10	−0.25	0.00	0.15	0.20	0.25	0.30	0.30	0.35	0.35	0.40	0.45	0.45	0.45	0.45
	9	−0.05	0.20	0.30	0.35	0.35	0.40	0.40	0.40	0.40	0.45	0.45	0.50	0.50	0.50
	8	0.10	0.30	0.35	0.40	0.40	0.40	0.45	0.45	0.45	0.45	0.50	0.50	0.50	0.50
	7	0.20	0.35	0.40	0.40	0.45	0.45	0.45	0.45	0.45	0.50	0.50	0.50	0.50	0.50
	6	0.30	0.40	0.40	0.45	0.45	0.45	0.45	0.45	0.45	0.50	0.50	0.50	0.50	0.50
	5	0.40	0.45	0.45	0.45	0.45	0.45	0.45	0.50	0.50	0.50	0.50	0.50	0.50	0.50
	4	0.50	0.45	0.45	0.45	0.50	0.50	0.50	0.50	0.50	0.50	0.50	0.50	0.50	0.50
	3	0.60	0.55	0.50	0.50	0.50	0.50	0.50	0.50	0.50	0.50	0.50	0.50	0.50	0.50
	2	0.85	0.6	0.60	0.55	0.55	0.55	0.55	0.50	0.50	0.50	0.50	0.50	0.50	0.50
	1	1.35	1.00	0.90	0.80	0.75	0.75	0.70	0.70	0.65	0.65	0.60	0.55	0.55	0.55
11	11	−0.25	0.00	0.15	0.20	0.25	0.30	0.30	0.30	0.35	0.35	0.45	0.45	0.45	0.45
	10	−0.05	0.20	0.25	0.30	0.35	0.40	0.40	0.40	0.40	0.45	0.45	0.50	0.50	0.50
	9	0.10	0.30	0.35	0.40	0.40	0.40	0.45	0.45	0.45	0.45	0.50	0.50	0.50	0.50
	8	0.20	0.35	0.40	0.40	0.45	0.45	0.45	0.45	0.45	0.45	0.50	0.50	0.50	0.50
	7	0.25	0.40	0.40	0.45	0.45	0.45	0.45	0.45	0.45	0.50	0.50	0.50	0.50	0.50
	6	0.35	0.40	0.45	0.45	0.45	0.45	0.45	0.50	0.50	0.50	0.50	0.50	0.50	0.50
	5	0.40	0.45	0.45	0.45	0.45	0.50	0.50	0.50	0.50	0.50	0.50	0.50	0.50	0.50
	4	0.50	0.50	0.50	0.50	0.50	0.50	0.50	0.50	0.50	0.50	0.50	0.50	0.50	0.50
	3	0.65	0.55	0.50	0.50	0.50	0.50	0.50	0.50	0.50	0.50	0.50	0.50	0.50	0.50
	2	0.85	0.65	0.60	0.55	0.55	0.55	0.55	0.50	0.50	0.50	0.50	0.50	0.50	0.50
	1	1.35	1.50	0.90	0.80	0.75	0.75	0.70	0.70	0.65	0.65	0.60	0.55	0.55	0.55
12以上	自上1	−0.30	0.00	0.15	0.20	0.25	0.30	0.30	0.30	0.35	0.35	0.40	0.45	0.45	0.45
	2	−0.10	0.20	0.25	0.30	0.35	0.40	0.40	0.40	0.40	0.40	0.45	0.45	0.45	0.50
	3	0.05	0.25	0.35	0.40	0.40	0.40	0.45	0.45	0.45	0.45	0.45	0.50	0.50	0.50
	4	0.15	0.30	0.40	0.40	0.45	0.45	0.45	0.45	0.45	0.45	0.45	0.50	0.50	0.50
	5	0.25	0.30	0.40	0.45	0.45	0.45	0.45	0.45	0.45	0.45	0.50	0.50	0.50	0.50
	6	0.30	0.40	0.40	0.45	0.45	0.45	0.45	0.50	0.50	0.50	0.50	0.50	0.50	0.50
	7	0.35	0.40	0.40	0.45	0.45	0.45	0.50	0.50	0.50	0.50	0.50	0.50	0.50	0.50
	8	0.35	0.45	0.45	0.45	0.50	0.50	0.50	0.50	0.50	0.50	0.50	0.50	0.50	0.50
	中间	0.45	0.45	0.45	0.45	0.45	0.50	0.50	0.50	0.50	0.50	0.50	0.50	0.50	0.50
	4	0.55	0.50	0.50	0.50	0.50	0.50	0.50	0.50	0.50	0.50	0.50	0.50	0.50	0.50
	3	0.65	0.55	0.50	0.50	0.50	0.50	0.50	0.50	0.50	0.50	0.50	0.50	0.50	0.50
	2	0.70	0.70	0.60	0.55	0.55	0.55	0.55	0.50	0.50	0.50	0.50	0.50	0.50	0.50
	自下1	1.35	1.05	0.70	0.80	0.75	0.70	0.70	0.70	0.65	0.65	0.60	0.55	0.55	0.55

附表 4　上下梁刚度变化时的反弯点高度修正值 y_1

α_1 \ K	0.1	0.2	0.3	0.4	0.5	0.6	0.7	0.8	0.9	1.0	2.0	3.0	4.0	5.0
0.4	0.55	0.40	0.30	0.25	0.20	0.20	0.20	0.15	0.15	0.15	0.05	0.05	0.05	0.05
0.5	0.45	0.30	0.20	0.20	0.15	0.15	0.15	0.10	0.10	0.10	0.05	0.05	0.05	0.05
0.6	0.30	0.20	0.15	0.15	0.10	0.10	0.10	0.10	0.05	0.05	0.05	0.05	0.00	0.00
0.7	0.20	0.15	0.10	0.10	0.10	0.05	0.05	0.05	0.05	0.05	0.05	0.00	0.00	0.00
0.8	0.15	0.10	0.05	0.05	0.05	0.05	0.05	0.05	0.05	0.00	0.00	0.00	0.00	0.00
0.9	0.05	0.05	0.05	0.05	0.00	0.00	0.00	0.00	0.00	0.00	0.00	0.00	0.00	0.00

[注]　对于底层柱不考虑 α_1 值，所以不作此项修正

附表 5　层高变化时反弯点高度比修正值 y_2 和 y_3

α_2	α_3 \ K	0.1	0.2	0.3	0.4	0.5	0.6	0.7	0.8	0.9	1.0	2.0	3.0	4.0	5.0
2.0		0.25	0.15	0.15	0.10	0.10	0.10	0.10	0.10	0.05	0.05	0.05	0.05	0.0	0.0
1.8		0.20	0.15	0.10	0.10	0.10	0.05	0.05	0.05	0.05	0.05	0.05	0.00	0.0	0.0
1.6	0.4	0.15	0.10	0.10	0.05	0.05	0.05	0.05	0.05	0.05	0.05	0.05	0.0	0.0	0.0
1.4	0.6	0.10	0.05	0.05	0.05	0.05	0.05	0.05	0.05	0.05	0.0	0.0	0.0	0.0	0.0
1.2	0.8	0.05	0.05	0.05	0.0	0.0	0.0	0.0	0.0	0.0	0.0	0.0	0.0	0.0	0.0
1.0	1.0	0.0	0.0	0.0	0.0	0.0	0.0	0.0	0.0	0.0	0.0	0.0	0.0	0.0	0.0
0.8	1.2	−0.05	−0.05	−0.05	0.0	0.0	0.0	0.0	0.0	0.0	0.0	0.0	0.0	0.0	0.0
0.6	1.4	−0.10	−0.05	−0.05	−0.05	−0.05	−0.05	−0.05	−0.05	−0.05	−0.05	0.0	0.0	0.0	0.0
0.4	1.6	−0.15	−0.10	−0.10	−0.05	−0.05	−0.05	−0.05	−0.05	−0.05	−0.05	0.0	0.0	0.0	0.0
	1.8	−0.20	−0.15	−0.10	−0.10	−0.10	−0.05	−0.05	−0.05	−0.05	−0.05	−0.05	0.0	0.0	0.0
	2.0	−0.25	−0.15	−0.15	−0.10	−0.10	−0.10	−0.10	−0.05	−0.05	−0.05	−0.05	−0.05	0.0	0.0

[注]　(1)y_2 按 α_2 查表求得，上层较高时为正值。但对于最上层，不考虑 y_2 修正值；(2)y_3 按 α_3 查表求得，对于最下层，不考虑 y_3 修正值。

附录 C

见附表 6 至附表 8。

附表 6 均布荷载作用下的 Φ 值

ξ \ α	1.0	1.5	2.0	2.5	3.0	3.5	4.0	4.5	5.0	5.5	6.0	6.5	7.0	7.5	8.0	8.5	9.0	9.5	10.0	10.5
0.00	0.113	0.178	0.216	0.231	0.232	0.224	0.213	0.199	0.186	0.173	0.161	0.150	0.141	0.132	0.124	0.117	0.110	0.105	0.099	0.095
0.05	0.113	0.178	0.217	0.233	0.234	0.228	0.217	0.204	0.191	0.179	0.68	0.157	0.148	0.140	0.133	0.126	0.120	0.115	0.110	0.106
0.10	0.113	0.179	0.219	0.237	0.241	0.236	0.227	0.217	0.206	0.195	0.185	0.176	0.168	0.161	0.155	0.149	0.144	0.140	0.136	0.133
0.15	0.114	0.181	0.223	0.244	0.251	0.249	0.243	0.235	0.226	0.218	0.210	0.203	0.196	0.191	0.186	0.181	0.178	0.174	0.171	0.168
0.20	0.114	0.183	0.228	0.252	0.363	0.265	0.263	0.258	0.252	0.246	0.241	0.235	0.231	0.227	0.223	0.220	0.217	0.215	0.213	0.211
0.25	0.114	0.185	0.233	0.261	0.276	0.283	0.285	0.284	0.281	0.278	0.257	0.272	0.269	0.266	0.264	0.262	0.260	0.258	0.257	0.256
0.30	0.114	0.186	0.237	0.270	0.290	0.302	0.308	0.311	0.312	0.312	0.312	0.310	0.309	0.308	0.307	0.306	0.305	0.304	0.303	0.303
0.35	0.113	0.187	0.242	0.279	0.304	0.321	0.332	0.339	0.344	0.347	0.349	0.350	0.351	0.351	0.351	0.351	0.351	0.351	0.351	0.351
0.40	0.111	0.186	0.245	0.287	0.317	0.339	0.355	0.367	0.376	0.382	0.347	0.390	0.393	0.395	0.396	0.397	0.398	0.398	0.399	0.399
0.45	0.106	0.182	0.246	0.296	0.336	0.369	0.395	0.416	0.433	0.447	0.458	0.467	0.474	0.479	0.483	0.487	0.490	0.492	0.493	0.495
0.50	0.103	0.178	0.242	0.296	0.341	0.378	0.409	0.435	0.456	0.474	0.488	0.500	0.510	0.517	0.524	0.529	0.533	0.536	0.539	0.541
0.55	0.103	0.178	0.242	0.296	0.341	0.378	0.409	0.435	0.456	0.474	0.488	0.500	0.510	0.517	0.524	0.529	0.533	0.536	0.539	0.541
0.60	0.097	0.171	0.236	0.293	0.341	0.382	0.418	0.448	0.474	0.495	0.513	0.528	0.541	0.551	0.560	0.567	0.573	0.577	0.581	0.585
0.65	0.091	0.162	0.226	0.284	0.335	0.380	0.419	0.453	0.483	0.508	0.530	0.549	0.565	0.578	0.589	0.599	0.607	0.614	0.619	0.624
0.70	0.083	0.150	0.212	0.270	0.322	0.369	0.411	0.449	0.482	0.511	0.537	0.559	0.578	0.595	0.609	0.622	0.632	0.642	0.650	0.657
0.75	0.074	0.135	0.194	0.249	0.300	0.348	0.392	0.431	0.467	0.499	0.528	0.554	0.576	0.597	0.614	0.630	0.644	0.657	0.667	0.677
0.80	0.063	0.116	0.169	0.220	0.269	0.315	0.358	0.398	0.435	0.469	0.500	0.528	0.553	0.577	0.598	0.617	0.634	0.650	0.664	0.677
0.85	0.050	0.94	0.138	0.182	0.225	0.266	0.306	0.344	0.379	0.413	0.444	0.473	0.500	0.525	0.548	0.570	0.590	0.609	0.626	0.643
0.90	0.036	0.067	0.100	0.134	0.167	0.200	0.233	0.264	0.294	0.323	0.351	0.378	0.403	0.427	0.450	0.472	0.493	0.513	0.535	0.550
0.95	0.019	0.036	0.054	0.074	0.093	0.113	0.133	0.152	0.171	0.190	0.209	0.227	0.245	0.262	0.279	0.296	0.312	0.328	0.343	0.358
1.00	0.00	0.00	0.00	0.00	0.00	0.00	0.00	0.00	0.00	0.00	0.00	0.00	0.00	0.00	0.00	0.00	0.00	0.00	0.00	0.00

（续表）

ξ \ α	11.0	11.5	12.0	12.5	13.0	13.5	14.0	14.5	15.0	15.5	16.0	16.5	17.0	17.5	18.0	18.5	19.0	19.5	20.0	20.5
0.00	0.090	0.096	0.083	0.079	0.076	0.074	0.071	0.068	0.066	0.064	0.062	0.060	0.058	0.057	0.055	0.054	0.052	0.051	0.050	0.048
0.05	0.102	0.098	0.095	0.092	0.090	0.087	0.085	0.083	0.081	0.079	0.077	0.076	0.075	0.073	0.072	0.071	0.070	0.069	0.068	0.067
0.10	0.130	0.127	0.124	0.122	0.120	0.119	0.117	0.116	0.114	0.113	0.112	0.111	0.110	0.109	0.109	0.108	0.107	0.107	0.106	0.106
0.15	0.167	0.165	0.163	0.162	0.160	0.159	0.158	0.157	0.156	0.156	0.155	0.154	0.154	0.153	0.153	0.153	0.152	0.152	0.152	0.152
0.20	0.209	0.208	0.207	0.206	0.205	0.204	0.204	0.203	0.203	0.202	0.202	0.202	0.201	0.201	0.201	0.201	0.201	0.200	0.200	0.200
0.25	0.255	0.255	0.254	0.253	0.253	0.252	0.252	0.251	0.251	0.251	0.251	0.250	0.250	0.250	0.250	0.250	0.250	0.250	0.250	0.250
0.30	0.302	0.302	0.301	0.301	0.301	0.301	0.300	0.300	0.300	0.300	0.300	0.300	0.300	0.300	0.300	0.300	0.300	0.300	0.299	0.288
0.35	0.351	0.350	0.350	0.350	0.350	0.350	0.350	0.350	0.350	0.350	0.350	0.350	0.350	0.349	0.349	0.349	0.349	0.349	0.349	0.349
0.40	0.399	0.399	0.399	0.399	0.399	0.399	0.399	0.399	0.399	0.399	0.399	0.399	0.399	0.399	0.399	0.399	0.399	0.399	0.399	0.399
0.45	0.448	0.448	0.448	0.448	0.448	0.449	0.449	0.449	0.449	0.449	0.449	0.449	0.449	0.449	0.449	0.449	0.449	0.449	0.449	0.449
0.50	0.496	0.496	0.497	0.498	0.498	0.498	0.449	0.449	0.449	0.449	0.449	0.449	0.449	0.449	0.449	0.449	0.449	0.449	0.449	0.449
0.55	0.543	0.544	0.545	0.547	0.547	0.548	0.548	0.548	0.549	0.549	0.549	0.549	0.549	0.549	0.549	0.549	0.549	0.549	0.549	0.549
0.60	0.587	0.589	0.591	0.593	0.594	0.595	0.596	0.596	0.597	0.597	0.598	0.598	0.598	0.599	0.599	0.599	0.599	0.599	0.599	0.599
0.65	0.628	0.632	0.634	0.637	0.639	0.641	0.642	0.643	0.644	0.645	0.646	0.646	0.647	0.647	0.648	0.648	0.648	0.648	0.649	0.649
0.70	0.663	0.668	0.672	0.676	0.679	0.682	0.684	0.687	0.688	0.690	0.691	0.692	0.693	0.694	0.695	0.696	0.696	0.697	0.697	0.697
0.75	0.686	0.693	0.709	0.706	0.711	0.715	0.719	0.723	0.726	0.729	0.731	0.733	0.735	0.737	0.738	0.740	0.741	0.742	0.743	0.744
0.80	0.689	0.699	0.709	0.717	0.725	0.732	0.739	0.744	0.750	0.754	0.759	0.763	0.766	0.768	0.772	0.775	0.777	0.779	0.781	0.783
0.85	0.657	0.671	0.684	0.696	0.707	0.718	0.727	0.736	0.744	0.752	0.759	0.765	0.771	0.777	0.782	0.787	0.792	0.796	0.800	0.803
0.90	0.567	0.583	0.598	0.613	0.627	0.640	0.653	0.665	0.676	0.687	0.698	0.707	0.717	0.726	0.734	0.742	0.750	0.757	0.764	0.771
0.95	0.373	0.387	0.401	0.414	0.428	0.440	0.453	0.465	0.477	0.489	0.500	0.511	0.522	0.533	0.543	0.553	0.563	0.572	0.582	0.591
1.00	0.00	0.00	0.00	0.00	0.00	0.00	0.00	0.00	0.00	0.00	0.00	0.00	0.00	0.00	0.00	0.00	0.00	0.00	0.00	0.00

附表 7　顶点集中荷载作用下的 Φ 值

ξ \ α	1.0	1.5	2.0	2.5	3.0	3.5	4.0	4.5	5.0	5.5	6.0	6.5	7.0	7.5	8.0	8.5	9.0	9.5	10.0	10.5
0.00	0.351	0.574	0.734	0.836	0.900	0.939	0.963	0.977	0.986	0.991	0.995	0.996	0.998	0.998	0.999	0.999	0.999	0.999	0.999	0.999
0.05	0.351	0.573	0.732	0.835	0.899	0.938	0.962	0.977	0.986	0.991	0.994	0.996	0.998	0.998	0.999	0.999	0.999	0.999	0.999	0.999
0.10	0.348	0.570	0.728	0.831	0.896	0.935	0.960	0.975	0.984	0.990	0.994	0.996	0.997	0.998	0.999	0.999	0.999	0.999	0.999	0.999
0.15	0.344	0.564	0.722	0.825	0.890	0.931	0.956	0.972	0.982	0.988	0.992	0.995	0.997	0.998	0.998	0.999	0.999	0.999	0.999	0.999
0.20	0.338	0.555	0.712	0.816	0.882	0.924	0.951	0.968	0.979	0.986	0.991	0.994	0.996	0.997	0.998	0.998	0.999	0.999	0.999	0.999
0.25	0.331	0.554	0.700	0.804	0.871	0.915	0.943	0.962	0.974	0.982	0.988	0.992	0.994	0.996	0.997	0.998	0.998	0.999	0.999	0.999
0.30	0.322	0.531	0.684	0.788	0.857	0.903	0.933	0.954	0.968	0.977	0.984	0.989	0.992	0.994	0.996	0.997	0.998	0.998	0.999	0.999
0.35	0.311	0.515	0.666	0.770	0.840	0.888	0.921	0.944	0.960	0.971	0.979	0.985	0.989	0.992	0.994	0.0996	0.997	0.997	0.998	0.998
0.40	0.299	0.496	0.644	0.748	0.820	0.870	0.905	0.931	0.949	0.962	0.972	0.979	0.984	0.988	0.991	0.993	0.995	0.996	0.997	0.998
0.45	0.285	0.474	0.619	0.722	0.795	0.848	0.886	0.914	0.935	0.951	0.962	0.971	0.978	0.983	0.987	0.990	0.992	0.994	0.995	0.996
0.50	0.269	0.449	0.589	0.962	0.766	0.821	0.862	0.893	0.917	0.935	0.950	0.961	0.969	0.976	0.981	0.985	0.988	0.991	0.993	0.994
0.55	0.251	0.421	0.556	0.656	0.731	0.788	0.832	0.867	0.893	0.915	0.932	0.946	0.957	0.965	0.972	0.978	0.982	0.986	0.988	0.991
0.60	0.231	0.390	0.518	0.616	0.691	0.760	0.796	0.834	0.864	0.889	0.909	0.925	0.939	0.950	0.959	0.966	0.972	0.977	0.981	0.985
0.65	0.210	0.356	0.476	0.569	0.643	0.703	0.752	0.792	0.826	0.854	0.877	0.897	0.913	0.927	0.939	0.948	0.957	0.964	0.969	0.974
0.70	0.186	0.318	0.428	0.516	0.588	0.647	0.697	0.740	0.776	0.807	0.834	0.857	0.877	0.894	0.909	0.921	0.932	0.942	0.950	0.957
0.75	0.161	0.276	0.374	0.455	0.523	0.581	0.631	0.675	0.713	0.747	0.776	0.803	0.826	0.846	0.864	0.880	0.894	0.907	0.917	0.927
0.80	0.133	0.230	0.314	0.386	0448	0.502	0.550	0.593	0.632	0.667	0.698	0.727	0.753	0.776	0.798	0.817	0.834	0.850	0.864	0.877
0.85	0.103	0.179	0.248	0.307	0.360	0.407	0.450	0.490	0.527	0.561	0.593	0.622	0.650	0.675	0.698	0.720	0.740	0.759	0.776	0.793
0.90	0.071	0.125	0.174	0.217	0.257	0.294	0.329	0.362	0.393	0.423	0.451	0.478	0.503	0.527	0.550	0.572	0.593	0.613	0.632	0.650
0.95	0.036	0.065	0.091	0.115	0.138	0.160	0.181	0.201	0.221	0.240	0.259	0.277	0.295	0.312	0.329	0.346	0.362	0.378	0.393	0.408
1.00	0.00	0.00	0.00	0.00	0.00	0.00	0.00	0.00	0.00	0.00	0.00	0.00	0.00	0.00	0.00	0.00	0.00	0.00	0.00	0.00

（续表）

ξ \ α	11.0	11.5	12.0	12.5	13.0	13.5	14.0	14.5	15.0	15.5	16.0	16.5	17.0	17.5	18.0	18.5	19.0	19.5	20.0	20.5
0.00	0.999	0.999	0.999	0.999	0.999	0.999	1.000	1.000	1.000	1.000	1.000	1.000	1.000	1.000	1.000	1.000	1.000	1.000	1.000	1.000
0.05	0.999	0.999	0.999	0.999	0.999	0.999	0.999	0.999	1.000	1.000	1.000	1.000	1.000	1.000	1.000	1.000	1.000	1.000	1.000	1.000
0.10	0.999	0.999	0.999	0.999	0.999	0.999	0.999	0.999	0.999	1.000	1.000	1.000	1.000	1.000	1.000	1.000	1.000	1.000	1.000	1.000
0.15	0.999	0.999	0.999	0.999	0.999	0.999	0.999	0.999	0.999	0.999	1.000	1.000	1.000	1.000	1.000	1.000	1.000	1.000	1.000	1.000
0.20	0.999	0.999	0.999	0.999	0.999	0.999	0.999	0.999	0.999	0.999	0.999	1.000	1.000	1.000	1.000	1.000	1.000	1.000	1.000	1.000
0.25	0.999	0.999	0.999	0.999	0.999	0.999	0.999	0.999	0.999	0.999	0.999	0.999	1.000	1.000	1.000	1.000	1.000	1.000	1.000	1.000
0.30	0.999	0.999	0.999	0.999	0.999	0.999	0.999	0.999	0.999	0.999	0.999	0.999	0.999	0.999	0.999	0.999	0.999	0.999	1.000	1.000
0.35	0.999	0.999	0.999	0.999	0.999	0.999	0.999	0.999	0.999	0.999	0.999	0.999	0.999	0.999	0.999	0.999	0.999	0.999	0.999	0.999
0.40	0.998	0.998	0.999	0.999	0.999	0.999	0.999	0.999	0.999	0.999	0.999	0.999	0.999	0.999	0.999	0.999	0.999	0.999	0.999	0.999
0.45	0.997	0.998	0.998	0.998	0.999	0.999	0.999	0.999	0.999	0.999	0.999	0.999	0.999	0.999	0.999	0.999	0.999	0.999	0.999	0.999
0.50	0.995	0.996	0.997	0.998	0.998	0.998	0.999	0.999	0.999	0.999	0.999	0.999	0.999	0.999	0.999	0.999	0.999	0.999	0.999	0.999
0.55	0.992	0.994	0.995	0.996	0.997	0.998	0.998	0.998	0.999	0.999	0.999	0.999	0.999	0.999	0.999	0.999	0.999	0.999	0.999	0.999
0.60	0.987	0.989	0.991	0.993	0.994	0.995	0.996	0.997	0.997	0.998	0.998	0.998	0.999	0.999	0.999	0.999	0.999	0.999	0.999	0.999
0.65	0.978	0.982	0.985	0.987	0.989	0.991	0.992	0.993	0.994	0.995	0.996	0.996	0.997	0.997	0.998	0.998	0.998	0.998	0.998	0.998
0.70	0.963	0.969	0.972	0.976	0.979	0.982	0.985	0.987	0.988	0.990	0.991	0.992	0.993	0.994	0.995	0.996	0.996	0.997	0.997	0.997
0.75	0.936	0.943	0.950	0.956	0.961	0.965	0.969	0.973	0.976	0.979	0.981	0.983	0.985	0.987	0.988	0.990	0.991	0.992	0.993	0.994
0.80	0.889	0.899	0.909	0.917	0.925	0.932	0.939	0.945	0.950	0.954	0.959	0.963	0.966	0.968	0.972	0.975	0.977	0.979	0.981	0.983
0.85	0.808	0.821	0.834	0.846	0.857	0.868	0.877	0.886	0.894	0.902	0.909	0.915	0.921	0.927	0.932	0.937	0.942	0.946	0.950	0.953
0.90	0.667	0.683	0.698	0.713	0.727	0.740	0.753	0.765	0.776	0.787	0.798	0.808	0.817	0.826	0.834	0.842	0.850	0.857	0.864	0.871
0.95	0.423	0.437	0.451	0.464	0.478	0.490	0.503	0.515	0.527	0.538	0.550	0.561	0.572	0.583	0.593	0.603	0.613	0.622	0.632	0.641
1.00	0.00	0.00	0.00	0.00	0.00	0.00	0.00	0.00	0.00	0.00	0.00	0.00	0.00	0.00	0.00	0.00	0.00	0.00	0.00	0.00

附表 8 倒三角形荷载作用下 Φ 值

ξ \ α	1.0	1.5	2.0	2.5	3.0	3.5	4.0	4.5	5.0	5.5	6.0	6.5	7.0	7.5	8.0	8.5	9.0	9.5	10.0	10.5
0.00	0.171	0.270	0.331	3.358	0.363	0.356	0.342	0.325	0.307	0.289	0.273	0.257	0.243	0.230	0.218	0.207	0.197	0.188	0.179	0.172
0.05	0.171	0.271	0.332	0.360	0.367	0.361	0.348	0.332	0.316	0.229	0.283	0.269	0.256	0.243	0.233	0.223	0.214	0.205	0.198	0.191
0.10	0.171	0.273	0.336	0.367	0.377	0.374	0.365	0.352	0.338	0.324	0.311	0.299	0.288	0.278	0.270	0.262	0.255	0.248	0.243	0.238
0.15	0.172	0.275	0.341	0.377	0.391	0.393	0.388	0.380	0.370	0.360	0.350	0.341	0.333	0.326	0.320	0.314	0.309	0.305	0.301	0.298
0.20	0.172	0.277	0.347	0.388	0.408	0.415	0.416	0.412	0.407	0.402	0.396	0.390	0.385	0.381	0.377	0.373	0.371	0.368	0.366	0.364
0.25	0.071	0.278	0.353	0.399	0.425	0.439	0.446	0.448	0.418	0.447	0.445	0.443	0.440	0.439	0.437	0.436	0.434	0.433	0.433	0.432
0.30	0.170	0.279	0.358	0.410	0.443	0.463	0.476	0.484	0.489	0.492	0.494	0.496	0.496	0.497	0.497	0.497	0.498	0.498	0.498	0.199
0.35	0.168	0.279	0.362	0.419	0.459	0.486	0.506	0.519	0.530	0.537	0.543	0.547	0.550	0.553	0.555	0.557	0.559	0.560	0.561	0.562
0.40	0.165	0.276	0.363	0.426	0.472	0.506	0.532	0.552	0.567	0.579	0.588	0.596	0.601	0.606	0.610	0.614	0.616	0.619	0.621	0.622
0.45	0.161	0.272	0.362	0.430	0.482	0.522	0.554	0.579	0.599	0.616	0.629	0.639	0.648	0.655	0.661	0.665	0.669	0.672	0.675	0.677
0.50	0.156	0.266	0.357	0.429	0.487	0.533	0.570	0.601	0.626	0.647	0.663	0.677	0.688	0.697	0.705	0.711	0.715	0.721	0.724	0.727
0.55	0.149	0.256	0.348	0.423	0.485	0.537	0.579	0.615	0.645	0.670	0.690	0.707	0.721	0.733	0.742	0.750	0.757	0.762	0.767	0.771
0.60	0.140	0.244	0.335	0.412	0.477	0.533	0.580	0.620	0.654	0.683	.0707	0.728	0.745	0.759	0.771	0.781	0.789	0.796	0.802	0.807
0.65	0.130	0.228	0.317	0.394	0.461	0.519	0.570	0.614	0.652	0.685	0.712	0.736	0.756	0.774	0.788	0.801	0.811	0.820	0.828	0.834
0.70	0.118	0.209	0.293	0.368	0.435	0.495	0.548	0.594	0.636	0.671	0.703	0.730	0.753	0.774	0.791	0.807	0.820	0.831	0.841	0.849
0.75	0.103	0.185	00263	0.334	0.399	0.458	0.511	0.559	0.602	0.640	0.674	0.704	0.731	0.755	0.775	0.794	0.810	0.824	0.837	0.848
0.80	0.087	0.158	0.226	0.290	0.350	0.406	0.457	0.504	0.547	0.587	0.622	0.654	0.683	0.709	0.733	0.754	0.774	0.791	0.807	0.821
0.85	0.069	0.126	0.182	0.236	0.288	0.337	0.383	0.426	0.467	0.504	0.539	0.571	0.601	0.629	0.654	0.678	0.700	0.720	0.738	0.756
0.90	0.048	0.089	0.130	0.717	0.210	0.248	0.285	0.321	0.354	0.386	0.417	0.446	0.473	0.499	0.523	0.546	0.568	0.583	0.609	0.628
0.95	0.025	0.047	0.069	0.092	0.115	0.137	0.159	0.181	0.202	0.222	0.242	0.262	0.280	0.299	0.316	0.334	0.351	0.367	0.383	0.393
1.00	0.00	0.00	0.00	0.00	0.00	0.00	0.00	0.00	0.00	0.00	0.00	0.00	0.00	0.00	0.00	0.00	0.00	0.00	0.00	0.00

（续表）

ξ \ α	11.0	11.5	12.0	12.5	13.0	13.5	14.0	14.5	15.0	15.5	16.0	16.5	17.0	17.5	18.0	18.5	19.0	19.5	20.0	20.5
0.00	0.165	0.158	0.152	0.147	0.142	0.137	0.132	0.128	0.124	0.120	0.117	0.113	0.110	0.107	0.104	0.102	0.099	0.097	0.095	0.092
0.05	0.185	0.180	0.174	0.170	0.165	0.161	0.158	0.154	0.151	0.148	0.145	0.143	0.140	0.138	0.136	0.134	0.132	0.130	0.129	0.127
0.10	0.233	0.229	0.226	0.222	0.219	0.217	0.214	0.212	0.210	0.208	0.207	0.205	0.204	0.203	0.201	0.200	0.199	0.199	0.198	0.197
0.15	0.295	0.293	0.290	0.288	0.287	0.285	0.284	0.283	0.282	0.281	0.280	0.280	0.279	0.278	0.278	0.278	0.277	0.277	0.277	0.276
0.20	0.363	0.361	0.360	0.360	0.358	0.358	0.358	0.357	0.357	0.357	0.357	0.356	0.356	0.356	0.356	0.356	0.356	0.356	0.356	0.356
0.25	0.432	0.431	0.431	0.431	0.431	0.431	0.431	0.431	0.431	0.431	0.431	0.431	0.432	0.432	0.432	0.432	0.432	0.432	0.432	0.433
0.30	0.499	0.498	0.500	0.500	0.500	0.501	0.501	0.502	0.502	0.502	0.503	0.503	0.503	0.503	0.504	0.504	0.504	0.504	0.505	0.505
0.35	0.563	0.564	0.565	0.566	0.566	0.567	0.568	0.568	0.569	0.568	0.568	0.570	0.570	0.571	0.571	0.571	0.571	0.572	0.572	0.572
0.40	0.624	0.625	0.626	0.627	0.628	0.628	0.629	0.630	0.631	0.631	0.632	0.632	0.633	0.633	0.633	0.634	0.634	0.634	0.634	0.635
0.45	0.679	0.681	0.682	0.684	0.685	0.686	0.686	0.687	0.688	0.688	0.688	0.688	0.690	0.690	0.691	0.691	0.691	0.692	0.692	0.692
0.50	0.730	0.732	0.733	0.735	0.736	0.737	0.738	0.738	0.740	0.741	0.741	0.742	0.742	0.743	0.743	0.743	0.744	0.744	0.744	0.745
0.55	0.774	0.777	0.778	0.781	0.782	0.784	0.785	0.786	0.787	0.788	0.788	0.789	0.790	0.790	0.791	0.791	0.792	0.792	0.792	0.792
0.60	0.811	0.815	0.181	0.820	0.822	0.824	0.826	0.827	0.828	0.829	0.830	0.831	0.831	0.832	0.833	0.833	0.833	0.834	0.834	0.834
0.65	0.840	0.844	0.848	0.852	0.855	0.857	0.859	0.861	0.863	0.864	0.865	0.867	0.867	0.868	0.869	0.870	0.870	0.870	0.871	0.871
0.70	0.857	0.863	0.868	0.873	0.878	0.881	0.884	0.887	0.890	0.892	0.893	0.895	0.896	0.898	0.899	0.900	0.901	0.901	0.902	0.903
0.75	0.858	0.866	0.874	0.881	0.887	0.892	0.897	0.901	0.903	0.908	0.911	0.914	0.916	0.918	0.920	0.921	0.923	0.924	0.925	0.926
0.80	0.834	0.846	0.856	0.866	0.874	0.882	0.889	0.896	0.901	0.907	0.911	0.916	0.919	0.923	0.926	0.929	0.932	0.934	0.936	0.938
0.85	0.772	0.786	0.800	0.813	0.825	0.836	0.846	0.825	0.864	0.872	0.879	0.886	0.893	0.899	0.904	0.909	0.914	0.918	0.922	0.926
0.90	0.646	0.663	0.679	0.694	0.708	0.722	0.735	0.748	0.760	0.771	0.781	0.792	0.801	0.810	0.819	0.827	0.835	0.843	0.850	0.857
0.95	0.413	0.428	0.442	0.456	0.469	0.483	0.495	0.508	0.520	0.532	0.543	0.555	0.566	0.576	0.587	0.597	0.607	0.617	0.626	0.635
1.00	0.00	0.00	0.00	0.00	0.00	0.00	0.00	0.00	0.00	0.00	0.00	0.00	0.00	0.00	0.00	0.00	0.00	0.00	0.00	0.00

附录 D

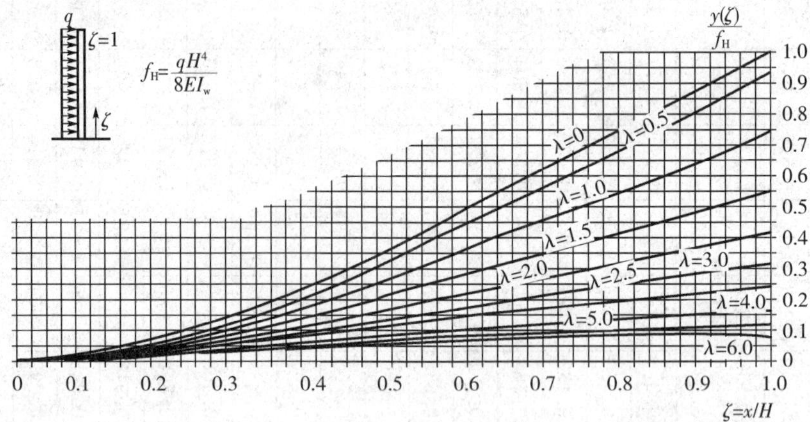

附图 D-1　均布荷载作用下剪力墙的位移系数

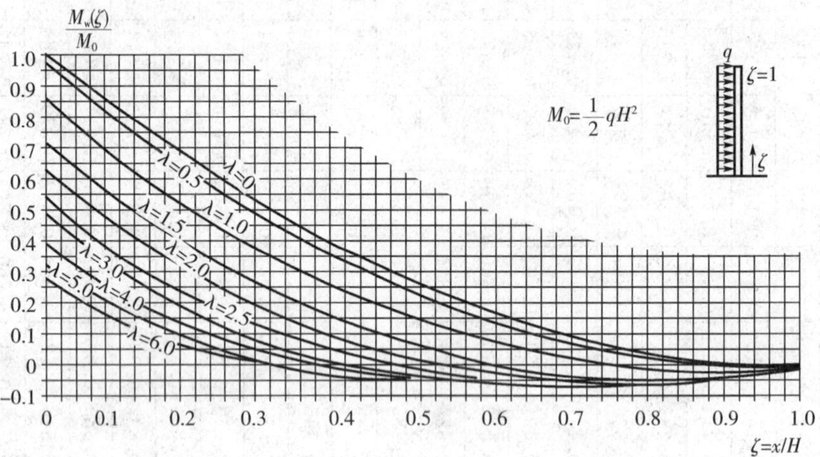

附图 D-2　均布荷载作用下剪力墙的弯矩系数

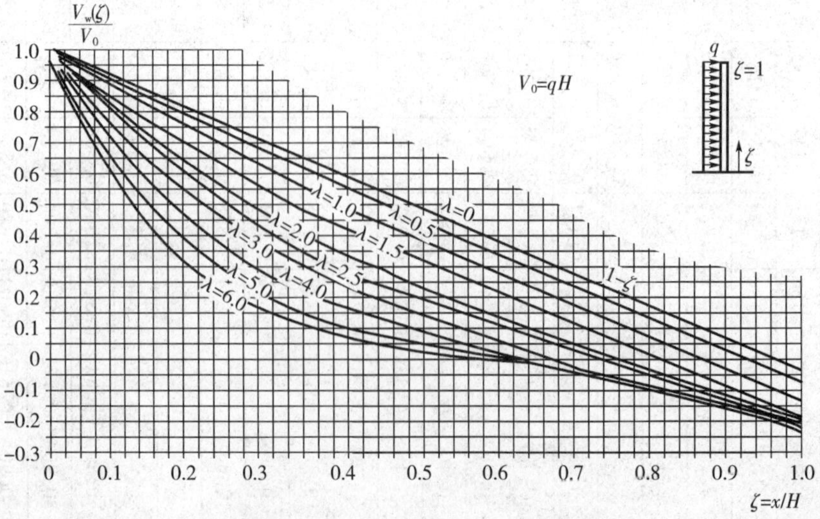

附图 D-3　均布荷载作用下剪力墙的剪力系数

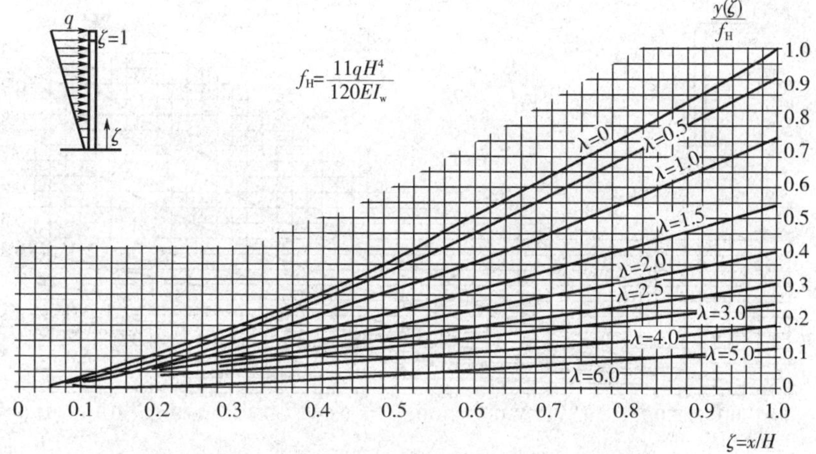

附图 D-4　倒三角形荷载作用下剪力墙的位移系数

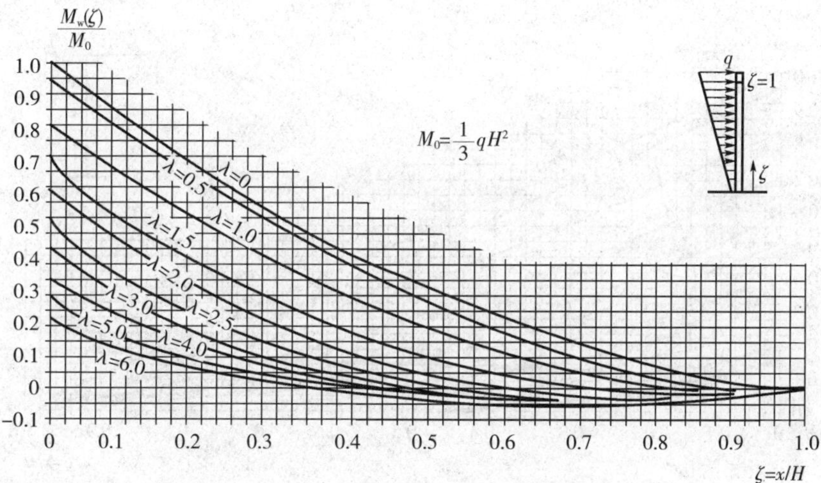

附图 D-5　倒三角形荷载作用下剪力墙的弯矩系数

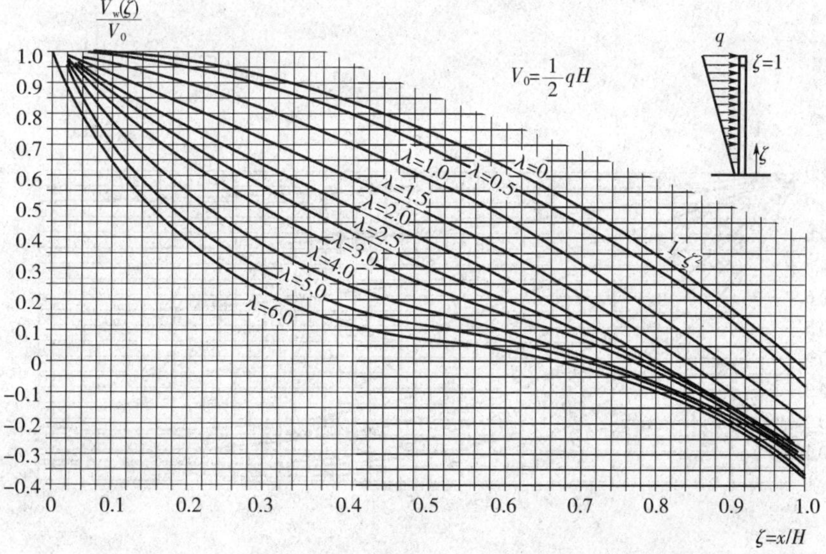

附图 D-6　倒三角形荷载作用下剪力墙的剪力系数

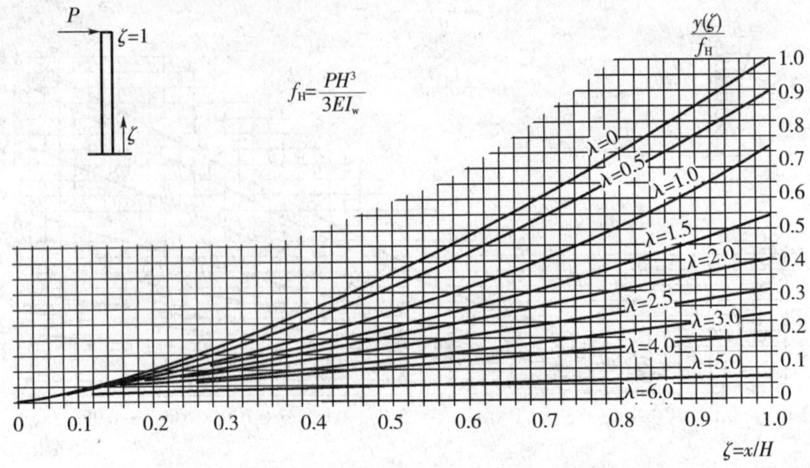

附图 D-7 集中荷载作用下剪力墙的位移系数

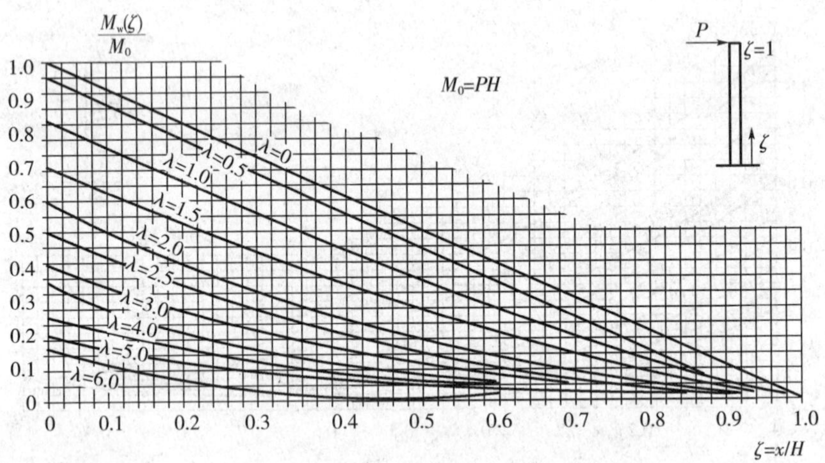

附图 D-8 集中荷载作用下剪力墙的弯矩系数

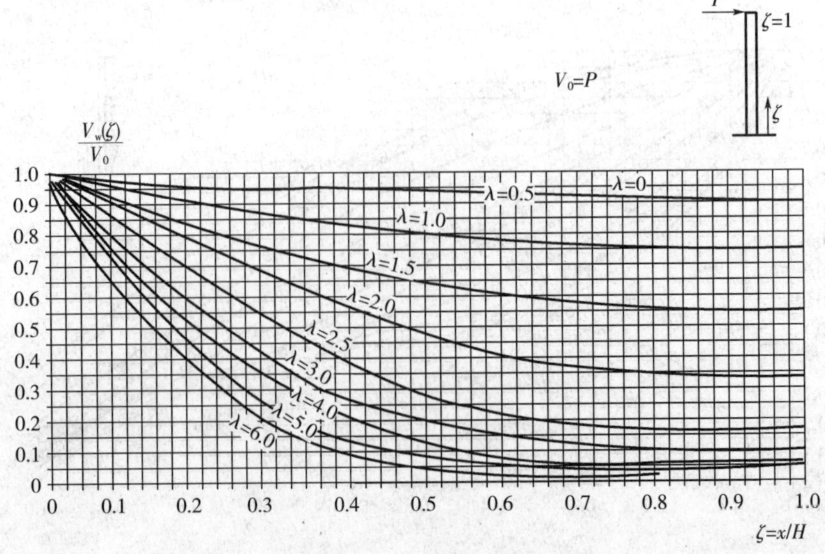

附图 D-9 集中荷载作用下剪力墙的剪力系数

参考文献

1. 混凝土结构设计规范(GB50010－2002).北京:中国建筑工业出版社,2002

2. 高层建筑混凝土结构技术规程(JGJ3－2002).北京:中国建筑工业出版社,2002

3. 建筑地基基础设计规范(GB50007－2002).北京:中国建筑工业出版社,2002

4. 高层建筑箱形与筏形基础技术规范(JGJ6－99).北京:中国建筑工业出版社,1999

5. 建筑桩基技术规范(JGJ94－94).北京:中国建筑工业出版社,2005

6. 建筑抗震设计规范(GB50011－2001).北京:中国建筑工业出版社,2001

7. 柳炳康,沈小璞主编. 工程结构抗震设计. 武汉:武汉理工大学出版社,2005

8. 徐培福,黄小坤主编.高层建筑混凝土结构技术规程理解与应用.北京:中国建筑工业出版社,2003

9. 赵西安编著.高层建筑结构实用设计方法.第3版.上海:同济大学出版社,1998

10. 包世华编著.新编高层建筑结构.第1版.北京:中国水利水电出版社,2001

11. 方鄂华主编.多层及高层建筑结构设计.北京:地震出版社,1996

12. 张维斌主编.多层及高层钢筋混凝土结构设计释疑及工程实例.第1版.北京:中国建筑工业出版社,2005

13. 黄林青,李元美,胡志旺主编. 多高层建筑结构设计.北京:中国电力出版社,2004

14. 彭伟主编.高层建筑结构设计原理.成都:西南交通大学出版社,2004

15. 吕西林主编.高层结构设计.武汉:武汉理工大学出版社,2002

16. 郭继武编著.建筑地基基础.第1版.北京:机械工业出版社,2005

17. 钱力航主编.高层建筑箱形与筏形基础的设计计算.第1版.北京:中国建筑工业出版社,2003